2025年版

共通テスト

過去問研究

物理

教学社

受験勉強の５か条

受験勉強は過去問に始まり，過去問に終わる。

入試において，過去問は最大の手がかりであり，情報の宝庫です。
次の５か条を参考に，過去問をしっかり活用しましょう。

✦**出題傾向を把握**
まずは「共通テスト対策講座」を読んでみましょう。

✦**いったん試験１セット分を解いてみる**
最初は時間切れになっても，またすべて解けなくても構いません。

✦**自分の実力を知り，目標を立てる**
答え合わせをして，得意・不得意を分析しておきましょう。

✦**苦手も克服！**
分野や形式ごとに重点学習してみましょう。

✦**とことん演習**
一度解いて終わりにせず，繰り返し取り組んでおくと効果アップ！
直前期には時間を計って本番形式のシミュレーションをしておくと万全です。

共通テストってどんな試験？

大学入学共通テスト（以下，共通テスト）は，大学への入学志願者を対象に，高校の段階における基礎的な学習の達成の程度を判定し，大学教育を受けるために必要な能力について把握することを目的とする試験です。一般選抜で国公立大学を目指す場合は，原則的に，一次試験として共通テストを受験し，二次試験として各大学の個別試験を受験することになります。また，私立大学も 9 割近くが共通テストを利用します。そのことから，共通テストは 50 万人近くが受験する，大学入試最大の試験になっています。

新課程の共通テストの特徴は？

2025 年度から新課程入試が始まり，共通テストにおいては教科・科目が再編成され，新教科「情報」が導入されます。2022 年に高校に進学した人が学んできた内容に即して出題されますが，重視されるのは，従来の共通テストと同様，「思考力」です。単に知識があるかどうかではなく，知識を使って考えることができるかどうかが問われます。新課程の問題作成方針を見ると，問題の構成や場面設定など，これまでの共通テストの出題傾向を引き継いでおり，作問の方向性は変わりません。

どうやって対策すればいいの？

共通テストで問われるのは，高校で学ぶべき内容をきちんと理解しているかどうかですから，まずは普段の授業を大切にし，教科書に載っている基本事項をしっかりと身につけておくことが重要です。そのうえで過去問を解いて共通テストで特徴的な出題に慣れておきましょう。共通テストは問題文の分量が多いので，必要とされるスピード感や難易度の振れ幅を事前に知っておくと安心です。過去問を解いて間違えた問題をチェックし，苦手分野の克服に役立てましょう。問題作成方針では「これまで良質な問題作成を行う中で蓄積した知見や，問題の評価・分析の結果を問題作成に生かす」とされており，過去問の研究は有用です。本書は，大学入試センターから公表された資料等を詳細に分析し，課程をまたいでも過去問を最大限に活用できるよう編集しています。

本書が十分に活用され，志望校合格の一助になることを願ってやみません。

はじめに

Contents

※1 2021年度の共通テストは，新型コロナウイルス感染症の影響に伴う学業の遅れに対応する選択肢を確保するため，本試験が2日程で実施されました。
※2 試行調査は，センター試験から共通テストに移行するに先立って実施されました。

共通テストについてのお問い合わせは…
独立行政法人 大学入試センター
志願者問い合わせ専用（志願者本人がお問い合わせください）03-3465-8600
9：30～17：00（土・日曜，祝日，12月29日～1月3日を除く）
https://www.dnc.ac.jp/

共通テストの
基礎知識

本書編集段階において，2025 年度共通テストの詳細については正式に発表されていませんので，ここで紹介する内容は，2024 年 3 月時点で文部科学省や大学入試センターから公表されている情報，および 2024 年度共通テストの「受験案内」に基づいて作成しています。変更等も考えられますので，各人で入手した 2025 年度共通テストの「受験案内」や，大学入試センターのウェブサイト（https://www.dnc.ac.jp/）で必ず確認してください。

共通テストのスケジュールは？

A　2025 年度共通テストの本試験は，1 月 18 日(土)・19 日(日)に実施される予定です。

「受験案内」の配布開始時期や出願期間は未定ですが，共通テストのスケジュールは，例年，次のようになっています。1 月なかばの試験実施日に対して出願が 10 月上旬とかなり早いので，十分注意しましょう。

9 月初旬　「受験案内」配布開始
　└ 志願票や検定料等の払込書等が添付されています。

10 月上旬　**出願**（現役生は在籍する高校経由で行います。）

1 月なかば　共通テスト　2025 年度本試験は 1 月 18 日(土)・19 日(日)に実施される予定です。

自己採点

1 月下旬　国公立大学一般選抜の個別試験出願

私立大学の出願時期は大学によってまちまちです。
各人で必ず確認してください。

共通テストの出願書類はどうやって入手するの？

A 「受験案内」という試験の案内冊子を入手しましょう。

「受験案内」には，志願票，検定料等の払込書，個人直接出願用封筒等が添付されており，出願の方法等も記載されています。主な入手経路は次のとおりです。

現役生	高校で一括入手するケースがほとんどです。出願も学校経由で行います。
過年度生	共通テストを利用する全国の各大学の入試担当窓口で入手できます。 予備校に通っている場合は，そこで入手できる場合もあります。

個別試験への出願はいつすればいいの？

A 国公立大学一般選抜は「共通テスト後」の出願です。

国公立大学一般選抜の個別試験（二次試験）の出願は共通テストの後になります。受験生は，共通テストの受験中に自分の解答を問題冊子に書きとめておいて持ち帰ることができますので，翌日，新聞や大学入試センターのウェブサイトで発表される正解と照らし合わせて**自己採点**し，その結果に基づいて，予備校などの合格判定資料を参考にしながら，出願大学を決定することができます。

私立大学の共通テスト利用入試の場合は，出願時期が大学によってまちまちです。大学や試験の日程によっては**出願の締め切りが共通テストより前**ということもあります。志望大学の入試日程は早めに調べておくようにしましょう。

受験する科目の決め方は？『情報Ⅰ』の受験も必要？

A 志望大学の入試に必要な教科・科目を受験します。

次ページに掲載の7教科21科目のうちから，受験生は最大9科目を受験することができます。どの科目が課されるかは大学・学部・日程によって異なりますので，受験生は志望大学の入試に必要な科目を選択して受験することになります。

すべての国立大学では，原則として『情報Ⅰ』を加えた6教科8科目が課されます。公立大学でも『情報Ⅰ』を課す大学が多くあります。

共通テストの受験科目が足りないと，大学の個別試験に出願できなくなります。第一志望に限らず，**出願する可能性のある大学の入試に必要な教科・科目は早めに調べ**ておきましょう。

● 2025年度の共通テストの出題教科・科目

教　科		出題科目	出題方法（出題範囲・選択方法）	試験時間 （配点）
国　語		『国語』	「現代の国語」及び「言語文化」を出題範囲とし，近代以降の文章及び古典（古文，漢文）を出題する。	90分 （200点）＊1
地理歴史 公　民		(b) 『地理総合，地理探究』 『歴史総合，日本史探究』 『歴史総合，世界史探究』 『公共，倫理』 『公共，政治・経済』 (a) 『地理総合／歴史総合／公共』 (a)：必履修科目を組み合わせた出題科目 (b)：必履修科目と選択科目を組み合わせた出題科目	6科目から最大2科目を選択解答（受験科目数は出願時に申請）。 2科目を選択する場合，以下の組合せを選択することはできない。 **(b)のうちから2科目を選択する場合** 『公共，倫理』と『公共，政治・経済』の組合せを選択することはできない。 **(b)のうちから1科目及び(a)を選択する場合** (b)については，(a)で選択解答するものと同一名称を含む科目を選択することはできない。＊2 (a)の『地理総合／歴史総合／公共』は，「地理総合」，「歴史総合」及び「公共」の3つを出題範囲とし，そのうち2つを選択解答する（配点は各50点）。	1科目選択 60分（100点） 2科目選択＊3 解答時間120分 （200点）
数学	①	『数学Ⅰ，数学A』 『数学Ⅰ』	2科目から1科目を選択解答。 「数学A」は2項目（図形の性質，場合の数と確率）に対応した出題とし，全てを解答する。	70分 （100点）
	②	『数学Ⅱ，数学B，数学C』	「数学B」「数学C」は4項目（数列，統計的な推測，ベクトル，平面上の曲線と複素数平面）に対応した出題とし，そのうち3項目を選択解答する。	70分 （100点）
理　科		『物理基礎／化学基礎／生物基礎／地学基礎』 『物理』 『化学』 『生物』 『地学』	5科目から最大2科目を選択解答（受験科目数は出願時に申請）。 『物理基礎／化学基礎／生物基礎／地学基礎』は，「物理基礎」，「化学基礎」，「生物基礎」及び「地学基礎」の4つを出題範囲とし，そのうち2つを選択解答する（配点は各50点）。	1科目選択 60分（100点） 2科目選択＊3 解答時間120分 （200点）
外国語		『英語』 『ドイツ語』 『フランス語』 『中国語』 『韓国語』	5科目から1科目を選択解答。 『英語』は，「英語コミュニケーションⅠ」，「英語コミュニケーションⅡ」及び「論理・表現Ⅰ」を出題範囲とし，【リーディング】及び【リスニング】を出題する。 受験者は，原則としてその両方を受験する。	『英語』 【リーディング】 80分（100点） 【リスニング】 解答時間30分＊4 （100点） 『英語』以外 【筆記】 80分（200点）
情　報		『情報Ⅰ』		60分（100点）

＊1　『国語』の分野別の大問数及び配点は，近代以降の文章が3問110点，古典が2問90点（古文・漢文各45点）とする。

＊2　地理歴史及び公民で2科目を選択する受験者が，(b)のうちから1科目及び(a)を選択する場合において，選択可能な組合せは以下のとおり。　○：選択可能　×：選択不可

		(a)		
		「地理総合」「歴史総合」	「地理総合」「公共」	「歴史総合」「公共」
(b)	『地理総合，地理探究』	×	×	○
	『歴史総合，日本史探究』	×	○	×
	『歴史総合，世界史探究』	×	○	×
	『公共，倫理』	○	×	×
	『公共，政治・経済』	○	×	×

＊3　「地理歴史及び公民」と「理科」で2科目を選択する場合は，解答順に「第1解答科目」及び「第2解答科目」に区分し各60分間で解答を行うが，第1解答科目と第2解答科目の間に答案回収等を行うために必要な時間を加えた時間を試験時間（130分）とする。

＊4　リスニングは，音声問題を用い30分間で解答を行うが，解答開始前に受験者に配付したICプレーヤーの作動確認・音量調節を受験者本人が行うために必要な時間を加えた時間を試験時間（60分）とする。

科目選択によって有利不利はあるの？

A　得点調整の対象となった各科目間で，次のいずれかが生じ，これが試験問題の難易差に基づくものと認められる場合には，得点調整が行われます。

・20点以上の平均点差が生じた場合

・15点以上の平均点差が生じ，かつ，段階表示の区分点差が20点以上生じた場合

旧課程で学んだ過年度生のための経過措置はあるの？

A　あります。

2025年1月の共通テストは新教育課程での実施となるため，旧教育課程を履修した入学志願者など，新教育課程を履修していない入学志願者に対しては，出題する教科・科目の内容に応じて経過措置を講じることとされ，「地理歴史・公民」「数学」「情報」の3教科については旧課程科目で受験することもできます。

「受験案内」の配布時期や入手方法，出願期間，経過措置科目などの情報は，大学入試センターから公表される最新情報を，各人で必ず確認するようにしてください。

WEBもチェック！　〔教学社 特設サイト〕

〈新課程〉の共通テストがわかる！

http://akahon.net/k-test_sk

試験データ

2021～2024年度の共通テストについて，志願者数や平均点の推移，科目別の受験状況などを掲載しています。

志願者数・受験者数等の推移

	2024年度	2023年度	2022年度	2021年度
志願者数	491,914人	512,581人	530,367人	535,245人
内，高等学校等卒業見込者	419,534人	436,873人	449,369人	449,795人
現役志願率	45.2%	45.1%	45.1%	44.3%
受験者数	457,608人	474,051人	488,384人	484,114人
本試験のみ	456,173人	470,580人	486,848人	482,624人
追試験のみ	1,085人	2,737人	915人	1,021人
再試験のみ	—	—	—	10人
本試験＋追試験	344人	707人	438人	407人
本試験＋再試験	6人	26人	182人	51人
追試験＋再試験	—	1人	—	—
本試験＋追試験＋再試験	—	—	1人	—
受験率	93.03%	92.48%	92.08%	90.45%

・2021年度の受験者数は特例追試験（1人）を含む。
・やむを得ない事情で受験できなかった人を対象に追試験が実施される。また，災害，試験上の事故などにより本試験が実施・完了できなかった場合に再試験が実施される。

志願者数の推移

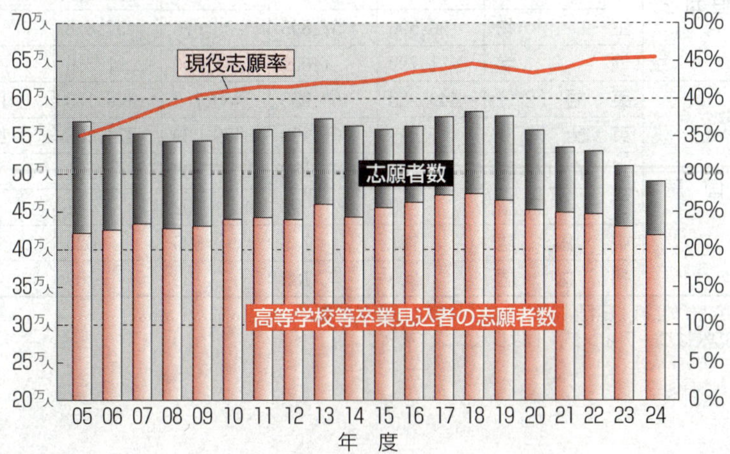

● 科目ごとの受験者数の推移（2021～2024 年度本試験）

（人）

教科		科目	2024 年度	2023 年度	2022 年度	2021 年度①	2021 年度②
国語		国語	433,173	445,358	460,967	457,304	1,587
地理歴史		世界史A	1,214	1,271	1,408	1,544	14
		世界史B	75,866	78,185	82,986	85,690	305
		日本史A	2,452	2,411	2,173	2,363	16
		日本史B	131,309	137,017	147,300	143,363	410
		地理A	2,070	2,062	2,187	1,952	16
		地理B	136,948	139,012	141,375	138,615	395
公民		現代社会	71,988	64,676	63,604	68,983	215
		倫理	18,199	19,878	21,843	19,954	88
		政治・経済	39,482	44,707	45,722	45,324	118
		倫理,政治・経済	43,839	45,578	43,831	42,948	221
数学	数学①	数学Ⅰ	5,346	5,153	5,258	5,750	44
		数学Ⅰ・A	339,152	346,628	357,357	356,492	1,354
	数学②	数学Ⅱ	4,499	4,845	4,960	5,198	35
		数学Ⅱ・B	312,255	316,728	321,691	319,697	1,238
		簿記・会計	1,323	1,408	1,434	1,298	4
		情報関係基礎	381	410	362	344	4
理科	理科①	物理基礎	17,949	17,978	19,395	19,094	120
		化学基礎	92,894	95,515	100,461	103,073	301
		生物基礎	115,318	119,730	125,498	127,924	353
		地学基礎	43,372	43,070	43,943	44,319	141
	理科②	物理	142,525	144,914	148,585	146,041	656
		化学	180,779	182,224	184,028	182,359	800
		生物	56,596	57,895	58,676	57,878	283
		地学	1,792	1,659	1,350	1,356	30
外国語		英語（R※）	449,328	463,985	480,762	476,173	1,693
		英語（L※）	447,519	461,993	479,039	474,483	1,682
		ドイツ語	101	82	108	109	4
		フランス語	90	93	102	88	3
		中国語	781	735	599	625	14
		韓国語	206	185	123	109	3

・2021 年度①は第 1 日程，2021 年度②は第 2 日程を表す。
※英語の R はリーディング，L はリスニングを表す。

科目ごとの平均点の推移（2021〜2024年度本試験）

（点）

教科		科目	2024年度	2023年度	2022年度	2021年度①	2021年度②
国語		国語	58.25	52.87	55.13	58.75	55.74
地理歴史		世界史A	42.16	36.32	48.10	46.14	43.07
		世界史B	60.28	58.43	65.83	63.49	54.72
		日本史A	42.04	45.38	40.97	49.57	45.56
		日本史B	56.27	59.75	52.81	64.26	62.29
		地理A	55.75	55.19	51.62	59.98	61.75
		地理B	65.74	60.46	58.99	60.06	62.72
公民		現代社会	55.94	59.46	60.84	58.40	58.81
		倫理	56.44	59.02	63.29	71.96	63.57
		政治・経済	44.35	50.96	56.77	57.03	52.80
		倫理，政治・経済	61.26	60.59	69.73	69.26	61.02
数学	数学①	数学Ⅰ	34.62	37.84	21.89	39.11	26.11
		数学Ⅰ・A	51.38	55.65	37.96	57.68	39.62
	数学②	数学Ⅱ	35.43	37.65	34.41	39.51	24.63
		数学Ⅱ・B	57.74	61.48	43.06	59.93	37.40
		簿記・会計	51.84	50.80	51.83	49.90	—
		情報関係基礎	59.11	60.68	57.61	61.19	—
理科	理科①	物理基礎	57.44	56.38	60.80	75.10	49.82
		化学基礎	54.62	58.84	55.46	49.30	47.24
		生物基礎	63.14	49.32	47.80	58.34	45.94
		地学基礎	71.12	70.06	70.94	67.04	60.78
	理科②	物理	62.97	63.39	60.72	62.36	53.51
		化学	54.77	54.01	47.63	57.59	39.28
		生物	54.82	48.46	48.81	72.64	48.66
		地学	56.62	49.85	52.72	46.65	43.53
外国語		英語（R※）	51.54	53.81	61.80	58.80	56.68
		英語（L※）	67.24	62.35	59.45	56.16	55.01
		ドイツ語	65.47	61.90	62.13	59.62	—
		フランス語	62.68	65.86	56.87	64.84	—
		中国語	86.04	81.38	82.39	80.17	80.57
		韓国語	72.83	79.25	72.33	72.43	—

・各科目の平均点は100点満点に換算した点数。
・2023年度の「理科②」，2021年度①の「公民」および「理科②」の科目の数値は，得点調整後のものである。
得点調整の詳細については大学入試センターのウェブサイトで確認のこと。
・2021年度②の「—」は，受験者数が少ないため非公表。

地理歴史と公民の受験状況（2024年度）

（人）

受験科目数	地理歴史						公民				実受験者
	世界史A	世界史B	日本史A	日本史B	地理A	地理B	現代社会	倫理	政治・経済	倫理，政経	
1科目	646	31,853	1,431	64,361	1,297	111,097	23,752	5,983	15,095	15,651	271,166
2科目	576	44,193	1,023	67,240	775	26,168	48,398	12,259	24,479	28,349	126,730
計	1,222	76,046	2,454	131,601	2,072	137,265	72,150	18,242	39,574	44,000	397,896

数学①と数学②の受験状況（2024年度）

（人）

受験科目数	数学①		数学②				実受験者
	数学Ⅰ	数学Ⅰ・数学A	数学Ⅱ	数学Ⅱ・数学B	簿記・会計	情報関係基礎	
1科目	2,778	24,392	85	401	547	69	28,272
2科目	2,583	315,744	4,430	312,807	777	313	318,327
計	5,361	340,136	4,515	313,208	1,324	382	346,599

理科①の受験状況（2024年度）

区分	物理基礎	化学基礎	生物基礎	地学基礎	延受験者計
受験者数	18,019人	93,102人	115,563人	43,481人	270,165人
科目選択率*	6.7%	34.5%	42.8%	16.1%	—

・2科目のうち一方の解答科目が特定できなかった場合も含む。
・科目選択率＝各科目受験者数／理科①延受験者計×100（＊端数切り上げ）

理科②の受験状況（2024年度）

（人）

受験科目数	物理	化学	生物	地学	実受験者
1科目	13,866	11,195	13,460	523	39,044
2科目	129,169	170,187	43,284	1,292	171,966
計	143,035	181,382	56,744	1,815	211,010

平均受験科目数（2024年度）

（人）

受験科目数	8科目	7科目	6科目	5科目	4科目	3科目	2科目	1科目
受験者数	6,008	266,837	19,804	20,781	38,789	91,129	12,312	1,948

平均受験科目数
5.67

・理科①（基礎の付された科目）は，2科目で1科目と数えている。

・上記の数値は本試験・追試験・再試験の総計。

共通テスト 対策講座

ここでは，大学入試センターから公表されている資料と，これまでに実施された試験をもとに，共通テストについてわかりやすく解説し，具体的にどのような対策をすればよいかを考えます。

藤原 滉二　Fujiwara, Koji

出身は，草食竜ティタノサウルスで話題の兵庫県丹波市。現在，甲陽学院中学校・高等学校講師。授業の傍ら，小・中学生に，実験とパズルで科学の楽しさと物理のしくみを教える。長くバスケットボール部顧問・日本公認審判員を務めた。趣味は神社仏閣・パワースポット巡り，ドライブ・フェリーの旅。

どんな問題が出るの？

まず，大学入試センターから発表されている資料をもとに，共通テスト「物理」の問題を詳しく分析してみましょう。

共通テスト「物理」の特徴

共通テストにおける理科の問題作成の方針には，次の点が示されている。

- 科学の基本的な概念や原理・法則に関する深い理解を基に，理科の見方・考え方を働かせ，見通しをもって観察，実験を行うことなどを通して，自然の事物・現象の中から本質的な情報を見いだしたり，課題の解決に向けて考察・推論したりするなど，科学的に探究する過程を重視する。
- 問題の作成に当たっては，基本的な概念や原理・法則の理解を問う問題とともに，観察，実験，調査の結果などを数学的な手法等を活用して分析し解釈する力を問う問題や，受験者にとって既知ではないものも含めた資料などに示された事物・現象を分析的・総合的に考察する力を問う問題などを含めて検討する。その際，基礎を付した科目の内容との関連も考慮する。

すなわち，共通テスト「物理」の特徴は

①基本事項の理解と，それをもとにした考察問題
②既知でない資料・事物・現象を扱った考察問題
③実験や観察の場面を想定した問題，計算問題
が出題される可能性がある

といえるだろう。これらはいずれも，2024 年度までの旧課程での共通テストと何ら変わらないので，**2025 年度の試験でも過去問は大いに役立つ**ことがわかる。

解答時間・配点

解答時間は 60 分で，配点は 100 点である。

大問構成

ここからは，共通テストの過去問を分析していく。

それぞれの大問別の出題分野をまとめると，次の表のようになる。

試験	2024 年度 本試験		2023 年度 本試験		2022 年度 本試験		2021 年度 本試験（第 1 日程）	
	分野	配点	分野	配点	分野	配点	分野	配点
第 1 問	総合題	25	総合題	25	総合題	25	総合題	25
第 2 問	力学 熱力学	25	力学	25	力学	30	電磁気	25
第 3 問	波	25	力学 波	25	電磁気	25	波	16
							原子	14
第 4 問	電磁気	25	電磁気	25	原子	20	力学	20

全体的な構成は，第 1 問が設問ごとに分野の異なる小問集合形式の総合題，第 2 問以降が分野別の大問（中問で分野が分かれることもある）である。どの年度も，大問での出題はない分野はあるものの，第 1 問では出題されているので，全分野をとおして抜かりなく対策を行うことが重要である。

特徴的な出題

2024 年度では，第 1 問は力学・熱力学・波・電磁気・原子から各 1 問の出題で，第 2 問～第 4 問のいくつかの小問で，それぞれ基本事項の理解が問われた（特徴①）。第 2 問～第 4 問では，実験や探究の過程における考察，実験で得られた様々なグラフを用いた計算やグラフから推定できる内容が出題された（特徴②，③）。

第 2 問は，ペットボトルロケットに関する探究活動で，熱力学における空気がした仕事や，力学からは運動エネルギーの変化と仕事の関係，運動量の変化と力積の関係，運動量保存則と力学的エネルギー保存則が問われた。現れた現象とその場面で必要な物理法則の関係性の正確な理解が求められる。

第3問は，弦の固有振動に関する探究活動で，電磁気における電流が磁場から受ける力が含まれた。定在波の仕組みと実験結果のグラフから，固有振動の振動数と比例関係にある物理量を推定する分析力・考察力が求められる。

第4問は，問1・2は等電位線と電気力線の基本的な問題である。問3以降は，電流を流した導体紙上の電位の測定実験で，等電位線と電場・電位の関係，導体紙の抵抗率と複合的な要素の理解が必要である。

設問形式

すべてマーク式であるが，**計算結果の数値を直接マークする形式の問題**が出題されている。なお，1つの枠に複数の（正解がいくつあるか与えられていない）解答をマークする形式の問題については，大学入試センターから「共通テスト導入当初から実施することは困難であると考えられる」※と発表されており，2021～2024年度は出題されなかったが，同様の形式での出題は検討されている（たとえば，題意に当てはまるものをすべて挙げた選択肢を1つ選ぶ形式など）。

※大学入学共通テストの導入に向けた試行調査（プレテスト）（平成30年度（2018年度）実施）の結果報告より

問題の分量

設問数（すべて正しくマークした場合のみ正解となる組を1つと数えたマーク数）は，2024年度では22個，2023年度では23個，2022年度では22個，2021年度第1日程では24個であった。ただし，2021～2023年度では計算結果の数値を直接マークする形式の問題や部分点が設定された問題が出題されたことで満点を取るために必要なマーク数はそれよりも多く，2023年度では26個，2022年度では25個，2021年度第1日程では28個であった。また，会話文を扱った問題や，実験・観察に関する考察問題は，問題文が長く，解答に必要な情報を得るために読まなければならない文章量が多い傾向にある。そのため，**設問1個あたりに要する時間が長い問題が多い**といえる。試験時間の配分に注意するなどの対策が必要であろう。

難易度

これまでに行われた共通テスト本試験の平均点は次のとおりである。

年度・日程	平均点
2024 年度	62.97
2023 年度	63.39※
2022 年度	60.72
2021 年度（第 1 日程）	62.36※
2021 年度（第 2 日程）	53.51

※得点調整後の数値

これらの数字からは，毎年概ね 6 割前後の平均点となっているように見える。しかし，共通テスト本試験の実施に先立って行われた試行調査では，平均得点率として 5 割程度を念頭に実施されたが，第 1 回試行調査では，配点は設定されなかったものの，公表されている設問ごとの正答率を平均すると 32.6％であった。また，第 2 回試行調査では，受験した高校 3 年生の平均点は 38.54 点であった。試行調査は，第 1 回共通テストが実施される前に行われており，当時は共通テストの過去問がなかったことを踏まえると，試行調査の平均点が低かったことから，共通テストの内容や形式の問題がどのようなものかを知らない状態では，「問題の分量」で述べたような，実質的な問題の分量の多さに対応できなかったり，共通テストに特徴的な場面設定・形式の問題が，多くの受験生にとって難しく感じられるものであったりすることが考えられる。すなわち，本試験での平均点は，受験生が試行調査や過去問で十分に対策をしたうえでの結果であると考えるのが妥当であるから，油断してはならない。

対策

複数マークする形式（または同様の形式）では，消去法に頼らず，すべての選択肢を吟味できるだけの盤石な力が求められる。物理量の記号による計算結果は，単位に整合性があるかどうか確認しよう。整合性のない選択肢は，最初から除外して考えてみるのもよい。数値を直接マークする形式では，なんとなくマークしたり，勘に頼ったりすると，まず得点は期待できない。選択肢が与えられていてもそれに頼らず，有効数字のすべての桁の数字を計算しきってから解答するよう，心がけよう。文章や語句を選択する問題では，正解の選択肢を見つけるだけでなく，他の選択肢が確実に不正解であることを確認することが大事である。これらのポイントは新課程の共通テストでも変わらないことから，つねに意識しながら過去問で演習を行うことで，自信をもって本番に臨めるだろう。p. 033 からの**「効果的な過去問の使い方」**も参考にして，十分に活用してほしい。

会話文を扱った問題，具体的な実験設定を想定した問題の対策としては，日頃から実験・観察や探究活動に積極的に参加することや，日常生活に見られる自然現象を物理的に説明してみることなどが挙げられる。p. 037 からの「思考力問題対策」で詳しく述べているので確認するとよい。

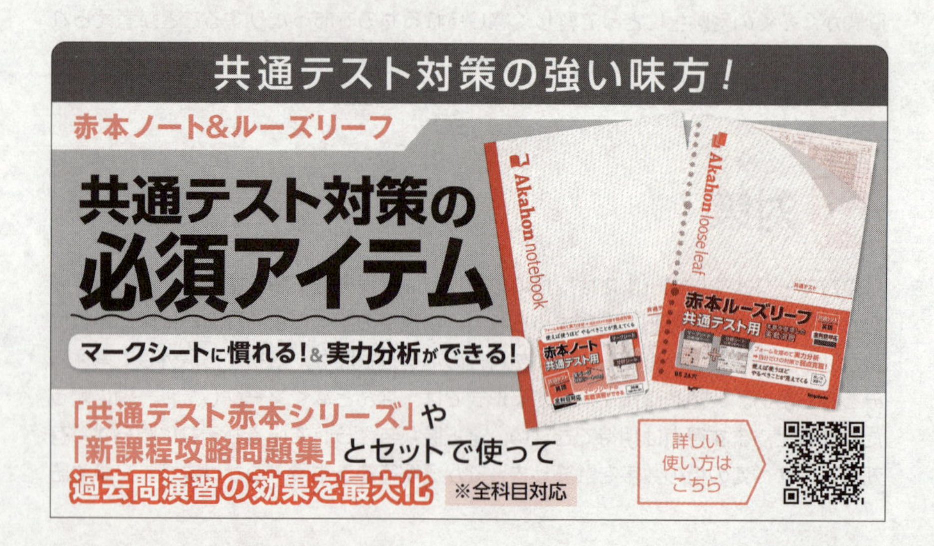

形式を知っておくと安心

共通テストで出題される問題形式について，解き方を詳細に解説！　問題のどこに着目して，どのように解けばよいのかをマスターすることで，共通テストに対応するための力を鍛えましょう。

「どんな問題が出るの？」で見てきた内容を踏まえると，共通テスト「物理」では，以下のような形式の問題に対応する必要がある。

- **科学的に探究する問題**
- **数学的手法を用いる問題（＝計算問題）**
- **実験・観察に関する考察問題**
- **グラフ・図・表の読み取り問題**

ここでは，それぞれの形式について，センター試験「物理」の過去問から典型例を紹介するとともに，考え方と対策を紹介していく。

科学的に探究する問題

例題1　次の文章中の空欄 ア に入れる記号として最も適当なものを，次ページの 3 の解答群から一つ選べ。また，空欄 イ ・ ウ に入れる語句の組合せとして最も適当なものを，次ページの 4 の解答群から一つ選べ。 3 4

図2のように，透明な板の下面にある点Pから観測者へ向かう光は，空気と板の境界面で実線のように屈折して進むため，空気中にいる観測者から点Pを見ると，矢印1の向きではなく，矢印2の向きに見える。

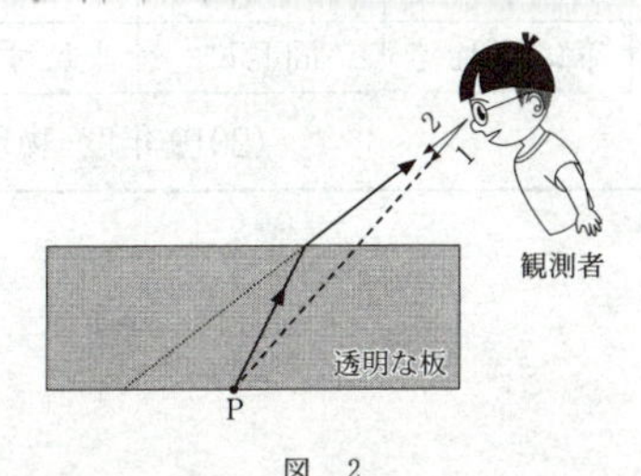

図　2

図３(a)のように，水平面に直方体の壁が置かれており，姉と弟がこの壁の両側に立っている。壁は透明で，その屈折率は空気よりも大きい。

図２を参考に光の経路を作図すると，姉の目から弟の目へ向かう光は壁の中を図３(b)の［ア］の経路に沿って進む。したがって，弟から見た姉の目の位置は，壁のないとき（図３(a)の破線）と比べて［イ］見えることがわかる。また，姉から見た弟の目の位置は，壁のないとき（図３(a)の破線）と比べて［ウ］見えることがわかる。ただし，直線BEは図３(a)の破線と同一であり，姉の目の位置は弟の目の位置より高い。

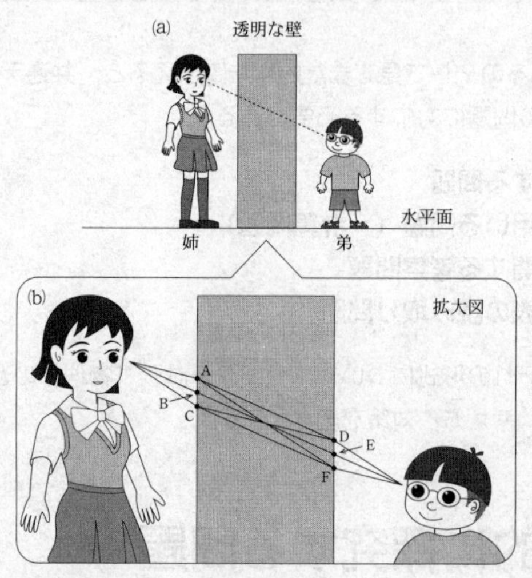

図　3

［3］の解答群

	①	②	③	④	⑤
ア	A→D	A→F	B→E	C→D	C→F

［4］の解答群

	①	②	③	④	⑤
イ	上にずれて	上にずれて	同じに	下にずれて	下にずれて
ウ	上にずれて	下にずれて	同じに	上にずれて	下にずれて

（2019年度 物理 本試験 第3問 問2）

図3のような，ガラス越しに人や景色を眺める経験は誰しもがしているだろうが，実際よりも高い位置に見えるか低い位置に見えるかを意識したことのある受験生は少ないかもしれない。だが，本問ではその経験の有無を問うているのではない。リード文から，図2が解答のヒントになっていることが読み取れる。この仕組みは，たとえば風呂やプールなどで，水中の物体が浮かび上がって見える現象と同じであり，教科書や問題集でもよく取り上げられるが，これを与えられた状況下で正しく応用できるかどうかが問われているのである。　（正解は 3 ④ 4 ②）

対策 物理法則の応用力を養おう！

日頃から実験や観察に自ら進んで取り組み，法則の成り立ちや仕組みを理解するように努める必要がある。さらにその法則を用いて，別の現象を説明できるように視野を広げておくことが大切である。

例題で取り上げた波の分野に限ると，波の反射・屈折・干渉，ドップラー効果，弦・気柱の振動の実験や，次の①～③のようなテーマが考えられる。力学・熱力学・電磁気・原子の分野でも，教科書に記載されている実験や観察に留意しておきたい。

1. しゃぼん玉の観察より，せっけん膜の厚さと光の色との関係を考察する（第2回試行調査「物理」で出題）。
2. 虹には，雨滴の中で1回の反射と2回の屈折によってつくられる主虹と，2回の反射と2回の屈折によってつくられる副虹があるが，これらについて光の進み方や色の並び方を考察する。
3. 凸レンズ2枚を用いた道具として顕微鏡や望遠鏡があるが，これらについて物体から目に向かう光の経路や像のつくられ方の違いを考察する。

数学的手法を用いる問題（＝計算問題）

例題2　原子核の結合エネルギーは，質量欠損から求めることができる。${}^{4}_{2}$He 原子核の結合エネルギーは何Jか。最も適当なものを，次の①～⑥のうちから一つ選べ。ただし，陽子の質量は 1.673×10^{-27} kg，中性子の質量は 1.675×10^{-27} kg，${}^{4}_{2}$He 原子核の質量は 6.645×10^{-27} kg，真空中の光の速さは 3.0×10^{8} m/s とする。 2 J

① 5.2×10^{-29}　② 3.3×10^{-27}　③ 1.6×10^{-20}

④ 9.9×10^{-19}　⑤ 4.6×10^{-12}　⑥ 3.0×10^{-10}

（2020年度 物理 本試験 第6問 問2）

10^{-27} や 10^{8} のように，日常では触れる機会が少ない数字が並んでいるが，怖気づいてはいけない。原子分野のみならず，他の分野でも，複雑な文字式に多くの数値を当てはめる計算や，桁数の多い有効数字を扱う計算は珍しくない。教科書や問題集ではどうしても文字式が多くなるが，それを実際の物理現象に当てはめたり，実験結果を分析したりする際には，このような計算が必須になる。これも大事な物理の力なのである。　　　　　　　　　　　　　　　　　　　　　（正解は⑤）

対策　数値計算を面倒がらない！

日頃から，丁寧な数値計算を心がける必要がある。このとき，求められた値が日頃の学習や実験での経験値や，日常生活の中での常識的な値とかけ離れていないか，たとえば光波の干渉実験で得られた可視光線の波長や，ミリカンの実験で得られた電気素量などについて，特に有効数字と指数部分のオーダー（桁数）や，単位の整合性を意識しておかなければならない。

数値計算の問題における，計算で得られた値を直接マークする形式は，共通テストで出題された形式に従えば，次の［1］～［4］に入れる数値を選択肢①～⓪から選んでマークすることになる。

［1］.［2］×10$^{-［3］［4］}$ J

選択肢：①1　②2　③3　④4　⑤5　⑥6　⑦7　⑧8　⑨9　⓪0

実験・観察に関する考察問題

例題3　次の問いに答えよ。

問2　次の文章中の空欄［ウ］～［オ］に入れる語句の組合せとして最も適当なものを，次ページの①～⑧のうちから一つ選べ。［2］

図2のような箔(はく)検電器とガラス棒およびポリエチレンシートを用いて，次の手順1～6で実験を行った。

1．箔検電器の金属円板に指で触れて放電させた後，指を離した。
2．ガラス棒をポリエチレンシートでよくこすり，ガラス棒を帯電させた。
3．ガラス棒を箔検電器の金属円板に近づけ，接触しない状態で静止させた。
　このとき箔は［ウ］。
4．ガラス棒を近づけたまま，箔検電器の金属円板に指で触れると，箔は
　［エ］。

5．箔検電器の金属円板から オ 。

6．最終的に，箔検電器が帯電しているのを確認した。

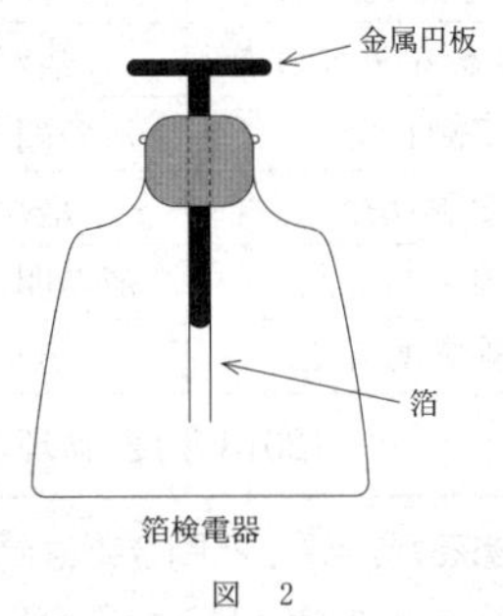

図　2

	ウ	エ	オ
①	開いていた	開いたままだった	ガラス棒を遠ざけたのち，指を離した
②	開いていた	開いたままだった	指を離したのち，ガラス棒を遠ざけた
③	開いていた	閉じた	ガラス棒を遠ざけたのち，指を離した
④	開いていた	閉じた	指を離したのち，ガラス棒を遠ざけた
⑤	閉じていた	開いた	ガラス棒を遠ざけたのち，指を離した
⑥	閉じていた	開いた	指を離したのち，ガラス棒を遠ざけた
⑦	閉じていた	閉じたままだった	ガラス棒を遠ざけたのち，指を離した
⑧	閉じていた	閉じたままだった	指を離したのち，ガラス棒を遠ざけた

問3　次の文章中の空欄 カ ・ キ に入れる語句の組合せとして最も適当なものを，下の①～⑥のうちから一つ選べ。 3

問2の操作によって箔検電器に蓄えられた電荷の符号を調べるためには，電荷の符号に応じて，箔検電器の箔の開閉状態が変わるような操作を行えばよい。例えば，帯電した箔検電器の金属円板に カ ときに， キ ならば電荷は負であり，そうでなければ電荷は正であると確認できる。

	カ	キ
①	磁石のN極を近づけた	箔の開きが大きくなる
②	磁石のN極を近づけた	箔が閉じていく
③	指で触れた	箔の開きが大きくなる
④	指で触れた	箔が閉じていく
⑤	紫外線をあてた	箔の開きが大きくなる
⑥	紫外線をあてた	箔が閉じていく

（2018年度　物理　追試験　第6問　問2・問3）

ポイント

箔検電器を用いた実験であるが，問2と問3では問われる力が異なっている。問2では「このような実験を行うと結果はどうなるか」が問われているが，問3では「ほしい結果（電荷の正負）を得るためにはどのような実験を行えばよいか」が問われている。共通テストでは解答を選択肢から選ぶので，選択肢に書かれた操作を行うとどのような結果になるかを，それぞれ判断していけばよいのだが，当然，既に行う実験が決まっている問題よりも，多くの知識と経験が要求される。

また，「電荷の符号に関することだから電磁気の実験を考える」と決めつけてはいけない。金属円板に「紫外線をあてた」ときに起こる現象は，原子分野の光電効果による光電子の放出である。一つの実験で，力学・熱力学・波・電磁気・原子の分野をまたぐ題材にも注意が必要である。　（正解は［2］④　［3］⑥）

対策　物理法則に基づいた実験考察を！

教科書に記載されている実験を行うとき，結果を求めるだけでなく，実験結果の検証や物理法則に対応した理解を深めておく必要がある。そのためには，「示された手順を逆にするとどうなるか」，「与えられた道具ではないものを用いると何が起こるか」なども考えておきたい。

- 問2の手順4と5で，示された手順とは逆に「箔検電器の金属円板からガラス棒を遠ざけたのち，指を離した」ならばどうなるか？　→ 手順1と同様で最終的に箔は閉じて箔検電器は帯電していない状態になる。
- 問3［カ］で，帯電した「箔検電器の金属円板に指で触れる」と何が起こるか？
→ 箔検電器に蓄えられた電荷の符号によらず，電荷は放電して箔は閉じる。
「箔検電器の金属円板に磁石のN極を近づける」と何が起こるか？　→ 蓄えられた電荷は磁場の影響を受けないから，箔の開閉状態は変わらない。
- 問3［キ］で，逆に「蓄えられていた電荷が正」ならばどうなるか？　→ 負電荷の放出によって蓄えられた正の電荷量は増加するので箔の開きが大きくなる。

グラフ・図・表の読み取り問題

例題4　図1(a)のように，円筒形の導体を中心軸を含む平面で二つに切り離し，これら二つの導体で大きな誘電率をもつ薄い誘電体をはさんだ。これに電池をつないだ図1(b)の回路は，図1(c)のように電気容量の等しい2個の平行板コンデンサーを並列接続した回路とみなせる。

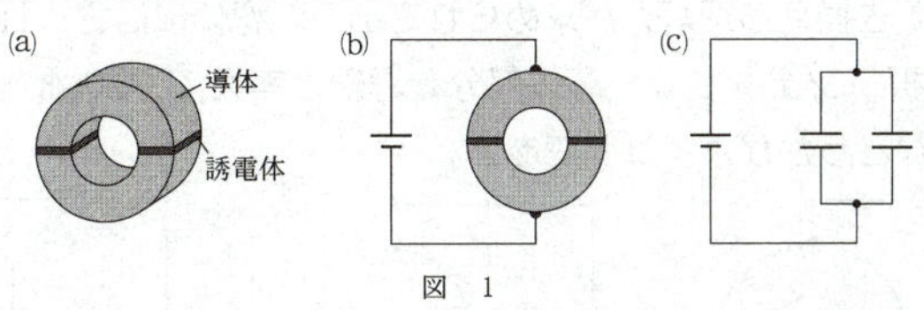

図　1

問　次に，導体を加工して，等しい形状の導体P，Q，R，Sに切り離し，図1(a)と同じ誘電体をはさんだ。図2のように導体P，R間に電池をつないだ回路は，図1(c)の平行板コンデンサーを4個接続した回路とみなせる。この回路として最も適当なものを，下の①～⑥のうちから一つ選べ。

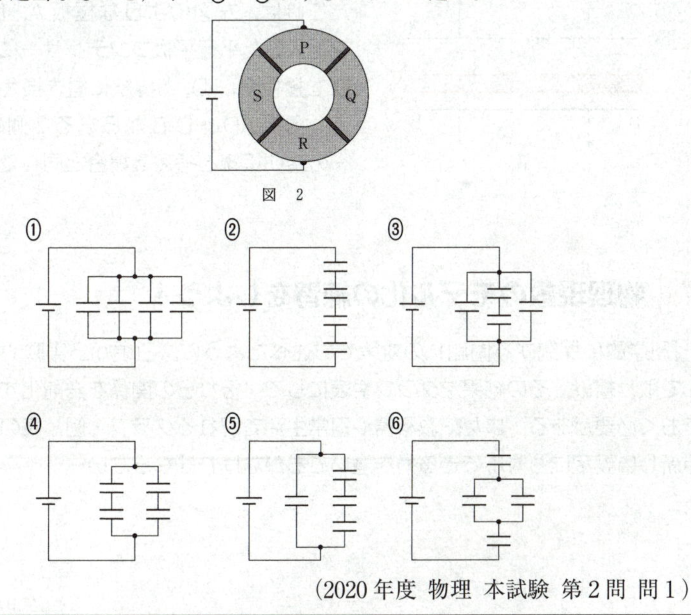

（2020年度　物理　本試験　第2問　問1）

コンデンサーでは，簡単のために２枚の極板を向かい合わせた平行平板コンデンサーを扱うが，最初に発明されたコンデンサーは，油やパラフィンを含浸させた紙をアルミニウム箔ではさみ，ロール状に巻き取ったペーパーコンデンサーであった。科学の進歩とともに改良が加えられ，より効率の高いものが作られるようになってきた。

本問で扱うのは，導体を切り離し，その間に誘電体をはさんで作ったコンデンサーである。見慣れない設定であるが，リード文と図１(a)・(b)の情報を読み取り，(c)の等価回路に置き換える理解力が求められている。導体にはさまれた誘電体部分を１個の平行平板コンデンサー，導体部分を導線と考えて，次図(i)→(ii)→(iii)の置き換えができるかどうかがポイントである。

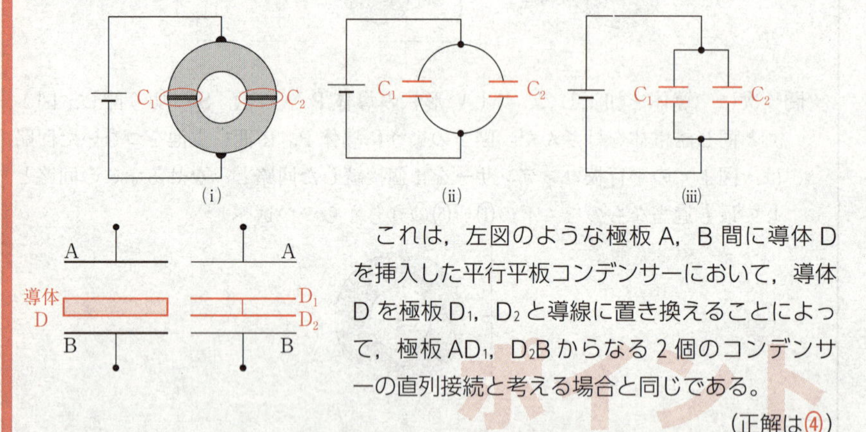

これは，左図のような極板 A，B 間に導体 D を挿入した平行平板コンデンサーにおいて，導体 D を極板 D_1，D_2 と導線に置き換えることによって，極板 AD_1，D_2B からなる２個のコンデンサーの直列接続と考える場合と同じである。

（正解は④）

対策 物理現象のモデル化の練習をしよう！

「科学的に探究する問題」の対策でも述べたように，日頃から実験や観察に自ら進んで取り組み，その結果をグラフや表にして，それらの関係を法則化する練習を積んでおく必要がある。また，教科書や日常生活で現れるグラフ・図・表の内容を理解し，目新しい設定にも対応できる力を磨いておかなければならない。

ねらいめはココ！

これまでに見てきたように，共通テスト対策において過去問を分析することは大いに役に立ちます。ここでは，共通テストの本試験・追試験の出題分野について分析します。

以下の表では，本書収載の共通テスト・試行調査の「物理」の過去問を，「力学」「熱力学」「波」「電磁気」「原子」の 5 分野にしたがって分類している（2021 年度の①・②はそれぞれ本試験第 1 日程・第 2 日程を表す）。大学入試センターから発表された出題範囲では，「物理」では「物理基礎」において取り扱われる関連内容を出題範囲に含む，とされており，実際に 2024 年度本試験の第 3 問は「物理基礎」の内容からの出題であった。このような問題については，p. 035〜036 の表にまとめているので参考にしてほしい。

 力学

- **運動量**と**剛体のつり合い**については，ほぼ毎年出題されている。
- 「物理基礎」の分野である**力のつり合い**，**運動の法則**，**力学的エネルギー保存則**も，力学の基本であり，毎年のように出題されているから，しっかりと身につけておかなければならない。
- 2021〜2023 年度では，**円運動**，**慣性力**，**単振動**のいずれかが出題されているから，十分に対策しておく必要がある。
- 2024 年度本試験の第 2 問，2023 年度本試験の第 3 問，2022 年度本試験の第 2 問に見られるように，実験・観察や探究活動に関する問題にも注意したい。これらの問題では，実験で得られたデータの表やグラフを分析する方法を身につけておく必要がある。

出題内容一覧（共通テスト本試験）

年度	平面内の運動と剛体のつり合い			運動量			円運動と単振動		万有引力
	曲線運動の速度と加速度	斜方投射	剛体のつり合い	運動量と力積	運動量の保存	はね返り係数	円運動 慣性力	単振動	万有引力
2024			Ⅰ 1	Ⅱ 3-5	Ⅱ 4				
2023			Ⅰ 1		Ⅰ 3		Ⅲ 1		
2022			Ⅰ 3	Ⅱ 4	Ⅱ 5,6		Ⅳ 1		Ⅳ 2
2021①		Ⅳ 1-4			Ⅳ 2	Ⅳ 4	Ⅰ 1		
2021②			Ⅰ 1		Ⅰ 4		Ⅰ 2	Ⅳ 4,5	

出題内容一覧（共通テスト追試験）

年度	平面内の運動と剛体のつり合い			運動量			円運動と単振動		万有引力
	曲線運動の速度と加速度	斜方投射	剛体のつり合い	運動量と力積	運動量の保存	はね返り係数	円運動 慣性力	単振動	万有引力
2023			Ⅲ 1-4				Ⅰ 2	Ⅰ 2	Ⅰ 1
2022				Ⅰ 5	Ⅰ 1	Ⅰ 1	Ⅰ 2		

出題内容一覧（試行調査）

実施回	平面内の運動と剛体のつり合い			運動量			円運動と単振動		万有引力
	曲線運動の速度と加速度	斜方投射	剛体のつり合い	運動量と力積	運動量の保存	はね返り係数	円運動 慣性力	単振動	万有引力
第2回		Ⅰ 1,2		Ⅱ 2-5		Ⅱ 1			
第1回	Ⅰ 1・Ⅲ 1-3						Ⅲ 1-3	Ⅱ 1-5	

(注)　Ⅰ，Ⅱ，…は大問番号を，1，2，…は小問番号を表す。

熱力学

ボイル・シャルルの法則，状態方程式，熱力学第１法則，内部エネルギー，熱効率の計算問題が出題されている。また，熱サイクルの p-V グラフや，文章を選択させる問題，正文・誤文選択問題も出題されたことがあるので，注意が必要である。

● 出題内容一覧（共通テスト本試験）

年度	熱力学		
	気体分子の運動と圧力	気体の内部エネルギー	気体の状態変化
2024	Ⅰ 2	Ⅱ 2,3	
2023		Ⅰ 2	Ⅰ 2
2022		Ⅰ 4	Ⅰ 4
2021①			Ⅰ 5
2021②		Ⅰ 5	Ⅰ 5

● 出題内容一覧（共通テスト追試験）

年度	熱力学		
	気体分子の運動と圧力	気体の内部エネルギー	気体の状態変化
2023			Ⅰ 3
2022			Ⅲ 2-4

● 出題内容一覧（試行調査）

実施回	熱力学		
	気体分子の運動と圧力	気体の内部エネルギー	気体の状態変化
第２回	Ⅰ 3	Ⅰ 3	Ⅰ 3
第１回			Ⅲ 6

（注） Ⅰ，Ⅱ，…は大問番号を，１，２，…は小問番号を表す。

波

波の干渉，反射と屈折，ドップラー効果，レンズ，ヤングの実験，回折格子，薄膜，光のスペクトルなどが出題されている。

また，2023 年度追試験の第 4 問，2021 年度本試験第 1 日程の第 3 問 Aに見られるように，実験・観察や探究活動に関する問題にも注意したい。

● 出題内容一覧（共通テスト本試験）

年度	波の伝わり方		音		光	
	波の伝わり方とその表し方	波の干渉と回折	音の干渉と回折	音のドップラー効果	光の伝わり方	光の回折と干渉
2024					Ⅰ 3	
2023				Ⅲ 2-5		
2022		Ⅰ 1			Ⅰ 2	
2021①				Ⅰ 4	Ⅲ 1-3	
2021②	Ⅲ 3					Ⅲ 4-7

● 出題内容一覧（共通テスト追試験）

年度	波の伝わり方		音		光	
	波の伝わり方とその表し方	波の干渉と回折	音の干渉と回折	音のドップラー効果	光の伝わり方	光の回折と干渉
2023	Ⅳ 1-5	Ⅳ 3-5			Ⅰ 5	
2022				Ⅱ 3-5		

● 出題内容一覧（試行調査）

実施回	波の伝わり方		音		光	
	波の伝わり方とその表し方	波の干渉と回折	音の干渉と回折	音のドップラー効果	光の伝わり方	光の回折と干渉
第 2 回		Ⅲ 3,4			Ⅰ 4	Ⅲ 1,2
第 1 回		Ⅰ 4			Ⅰ 3	

（注） Ⅰ，Ⅱ，…は大問番号を，1，2，…は小問番号を表す。

電磁気

電界と電位，コンデンサー，直流回路，ローレンツ力，電磁誘導が中心に出題されている。日常生活に密着したテーマに対しては，教科書本文を丁寧に読むだけでなく，コラムや図解などのサブテキストも活用したい。

また，2024 年度本試験の第 4 問，2023 年度本試験の第 4 問，2023 年度追試験の第 2 問，2022 年度本試験の第 3 問，2021 年度本試験第 2 日程の第 2 問　A・B に見られるように，実験・観察や探究活動に関する問題にも注意したい。

● 出題内容一覧（共通テスト本試験）

年度	電気と電流				電流と磁界			
	電荷と電界	電界と電位	コンデンサー	電気回路	電流による磁界	電流が磁界から受ける力	電磁誘導	電磁波の性質とその利用
2024	Ⅳ 1	Ⅳ 1-5				Ⅰ 4・Ⅲ 1		
2023	Ⅳ 1		Ⅳ 1-5	Ⅳ 2		Ⅰ 4		
2022					Ⅰ 5	Ⅰ 5	Ⅲ 1-5	
2021①		Ⅰ 3	Ⅰ 3・Ⅱ 1-3	Ⅱ 1-3		Ⅱ 5	Ⅱ 4-6	
2021②	Ⅰ 3	Ⅰ 3		Ⅱ 1,2		Ⅱ 3	Ⅱ 4,5	

● 出題内容一覧（共通テスト追試験）

年度	電気と電流				電流と磁界			
	電荷と電界	電界と電位	コンデンサー	電気回路	電流による磁界	電流が磁界から受ける力	電磁誘導	電磁波の性質とその利用
2023							Ⅱ 1-3	
2022				Ⅰ 3		Ⅰ 4		

● 出題内容一覧（試行調査）

実施回	電気と電流				電流と磁界			
	電荷と電界	電界と電位	コンデンサー	電気回路	電流による磁界	電流が磁界から受ける力	電磁誘導	電磁波の性質とその利用
第 2 回						Ⅳ 2	Ⅳ 1,2,4	Ⅲ 3,4
第 1 回							Ⅰ 2・Ⅳ 1,2	

（注）　Ⅰ，Ⅱ，…は大問番号を，1，2，…は小問番号を表す。

原子

光電効果，X線，粒子性と波動性，水素原子の構造，放射線，核エネルギー，原子核崩壊，半減期などが出題されている。

● 出題内容一覧（共通テスト本試験）

年度	電子と光		原子と原子核			物理学が築く未来
	電子	粒子性と波動性	原子とスペクトル	原子核	素粒子	物理学が築く未来
2024				Ⅰ 5		
2023		Ⅰ 5				
2022			Ⅳ 2-4			
2021①	Ⅲ 4		Ⅲ 5,6			
2021②		Ⅰ 4				

● 出題内容一覧（共通テスト追試験）

年度	電子と光		原子と原子核			物理学が築く未来
	電子	粒子性と波動性	原子とスペクトル	原子核	素粒子	物理学が築く未来
2023		Ⅰ 4				
2022		Ⅳ 1-4				

● 出題内容一覧（試行調査）

実施回	電子と光		原子と原子核			物理学が築く未来
	電子	粒子性と波動性	原子とスペクトル	原子核	素粒子	物理学が築く未来
第２回			Ⅰ 5			
第１回			Ⅰ 6			Ⅰ 5

(注) Ⅰ，Ⅱ，…は大問番号を，1，2，…は小問番号を表す。

効果的な過去問の使い方

ここまで見てきたように，共通テストでは，過去問を解くことが対策に直結するといえるでしょう。とはいえ，ただ解くだけでは効果が薄れてしまいます。以下のポイントに気を付けながら過去問に取り組むことで，より効果的に対策をしておきましょう！

学習対策

対策①
教科書で物理の原理・法則を理解する

共通テストの土台となるのは教科書なので，まずは教科書を何度もしっかりと読もう。太字部分や公式だけでなく，文章を読むことが理解には欠かせない。そこで物理用語の定義や法則の大枠をしっかりと暗記し，物理現象や物理の原理を文章や図を用いて説明する表現力を養いたい。

教科書のグラフや図は，その形を暗記するのではなく自分で一から描けるように練習し，その意味を理解することが必要である。また，公式も単に暗記するだけでなく，公式の持つ意味，導出過程，どんな場面で使えるか，どんな図と対応しているかなどを説明できるようにしておくことが大切である。

対策②
実験・観察，探究活動には積極的に参加する

近年の教育課程では，実験・観察，探究活動が重視されており，共通テストでもその傾向が強く現れている。すべての分野において，身近な題材を用いた実験・観察や，身のまわりの現象を通して物理の理解を問う問題が出題されているので，教科書をよく読み，その原理を理解しておく必要がある。また，探究活動に関しては，仮説の検証，データ処理の方法などの過程を重視した思考力を問う問題が出題されているので，学校での実験や観察には積極的に取り組み，資料集や図解にも十分に目を通しておきたい。

対策③ 正解しても解説を丁寧に読む

過去問を解いていく中で，間違ったところはいうまでもなく，正解したところでも，必ず解説は丁寧に読んでもらいたい。その際，解説に書かれている内容と自分の理解が違っていないことを確認する。それが自信につながり，設定が変わった問題や，初めて見る問題にも対応できる力となる。

対策④ 同じ過ちを繰り返さない

「間違ったけれども，解説を読めばわかった」というのが最も危険である。このような時は，どこで間違ったのか，何が原因であったのかを追究し，二度と同じ過ちを繰り返さないように注意しよう。解説を読んでも不明な点が出てくれば必ず教科書に戻って確認し，その周囲の法則や図，グラフにも注意を払っておきたい。

対策⑤ 正誤判定問題に惑わされない

近年，受験生は正誤判定問題を苦手とする傾向があるが，これは公式暗記に頼っている証拠といえる。物理現象の深い理解と思考力を試すにはこのタイプの出題が必須である。物理現象を的確に表現したり，論理的に説明したりする能力を養うためにも，常に「何が原因でその現象が起こっているのか」を考えておかなければならない。

対策⑥ マークシート方式が易しいとは限らない

解答方式がマークシート方式だからといって，問題が易しいわけではない。近年，選択肢の多い問題が増加傾向にあり，わからない問題を直感で正解するのは無理だと考えた方がよい。正誤判定問題や文章を選ぶ問題では，特に紛らわしい選択肢を含むものがある。物理的な理解・センスを持っていれば簡単に解答できるところが，数式で処理しようとしたために，思わぬ苦戦を強いられたりすることもある。やはり，独創的な出題に耐え得るだけの，ワンランク上の対策をしておく必要がある。

対策⑦ 自己採点を確実にする

共通テスト「物理」は，出題形式が多様な上に，文章量，選択肢の多い問題が増加しているので，制限時間内に解けるよう，時間感覚と解答スピードを養っておく必要がある。また，マークシート方式の解答用紙に正しくマークすると同時に，後で大学入試センターが発表する正解に基づいて正しく自己採点できるよう，問題冊子に解答を書き留めておかなくてはならない。国公立大学の一般選抜ではこの自己採点結果を基準に，二次試験の出願先を決定するわけであるから，提出した解答用紙のマークと，自分の問題冊子の記録が違っていたのでは，元も子もない。過去問や模試などによって，共通テストと同じ時間，同じレベルの問題，同じタイプの解答用紙で演習を行い，正しくマークし，正しく自己採点できるよう訓練を積んでおかなければならない。

対策⑧
「物理基礎」の内容を疎かにしない

p. 027 で見たように，共通テスト「物理」では「物理基礎」の内容も扱われる。「物理」で学習する内容は，そのほとんどが「物理基礎」の内容を踏まえたものになっているので，「物理」で高得点を狙うためには，「物理基礎」の内容を疎かにしないことが前提である。以下の表に，「物理基礎」の内容に該当する問題を分類しているので，不安のある人は，まずこれらの問題でしっかりと確認しておこう。

「物理基礎」の力学は公式が比較的多いので，計算力が求められる。一方，「物理基礎」の熱・波・電磁気・エネルギーの分野は，いずれも実験・観察を通して身につけた基本的な概念と法則，定性的な知識と理解，それを用いた考察力が求められる問題が多く出題されている。そのため，計算力や考察力の確認としてこれらの問題にあたるのもよいだろう。

力学

● 出題内容一覧（共通テスト本試験）

年度	運動の表し方			様々な力とその働き				力学的エネルギー	
	物理量の測定と扱い方	運動の表し方	直線運動の加速度	様々な力	力のつり合い	運動の法則	物体の落下運動	運動エネルギーと位置エネルギー	力学的エネルギーの保存
2024	Ⅲ 3-5	Ⅱ 1		Ⅱ 5					Ⅱ 3,4
2023						Ⅱ 5	Ⅱ 1-5		Ⅰ 3
2022						Ⅱ 1-3			
2021①					Ⅰ 2			Ⅳ 3,4	Ⅳ 3,4
2021②	Ⅲ 5				Ⅳ 1-3				

● 出題内容一覧（共通テスト追試験）

年度	運動の表し方			様々な力とその働き				力学的エネルギー	
	物理量の測定と扱い方	運動の表し方	直線運動の加速度	様々な力	力のつり合い	運動の法則	物体の落下運動	運動エネルギーと位置エネルギー	力学的エネルギーの保存
2023				Ⅲ 2-4					
2022				Ⅲ 1	Ⅰ 2	Ⅱ 1,2	Ⅱ 1,2		Ⅲ 4

● 出題内容一覧（試行調査）

実施回	運動の表し方			様々な力とその働き				力学的エネルギー	
	物理量の測定と扱い方	運動の表し方	直線運動の加速度	様々な力	力のつり合い	運動の法則	物体の落下運動	運動エネルギーと位置エネルギー	力学的エネルギーの保存
第２回					Ⅰ２		Ⅳ４		
第１回			Ⅰ１・Ⅲ２	Ⅰ１				Ⅲ４-６	

熱・波・電磁気・エネルギー

● 出題内容一覧（共通テスト本試験）

年度	熱		波		電磁気		エネルギーとその利用	物理学が拓く世界
	熱と温度	熱の利用	波の性質	音と振動	物質と電気抵抗	電気の利用	エネルギーとその利用	物理学が拓く世界
2024				Ⅲ１-５	Ⅳ５			
2023								
2022								
2021①								
2021②				Ⅲ１,２				

● 出題内容一覧（共通テスト追試験）

年度	熱		波		電磁気		エネルギーとその利用	物理学が拓く世界
	熱と温度	熱の利用	波の性質	音と振動	物質と電気抵抗	電気の利用	エネルギーとその利用	物理学が拓く世界
2023								
2022								

● 出題内容一覧（試行調査）

実施回	熱		波		電磁気		エネルギーとその利用	物理学が拓く世界
	熱と温度	熱の利用	波の性質	音と振動	物質と電気抵抗	電気の利用	エネルギーとその利用	物理学が拓く世界
第２回			Ⅲ３,４	Ⅳ１		Ⅳ１,３		
第１回	Ⅲ４	Ⅲ４-６		Ⅰ４		Ⅰ２	Ⅰ５・Ⅲ５	

（注）Ⅰ，Ⅱ，…は大問番号を，１，２，…は小問番号を表す。

思考力問題対策

ここでは，共通テストで重要視される「思考力」を問う問題について，その対策を考える。

物理における「思考力問題」とは？

大学入試センターから公表されている，理科における「思考力・判断力・表現力」についてのイメージでは，**課題の把握**（図・表や資料等を用いて情報を整理し，関係性などを発見する力）・**課題の探究（追究）**（発見した関係性などから，仮説を設定し，それを検証する実験を計画・実行し，結果を分析・解釈する力）・**課題の解決**（実験や分析の結果をもとに仮説を検証し，次の課題を発見したり，新たな知見を得たりする力）の 3 つの力について，共通テストで問う，とされている。実際に共通テストでは，これまでの大学入試でよく見られてきた，公式を用いて計算により答えを求めさせる問題よりも，物理現象をグラフや表，文章を用いて表現させることに重点をおいた問題や，日常生活や社会と関連した課題等を科学的に探究する問題，ICT 機器の利活用を含む，実験・観察を重視した問題などが出題されている。

「思考力問題」の例

共通テスト本試験で出題された問題から，実験・観察，探究活動を重視した出題や日常生活に密着したテーマに関する出題を挙げると，次のようになる。また，p. 019 からの**「形式を知っておくと安心」**や p. 027 からの**「ねらいめはココ！」**でも，実験・観察や探究活動に関する問題をいくつか挙げているので，参考にしてほしい。

● 実験・観察，探究活動を重視した出題

- 弦の固有振動に関する実験と探究（2024 年度 第 3 問）
- 導体紙に電流を流したときの電位の測定（2024 年度 第 4 問 問 3 ～問 5 ）
- 落下するアルミカップにはたらく空気の抵抗力の実験（2023 年度 第 2 問）
- コンデンサーの電気容量を測定する実験（2023 年度 第 4 問）
- 力学台車を用いた物体の運動（2022 年度 第 2 問）
- 電磁誘導で発生する誘導起電力のオシロスコープでの観察（2022 年度 第 3 問）
- 電流計と電圧計の構造（2021 年度第 2 日程 第 2 問 A）

● 日常生活に密着したテーマにも注意

・ペットボトルロケットの打ち上げ（2024 年度 第 2 問）
・ダイヤモンドが様々な色で明るく輝く理由（2021 年度第 1 日程 第 3 問 A）

以下に，実験・観察や探究活動の具体例をいくつか紹介する。

◎運動の軌跡を図示する

物理における質点の運動は，等加速度直線運動や放物運動，円運動，単振動が挙げられるが，それぞれどのような力がはたらくときに起こる運動かを正しく理解している必要がある。力学だけでなく，波における媒質の運動や，電気と磁気における静電気力やローレンツ力を受けた運動でも，その軌跡の概略は正しくイメージできなければならない。

◎ 2 変数の関係をグラフで表す

力学における x-t グラフや v-t グラフ，点電荷のまわりの静電気力による位置エネルギーのグラフ，熱力学における気体の状態図など，物理では様々な場面でグラフが登場する。共通テストでは，与えられたグラフ上の個々の点を読み取るだけでなく，グラフの傾きや面積に相当する物理量を問うことで，実験データを俯瞰的に分析させる問題が出題されている。教科書のグラフを覚えるだけでなく，日頃からグラフを自ら作成・分析する能力を養ってきたかが問われることになる。

☑「思考力問題」対策

「実験・観察，探究活動を重視した出題」に対する対策は，p. 033～034 の対策②や対策⑤で紹介しているので，よく読んでほしい。特に，資料や図，グラフを読み取る力は，一朝一夕に身につくものではなく，日頃からの訓練が大事である。

また，共通テストで出題された問題では，解答形式について，従来の「最も適当なものを一つ選べ」ではなく，数学のように計算結果を直接マークさせる形式も出題されている。このような問題では，いわゆる消去法は通用しないため，より確かな物理の力が求められる。

本書に収載している過去問にも，上記のように，「思考力問題」といえる問題が多数見られる。特に上の例に挙げた問題は確実に解けるようになっておいてほしい。

共通テスト
攻略アドバイス

2025 年度から新課程入試となりますが，先輩方が共通テスト攻略のために編み出した「秘訣」の中には，引き続き活用できそうなものがたくさんあります。これらをヒントに，あなたも攻略ポイントを見つけ出してください！

✓ 教科書の理解と過去問での演習を！

共通テストは，「物理」「物理基礎」の全分野から出題されます。また，教科書等では扱われていない事物・現象を考察する問題が含まれることが発表されていますが，その土台となる知識は，やはり教科書の内容です。まずは教科書を隅々まで読み込み，その内容を漏れなく定着させておきましょう。

共通テストでは，深い**思考力**が問われるとされており，それぞれの公式がなぜ成り立つのかを理解していないと思わぬところで失点してしまいかねません。過去問を活用した苦手分野の克服も効果的でしょう。

典型問題の解法を覚えるのももちろん大事ですが，物理は特に体系的な理解が求められます。暗記ではなく理解することで一気に点数が上がると思います。

T. T. さん・徳島大学（医学部）

公式の成り立ちを知っておくと問題を解くときに楽になり，丸暗記するより頭に残りやすくなります。「なぜそうなるのか」という本質を理解しておくことにも繋がります。共通テストの物理は公式丸暗記では解けないことがあるので，わからないところがあれば，調べておきましょう。

H. S. さん・弘前大学（理工学部）

共通テストの物理は，物理の本質を問う良い問題が多く含まれています。物理公式の背景や導出も覚え，問題の現象を説明し，立式できるように過去問を通して対策しましょう。

T. H. さん・横浜国立大学（理工学部）

共通テストは基本的なことが問われるので，試験前は教科書を隅から隅まで読み込むのが効果的かと思います。そうすることで，深い理解が得られるので二次試験の勉強にも役立つと思います。

K. D. さん・大阪公立大学（工学部）

公式の導出まで理解していないと解けない問題もあるので，いま一度公式の導出を復習しましょう。満遍なく出題されるので，原子も疎かにできません。

R. H. さん・名古屋工業大学（工学部）

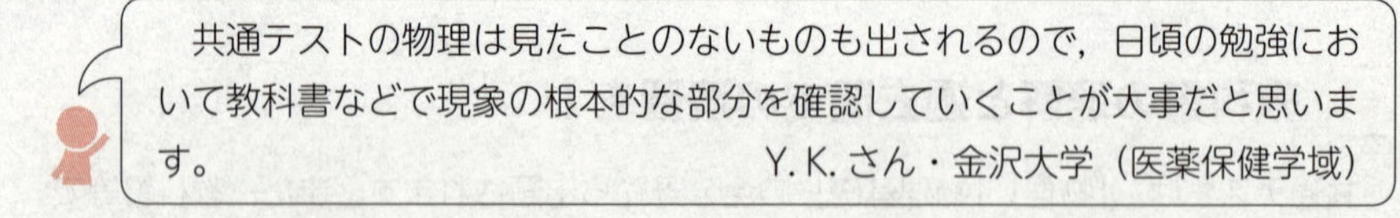

共通テストの物理は見たことのないものも出されるので，日頃の勉強において教科書などで現象の根本的な部分を確認していくことが大事だと思います。

Y. K. さん・金沢大学（医薬保健学域）

二次・個別試験対策だけでは危険？

共通テストでは，二次・個別試験ではあまり問われないような，**身近な現象**を扱う問題が出題されます。また，物理現象を定性的に扱う問題では，図やグラフを選ぶ問題がよく出されます。二次・個別試験ではあまり問われない形式の問題こそ，過去問での演習が最適です。

物理の本質（物理現象・物理法則）を理解しているかどうかを問う問題が増えています。公式をただ暗記して使うのではなく，まずは定義をきっちり押さえた上で，その定義から何が言えるかを把握することが大切です。
S. O. さん・徳島大学（理工学部）

共通テスト物理では，問題文を正確に読み取ること，素早く情報を整理することなど，求められる内容が特徴的です。問題形式に慣れるための演習をしたほうがいいです。　I. T. さん・北海道大学（総合入試理系）

実験問題が多いので，教科書に載っている実験には一通り目を通すといいと思います。解いている途中でわからなくなっても，一度飛ばして他の問題を解いた後でもう一度戻ってくればよいと思います。
A. M. さん・九州大学（芸術工学部）

図から正確に情報を読み取ることが重要だと思います。複雑な図であれば一つずつ情報を分けて考えると何が聞かれているのかが見えてくると思います。　D. I. さん・群馬大学（理工学部）

まずは基本的な内容を押さえましょう。それに加え，共通テストでは定性的な議論や，実験のプロセスを追っていくような問題も出ます。過去問で慣れていきましょう。　S. H. さん・東京工業大学（物質理工学院）

日常に関する問題や実験に関する問題など，共通テストらしい思考力を要する問題が出やすい科目だと思います。教科書には日常の話題や実験方法が載っているので，直前期に読み直すと勉強になります。
A. M. さん・京都大学（工学部）

高得点を狙うなら…

共通テスト「物理」は，理科の他の科目に比べると，暗記する量が少なく，安定的に高得点を狙いやすい科目のようです。ただし，１問あたりの配点が高いことから，油断すると一気に失点してしまう恐れもあります。苦手分野や基本事項の抜けが残らないよう，万全の対策が必要です。

演習をして終わりにするのではなく，必ず見直しをしましょう。自分の苦手な分野，パターンが洗い出せます。また，似た選択肢がある場合，なぜその選択肢があるのかを考えるとケアレスミスを減らせると思います。

I. M. さん・富山大学（薬学部）

勘違いや問題文の読み落としで点を落としてしまうことがとても多かったので，焦らずに問題を読むことが大切だと思います。また，基本事項が問われるので，苦手分野をつくらないことが大切です。

清水麦彦さん・東北大学（工学部）

苦手分野を把握しやすいので，自分の不得意な分野をすぐに調べてそこを重点的に対策しましょう。また，図を描くことが物理の問題を解く上で重要なので，図を描く練習をしておきましょう。

K. O. さん・東京海洋大学（海洋工学部）

他科目より１問ごとの配点が高い傾向にあるので，選択肢の吟味をより丁寧に行っていく必要があると思います。公式をきちんと使えるように本番までに多くの問題に触れておくと良いと思います。

K. S. さん・佐賀大学（理工学部）

共通テストの物理は，二次試験とは違う形式の，定性的な問題が出ることが多いです。また，１問１問の配点が大きいため，過去問を使って問題形式に慣れておくことが大切です。　W. G. さん・北海道大学（総合入試理系）

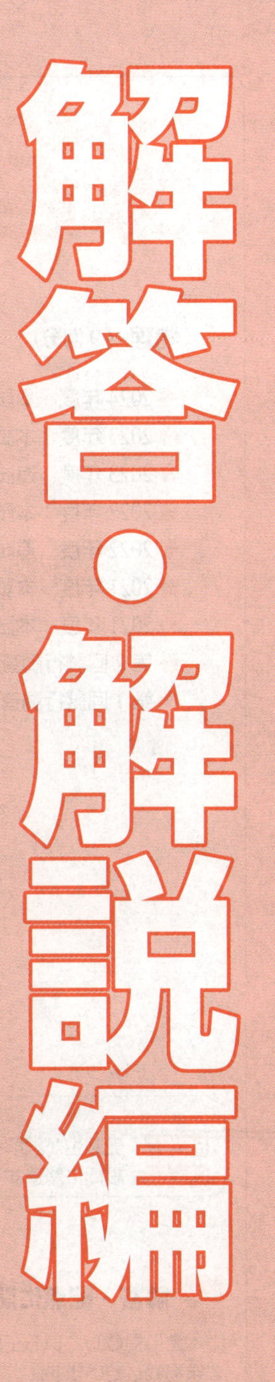

Keys & Answers

解答・解説編

物理（9回分）

- 2024年度　本試験
- 2023年度　本試験
- 2023年度　追試験
- 2022年度　本試験
- 2022年度　追試験
- 2021年度　本試験（第1日程）
- 2021年度　本試験（第2日程）
- 第2回試行調査
- 第1回試行調査

凡　例

POINT：受験生が誤解しやすい事項をポイントとして示しています。
CHECK：設問に関連する内容で，よく狙われる事項をチェックとして示しています。

解答・配点に関する注意

本書に掲載している正解および配点は，大学入試センターから公表されたものをそのまま掲載しています。

物理　本試験

問題番号(配点)	設問	解答番号	正解	配点	チェック
第1問 (25)	問1	1	⑤	5	
	問2	2	⑤	3	
		3	③	2	
	問3	4	④	5	
	問4	5	⑦	5	
	問5	6	⑦	5	
第2問 (25)	問1	7	⑥	5	
	問2	8	②	3	
		9	①	3	
	問3	10	⑨	5	
	問4	11	④	5*	
	問5	12	④	4	

問題番号(配点)	設問	解答番号	正解	配点	チェック
第3問 (25)	問1	13	⑤	5	
	問2	14	③	5	
	問3	15	②	5	
	問4	16	②	5	
	問5	17	④	5	
第4問 (25)	問1	18	②	5	
	問2	19	⑤	5	
	問3	20	①	5	
	問4	21	⑥	5	
	問5	22	①	5	

(注)　＊は，③を解答した場合は１点を与える。

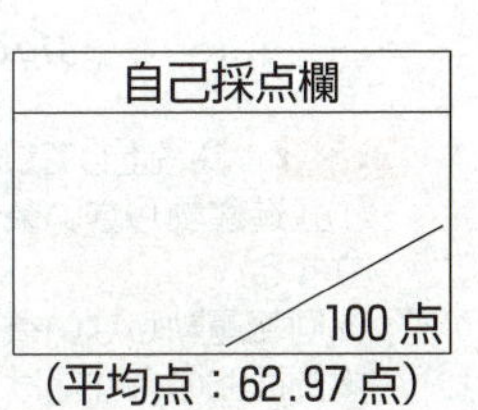

(平均点：62.97点)

第1問　標準　《総　合　題》

問1　1　正解は⑤

板にはたらく力は，重心を作用点とする大きさ Mg の重力，点Bを作用点とする大きさ F の力，床からの垂直抗力（点Bに加える力の大きさによって作用点が決まる），点Aを作用点とする壁からの垂直抗力である。

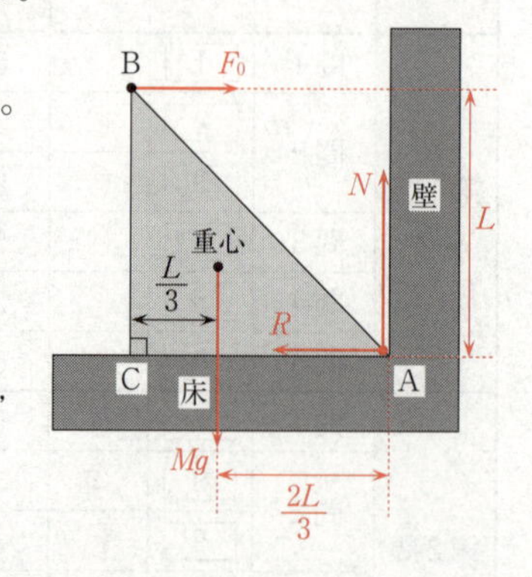

点Bに加える力を大きくしていき，板が回転するときは，必ず点Aを中心として図の右回りである。このとき，床からの垂直抗力の作用点は点Aになる。板が回転しないような F の最大値，すなわち板が点Aのまわりに回転する直前に点Bに加える力の大きさを F_0 とする。

点Aのまわりの力のモーメントのつり合いの式は，点Aからの重力の作用線までの距離が $\frac{2L}{3}$，大きさ F_0 の力の作用線までの距離が L であるから

$$Mg\times\frac{2L}{3}=F_0\times L \qquad \therefore \quad F_0=\frac{2Mg}{3}$$

別解　力のモーメントのつり合いの式では，いわゆる腕の長さと，腕に対して垂直な方向の力の成分を用いることもできる。点Bにはたらく力 F_0 の腕 AB に垂直な方向の成分は $F_0\sin 45°$ $\left(=\frac{1}{\sqrt{2}}F_0\right)$，腕 AB の長さは $\frac{L}{\sin 45°}$ $(=\sqrt{2}L)$。

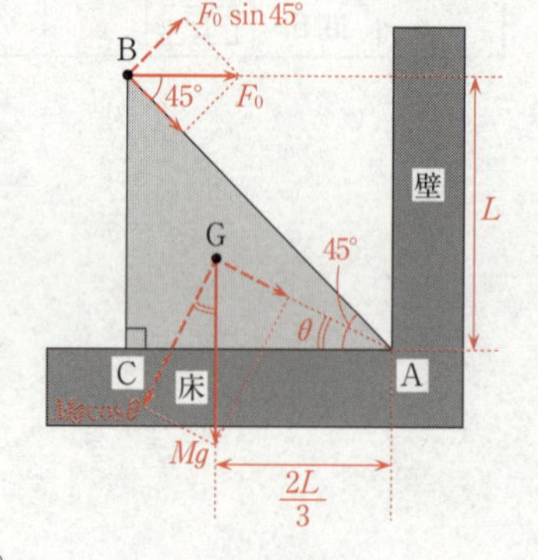

重心をGとして，$\angle GAC=\theta$ とすると，点Gにはたらく重力 Mg の腕 AG に垂直な方向の成分は $Mg\cos\theta$，腕 AG の長さは $\frac{\frac{2L}{3}}{\cos\theta}$ である。

点Aのまわりの力のモーメントのつり合いの式は

$$Mg\cos\theta\times\frac{\frac{2L}{3}}{\cos\theta}=\frac{1}{\sqrt{2}}F_0\times\sqrt{2}L \qquad \therefore \quad F_0=\frac{2Mg}{3}$$

POINT　◎静止している剛体のつり合いの条件は，次の(i)，(ii)である。

(i)並進運動しない条件は，任意の直交する座標のそれぞれの方向で，力のつり合いが成立する。

(ii)回転運動しない条件は，任意の点のまわりで，力のモーメントのつり合いが成立する。

本問は(ii)の条件だけで解くことができる。(i)の条件は，板が床から受ける垂直抗力の大

きさをN，点Aが壁から受ける垂直抗力の大きさをRとすると，力のつり合いの式は

水平方向：$F=R$

鉛直方向：$N=Mg$

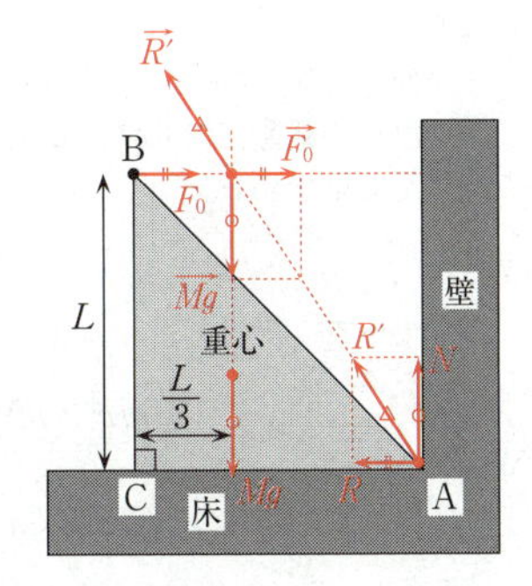

◎板が回転する直前，力のベクトルとして重力$\overrightarrow{Mg}$，点Bに加える力$\overrightarrow{F_0}$，点Aが受ける抗力$\overrightarrow{R'}$（床から受ける垂直抗力と壁から受ける垂直抗力の合力）の作用線は1点で交わり，$\overrightarrow{Mg}+\overrightarrow{F_0}+\overrightarrow{R'}=0$である。このベクトルを作図することで，ベクトルの長さの比から$F_0=\frac{2Mg}{3}$を求めることもできる。

◎板が床から受ける垂直抗力の作用点は，点Bに加える力の大きさFによって変化する。点Bに加える力の大きさFが0のとき，$F=R=0$，$N=Mg$となるので，床からの垂直抗力の作用線は，重力の作用線と一致する。点Bに加える力を大きくしていくと，床から受ける垂直抗力の作用点は，最初の位置から点Aに向かって移動し，回転する直前は点Aとなる。

問2　2　正解は⑤　　3　正解は③

2　原子核1個の質量をm，速度の2乗の平均を$\overline{v^2}$とすると，原子核1個あたりの運動エネルギーの平均値Kは

$$K=\frac{1}{2}m\overline{v^2}$$

また，Kは，単原子分子理想気体の場合，気体の絶対温度をT，ボルツマン定数をkとすると

$$K=\frac{3}{2}kT$$

よって，運動エネルギーの平均値Kは絶対温度Tに比例する。

ヘリウム原子核1個が，温度1500万Kの太陽の中心部にあるときの運動エネルギーの平均値$K_{太陽}$は，温度300Kの空気中にあるときの運動エネルギーの平均値$K_{空気}$に比べて

$$\frac{K_{太陽}}{K_{空気}}=\frac{1500\times10^4}{300}=5\times10^4=50000〔倍〕$$

3　単原子分子理想気体の運動エネルギーの平均値Kは，絶対温度Tに比例し，水素原子核もヘリウム原子核も太陽の中心部で同じ温度約1500万Kの状態にあるから，それぞれの運動エネルギーの平均値$K_{水素}$，$K_{ヘリウム}$は等しい。よって

$$\frac{K_{水素}}{K_{ヘリウム}}=1〔倍〕$$

CHECK　◎原子核1個あたりの運動エネルギーの平均値$\frac{1}{2}m\overline{v^2}=\frac{3}{2}kT$を導出する。

理想気体の内部エネルギーUは，気体の物質量をn，定積モル比熱をC_Vとすると，単

原子分子理想気体の場合，気体定数を R として $C_V=\frac{3}{2}R$ であるから

$$U=nC_VT=\frac{3}{2}nRT$$

理想気体の内部エネルギー U は，分子間力による位置エネルギーを無視するので，分子がもつ運動エネルギーの和である。アボガドロ定数を N_A として，気体の分子数は nN_A であるから

$$U=\frac{1}{2}m\overline{v^2}\times nN_A$$

よって

$$\frac{1}{2}m\overline{v^2}\times nN_A=\frac{3}{2}nRT \qquad \therefore \quad \frac{1}{2}m\overline{v^2}=\frac{3}{2}\frac{R}{N_A}T=\frac{3}{2}kT$$

ここで，ボルツマン定数 k と気体定数 R の関係は，$k=\frac{R}{N_A}$ である。

◎速度の２乗の平均値 $\overline{v^2}$ の平方根 $\sqrt{\overline{v^2}}$ を，２乗平均速度という。

$$\sqrt{\overline{v^2}}=\sqrt{\frac{3kT}{m}}$$

気体の分子量を M_0〔g/mol〕，モル質量を M〔kg/mol〕とすると，$M=M_0\times10^{-3}$，$M=N_A\cdot m$ であるから

$$\sqrt{\overline{v^2}}=\sqrt{\frac{3kT}{m}}=\sqrt{\frac{3RT}{mN_A}}=\sqrt{\frac{3RT}{M}}=\sqrt{\frac{3RT}{M_0\times10^{-3}}}$$

◎本問は，水素原子核とヘリウム原子核の運動エネルギーの平均値 $\frac{1}{2}m\overline{v^2}$ の比較であったが，水素原子核とヘリウム原子核の２乗平均速度 $\sqrt{\overline{v^2}}$ の比較の場合，水素原子核１個の質量はヘリウム原子核１個の質量の約 $\frac{1}{4}$ であるから，水素原子核の２乗平均速度は，ヘリウム原子核の２乗平均速度の約２倍となる。

問３　4　正解は④

ア　光が水中からガラス中へ屈折して進むとき，題意より

$$n\sin\theta=n'\sin\theta' \quad \cdots\cdots(あ)$$

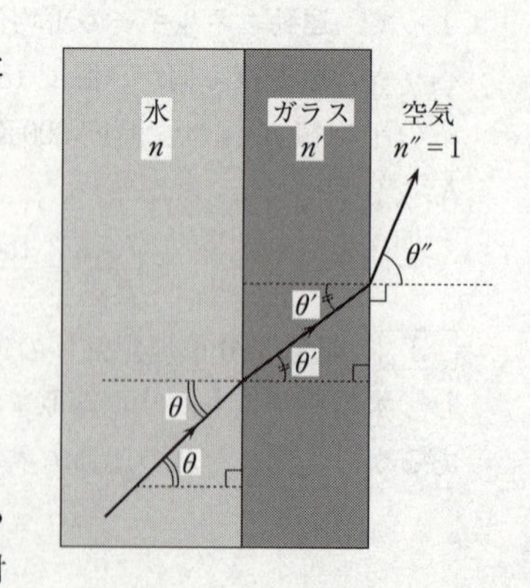

光がガラス中から空気中へ屈折して進むときも，同様の関係が成り立つから

$$n'\sin\theta'=1\cdot\sin\theta'' \quad \cdots\cdots(い)$$

ここで，$n<n'$ であるから

$$\sin\theta>\sin\theta' \qquad \therefore \quad \theta>\theta'$$

よって，入射角の値によらず，光は必ず水中からガラス中へと進み，水とガラスの境界面で全反射することはない。

一方，$n'>1$ であるから

$$\sin\theta' < \sin\theta'' \qquad \therefore \quad \theta' < \theta''$$

よって，入射角の値によっては，光が空気中へ出てこなくなることがある。すなわち，光が全反射しているのは，ガラスと空気の境界面である。

イ (あ)，(い)より

$$n\sin\theta = n'\sin\theta' = 1\cdot\sin\theta''$$

入射角 θ が θ_C のとき，空気中での屈折角 θ'' は 90° であるから

$$n\sin\theta_C = 1\cdot\sin 90° \qquad \therefore \quad \sin\theta_C = \frac{1}{n}$$

したがって，語句と式の組合せとして最も適当なものは④である。

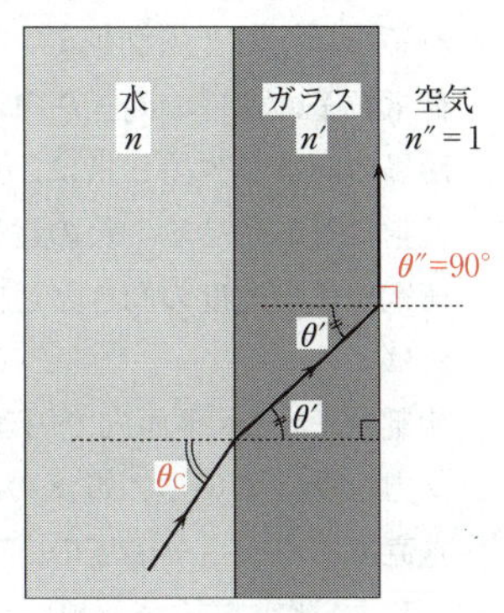

CHECK ◎光が全反射するのは，屈折率が大きい媒質から小さい媒質へ進もうとする境界面である。ガラスの屈折率 n'>水の屈折率 n>空気の屈折率 1 であるから，光が全反射するのは，ガラスと空気の境界面だけである。

◎屈折の法則の定義から，$n\sin\theta = n'\sin\theta'$ を導出する。

波が媒質 1 から媒質 2 へ進むときの入射角を θ，屈折角を θ' としたとき，$\dfrac{\sin\theta}{\sin\theta'}$ は入射角 θ によらず媒質の組合わせで決まる一定の値となる。これを屈折の法則という。この一定の値を n_{12} と表し，これを媒質 1 に対する媒質 2 の屈折率（相対屈折率）という。すなわち

$$\frac{\sin\theta}{\sin\theta'} = n_{12} \quad \cdots\cdots(う)$$

このとき，相対屈折率は屈折する前後の媒質中を進む波の速さ v_1，v_2 の比の値に等しい。すなわち

$$n_{12} = \frac{v_1}{v_2}$$

光が真空中から物質中へ進むときの屈折率を，その物質の絶対屈折率という。媒質 1，媒質 2 の絶対屈折率をそれぞれ n，n'，真空中の光速を c とすると

$$n = \frac{c}{v_1}, \quad n' = \frac{c}{v_2}$$

$$\therefore \quad n_{12} = \frac{v_1}{v_2} = \frac{n'}{n} \quad \cdots\cdots(え)$$

(う)，(え)より

$$\frac{\sin\theta}{\sin\theta'} = n_{12} = \frac{n'}{n} \qquad \therefore \quad n\sin\theta = n'\sin\theta'$$

問4　5　正解は⑦

ウ　一様な磁場（磁界）中を運動する荷電粒子はローレンツ力を受ける。正の電荷をもつ荷電粒子を考えると，フレミングの左手の法則より，荷電粒子の速度の向きを電流の向きとして中指に，磁場の向きを人差し指に，ローレンツ力の向きを親指に対応させる。負の電荷をもつ荷電粒子は，荷電粒子の速度の向きと逆向きを電流の向きとすればよい。

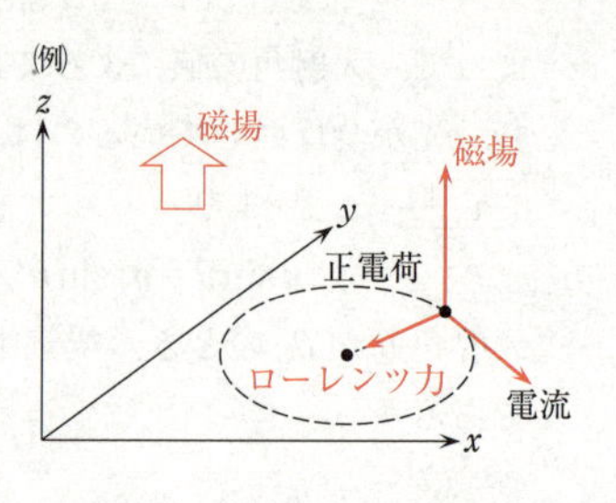

荷電粒子が xy 平面内で円運動しているときは，その円運動の中心向きにローレンツ力を受けている。電流の向きとローレンツ力の向きはともに xy 平面内で互いに垂直であるから，磁場の方向はこれらに垂直の **z 軸**に平行である。

エ　荷電粒子が x 軸に平行に運動をしているとき，ローレンツ力を受けるとすればそれは必ず x 軸と垂直な方向であり，荷電粒子の運動は x 軸方向から外れる。しかし，荷電粒子は x 軸に平行に直線運動をしているから，ローレンツ力を受けてはいない。力を受けない荷電粒子の運動は，等速直線運動である。荷電粒子が運動していて，ローレンツ力を受けないような磁場の方向は，荷電粒子の運動（速度または電流）の方向と同じ方向の **x 軸**と平行である。

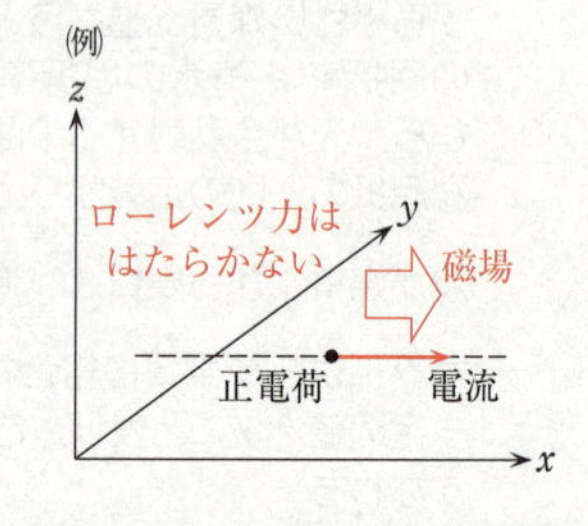

したがって，語の組合せとして最も適当なものは⑦である。

問5　6　正解は⑦

オ　この原子核反応の前後における原子核の質量の減少量を Δm〔u〕とすると

$$\Delta m=(1.0073+11.9967)-13.0019=0.0021〔\mathrm{u}〕$$

この原子核反応では，反応後の窒素原子核の質量は，反応前の陽子と炭素原子核の質量和より小さいことになり，この失われた質量 Δm が，その質量に対応するエネルギーに転換され，核エネルギーとして放出されることになる。よって，この反応で核エネルギーが**放出された**ことがわかる。

カ　放射性原子核の個数が崩壊によってもとの原子核の個数の半分になるまでの時間を半減期といい，半減期を T〔分〕，はじめの原子核数を N_0，時間 t〔分〕の後に崩壊しないで残っている原子核数を N とすると

$$\frac{N}{N_0}=\left(\frac{1}{2}\right)^{\frac{t}{T}}$$

$$\left(\frac{1}{2}\right)^{\frac{40}{T}}=\frac{1}{16}=\left(\frac{1}{2}\right)^4$$

$$\frac{40}{T}=4$$

$$\therefore\quad T=10〔分〕$$

したがって，組合せとして最も適当なものは⑦である。

CHECK ◎この原子核反応式は，次のように表される。

$${}^{12}_{6}\mathrm{C}+{}^{1}_{1}\mathrm{H}\longrightarrow{}^{13}_{7}\mathrm{N}$$

原子核反応では，次の(i)～(iv)の量が保存する。

(i)全質量数……核子（陽子と中性子）の数の総和が保存する。電子や光は増減してもよい。

(ii)全電気量……原子番号の総和（電子は原子番号を－1とする）が保存する。

(iii)全運動量……全粒子の運動量の総和が保存する。

(iv)全エネルギー……粒子（核子，電子，光子など）の種類の変化や，粒子の生成や消滅にともなう質量の変化も含め，運動エネルギーと質量に対応するエネルギーの総和が保存する。光子のエネルギーは $h\nu$（h：プランク定数，ν：振動数）である。

◎統一原子質量単位 u を用いた質量は，$1\mathrm{u}=1.6\times10^{-27}\mathrm{kg}$ である。

質量 $\Delta m=0.0021$〔u〕に対応するエネルギー E は，真空中の光速を c として，質量とエネルギーの等価性の式より

$$\begin{aligned}E&=\Delta mc^2\\&=(0.0021\times1.6\times10^{-27})\times(3.0\times10^8)^2=3.02\times10^{-13}〔\mathrm{J}〕\\&=1.89\times10^6〔\mathrm{eV}〕=1.89〔\mathrm{MeV}〕\end{aligned}$$

ただし，$1〔\mathrm{eV}〕=1.6\times10^{-19}〔\mathrm{C}〕\times1〔\mathrm{V}〕=1.6\times10^{-19}〔\mathrm{J}〕$ である。

第2問 標準 —— 力学・熱力学 《ペットボトルロケットに関する探究》

問1 7 正解は⑥

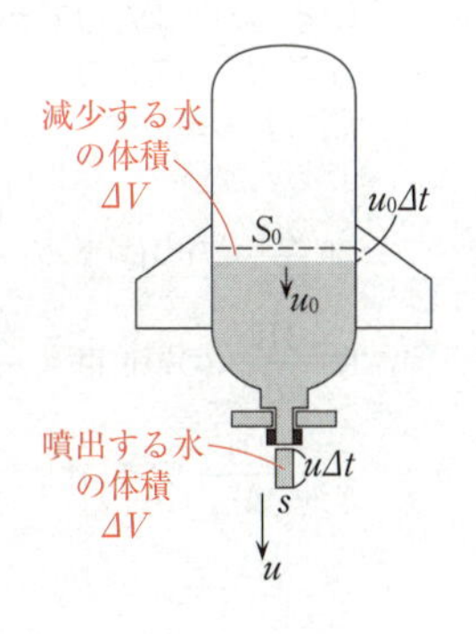

ア　時間 Δt は小さいので，水の速さ u は一定とみなすことができる。ノズルを通過して噴出する水の体積 ΔV は，断面積 s，長さ $u\Delta t$ の円筒の体積であるから

$$\Delta V=\boldsymbol{su\Delta t}$$

イ　ペットボトル内で減少した水の体積 ΔV は，断面積 S_0，下降する水面による長さ $u_0\Delta t$ の円筒の体積であるから

$$\Delta V=S_0u_0\Delta t$$

これらが等しいから

$$S_0u_0\Delta t=su\Delta t\qquad\therefore\quad u_0=\boldsymbol{\frac{s}{S_0}u}$$

したがって，式の組合せとして最も適当なものは⑥である。

問2　8　正解は②　9　正解は①

8　$t=0$ から $t=\Delta t$ までの間に噴出した水の質量が Δm，体積が ΔV であり，水の密度は ρ_0 であるから

$$\Delta m=\rho_0\Delta V$$

9　ペットボトル内の圧縮空気は，圧力 p が一定でその体積が ΔV 増加することで仕事をするから，この間に圧縮空気がした仕事 W' は

$$W'=p\Delta V$$

問3　10　正解は⑨

ウ　運動エネルギーの変化と仕事の関係より，噴出した水の運動エネルギーの変化は，水が圧縮空気から受けた仕事に等しい。噴出した水の，時刻 $t=0$ での運動エネルギーは0であるから，時刻 $t=\Delta t$ での運動エネルギーは，この間に圧縮空気がした仕事 W' に等しい。

エ　噴出した水の時刻 $t=\Delta t$ での運動エネルギーは $\frac{1}{2}\Delta mu^2$ であるから

$$\frac{1}{2}\Delta mu^2-0=W' \qquad \therefore \quad u=\sqrt{\frac{2W'}{\Delta m}}$$

したがって，語句および数式を示す記号の組合せとして最も適当なものは⑨である。

CHECK　◎圧縮気体に着目すれば，圧縮気体が吸収した熱量を Q，圧縮気体の内部エネルギーの増加を ΔU，圧縮気体がした仕事を W' とすると，熱力学第1法則は $Q=\Delta U+W'$ であるが，内部エネルギーは本問とは無関係である。本問では，噴出した水に着目しているのであって，上で述べたように，運動エネルギーの変化と仕事の関係より，水の運動エネルギーの変化は，水がされた仕事に等しい。

◎(d)〜(f)の各式の両辺の物理量の単位の整合性を考えると，右辺が速さの単位になっているものは(f)だけであるから，(f)が正しいことがわかる。

仕事 W' の単位は　$[\mathrm{J}]=[\mathrm{N\cdot m}]=[\mathrm{kg\cdot m/s^2}][\mathrm{m}]=[\mathrm{kg\cdot m^2/s^2}]$

圧力 p の単位は　$[\mathrm{Pa}]=[\mathrm{N/m^2}]=[\mathrm{kg\cdot m/s^2}][\mathrm{/m^2}]=[\mathrm{kg/(m\cdot s^2)}]$

であるから

(d) $\frac{2W'}{\Delta m}$ の単位は　$\frac{[\mathrm{kg\cdot m^2/s^2}]}{[\mathrm{kg}]}=[\mathrm{m^2/s^2}]$

(e) $\frac{2W'}{p\Delta m}$ の単位は　$\frac{[\mathrm{kg\cdot m^2/s^2}]}{[\mathrm{kg/(m\cdot s^2)}][\mathrm{kg}]}=[\mathrm{m^3/kg}]$

(f) $\sqrt{\frac{2W'}{\Delta m}}$ の単位は　$\sqrt{\frac{[\mathrm{kg\cdot m^2/s^2}]}{[\mathrm{kg}]}}=[\mathrm{m/s}]$　（速さ u の単位に合致する）

問4 　11　 正解は④

$t=0$ で静止しているロケット全体（ペットボトルと内部の水やノズルを含む）と，$t=\Delta t$ で，水を噴出して速さ Δv で進む質量 M のロケット全体と，速さ u で進む質量 m の噴出した水との間で，運動量の和が等しい。ロケットが進む鉛直上向きを正とすると

$$M\Delta v+\Delta m(-u)=0 \qquad \therefore \quad \boldsymbol{M\Delta v-\Delta mu=0}$$

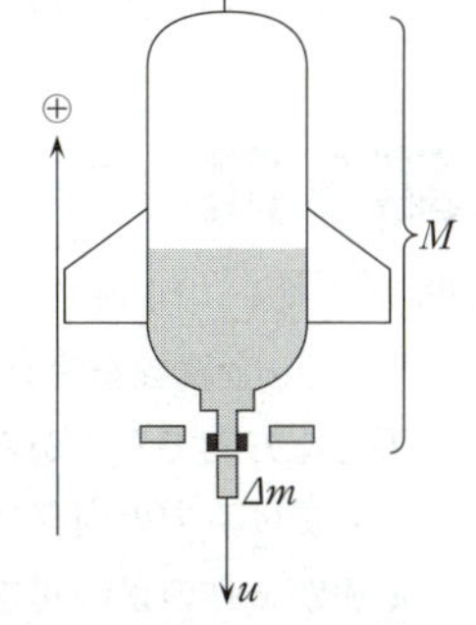

POINT 　図3のように Δv，u は速さであって速度ではない。速度は逆向きであるから，これらの正負が逆になるので，$M\Delta v+\Delta mu=0$ は誤りである。

CHECK 　$t=0$ と $t=\Delta t$ との間での運動量保存則を求める問題であるが，⑤～⑧の関係式では運動エネルギーが扱われているので，これらの式は誤りであることがわかる。

問5 　12　 正解は④

運動量の変化と力積の関係より，ロケットの運動量の変化は，ロケットが受けた力積に等しい。Δt の間のロケットの運動量の変化を Δp とすると

$$\Delta p=M\Delta v-0$$

題意より，重力の影響は無視するから，ロケットが受ける力は，噴出する水が及ぼす推進力だけであり，この力の大きさを f とする。Δt の間にロケットが受けた力積を I とすると

$$I=f\Delta t$$

よって

$$M\Delta v=f\Delta t \qquad \therefore \quad f=M\frac{\Delta v}{\Delta t}$$

この推進力の大きさ f がロケットにはたらく重力の大きさ Mg よりも大きくなる条件を求めることになる。よって

$$f>Mg$$

$$M\frac{\Delta v}{\Delta t}>Mg$$

$$\therefore \quad \boldsymbol{\Delta v>g\Delta t}$$

CHECK 　◎問2・問3と同様に，①～⑥の各式の物理量の単位の整合性を考えると，①～③は左辺と右辺とで単位が異なるので，これらの式は誤りであることがわかる。
◎本問では，重力の影響を無視して推進力を求めたが，重力の影響を無視しない場合，ロケットが受ける力積を I' とすると，I' は，推進力と重力の合力による力積である。鉛直上向きが正であるから，$I'=f\Delta t-Mg\Delta t$ となる。本問で得た条件は，$I'>0$ と同じであるから，重力に逆らってロケットを打ち上げるための条件であるといえる。
◎例えば，鉛直上向きに打ち上げられた花火が，上空で火薬のエネルギーによって分裂

するような場合に，運動量の変化と力積の関係を用いるときには，分裂するための力 f は重力 Mg に比べて十分大きく，分裂に要する時間 Δt が十分小さいので，分裂時に重力が及ぼす力積 $Mg\Delta t$ は無視することが多い。

第3問 標準 ―― 波《弦の固有振動に関する探究》

問1 13 正解は⑤

ア 金属線を流れる交流電流の向きが x 軸に平行な方向，磁場の向きが y 軸に平行な方向であるから，フレミングの左手の法則より，弦の中央部分で電流が磁場から受ける力の向きは **z 軸**に平行な方向である。

電流が x 軸の正の向き，磁場が y 軸の正の向きの場合，力は次図のように z 軸の正の向きとなる。交流電流によって電流が x 軸の負の向きとなるとき，磁場の向きは変化しないから，力は z 軸の負の向きとなる。

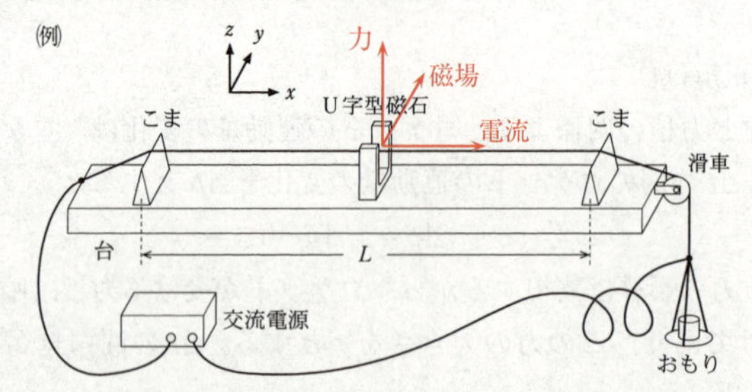

イ 金属線はこまの位置で固定されているので，こまの位置が定在波の節になる。弦の中央部分は，U字型磁石の磁場から力を受けて振動するから，この部分は定在波の**腹**となる。

したがって，語句の組合せとして最も適当なものは⑤である。

問2 14 正解は③

弦に3個の腹をもつ横波の定在波ができたとき，その波長を λ_3 とする。定在波の隣り合う節と節の間隔は $\frac{\lambda_3}{2}$ であるから

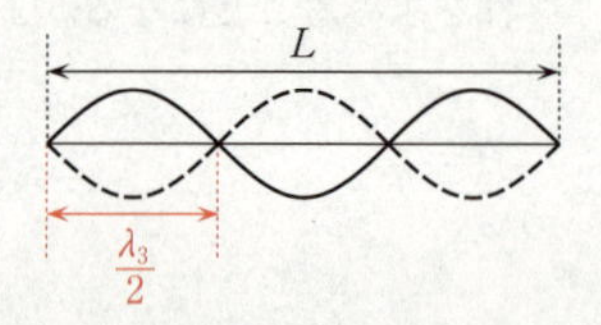

$$L=\frac{\lambda_3}{2}\times 3 \qquad \therefore\ \lambda_3=\frac{2L}{3}$$

問3 15 正解は②

図2で，原点とグラフ中のすべての点を通る直線は，右図のようになる。この直線の傾きは，グラフの横軸で与えられた物理量の変化 Δn に対する縦軸で与えられた物理量の変化 Δf_n であるから

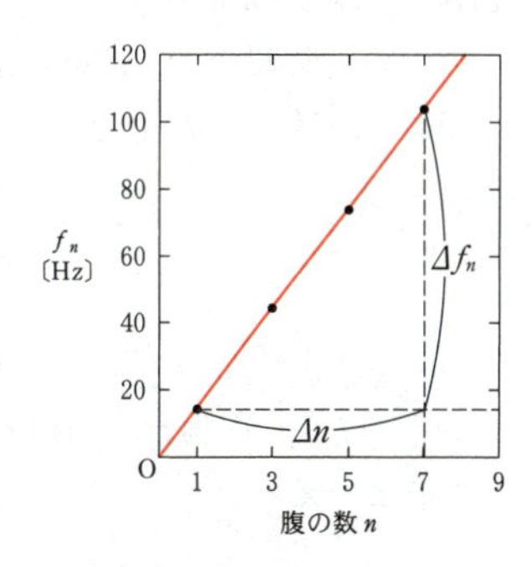

$$\text{直線の傾き}=\frac{\Delta f_n}{\Delta n}$$

弦に定在波の腹が n 個生じているとき，波長を λ_n とすると

$$L=\frac{\lambda_n}{2}\times n \qquad \therefore\quad \lambda_n=\frac{2L}{n}$$

弦を伝わる波の速さを v とすると，波の式より

$$v=f_n\lambda_n=f_n\times\frac{2L}{n} \qquad \therefore\quad \frac{f_n}{n}=\frac{v}{2L}$$

よって

$$\text{直線の傾き}=\frac{\Delta f_n}{\Delta n}=\frac{v}{2L}$$

ここで，L は定数であるから，直線の傾きは，弦を伝わる波の速さ v に比例する。

問4 16 正解は②

図3のグラフのうち，縦軸と横軸で表される物理量の間に比例関係がある場合，原点とグラフ中の点をまんべんなく通る直線を引くことができる。このようなグラフは，右図のように横軸を $\sqrt{S}$ として描いたグラフであり，よって，f_3 は $\sqrt{S}$ に比例することが推定される。

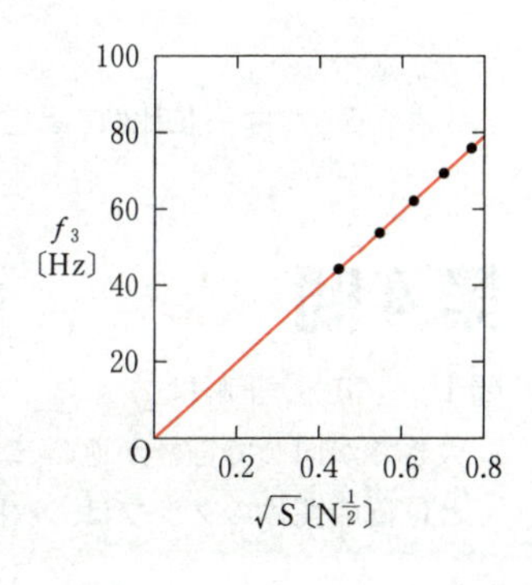

CHECK 弦の線密度を σ，張力の大きさを S とすると，弦を伝わる波の速さ v は

$$v=\sqrt{\frac{S}{\sigma}}$$

である。波の式より

$$v=f_n\lambda_n$$

よって，定在波の腹が3個生じているとき

$$f_3\lambda_3=\sqrt{\frac{S}{\sigma}}$$

$$\therefore\quad f_3=\frac{1}{\lambda_3}\sqrt{\frac{S}{\sigma}}=\frac{3}{2L}\sqrt{\frac{S}{\sigma}} \quad \cdots\cdots(お)$$

よって，f_3 は $\sqrt{S}$ に比例することがわかる。

問5　17　正解は④

表1のf_1の場合で，dを変化させたときのf_1の変化を考える。$d=0.1\,\text{mm}$のときのf_1に対する，$d=0.2\,\text{mm}$，$d=0.3\,\text{mm}$のときのf_1の比は

$$\frac{f_1(d=0.2\,\text{mm})}{f_1(d=0.1\,\text{mm})}=\frac{14.9}{29.4}\fallingdotseq\frac{1}{2}$$

$$\frac{f_1(d=0.3\,\text{mm})}{f_1(d=0.1\,\text{mm})}=\frac{9.5}{29.4}\fallingdotseq\frac{1}{3}$$

表1のf_3，f_5の場合も同様の比である。よって，固有振動数f_nは直径dに反比例するといえる。

したがって，弦の固有振動数f_nは$\frac{1}{d}$にほぼ比例することがわかる。

CHECK　長さl〔m〕，断面積A〔m^2〕，直径d〔m〕，質量m〔kg〕の金属線を考え，その線密度をσ〔kg/m〕，体積密度をρ〔kg/m^3〕とする。ここで，体積密度は単に密度としてよいが，線密度と区別するために特に体積密度とする。線密度σと体積密度ρは

$$\sigma=\frac{m}{l},\quad \rho=\frac{m}{Al}$$

よって

$$\sigma=A\rho=\pi\left(\frac{d}{2}\right)^2\rho \qquad \therefore\quad d=\sqrt{\frac{4\sigma}{\pi\rho}}$$

㋔より

$$f_n=\frac{1}{\lambda_n}\sqrt{\frac{S}{\sigma}}=\frac{1}{\lambda_n}\sqrt{\frac{S}{\pi\rho\left(\frac{d}{2}\right)^2}}=\frac{1}{d}\cdot\frac{1}{\lambda_n}\sqrt{\frac{4S}{\pi\rho}}$$

よって，f_nは$\frac{1}{d}$に比例することがわかる。

第4問  ―― 電磁気《二つの点電荷が作る電位，電流が流れる導体紙上の電位》

問1　18　正解は②

大きさが同じで符号が逆の二つの点電荷の場合，等電位線と電気力線の関係，電位と位置の関係のグラフは，次図のようになる。

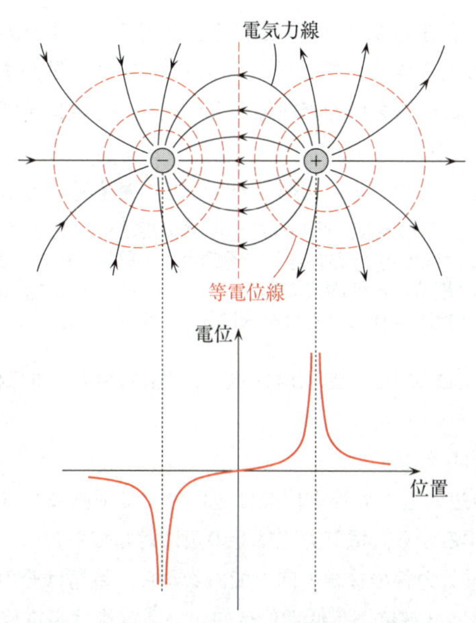

電荷が正電荷または負電荷のいずれか一つの場合，等電位線はその電荷を中心とする同心円であり，電荷に近いほどその間隔が狭い。

電荷が正電荷および負電荷の二つの場合，それらの電荷を結ぶ線分の垂直二等分線は等電位線（無限遠を基準として電位０）であり，その他の等電位線は，電荷に近いほど間隔が狭い曲線である。等電位線が交わったり枝分かれしたりすることはない。

したがって，模式図として最も適当なものは②である。

POINT ◎等電位線は，地図の等高線をイメージして，正電荷が山に，負電荷が谷に対応する。

◎電気量 q の点電荷から距離 r の点における電位 V は，静電気力によるクーローンの法則の比例定数を k として，無限遠を基準とすると

$$V=k\frac{q}{r}$$

問２ 19 正解は⑤

ⓐ正文。電場（電界）の強さは，単位面積を通過する電気力線の本数（電気力線の密度）に比例する。よって，電気力線は，電場（電界）が強いところほど密である。

ⓑ誤文。電気力線の密度が大きいほど，また等電位線の間隔が狭いほど，電場が強い。大きさが同じで符号が逆の二つの点電荷の場合であるから，すべての隣り合う等電位線の間の距離は異なる。

ⓒ正文。電場の向きは電気力線の接線の向きに等しいから，電気力線に垂直な方向

には電場の成分が存在しない。この点に電荷を置くと，電気力線に垂直な方向にはたらく静電気力の大きさは0であり，その方向に電荷を動かすのに必要な仕事は0である。よって，これらを結んだ曲線が電位差0の等電位線であるから，等電位線と電気力線は直交する。

したがって，正しいものを選んだ組合わせとして最も適当なものは⑤である。

POINT　等電位線と電気力線の性質には，(a)，(c)のほかに次のようなものがある。
(i)電気力線上の各点での接線の向きが，その点での電場の向きである。
(ii)電気力線は，高電位から低電位に向かう。すなわち，電気力線は，正電荷から出て無限遠に向かうか，無限遠から来て負電荷に入る。あるいは，正電荷から出て負電荷に入る。
(iii)電気力線は，交わったり，枝分かれしたり，電荷以外の場所で消滅したりしない。

問3　20　正解は①

ア　導体紙の辺の近くで等電位線は辺に対して垂直になっている。電気力線と等電位線は直交するから，電気力線はその辺に対して平行になっている。よって，電場の向きは，電気力線の接線の向きであるから，電場はその辺に平行である。

イ　電気力線は高電位から低電位へ向かい，電流は高電位から低電位へ流れる。よって，電流と電場の向きは同じである。

ウ　辺の近くの電場はその辺に平行で，電流と電場の向きは同じであるから，辺の近くの電流はその辺に平行に流れている。

したがって，語句の組合せとして最も適当なものは①である。

問4　21　正解は⑥

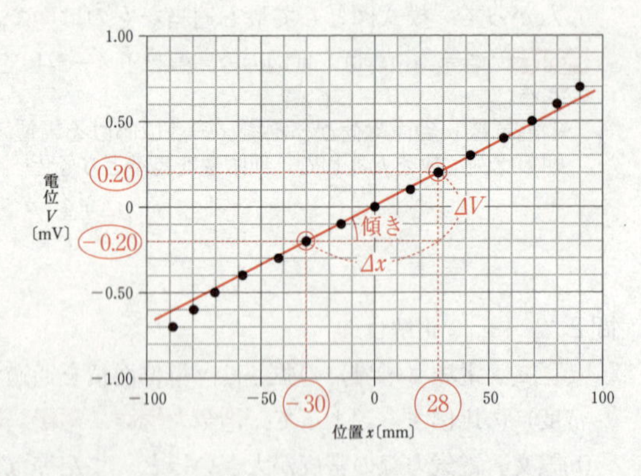

ある二点A，Bがあり，AB間の距離をΔx，AB間の電位差をΔVとすると，AB間の電場の大きさEは

$$E=\frac{\Delta V}{\Delta x}$$

よって，電場の大きさEは，電位Vと位置xの関係のグラフの傾きの大きさである。

ここでは，$x=0\,\mathrm{mm}$の点での接線の傾きを求めるのであるが，図3では，グラフの$x=0\,\mathrm{mm}$付近の点をまんべんなく通る直線を引くことができるので，それを接線と考えて傾きを求める。本来は読み取り誤差を小さくするためにはできるだけ大きな値を用いるのが望ましいが，ここでは$x=0\,\mathrm{mm}$付近で正負にほぼ同じだけ離れグラフの値が読み取りやすい 2 点として，$x=0\text{mm}$ の 2 つ隣の値を最小目盛の $\frac{1}{10}$ までの目分量で読み取ると

$$E=\frac{\Delta V}{\Delta x}=\frac{0.20\times10^{-3}-(-0.20\times10^{-3})}{28\times10^{-3}-(-30\times10^{-3})}=6.8\times10^{-3}\fallingdotseq 7\times10^{-3}\,[\text{V/m}]$$

POINT 電場 E と電位 V の関係は，電場の符号も含めると

$$E=-\frac{\Delta V}{\Delta x}$$

である。ここでの－符号は，電位が ΔV だけ下降する向きに Δx だけ進んだとき，電場 E が正であることを表している。

問 5 22 正解は①

導体紙の抵抗率を ρ とする。図 4 の小さい幅を Δd とし，この幅 Δd の両端の電位差を ΔV，体積 $S\Delta d$ の直方体の抵抗を R とすると，電流 I は

$$I=\frac{\Delta V}{R}$$

ここで

$$\Delta V=E\Delta d,\quad R=\rho\frac{\Delta d}{S}$$

よって

$$I=\frac{E\Delta d}{\rho\frac{\Delta d}{S}}\qquad\therefore\quad \rho=\frac{SE}{I}$$

物理 本試験

問題番号(配点)	設問	解答番号	正解	配点	チェック
第1問 (25)	問1	1	③	5	
	問2	2	③	2	
		3	③	3	
	問3	4	④	2	
		5	②	3	
	問4	6	④	5	
	問5	7	⑤	5	
第2問 (25)	問1	8	⑥	5	
	問2	9	①	5*1	
		10	⑤		
		11	⓪		
	問3	12	②	4	
	問4	13 - 14	④ - ⑧	6 (各3)	
	問5	15	⑨	5	

問題番号(配点)	設問	解答番号	正解	配点	チェック
第3問 (25)	問1	16	⑤	5*2	
	問2	17	⑥	5	
	問3	18	⑥	5*3	
	問4	19	①	5	
	問5	20	④	5	
第4問 (25)	問1	21	⑧	5	
	問2	22	⑦	5	
	問3	23	③	2	
		24	⑧	3	
	問4	25	④	5	
	問5	26	⑤	5	

（注）

1　＊1は，全部正解の場合のみ点を与える。ただし，解答番号 9 で①，解答番号 10 で⑥，解答番号 11 で⓪を解答した場合は 2 点を与える。

2　＊2は，②，④のいずれかを解答した場合は 1 点を与える。

3　＊3は，④，⑤のいずれかを解答した場合は 1 点を与える。

4　-（ハイフン）でつながれた正解は，順序を問わない。

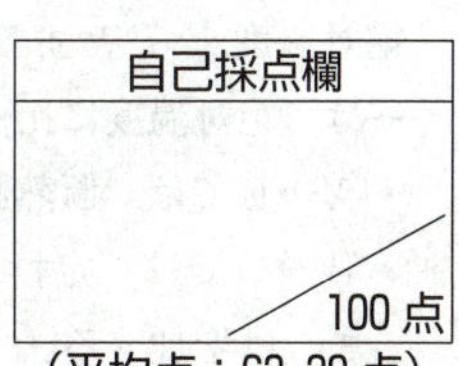
自己採点欄

/100点

（平均点：63.39点）

第1問 標準 《総　合　題》

問1　[1]　正解は③

体重計a，bにのせた角材が板の下面を支える点をそれぞれA，B，人の片足が板にのっている点をOとする。人の質量をm，重力加速度の大きさをg，点A，Bで板が受ける力の大きさをN_a，N_bとすると，N_a，N_bは体重計a，bにかかる力の大きさに等しい。

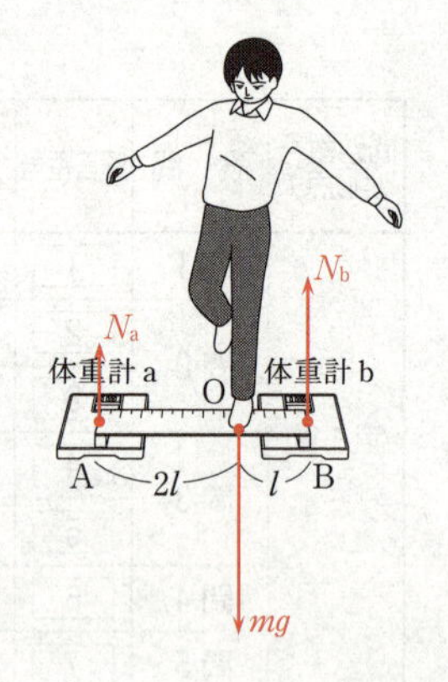

板が静止しているから，鉛直方向の力のつりあいの式より

$$N_a + N_b = mg$$

板が回転しないから，$OA=2l$，$OB=l$として，点Oのまわりの力のモーメントのつりあいの式より

$$N_a \times 2l = N_b \times l$$

これらを連立して解くと

$$N_a = \frac{1}{3}mg,\ \ N_b = \frac{2}{3}mg$$

$m=60$〔kg〕であるから

$$N_a = 20\times g,\ \ N_b = 40\times g$$

よって，体重計aとbの表示は，それぞれ20kgと40kgとなる。

したがって，数値の組合せとして最も適当なものは③である。

別解　力のモーメントのつりあいの式は，回転軸をA，B，Oのどこにとっても同じである。次のようにすると，力のつりあいの式を用いずに求めることもできる。

点Aのまわりの力のモーメントのつりあいの式より

$$N_b \times 3l = mg \times 2l \qquad \therefore \quad N_b = \frac{2}{3}mg = 40\times g$$

点Bのまわりの力のモーメントのつりあいの式より

$$N_a \times 3l = mg \times l \qquad \therefore \quad N_a = \frac{1}{3}mg = 20\times g$$

問2　[2]　正解は③　　[3]　正解は③

[2]　理想気体の内部エネルギーUは，気体の物質量をn，定積モル比熱をC_V，絶対温度をTとすると，$U=nC_VT$である。すなわち，理想気体の内部エネルギーは，絶対温度に比例する。

- A→Bでは，断熱膨張で温度は下がり，気体の内部エネルギーは減少する。
- B→Cでは，定積変化で圧力が増加するので温度は上がり，気体の内部エネルギーは増加する。

- C→Aでは，等温変化で温度は一定なので，気体の内部エネルギーは一定である。

よって，サイクルを一周する間で，気体の温度は変化するがもとの値に戻るので，気体の内部エネルギーは変化するがもとの値に戻る。
したがって，語句として最も適当なものは③である。

3　気体が吸収した熱量を Q，気体がされた仕事を W，気体の内部エネルギーの増加を ΔU とすると，熱力学第1法則より

$$\Delta U = Q + W$$

ここで，

- Q は，熱量を吸収するときが“正”，熱量を放出するときが“負”。
- W は，気体の体積が減少して仕事をされるときが“正”，気体の体積が増加して仕事をするときが“負”。
- ΔU は，気体の温度が上昇して内部エネルギーが増加するときが“正”，気体の温度が下降して内部エネルギーが減少するときが“負”。

ア　圧力－体積グラフと横軸で囲まれた面積は，気体がされた（した）仕事を表す。

- A→Bでは，気体の体積が増加しているので，気体がされた仕事は負。
- B→Cでは，定積変化なので，気体がされた仕事は0。
- C→Aでは，気体の体積が減少しているので，気体がされた仕事は正。

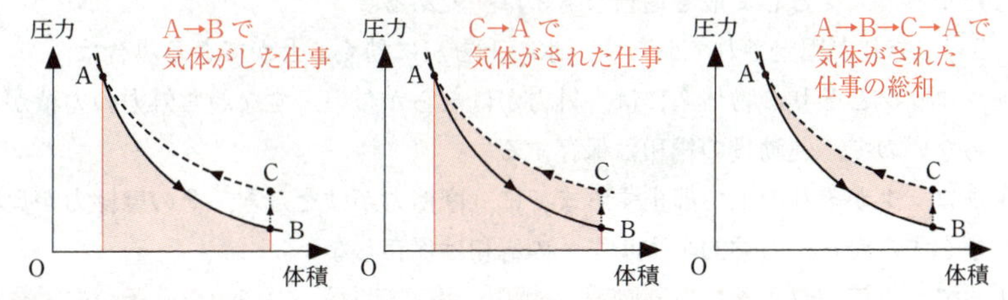

ここで，A→Bのグラフと横軸で囲まれた面積（負の仕事）より，C→Aのグラフと横軸で囲まれた面積（正の仕事）の方が大きいので，A→B→C→Aで，気体がされた仕事の総和 W は正である。

イ　A→B→C→Aのサイクルを一周する間で，熱力学第1法則 $\Delta U = Q + W$ より，$\Delta U = 0$ で，W は正であるから，気体が吸収した熱量の総和 Q は負である。
したがって，語の組合せとして最も適当なものは③である。

POINT　◎単原子分子の理想気体の場合，定積モル比熱 C_V は，気体定数 R を用いて，$C_V = \frac{3}{2}R$ であるから，$U = nC_VT = \frac{3}{2}nRT$ である。気体の温度が ΔT だけ変化した場合，気体の内部エネルギーの変化 ΔU は，$\Delta U = nC_V\Delta T = \frac{3}{2}nR\Delta T$ である。

◎熱力学第1法則では，気体の仕事に「された仕事」の場合と「した仕事」の場合があ

るので，これらの正負には注意が必要である。気体が吸収した熱量を Q，気体がした仕事を W'，気体の内部エネルギーの増加を ΔU とすると，熱力学第１法則は
$Q=\Delta U+W'$ である。過去にはこのスタイルで扱われたこともある。

CHECK ◎A→Bでは，熱の出入りがない（断熱変化）ので $Q=0$ である。また，気体の体積が増加しているので $W<0$ である。よって，$\Delta U=Q+W$ より，$\Delta U<0$ となる。
◎B→Cでは，定積変化（体積が一定）なので $W=0$ である。また，体積一定で圧力が増加するとき，ボイル・シャルルの法則より，気体の温度は上昇するので $\Delta U>0$ である。よって，$\Delta U=Q+W$ より，$Q>0$ となる。
◎C→Aでは，等温変化（温度が一定）なので $\Delta U=0$ である。また，気体の体積が減少しているので $W>0$ である。よって，$\Delta U=Q+W$ より，$Q<0$ となる。

問３　[4]　正解は④　　[5]　正解は②

[4]　そりが岸に固定されていて動けない場合，ブロックがそりの上を滑り始めてからそりの上で静止するまでの間，

- ブロックとそりの物体系には，氷に対してそりが動かないようにするための外力がはたらき，その外力が力積を加えるから，運動量の総和は保存しない。
- ブロックがそりの上で静止するまでに，摩擦力がはたらき，その摩擦力が負の仕事をするから，力学的エネルギーの総和は保存しない。

よって，**ブロックとそりの運動量の総和も，ブロックとそりの力学的エネルギーの総和も保存しない。**
したがって，文として最も適当なものは④である。

[5]　そりが固定されておらず，氷の上を左に動くことができる場合は，

- ブロックとそりの物体系には，外力がはたらかない，すなわち外力の力積が加わらないので，運動量の総和は保存する。
- ブロックがそりの上で静止するまでに，摩擦力がはたらき，その摩擦力が負の仕事をするから，力学的エネルギーの総和は保存しない。

よって，**ブロックとそりの運動量の総和は保存するが，ブロックとそりの力学的エネルギーの総和は保存しない。**
したがって，文として最も適当なものは②である。

POINT ◎物体系の運動量が保存する条件は，物体系に外力が力積を加えない場合，すなわち，物体系に外力がはたらかない場合である。物体系に対して外部からはたらく力が力積を加えると，物体系の運動量は変化する。
◎物体の力学的エネルギーが保存する条件は，物体にはたらく力が保存力だけの場合，または保存力以外の力がはたらいてもその力が仕事をしない場合である。物体に対して外部からはたらく力が仕事を加えると，物体の運動エネルギーは変化する。重力や弾性力などの保存力が仕事をすると，位置エネルギーが変化し，運動エネルギーに変換される。

CHECK ブロックの質量を m，そりの質量を M，ブロックがそりに移る直前の速さを v_0，ブロックとそりとの間の動摩擦係数を μ，重力加速度の大きさを g とする。この水平方

向の運動では，ブロックとそりの重力による位置エネルギーは変化しない。

◎そりが岸に固定されていて動けない場合

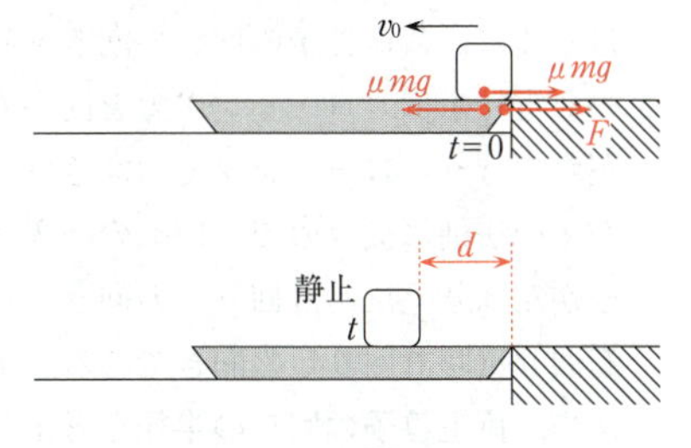

そりを固定する力の大きさを F，ブロックがそりの上を滑り始めてからそりの上で静止するまでの時間を t，その間にブロックがそりに対して滑った距離を d とする。

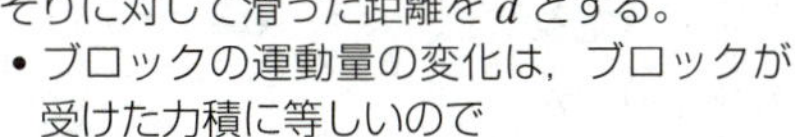

- ブロックの運動量の変化は，ブロックが受けた力積に等しいので

$$0-mv_0=-\mu mg\cdot t$$

- ブロックの運動エネルギーの変化は，ブロックが受けた仕事に等しいので

$$0-\frac{1}{2}mv_0{}^2=-\mu mg\cdot d$$

そりの運動量と運動エネルギーは変化しないので，ブロックとそりの運動量の総和も，ブロックとそりの力学的エネルギーの総和も保存しない。

◎そりが固定されておらず，氷の上を左に動くことができる場合

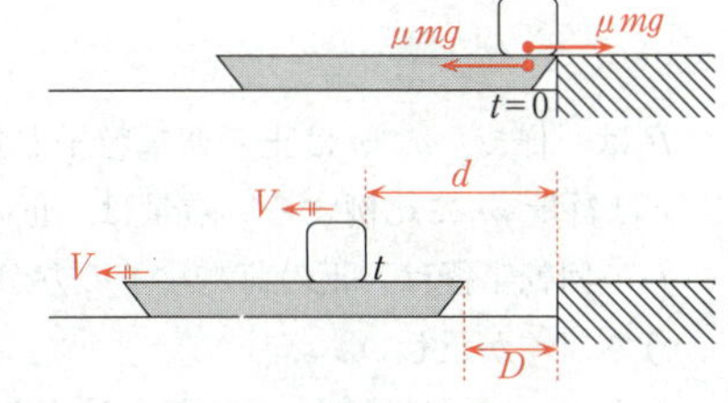

ブロックがそりの上を滑り始めてからそりの上で静止するまでの時間を t，そのときの氷に対するブロックとそりの速さを V，その間にブロックが氷に対して滑った距離を d，そりが氷に対して滑った距離を D とする。

- ブロックとそりの運動量の変化は，それぞれが受けた力積に等しいので

$$\text{ブロック}：mV-mv_0=-\mu mg\cdot t$$

$$\text{そり}：MV-0=\mu mg\cdot t$$

両辺の和をとると

$$(mV-mv_0)+MV=0$$

$$\therefore\quad mV+MV=mv_0$$

よって，ブロックとそりの運動量の総和は保存する。これは，ブロックとそりのそれぞれに対して摩擦力が加えられた時間が等しいので，それらの力積は相殺されるからである。

- ブロックとそりの運動エネルギーの変化は，それぞれが受けた仕事に等しいので

$$\text{ブロック}：\frac{1}{2}mV^2-\frac{1}{2}mv_0{}^2=-\mu mg\cdot d$$

$$\text{そり}：\frac{1}{2}MV^2-0=\mu mg\cdot D$$

両辺の和をとると

$$\left(\frac{1}{2}mV^2-\frac{1}{2}mv_0{}^2\right)+\frac{1}{2}MV^2=-\mu mg\cdot d+\mu mg\cdot D$$

$$\therefore\quad\left(\frac{1}{2}mV^2+\frac{1}{2}MV^2\right)-\frac{1}{2}mv_0{}^2=-\mu mg(d-D)$$

よって，ブロックとそりの力学的エネルギーの総和は保存しない。このとき，$d>D$ であるから，摩擦力がした仕事は負で，力学的エネルギーは減少する。

問4　6　正解は④

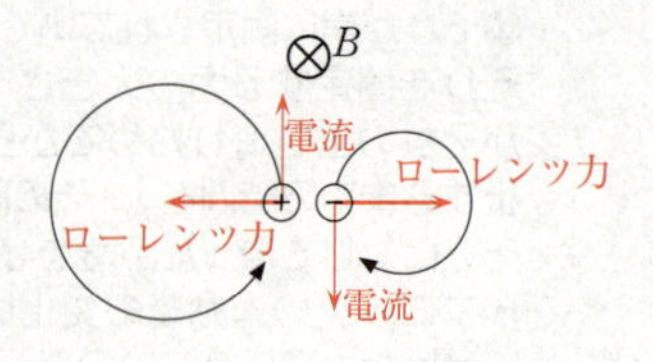

はじめに，荷電粒子の回転の向きを考える。磁場中の荷電粒子は，ローレンツ力を向心力として等速円運動を行う。ローレンツ力の向きは，フレミングの左手の法則に従うので，回転の向きは，正の荷電粒子が左回り（反時計回り）の向き，負の荷電粒子が右回り（時計回り）の向きである。よって，②または④が正しい。

次に，荷電粒子の回転の半径を考える。磁場の磁束密度の大きさを B，荷電粒子の質量を m，電気量の大きさを q，円運動の速さを v，半径を r とすると，中心方向の運動方程式より

$$m\frac{v^2}{r}=qvB$$

$$\therefore\quad r=\frac{mv}{qB}$$

B は一様で，q，v は正の荷電粒子と負の荷電粒子において同じなので，回転半径 r は質量 m に比例する。質量は，正の荷電粒子の方が負の荷電粒子より大きいから，回転半径は，正の荷電粒子の方が負の荷電粒子より大きくなるので，②，④のうち，④が正しい。

したがって，模式図として最も適当なものは④である。

問5　7　正解は⑤

光電効果では，振動数 ν の光子1個は，そのエネルギー $h\nu$ すべてを原子に束縛された電子に与えて，光子自身は消滅する。電子はそのエネルギー $h\nu$ すべてを受け取り，そのエネルギーの一部を金属表面から外へ飛び出すのに使い，残りを金属の外での運動エネルギーにする。金属表面の電子が外に出るための必要最小限のエネルギーを仕事関数 W という。

したがって，金属表面からは，いろいろな速さをもつ電子が飛び出すことになるが，そのうちで最大の運動エネルギー K_0 をもつ電子についてのエネルギーの関係式が，アインシュタインの光電効果の式 $h\nu=W+K_0$ である。

図4で，$\nu=\nu_0$ のとき，$K_0=0$ であるから

$$h\nu_0=W$$

$$\therefore\quad h=\frac{W}{\nu_0}$$

POINT

◎光電効果を起こす最小の振動数を限界振動数 ν_0 といい，金属表面の電子だけがちょうど外へ出られたという状況で，外へ飛び出しても運動エネルギーをもたない。仕事関数 W は，金属表面の電子が外に出るための必要最小限のエネルギーで，金属の奥深く

にある電子が外に出るためには W よりも多くのエネルギーを必要とする。
◎図4の直線の式は，縦軸が K_0，横軸が ν，縦軸の切片が $-W$ であり，傾きがプランク定数 h であるから，$K_0=h\nu-W$ となる。

第2問 標準 —— 力学 《空気中での落下運動に関する探究》

問1 [8] 正解は⑥

[ア]・[イ]・[ウ] 物体が空気中を運動するとき，物体は運動の向きと逆向きの抵抗力を受ける。
抵抗力の大きさ R が速さ v に比例すると仮定したとき，正の比例定数を k とすると，$R=kv$ である。物体の質量を m，重力加速度の大きさを g，物体の速さが v のときの加速度を a とすると，運動方程式より

$$ma=mg-kv$$

落下直後は $t=0$ で $v=0$ であるから，抵抗力 $kv=0$ となり

$$ma=mg$$

$$\therefore \quad a=g$$

物体は，はじめ重力加速度に等しい加速度で落下し始め，加速して速さ v が増加すると，抵抗力 kv が増加し，加速度 a は減少する。
したがって，語句の組合せとして最も適当なものは⑥である。

CHECK 最後には，抵抗力 kv が重力 mg に等しくなるまで速さ v が増加し，これらの力がつりあって，物体は一定の速さで落下するようになる。この速さが終端速度の大きさ v_f である。このときは加速度が0であるから

$$0=mg-kv_f$$

$$\therefore \quad v_f=\frac{mg}{k}$$

問2 [9] 正解は① [10] 正解は⑤ [11] 正解は⓪

アルミカップを3枚重ねた（$n=3$）とき，区間が40～60〔cm〕以降のところでは，20cm（＝0.20m）を落下するのに要する時間が0.13sとなって一定である。この落下の速さが終端速度の大きさ v_f であるから，等速直線運動の式より

$$v_f=\frac{\text{距離}}{\text{時間}}=\frac{0.20}{0.13}=1.53\cdots\fallingdotseq 1.5=1.5\times10^0\text{〔m/s〕}$$

問3 [12] 正解は②

「$v_f=\dfrac{mg}{k}$ に基づく予想」とは，会話文中の「アルミカップは，何枚か重ねることによって質量の異なる物体にすることができる」が，「その物体の形は枚数によら

ずほぼ同じなので，k は変わらない」とでき，「物体の質量 m はアルミカップの枚数 n に比例」するので，「v_f が n に比例する」ことである。よって，予想通りであれば，v_f と n は比例関係にあるので，グラフは原点を通る傾きが正の直線になるはずである。

①不適。図3で，アルミカップの枚数 n を増やすと，v_f が大きくなっているといえるが，v_f が n に比例しているわけではない。

②適当。予想していた結果と異なると判断できるのは，図3が，測定値のすべての点のできるだけ近くを通る直線が，原点から大きくはずれていることである。

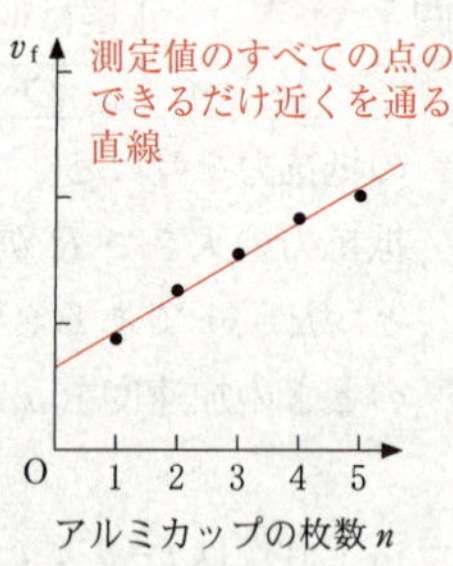

③不適。図3を，v_f がアルミカップの枚数 n に反比例していると考えるのは誤りである。

④不適。アルミカップの枚数 n は整数値であり，実験そのものがとびとびの値である。これは，v_f が n に比例するかどうかということとは無関係である。

したがって，根拠として最も適当なものは②である。

問4　13 - 14　正解は④-⑧

アルミカップ1枚の質量を m_0 とすると，$m=n\cdot m_0$ である。速さの2乗に比例する抵抗力 $R=k'v^2$ がはたらく場合，終端速度の大きさ v_f は

$$v_f=\sqrt{\frac{mg}{k'}}=\sqrt{\frac{n\cdot m_0 g}{k'}}=K\sqrt{n}$$

ここで，m_0，g，k' は一定値であるから，$\sqrt{\dfrac{m_0 g}{k'}}=K$（正の比例定数）とした。よって，$v_f$ は $\sqrt{n}$ に比例するので，縦軸に v_f，横軸に $\sqrt{n}$ を選ぶと，グラフは原点を通る直線となる。

また，$v_f=K\sqrt{n}$ の両辺を2乗すると

$$v_f{}^2=K^2 n$$

K^2 を K' とすると

$$v_f{}^2=K'n$$

よって，$v_f{}^2$ は n に比例するので，縦軸に $v_f{}^2$，横軸に n を選ぶと，グラフは原点を通る直線となる。

したがって，選び方の組合せとして最も適当なものは④または⑧である。

CHECK　表1より，$v_f{}^2$，n を求めると，次の表のようになる。

アルミカップの枚数 n	1	2	3	4	5
20cm の落下時間の一定値〔s〕	0.23	0.16	0.13	0.11	0.10
終端速度の大きさ v_f〔m/s〕	0.87	1.25	1.54	1.82	2.00
v_f^2〔m^2/s^2〕	0.76	1.56	2.37	3.31	4.00

これより，縦軸に v_f^2，横軸に n を選んでグラフを描くと，v_f^2 は n に比例することがわかるので，$R=k'v^2$ が測定値によく合うことになる。

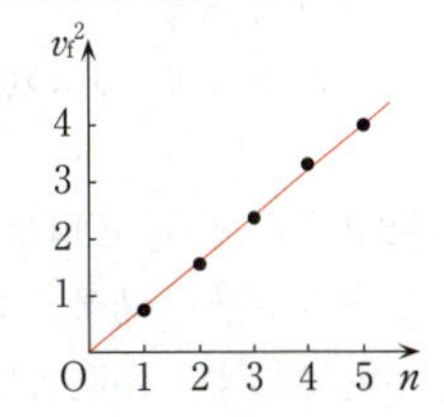

問5 15 正解は⑨

エ　(a)不適。v-t グラフのすべての点のできるだけ近くを通る一本の直線を引き，その傾きから求めた加速度は，運動している全体の時間での平均の加速度である。よって，時間 t とともに変化する加速度 a を求めたことにはならない。

(b)不適。v-t グラフから終端速度を求めると，速度は一定になっているので，加速度 a は0である。よって，時間 t とともに変化する加速度 a を求めたことにはならない。

(c)適当。v-t グラフの傾きは加速度の大きさ a を表す。隣り合う 2 点間で，$\Delta t=0.05$〔s〕間の速度の変化 Δv を求めると，その間のグラフの傾き $\dfrac{\Delta v}{\Delta t}$ が平均の加速度の大きさ a である。すなわち　$a=\dfrac{\Delta v}{\Delta t}$

よって，加速度の大きさ a を調べるために，**v-t グラフから Δt ごとの速度の変化を求めることによって a-t グラフをつくる**。

オ　アルミカップの運動方程式より

$$ma=mg-R \qquad \therefore \quad R=m(g-a)$$

したがって，記述および数式を示す記号の組合せとして最も適当なものは⑨である。

第3問 標準 —— 力学・波《円運動をする音源または観測者によるドップラー効果》

問1 16 正解は⑤

向心力の大きさ

等速円運動をする音源にはたらいている向心力の大きさは $\dfrac{mv^2}{r}$ である。

仕事

音源にはたらいている向心力の向きは円軌道の中心向き，音源の運動の向きは円軌道の接線の向きであり，これらは互いに垂直である。よって，向心力は音源の運動方向の成分をもたないから，向心力は仕事をしない，すなわち，向心力がする仕事は 0 である。

したがって，式の組合せとして正しいものは⑤である。

問2　17　正解は⑥

ドップラー効果による振動数の変化が起こらず，観測者に届いた音波の振動数 f が，音源が出す音の振動数 f_0 と等しくなるのは，音源の速度の直線 PQ 方向の成分が 0，すなわち，音源の運動方向が直線 PQ 方向と垂直になったときである。これは，音源が C と D を通過したときに出した音を測定した場合である。

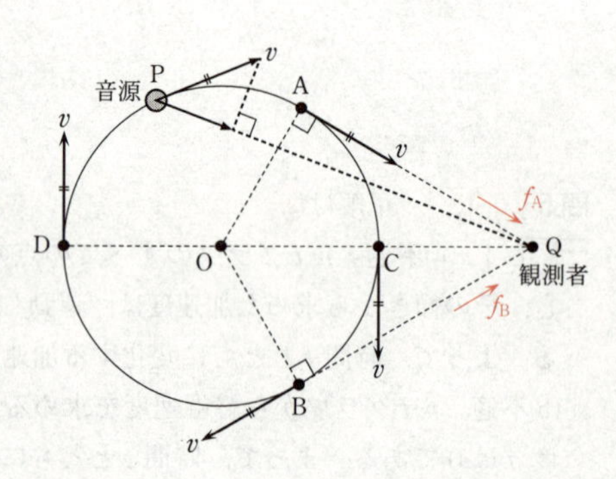

したがって，語句として最も適当なものは⑥である。

問3　18　正解は⑥

ドップラー効果の式で，観測者が静止していて，音源が速度 v_S で観測者に近づく場合，観測者が測定する振動数 f' は，$f'=\dfrac{V}{V-v_S}$（v_S は，音源→観測者の向き（音源が観測者に近づく向き）を正とする）である。

音源が観測者に近づく速度成分は，点Aにおいて v，点Bにおいて $-v$ であるから

$$f_A=\frac{V}{V-v}f_0$$

$$f_B=\frac{V}{V-(-v)}f_0$$

これらの式の $V\cdot f_0$ が等しいとおいて消去すると

$$f_A(V-v)=f_B(V+v)$$

$$\therefore\quad v=\frac{f_A-f_B}{f_A+f_B}V$$

したがって，式の組合せとして正しいものは⑥である。

問4 19 正解は①

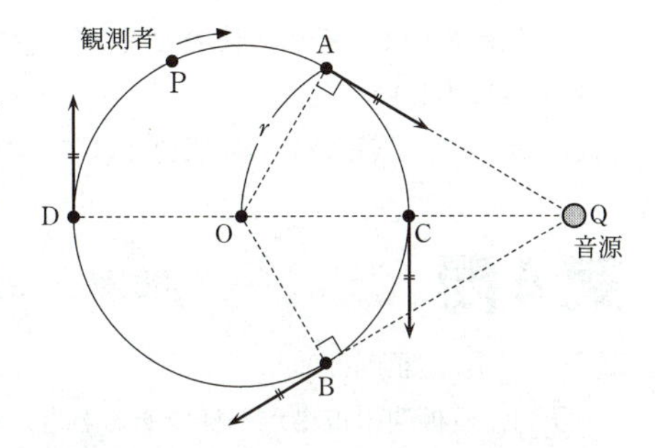

等速円運動をする観測者が測定する音の振動数は周期的に変化する。これは，観測者と音源の位置をそれぞれ点P，Qとすると，観測者の速度の直線PQ方向の成分によるドップラー効果が起こるからである。

ドップラー効果の式で，音源が静止していて，観測者が速度 v_O で音源から遠ざかる場合，観測者が測定する振動数 f' は，$f'=\dfrac{V-v_O}{V}f$（v_O は，音源→観測者の向き（観測者が音源から遠ざかる向き）を正とする）である。

観測者が測定する音の振動数が最も大きいのは，観測者が音源に近づく速度の成分が最も大きい点Aにおいてであり，観測者が測定する音の振動数が最も小さいのは，観測者が音源から遠ざかる速度の成分が最も大きい点Bにおいてである。

よって，点Aにおいて最も大きく，点Bにおいて最も小さい。

したがって，記述として最も適当なものは①である。

問5 20 正解は④

(a)誤り。図1の場合，音源が運動しながら音を出したとしても，空気中を伝わる音の速さが変化することはない。波とは，媒質（物質）の振動が伝わる現象であって，媒質そのものが移動する現象ではない。波の速さは，波を伝える媒質の種類と状態によって決まる。たとえば，空気中を伝わる音の速さが 340 m/s のとき，20 m/s で運動する自動車が運動の向きに音を出したとしても，音の速さは 340 m/s であり，360 m/s にはならない。

(b)正しい。図1の場合，音源Pから原点Oに向かう方向の音源の速度成分が0であるから，原点Oを通過する音波の波長は，音源の位置によらずすべて等しい。音源が運動する前方に音波を送り出すと波長は短くなり，逆に後方に音波を送り出せば波長は長くなる。

(c)正しい。図3の場合，静止している音源から出た音は，すべての向きに等しい速さで伝わるので，音源から見た音の速さは，音が進む向きによらずすべて等しい。

観測者が運動すると，観測者が単位時間に受け取る音波の数が変化し，これは，観測者に対する音の相対速度が変化することと等しい。観測者が音源に近づくように動くと単位時間に多くの波を受け取れるので音の速さが大きくなったことになり，逆に遠ざかるように動くと少ない波しか受け取れないので音の速さが小さくなったことになる。

(d)誤り。図3の場合，静止している音源から出された音は，物質中での波の振動として伝わるので，その音波の波長は一定である。点A〜点Dのすべての点で，音波の波長は等しい。
したがって，正しいものの組合せは④である。

第4問 標準 ―― 電磁気《コンデンサーの電気容量を測定する実験》

問1 21 正解は⑧

ア　極板間の電場が一様であるとき，極板間の電場の大きさEと，極板間の電圧V，極板間隔dの間には

$$E=\frac{V}{d}$$

の関係が成り立つ。

イ　電場の強さがEのところでは，単位面積を垂直に貫く電気力線の本数がEである。よって，図1の電場の強さがE，面積がSの極板間を垂直に貫く電気力線の総本数はESである。これがガウスの法則より$4\pi k_0 Q$本に等しいから

$$ES=4\pi k_0 Q$$

$$\frac{V}{d}\cdot S=4\pi k_0 Q$$

$$\therefore\quad Q=\frac{S}{4\pi k_0 d}V$$

$Q=CV$と比較すると，比例定数（電気容量）Cは

$$C=\frac{S}{4\pi k_0 d}$$

したがって，式の組合せとして正しいものは⑧である。

問2 22 正解は⑦

図2で，スイッチを閉じて十分に時間が経過したとき，コンデンサーは完全に充電されてコンデンサーには電流が流れず，回路には電流が直流電源から抵抗を流れる。スイッチを開く直前では，電圧計が5.0Vを示しているので，

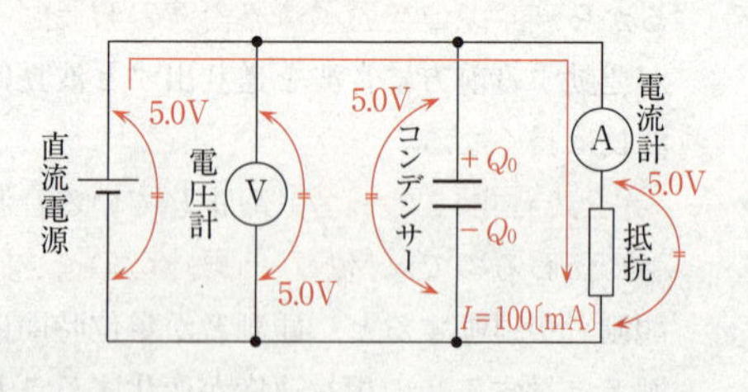

直流電源の電圧，コンデンサーの極板間電圧（これをV_0とする），抵抗での電圧降下はこれに等しく5.0Vである。その後，スイッチを開くと，コンデンサーに蓄えられていた電荷が，電流となって抵抗へ流れるようになる。

スイッチを開いた直後は，コンデンサーの極板間電圧が $V_0=5.0$〔V〕のままであるから，抵抗での電圧降下も5.0V となる。図3で $t=0$ のとき，回路を流れる電流は $I_0=100$〔mA〕（$=0.10$〔A〕）であるから，抵抗の値を R〔Ω〕とすると，オームの法則より

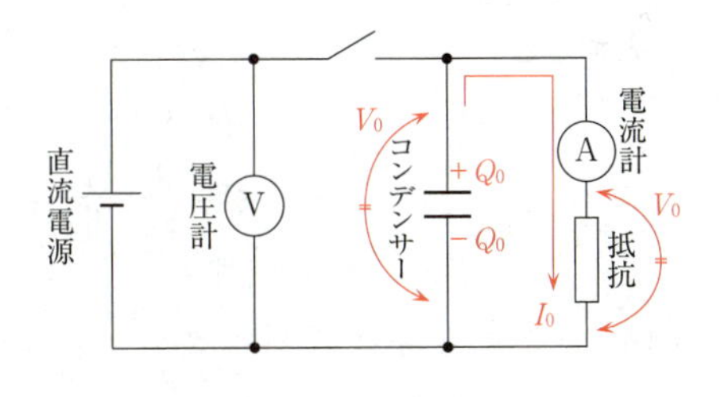

$$R=\frac{V_0}{I_0}=\frac{5.0}{0.10}=50〔\Omega〕$$

別解　スイッチを開いた直後において，上図の I_0 の矢印の向きに一周する閉回路に，キルヒホッフの第2法則を用いると，起電力は0であり，コンデンサーでは矢印の向きに電位が5.0V 上昇し，抵抗では矢印の向きに電位が（$R\times0.10$）〔V〕下降するから

$$0=5.0-R\times0.10$$

$$\therefore \quad R=50〔\Omega〕$$

問3　23　正解は③　24　正解は⑧

23　縦軸×横軸 が表す物理量は，「電流」×「時間」で，これは「電気量」である。縦軸の1cm が「電流」10mA（$=0.01$〔A〕），横軸の 1cm が「時間」10s であるから，縦軸×横軸 の 1cm^2 は

「電流」0.01〔A〕×「時間」10〔s〕
=「電気量」0.1〔C〕

に対応する。

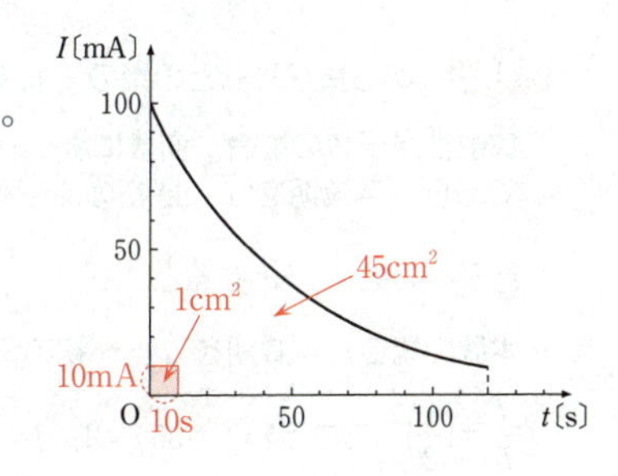

POINT　時間 Δt の間に導体の断面を通る電気量が Δq のとき，電流の強さ I は

$$I=\frac{\Delta q}{\Delta t}$$

$$\therefore \quad \Delta q=I\Delta t$$

24　図4の斜線部分の面積は，$t=0$ から $t=120$〔s〕までの間にコンデンサーから放電された電気量である。$t=120$〔s〕以降に放電された電気量を無視するので，この面積で与えられる電気量が，$t=0$ でコンデンサーに蓄えられていた電気量である。面積 1cm^2 が電気量 0.1C に対応するので，面積が 45cm^2 の電気量を Q_0〔C〕とすると

$$Q_0=0.1\times45=4.5〔C〕$$

よって，$t=0$ で，コンデンサーに蓄えられていた電気量が $Q_0=4.5$〔C〕で，コンデンサーの電圧が $V_0=5.0$〔V〕であるから，コンデンサーの電気容量を C〔F〕

とすると

$$Q_0 = CV_0$$

$$\therefore \quad C = \frac{Q_0}{V_0} = \frac{4.5}{5.0} = 0.90 = \mathbf{9.0 \times 10^{-1}}\,\text{〔F〕}$$

問4　25　正解は④

電流の値が $\frac{1}{2}$ 倍になるまでの時間が 35s であり，この n 倍の時間が経過すると電流の値は $\left(\frac{1}{2}\right)^n$ 倍になるので，$\left(\frac{1}{2}\right)^n \fallingdotseq \frac{1}{1000}$ となる n を求めればよい。

$$\left(\frac{1}{2}\right)^{10} = \frac{1}{2^{10}} = \frac{1}{1024} \fallingdotseq \frac{1}{1000}$$

であるから

$$n \fallingdotseq 10$$

よって，電流の大きさが最初の $\frac{1}{1000}$ になるまでの時間はおよそ 35〔s〕×n であり

$$35 \times 10 = \mathbf{350}\,\text{〔s〕}$$

CHECK　ある量が，もとの量の $\frac{1}{2}$ になるまでの時間を半減期という。

放射性原子核の場合，崩壊によって最初の原子核の数が半分になるまでの時間が半減期であり，半減期を T，最初の原子核の数を N_0，時間 t の後に崩壊しないで残っている原子核の数を N とすると，$\frac{N}{N_0} = \left(\frac{1}{2}\right)^{\frac{t}{T}}$ である。

本問の場合，半減期を T，最初の電流の値を I_0，時間 t の後の電流の値を I とすると，$\frac{I}{I_0} = \left(\frac{1}{2}\right)^{\frac{t}{T}}$ である。$T = 35$〔s〕，$I = \frac{1}{1000}I_0$ である時間 t を求めると

$$\frac{\frac{1}{1000}I_0}{I_0} = \left(\frac{1}{2}\right)^{\frac{t}{35}} \qquad \left(\frac{1}{2}\right)^{\frac{t}{35}} = \left(\frac{1}{10}\right)^3$$

両辺の対数をとり，$\log_{10}2 = 0.30$ とすると

$$\frac{t}{35}\log_{10}\frac{1}{2} = 3\log_{10}\frac{1}{10} \qquad -\frac{t}{35}\log_{10}2 = -3$$

$$\therefore \quad t = \frac{35 \times 3}{\log_{10}2} = \frac{35 \times 3}{0.30} = 350\,\text{〔s〕}$$

問5　26　正解は⑤

ウ　はじめ，$t=0$ で，抵抗を流れる電流は I_0，コンデンサーの電圧は V_0，コンデンサーに残っている電気量は Q_0 である。

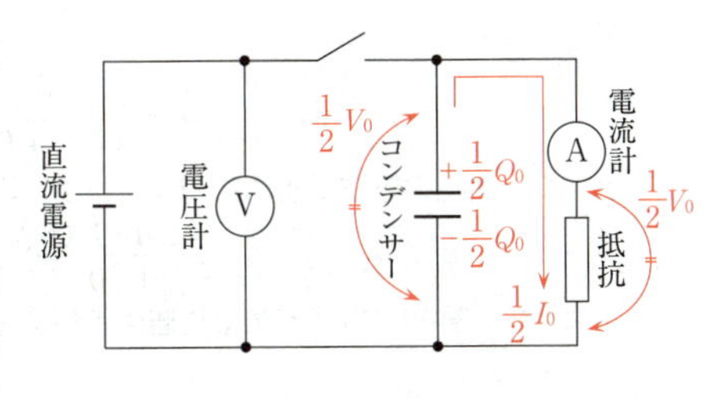

時刻 $t=t_1$ で，電流の値が $t=0$ での値 I_0 の半分になるので，抵抗を流れる電流は $\frac{1}{2}I_0$ となる。このとき，「コンデンサーに蓄えられた電荷が抵抗を流れるときの電流はコンデンサーの電圧に比例」し，「コンデンサーに残っている電気量もコンデンサーの電圧に比例」するから，コンデンサーの電圧は $\frac{1}{2}V_0$，コンデンサーに残っている電気量は $\frac{1}{2}Q_0$ となる。

よって，$t=0$ から $t=t_1$ までに放電された電気量 Q_1 は

$$Q_1=Q_0-\frac{1}{2}Q_0=\frac{1}{2}Q_0$$

$$\therefore\quad Q_0=2Q_1$$

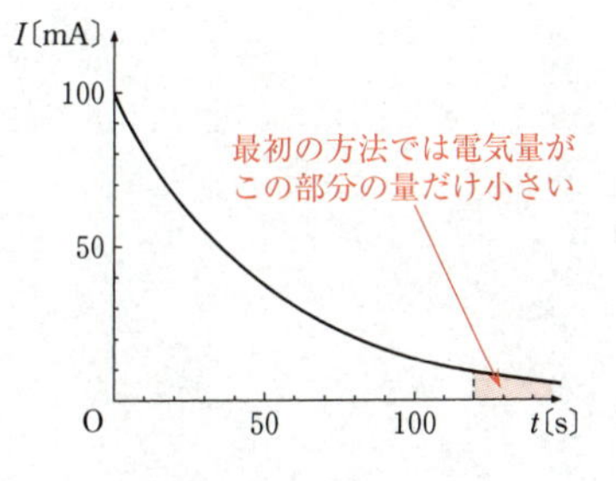

エ 最初の方法では，図4の $t=120$〔s〕以降にコンデンサーから放電された電気量を無視したので，$t=0$ にコンデンサーに蓄えられている電気量 Q_0 は，正しい電気量より小さい。一方，$t=0$ でのコンデンサーの電圧 $V_0=5.0$〔V〕はどちらの場合でも正しい。

よって，最初の方法で求めたコンデンサーの電気容量 C は，$C=\frac{Q_0}{V_0}$ より，正しい値より小さかったことになる。

したがって，式と語句の組合せとして最も適当なものは⑤である。

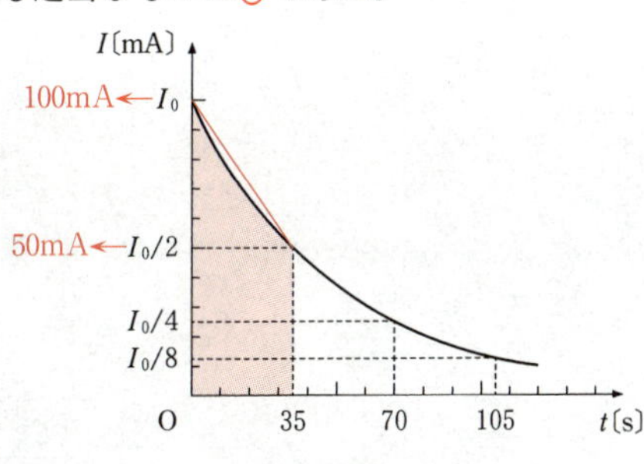

CHECK $t=0$ から $t=t_1$ までに放電された電気量 Q_1 は，右のグラフの網かけ部分の面積である。これを，$I_0=100$〔mA〕（$=0.10$〔A〕），$\frac{1}{2}I_0=50$〔mA〕（$=0.050$〔A〕），$t=35$〔s〕の台形の面積と近似すると

$$Q_1\fallingdotseq\frac{1}{2}(0.10+0.050)\times 35=2.625〔\mathrm{C}〕$$

よって

$$Q_0=2Q_1=2\times 2.625=5.25〔\mathrm{C}〕$$

$$C=\frac{Q_0}{V_0}=\frac{5.25}{5.0}=1.05〔\mathrm{F}〕$$

実際の網かけ部分の面積はこれよりやや小さい。ここで，$Q_0=5.00$〔C〕を得ていたと

考えると

$$C=\frac{Q_0}{V_0}=\frac{5.00}{5.0}=1.00〔\mathrm{F}〕$$

となり，最初の方法で求めたコンデンサーの電気容量の相対誤差は

$$\frac{0.90-1.00}{1.00}\times100=-10〔\%〕$$

すなわち，最初の方法で求めた値は正しい値より 10％小さいことになる。

物理 追試験

問題番号(配点)	設問	解答番号	正解	配点	チェック
第1問(25)	問1	1	⑤	5	
	問2	2	⑧	5	
	問3	3	⑤	5	
	問4	4	⑤	5	
	問5	5	④	5	
第2問(25)	問1	6	⑥	5[*1]	
		7	②	5[*2]	
	問2	8	③	5	
	問3	9	②	5	
		10	③	5	

問題番号(配点)	設問	解答番号	正解	配点	チェック
第3問(20)	問1	11	①	5[*3]	
	問2	12	③	5[*4]	
	問3	13	④	5	
	問4	14	④	5	
第4問(30)	問1	15	⑥	5	
	問2	16	⑤	5	
	問3	17	②	5	
	問4	18	④	5	
		19	③	5	
	問5	20	⑤	5	

(注)

1　＊1は，③，④，⑤，⑨のいずれかを解答した場合は1点を与える。
2　＊2は，①，③，⑤，⑧のいずれかを解答した場合は1点を与える。
3　＊3は，②，③，⑤のいずれかを解答した場合は1点を与える。
4　＊4は，①，④，⑤のいずれかを解答した場合は1点を与える。

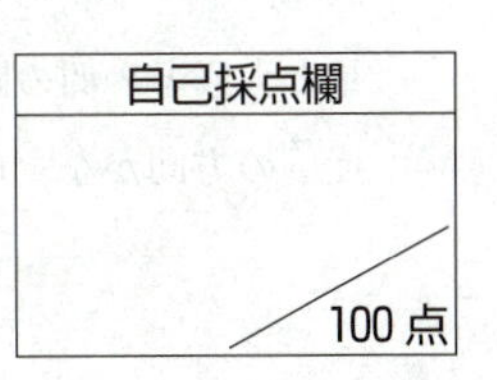

第1問 標準 《総　合　題》

問1　1　正解は⑤

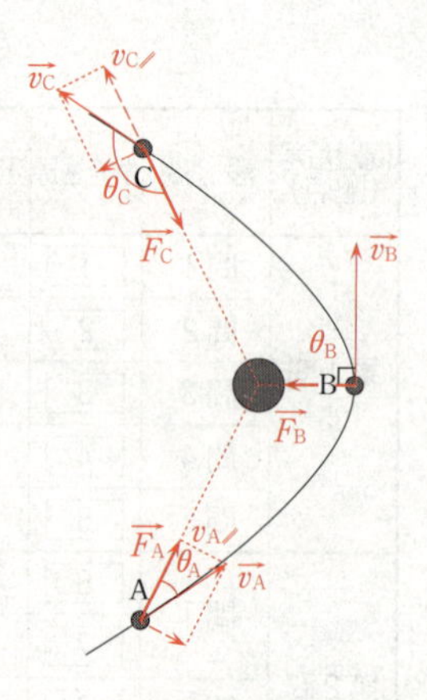

ア　A，B，Cの各点における，彗星が太陽から受ける万有引力を$\vec{F_A}$，$\vec{F_B}$，$\vec{F_C}$，彗星の速度を$\vec{v_A}$，$\vec{v_B}$，$\vec{v_C}$，$\vec{v_A}$の$\vec{F_A}$方向の成分を$v_{A/\!/}$，$\vec{v_C}$の$\vec{F_C}$方向の成分を$v_{C/\!/}$とすると，これらは右図のようになる。

点Aでは，$\vec{F_A}$の向きと$v_{A/\!/}$の向きが同じ向きであるから，万有引力が彗星に対してする単位時間あたりの仕事は正である。点Bでは，$\vec{v_B}$の$\vec{F_B}$方向の成分は0であるから，単位時間あたりの仕事は0である。点Cでは，$\vec{F_C}$の向きと$v_{C/\!/}$の向きが逆向きであるから，単位時間あたりの仕事は負である。

よって，単位時間あたりの仕事を，左から順に並べると，**正，0，負**となる。

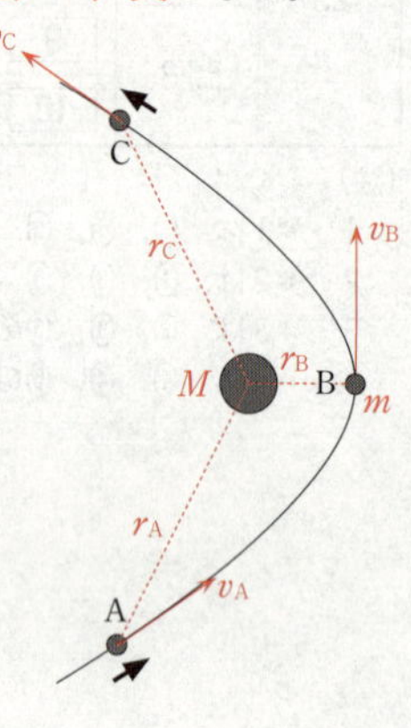

イ　彗星が太陽からの万有引力だけを受けて運動する場合，力学的エネルギー保存則が成立する。彗星，太陽の質量をそれぞれm，Mとする。A，B，Cの各点において，彗星と太陽との間の距離をそれぞれr_A，r_B，r_Cとすると，力学的エネルギー保存則は

$$\frac{1}{2}mv_A{}^2-G\frac{mM}{r_A}=\frac{1}{2}mv_B{}^2-G\frac{mM}{r_B}=\frac{1}{2}mv_C{}^2-G\frac{mM}{r_C}$$

ここで，$r_A=r_C>r_B$であるから

$$G\frac{mM}{r_A}=G\frac{mM}{r_C}<G\frac{mM}{r_B}$$

$$\therefore\quad \frac{1}{2}mv_A{}^2=\frac{1}{2}mv_C{}^2<\frac{1}{2}mv_B{}^2$$

よって，速さは，$\boldsymbol{v_A=v_C<v_B}$となる。

したがって，文字列と式の組合せとして最も適当なものは⑤である。

別解　イ　彗星が太陽からの万有引力だけを受けて運動する場合，彗星と太陽とを結ぶ線分（動径）が単位時間に通過する面積（面積速度）は一定である。これを，ケプラーの第2法則（面積速度一定の法則）という。面積速度Aは，彗星と太陽との間の距離がrの位置での彗星の速さをv，動径$\vec{r}$の方向と彗星の速度$\vec{v}$の方向がなす角をθとすると

$$A=\frac{1}{2}rv\sin\theta$$

点Bで太陽からの距離が最小であるから，点Bでの速さ v_B が最も速い。軌道上の点Aと点Cは太陽から同じ距離にあるので，点Aでの速さ v_A と点Cでの速さ v_C とは等しい。前図のように，A，B，Cの各点において，動径の方向と彗星の速度の方向がなす角を θ_A，θ_B，θ_C とする。$\theta_B = 90°$ であるので，ケプラーの第2法則（面積速度一定の法則）より

$$A = \frac{1}{2}r_A v_A \sin\theta_A = \frac{1}{2}r_C v_C \sin\theta_C = \frac{1}{2}r_B v_B$$

ここで，軌道の対称性より，$r_A = r_C$，$\theta_A = \pi - \theta_C$ であるから，$v_A = v_C$ となる。

また，彗星が点Aから点Bへ運動するとき，万有引力は正の仕事をするから運動エネルギーは増加し，$v_A < v_B$ である。彗星が点Bから点Cへ運動するとき，万有引力は負の仕事をするから運動エネルギーは減少し，$v_C < v_B$ である。

POINT ○彗星と太陽との間にはたらく万有引力の大きさ F は，彗星の質量を m，太陽の質量を M，彗星と太陽との間の距離を r，万有引力定数を G とすると

$$F = G\frac{mM}{r^2}$$

万有引力による位置エネルギー U は，無限遠点を $U=0$ の基準として

$$U = -G\frac{mM}{r}$$

CHECK ○惑星は太陽を１つの焦点とする楕円軌道上を運動する。これを，ケプラーの第１法則という。

○彗星も太陽を焦点の１つとする軌道上を運動するが，(i)楕円軌道を描き，太陽に最接近した後，再び戻ってくる周期彗星と，(ii)放物線軌道または双曲線軌道を描き，一度太陽に最接近した後，二度と戻ってこない非周期彗星とがある。

問２ 　2 　正解は⑧

ウ 　小球の質量を m とする。この自動車が一定の加速度 a で運動しているとき，自動車とともに運動する観測者から見て，小球にはたらく力は，鉛直下向きに大きさ mg の重力，自動車の加速度と反対向きに大きさ ma の慣性力，糸の張力 S である。重力と慣性力の合力をみかけの重力といい，みかけの重力加速度の大きさを g' とすると

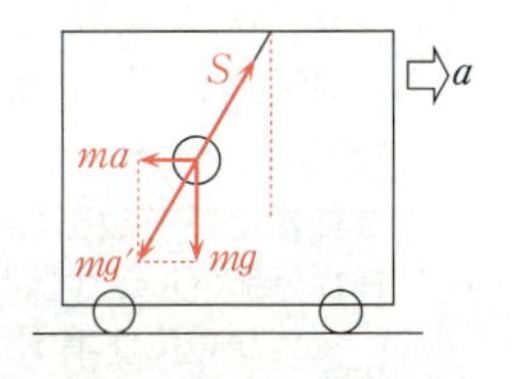

$$mg' = \sqrt{(mg)^2 + (ma)^2} \qquad \therefore \quad g' = \sqrt{g^2 + a^2} > g$$

自動車が静止しているときの，大きさ g の重力加速度のもとでの振り子の周期 T は，$T = 2\pi\sqrt{\dfrac{L}{g}}$ である。これに対して大きさ g' のみかけの重力加速度のもとでの振り子の周期を T' とすると

$$T' = 2\pi\sqrt{\frac{L}{g'}} < 2\pi\sqrt{\frac{L}{g}} = T$$

よって，このとき自動車の中で観測される振り子の周期は T より短い。

エ　自動車が等速直線運動をしているとき，加速度は0であるから，小球には慣性力ははたらかないので，大きさ g の重力加速度のもとでの振り子と同じである。よって，このとき自動車の中で観測される振り子の周期は T に等しい。

したがって，語句の組合せとして最も適当なものは⑧である。

問3　3　正解は⑤

オ　気体が吸収する熱量を Q，気体の内部エネルギーの変化を ΔU，気体がする仕事を W とすると，熱力学第1法則より

$$Q=\Delta U+W$$

過程A→Bにおいて，気体が吸収する熱量を Q_{AB} とすると

$$Q_{AB}=20p_0V_0+4p_0V_0=24p_0V_0$$

カ　熱機関の1サイクルにおいて，熱効率 e は次式で表される。

$$熱効率\ e=\frac{気体がする仕事\ W_{all}}{気体が吸収する熱量\ Q_{in}}$$

ここで，過程B→Cと過程C→Aにおいて気体は熱を放出するから，1サイクルで気体が吸収する熱量 Q_{in} は

$$Q_{in}=Q_{AB}=24p_0V_0$$

1サイクルで気体がする仕事 W_{all} は

$$W_{all}=4p_0V_0+0-2p_0V_0=2p_0V_0$$

よって

$$e=\frac{W_{all}}{Q_{in}}=\frac{2p_0V_0}{24p_0V_0}=\frac{1}{12}$$

したがって，式と数値の組合せとして最も適当なものは⑤である。

POINT　○熱効率の計算に用いる熱量 Q_{in} は，気体が吸収した熱量だけで放出した熱量は含まないが，仕事 W_{all} は，気体が外部へした仕事と外部からされた仕事の和である。

○気体がした仕事 W_{all} は，右図のように，図2の p-V グラフの三角形の面積で与えられる。

$$W_{all}=\frac{1}{2}\times(3V_0-V_0)\times(3p_0-p_0)=2p_0V_0$$

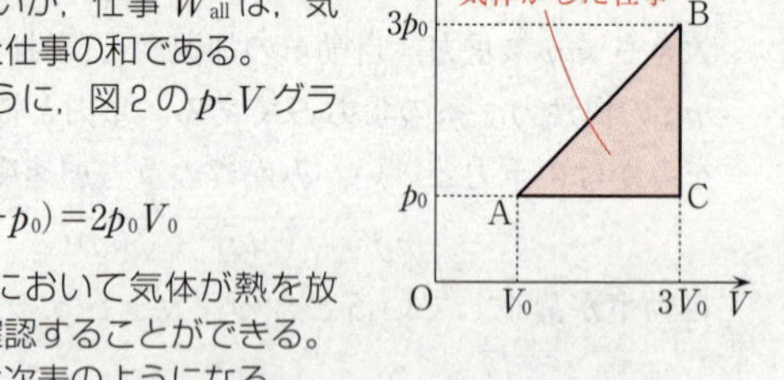

CHECK　○過程B→Cと過程C→Aにおいて気体が熱を放出することは，熱力学第1法則から確認することができる。各過程における気体が吸収する熱量は次表のようになる。

	気体の内部エネルギーの変化 ΔU	気体がする仕事 W	気体が吸収する熱量 Q
A→B	$20p_0V_0$	$4p_0V_0$	$24p_0V_0$
B→C	$-15p_0V_0$	0	$-15p_0V_0$
C→A	$-5p_0V_0$	$-2p_0V_0$	$-7p_0V_0$

○気体の物質量を n，定積モル比熱を C_V，気体定数を R とする。
状態A，状態Bにおける気体の温度を T_A，T_B とすると，状態方程式より

$$p_0V_0=nRT_A \qquad \therefore \quad T_A=\frac{p_0V_0}{nR}$$

$$3p_0\cdot 3V_0=nRT_B \qquad \therefore \quad T_B=\frac{9p_0V_0}{nR}$$

過程 A→B において，気体の内部エネルギーの変化を ΔU_{AB} とすると

$$\Delta U_{AB}=nC_V(T_B-T_A)=nC_V\left(\frac{9p_0V_0}{nR}-\frac{p_0V_0}{nR}\right)=\frac{C_V}{R}\times 8p_0V_0$$

一方，表1より，$\Delta U_{AB}=20p_0V_0$ であるから

$$\frac{C_V}{R}\times 8p_0V_0=20p_0V_0 \qquad \therefore \quad C_V=\frac{5}{2}R$$

よって，ここで用いられた気体は，二原子分子理想気体であることがわかる。

問4 　4 　正解は⑤

キ　大きさ p の運動量をもつ粒子の物質波としての波長（ド・ブロイ波長）を λ とすると

$$\lambda=\frac{h}{p}$$

ク　質量 m の粒子を加速したときの速さを v とすると，運動量 p は

$$p=mv$$

運動エネルギーを K とすると

$$K=\frac{1}{2}mv^2=\frac{1}{2m}(mv)^2=\frac{1}{2m}\cdot p^2=\frac{1}{2m}\left(\frac{h}{\lambda}\right)^2$$

質量 m の電子と質量 M の陽子が同じ大きさの運動エネルギーをもつとき，運動エネルギー K は，電子のド・ブロイ波長 $\lambda_{電子}$ と陽子のド・ブロイ波長 $\lambda_{陽子}$ を用いて

$$K=\frac{1}{2m}\left(\frac{h}{\lambda_{電子}}\right)^2,\quad K=\frac{1}{2M}\left(\frac{h}{\lambda_{陽子}}\right)^2$$

よって

$$\frac{1}{2m}\left(\frac{h}{\lambda_{電子}}\right)^2=\frac{1}{2M}\left(\frac{h}{\lambda_{陽子}}\right)^2 \qquad \therefore \quad \frac{\lambda_{電子}}{\lambda_{陽子}}=\sqrt{\frac{M}{m}}$$

したがって，式の組合せとして最も適当なものは⑤である。

CHECK ○大きさ e の電気量をもつ静止した粒子を大きさ V の電圧で加速すると，粒子は電場（電界）から大きさ eV の仕事を受け，運動エネルギー K を得る。運動エネルギーの変化と仕事の関係より

$$K-0=eV \qquad \frac{1}{2}mv^2=eV \qquad \therefore \quad v=\sqrt{\frac{2eV}{m}}$$

よって，粒子のド・ブロイ波長を λ とすると

$$\lambda=\frac{h}{p}=\frac{h}{mv}=\frac{h}{m\sqrt{\dfrac{2eV}{m}}}=\frac{h}{\sqrt{2meV}}$$

これより，電子と陽子を同じ大きさの電圧で加速したとき，電子と陽子がもつ電気量の大きさ e は同じであるから，ド・ブロイ波長 λ は質量の平方根 $\sqrt{m}$ に反比例することがわかり

$$\frac{\lambda_{電子}}{\lambda_{陽子}}=\sqrt{\frac{M}{m}}$$

○質量 m の粒子がもつ運動量 p と運動エネルギー K の関係は

$$K=\frac{p^2}{2m}\quad または\quad p=\sqrt{2mK}$$

このとき，粒子の物質波としての波長（ド・ブロイ波長）λ は

$$\lambda=\frac{h}{p}=\frac{h}{\sqrt{2mK}}$$

問5　5　正解は④

ケ　図3で，点Aを通る鉛直線と水面が交わる点をOとすると，右図の△QOPと△AOPより

$$\tan\theta'=\frac{d}{h'},\quad \tan\theta=\frac{d}{h}$$

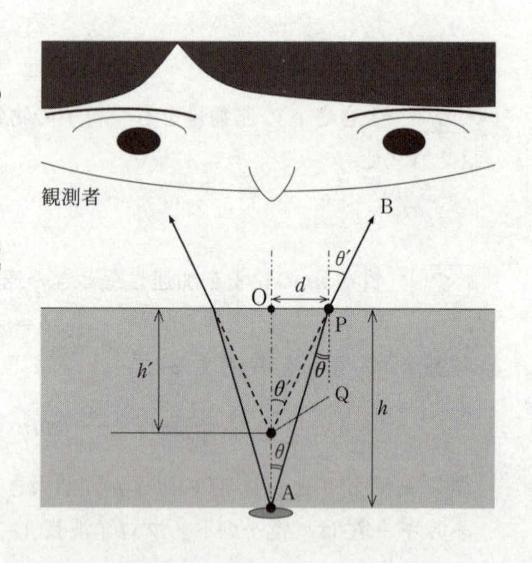

屈折の法則より，水の空気に対する屈折率 n を θ, θ' を用いて表し，角 θ, θ' がきわめて小さいとした近似式を用いると

$$n=\frac{\sin\theta'}{\sin\theta}\fallingdotseq\frac{\tan\theta'}{\tan\theta}=\frac{\frac{d}{h'}}{\frac{d}{h}}=\frac{h}{h'}$$

$$\therefore\quad h'=\frac{h}{n}\quad \cdots\cdots(あ)$$

コ　(あ)より，h' は，角 θ, θ' がきわめて小さい範囲において，d によらないことがわかる。

サ　目に届く光は，点Qから出て点Pを直進し点Bの方向に進んできたように見える。

したがって，組合せとして最も適当なものは④である。

CHECK　このようにしてコインは実際より浅く見える。これを水中の物体の浮き上がりといい，h' をみかけの深さという。水を入れたコップに割り箸を斜めに入れると，コップの底についた割り箸の先が浮き上がって見えるので，割り箸は水面で折れ曲がっているように見える。これも，物体の浮き上がりが原因である。

第2問 標準 ―― 電磁気 《相互誘導，ダイオードの回路》

問1 6 正解は⑥ 7 正解は②

6 ア コイル1に交流電流を流すと，コイル1を貫く磁場（磁界）の向きと大きさが時間変化をする。これによりコイル2を貫く磁場も変化するので，コイル2にはその変化を妨げるように誘導起電力が発生する。この誘導起電力の周期は，コイル1の交流電流の周期と同じで，誘導起電力の向きと大きさが時間変化をする。コイル1を流れる交流電流は，時間によって時計回りと反時計回りを繰り返すが，たとえば次図のように，コイル1を流れる反時計回りの電流が増加した場合，コイル2には上側端子が正であるような誘導起電力が生じることがわかる。

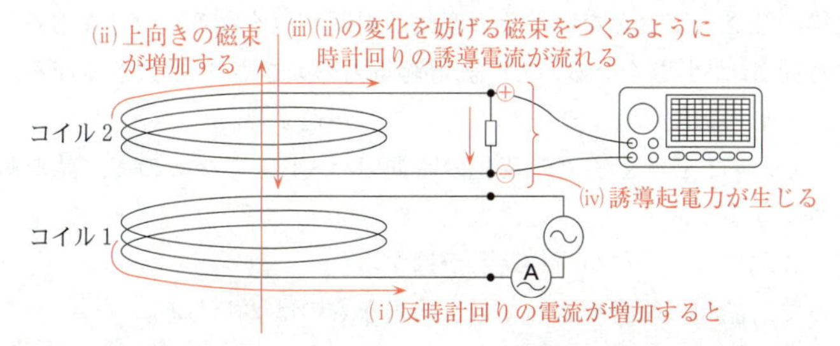

図1の状態に比べて，図2のようにコイル2を上に持ち上げると，コイル2を貫く磁場が小さくなるので，コイル2に生じる誘導起電力の大きさも小さくなる。このときに，オシロスコープに現れた波形の振幅は，誘導起電力の大きさである。
よって，波形の振幅は，「小さくなりました」が適する。

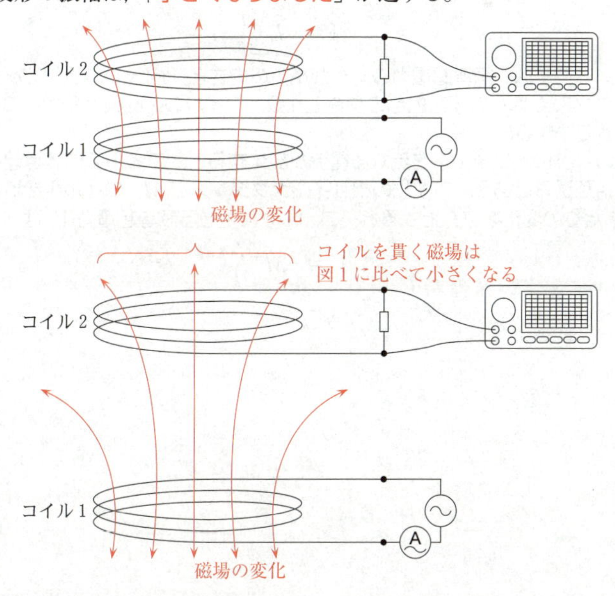

イ　コイル１の交流電流の周期は変わっていないので，コイル２に生じる誘導起電力の周期も変わらない。このときに，オシロスコープに現れた波形の山と山の間隔は，誘導起電力の周期である。

よって，間隔は「変わりません」が適する。

したがって，語句の組合せとして最も適当なものは⑥である。

7　ウ　コイル２の巻き数をN，コイル２の１巻きを貫く時間Δtあたりの磁束の変化を$\Delta\Phi$とすると，コイル２に生じる誘導起電力の大きさVは

$$V=N\cdot\frac{\Delta\Phi}{\Delta t}$$

図２の状態に比べて，交流電源の実効値が一定になるようにして周波数を高くすると，磁場の強さは変わらないがその変化の周期が短くなる。コイル２を貫く磁束の変化の時間Δtが小さくなるので，誘導起電力の大きさVは大きくなる。

よって，波形の振幅は「大きくなりました」が適する。

エ　コイル２を貫く磁束の変化の時間Δtが小さくなるので，誘導起電力の周期も小さくなる。

よって，間隔は「狭くなりました」が適する。

したがって，語句の組合せとして最も適当なものは②である。

POINT　交流電源の周波数fと周期Tの間には，$f=\frac{1}{T}$の関係がある。

CHECK　○コイルを流れる電流が変化すると，そのコイル自身にも誘導起電力が生じる。これを自己誘導という。コイルの自己インダクタンスをL，コイルを流れる電流の時間Δtあたりの変化をΔIとすると，コイルに生じる誘導起電力Vは

$$V=-L\frac{\Delta I}{\Delta t}$$

ここで，－符号は，誘導起電力の向きが電流の向きと逆向きであることを表す。自己インダクタンスLは，コイル内部の物質の種類，コイルの断面積と長さ，コイルの巻き数等によって決まる。

○本問のように，コイル１を流れる電流が変化すると，コイル２に誘導起電力が生じる。これを相互誘導という。コイルの相互インダクタンスをM，コイル１を流れる電流の時間Δtあたりの変化をΔI_1とすると，コイル２に生じる誘導起電力V_2は

$$V_2=-M\frac{\Delta I_1}{\Delta t}$$

問2 8 正解は③

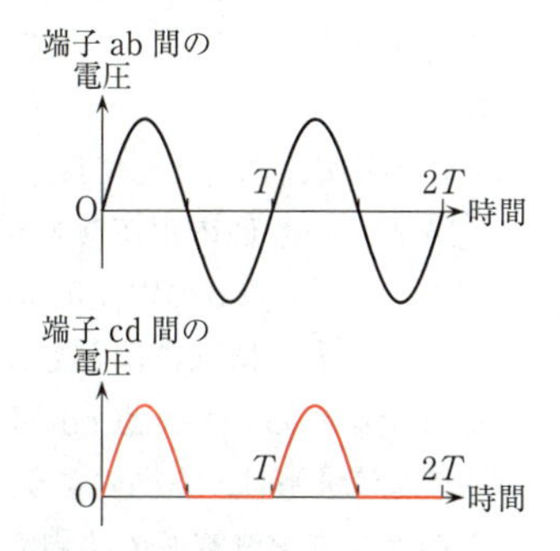

bに対するaの電圧が正 $\left(\text{図5の}\,0<t<\dfrac{T}{2},\ T<t<\dfrac{3T}{2}\right)$ のとき，ダイオードには電流が流れ，dに対するcの電圧は，bに対するaの電圧に等しい。すなわち，端子cd間の電圧波形は，端子ab間の電圧波形に等しい。

bに対するaの電圧が負 $\left(\text{図5の}\,\dfrac{T}{2}<t<T,\ \dfrac{3T}{2}<t<2T\right)$ のとき，ダイオードには電流が流れないので，dに対するcの電圧は0である。すなわち，端子cd間の電圧波形は0である。

したがって，図として最も適当なものは③である。

問3 9 正解は② 10 正解は③

9 次図のように，図6の回路の交点をe，f，g，hとする。点bからダイオードに向かって流れる電流は，点g→ダイオード4→点h→点c→抵抗→点d→点f→ダイオード1→点e→点a→コイル2を通って，点bに戻ってくる。

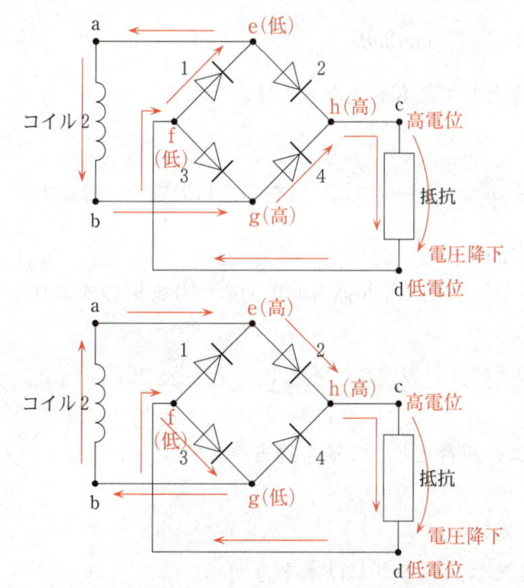

このとき，次の(i)，(ii)に注意が必要である。

(i)点hからダイオード2へは逆方向であるから，電流は流れない。

(ii)抵抗を流れる電流によって電圧降下が生じるので，点cと点dでは，点cが高電位である。点 f と点 d は等電位，点 g と点 c は等電位であるから，点 f と点 g では，点 g が高電位である。よって，点 f からダイオード 3 を通って点 g へは電流は流れない。

したがって，語句として最も適当なものは②である。

10　点 ab 間の電圧波形が図 5 となるとき，前図のように，点 b の電位が高い場合も点 a の電位が高い場合も，抵抗にはともに点 c→点 d の向きに電流が流れるから，点 cd 間の電圧波形と，点 cd 間の電流波形は，右図のようになる。

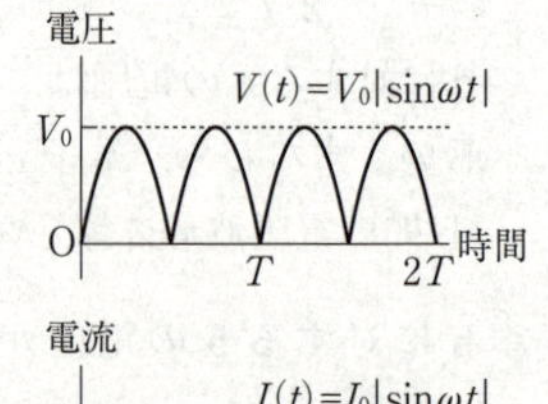

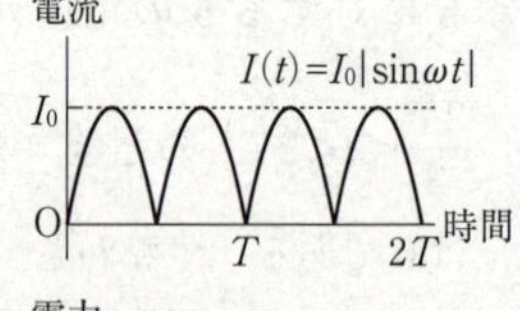

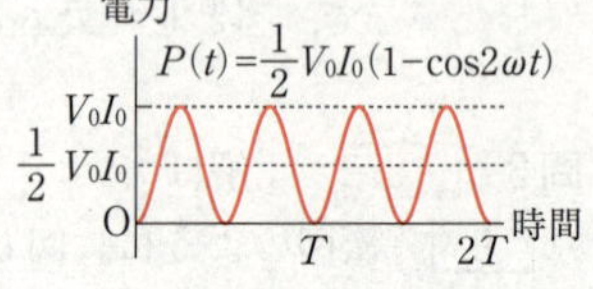

このとき，交流電源の角周波数を ω とし，抵抗にかかる電圧 $V(t)$ は，振幅を V_0 とすると

$$V(t)=V_0|\sin\omega t|$$

抵抗を流れる電流 $I(t)$ は，抵抗にかかる電圧と同位相で，振幅を I_0 とすると

$$I(t)=I_0|\sin\omega t|$$

抵抗で消費される電力 $P(t)$ は

$$\begin{aligned}P(t)&=V(t)\times I(t)\\&=V_0|\sin\omega t|\times I_0|\sin\omega t|=V_0I_0\sin^2\omega t\\&=\frac{1}{2}V_0I_0(1-\cos2\omega t)\end{aligned}$$

したがって，図として最も適当なものは③である。

第3問　標準　—— 力学　《ものさしの重心，摩擦力》

問1　11　正解は①

ア　ものさしにはたらく鉛直方向の力のつりあいの式より

$$N_L+N_R=mg\quad\cdots\cdots(い)$$

イ　重心のまわりの力のモーメントのつりあいの式より

$$N_Lx_L=N_Rx_R\quad\cdots\cdots(う)$$

したがって，式の組合せとして最も適当なものは①である。

問2　12　正解は③

ウ　段階 1 では，ものさしは水平方向に滑らずに静止している。ものさしにはたらく水平方向の力のつりあいの式より

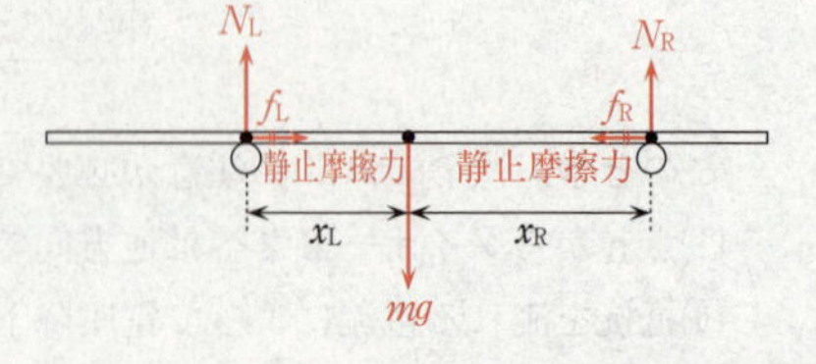

$$f_L=f_R$$

エ　(う)と同様に，重心のまわりの力のモーメントのつりあいの式より

$$N_L x_L = N_R x_R$$

題意より，指の間隔を縮める前は $x_L < x_R$ であるから

$$N_L > N_R$$

両辺に静止摩擦係数 μ をかけると

$$\mu N_L > \mu N_R$$

したがって，式の組合せとして最も適当なものは③である。

問3　13　正解は④

オ　(い)，(う)と同様に

$$N_L + N_R = mg$$
$$N_L x_L = N_R x_R$$

これらから，N_L を消去して N_R を求めると

$$(mg - N_R) \cdot x_L = N_R x_R \qquad \therefore \quad N_R = \frac{x_L}{x_L + x_R} mg$$

ここで，左指は滑らないので x_L が一定で，x_R が小さくなると，N_R は**大きく**なる。

カ　左指での静止摩擦力が最大となって最大摩擦力であるとき，これが f_R と等しい。f_R は右指での動摩擦力の大きさで $\mu' N_{R2}$，左指での最大摩擦力の大きさは μN_{L2} であるから

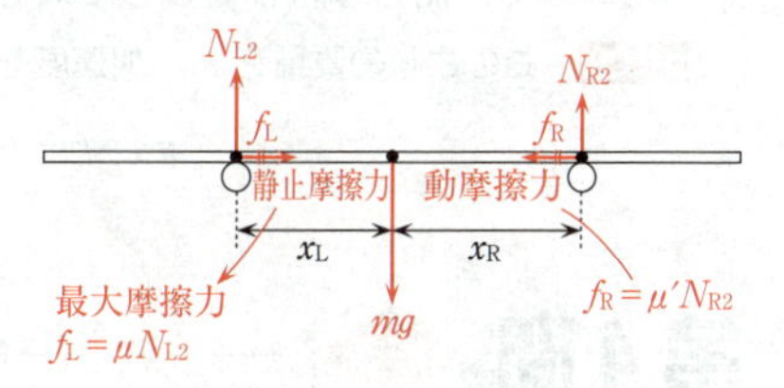

$$\mu' N_{R2} = \mu N_{L2} \qquad \therefore \quad \frac{N_{L2}}{N_{R2}} = \frac{\mu'}{\mu} \quad \cdots\cdots(え)$$

したがって，語と式の組合せとして最も適当なものは④である。

CHECK　(え)より，$\mu' < \mu$ であるから　$N_{L2} < N_{R2}$

(う)と同様に　$N_{L2} x_L = N_{R2} x_R$

よって，$x_L > x_R$ であることがわかる。

さらに右指を滑らせて x_R を小さくしようとすると，N_R が大きくなり，$\mu' N_R$ が大きくなると，左指での摩擦力が最大摩擦力の大きさより大きくなり静止の限界を超えるので，左指が滑り始める。

問4　14　正解は④

キ　左指が滑り始めた直後は，ものさしには左指からも右指からも動摩擦力がはたらき，左指での動摩擦力の大きさ f_L は $\mu' N_{L2}$，右指での動摩擦力の大きさ f_R は $\mu' N_{R2}$ である。

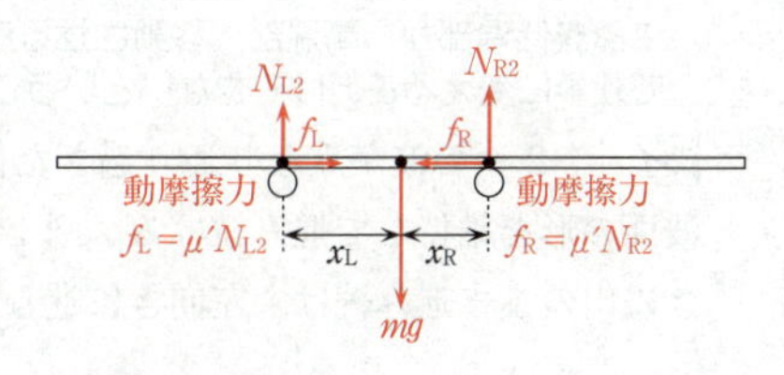

(え)より，$\mu' < \mu$ であるから

$$N_{L2} < N_{R2} \qquad \mu' N_{L2} < \mu' N_{R2}$$

すなわち

$$f_L < f_R$$

よって，f_R は f_L より大きい。

別解　左指が滑り始める直前は，左指での最大摩擦力の大きさと右指での動摩擦力の大きさが等しく

$$\mu N_{L2} = \mu' N_{R2}$$

左指が滑り始めた直後は，左指での動摩擦力の大きさは $\mu' N_{L2}$，右指での動摩擦力の大きさは $\mu' N_{R2}$ であるから

$$\mu' N_{L2} < \mu N_{L2}$$

よって

$$\mu' N_{L2} < \mu' N_{R2} \qquad \therefore \quad f_L < f_R$$

ク　$f_L < f_R$ より，ものさしにはたらく水平方向の合力の大きさは $f_R - f_L$ で左向きである。よって，ものさしは左向きに加速される。

したがって，語句の組合せとして最も適当なものは④である。

CHECK　ものさしの質量を m，加速度を a とすると，運動方程式より

$$ma = f_R - f_L \qquad \therefore \quad a = \frac{f_R - f_L}{m}$$

第4問　標準　―― 波　《三角波の合成，平面波の干渉と定常波》

問1　15　正解は⑥

ア　波は，媒質の各点に2つの波の振動状態が同時に伝わるだけであって，互いに他の波の進行を妨げたり，他の波に影響を与えたりはしない。これを，波の独立性という。

よって，適当な語句は(c)である。

CHECK　○屈折の法則…ある媒質中を進む波が他の媒質に進むときに，その境界面で進行方向を変える際に成り立つ法則のことをいう。
○反射の法則…ある媒質中を進む波が他の媒質に進むときに，その境界面で向きを変え，もとの媒質に戻って進む際に成り立つ法則のことをいう。
○熱力学第2法則…熱は高温部から低温部へ移動する。逆に，周囲に何の変化も残さずに熱を低温部から高温部へ移動させることはできないことをいう。与えられた熱をすべて仕事に変えることはできないということもできる。

イ　2つの波が重なり通り過ぎた後は，それぞれの波は重なる前のそのままの波面の形を維持して進み続ける。図1の右向きに進む山の波は，重なった後も右向きに山のまま進み続け，左向きに進む谷の波は，重なった後も左向きに谷のまま進

み続ける。

よって，適当な図は(f)である。

したがって，記号の組合せとして最も適当なものは⑥である。

問2 16 正解は⑤

ウ 右図のように，波が左へ進んでいる部分で，わずかに時間を進めた波形を破線で表すと，各点の速度の向きは矢印で表される。

よって，適当な図は(h)である。

エ 各点の速度の向きは，右図のように，図3の右向きに進む波の各点の速度の向きと，ウ で得られた左向きに進む波の各点の速度の向きを合成したものである。

よって，適当な図は(j)である。

したがって，記号の組合せとして最も適当なものは⑤である。

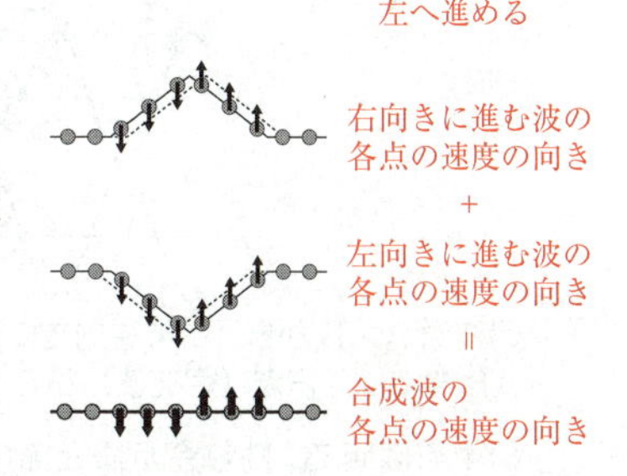

問3 17 正解は②

それぞれの波は，$\frac{1}{4}$周期で$\frac{1}{4}$波長進む。波源A，Bから出た波を，図5の状態からそれぞれ$\frac{1}{4}$波長進ませると，波形は次図(a)，(b)のようになり，これらの合成波の波形は(c)のようになる。

したがって，図として最も適当なものは②である。

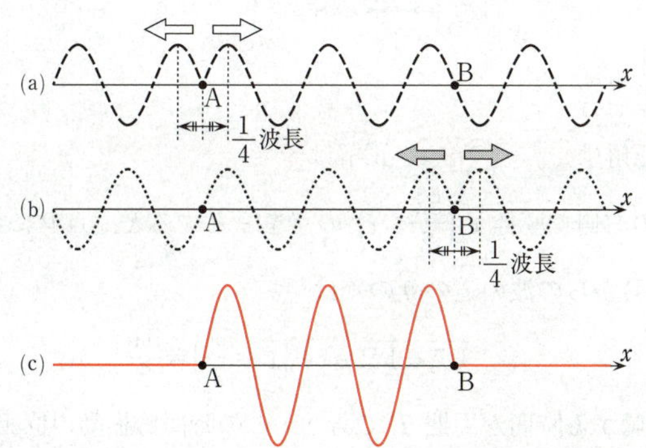

POINT　○波源 A，B のどちらの場合でも，波は波源より左側では左向きに進行し，波源より右側では右向きに進行するので，少し時間がたった後のグラフは図 6 のようになる。よって，波源 A から出た波が，図 5 の状態から $\frac{1}{4}$ 波長進んだときの波形は，次図の(a)であって(a′)ではないことに注意が必要である。

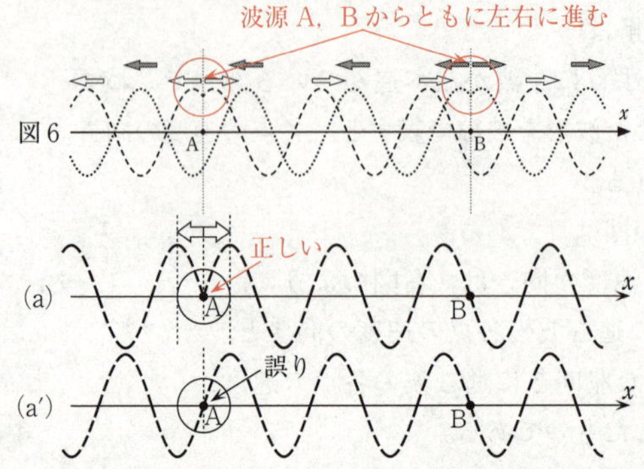

○波源 A，B から互いに逆向きに進む速さ，波長，振幅が等しい波が重なるとき，線分 AB 間には定常波（定在波）ができる。波源 A，B が同位相で振動するとき，線分 AB の中点は腹で，隣り合う腹と節の間隔は $\frac{\lambda}{4}$ である。このとき，AB 間で節の点は，$x=\frac{\lambda}{2}$，λ，$\frac{3\lambda}{2}$，2λ であることがわかる。

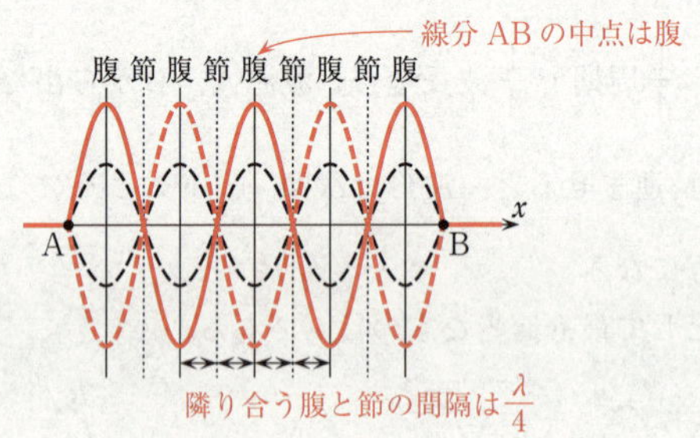

問 4　18　正解は④　　19　正解は③

18　点Bの右側で座標 $x\left(\frac{5\lambda}{2}\leqq x\right)$ の点をPとすると，点Pに到達する波源Aからの波と波源Bからの波の道のりの差は

$$\overline{PA}-\overline{PB}=x-\left(x-\frac{5\lambda}{2}\right)=\frac{5\lambda}{2}$$

波源が 1 回振動する時間が周期 T であり，この時間に振動の位相は 2π 進む。この 1 周期 T の間に波は 1 波長 λ だけ進むので，1 波長 λ だけ離れた 2 点間の振動の位相差は 2π であり，波源に近い方が位相が進んでいる。

よって，求める位相差を ϕ とすると

$$\lambda : 2\pi = \frac{5\lambda}{2} : \phi \qquad \therefore \quad \phi = 5\pi$$

19 波源Bから出た波の点Bでの時刻 t における変位 y_{B0} は

$$y_{B0} = A_0 \cos\frac{2\pi t}{T}$$

$x = \frac{5\lambda}{2}$ の波源Bから出て，x 軸の負の向きに速さ v で進む波が，座標 x $\left(0 < x < \frac{5\lambda}{2}\right)$ の点に到達するまでの距離は $\frac{5\lambda}{2} - x$ であるから，この波が座標 x の点に到達するのに $\frac{\frac{5\lambda}{2} - x}{v}$ だけ時間がかかる。よって，座標 x の点での振動は波源Bより時間 $\frac{\frac{5\lambda}{2} - x}{v}$ だけ遅れる，すなわち，座標 x の点での振動状態は波源Bでの時間 $\frac{\frac{5\lambda}{2} - x}{v}$ だけ前の振動状態と同じなので，この波の時刻 t，座標 x における変位 y_B は

$$y_B = A_0 \cos\frac{2\pi}{T}\left(t - \frac{\frac{5\lambda}{2} - x}{v}\right)$$

$$= A_0 \cos\frac{2\pi}{T}\left\{t + \frac{1}{v}\left(x - \frac{5\lambda}{2}\right)\right\}$$

CHECK ○波源Aから出た波の $x=0$ の点Aでの時刻 t における変位 y_{A0} は

$$y_{A0} = A_0 \cos\frac{2\pi t}{T}$$

波源Aから出て x 軸の正の向きに進む波の時刻 t，座標 x（>0）における変位 y_A は，速さ v で進む波が座標 x の点に到達するのに $\frac{x}{v}$ だけ時間がかかるので，座標 x の点での振動状態は波源Aでの時間 $\frac{x}{v}$ だけ前の振動状態と同じなので

$$y_A = A_0 \cos\frac{2\pi}{T}\left(t - \frac{x}{v}\right)$$

○合成波の変位 y は，三角関数の公式 $\cos A + \cos B = 2\cos\frac{A+B}{2}\cos\frac{A-B}{2}$，$\cos(-\theta) = \cos\theta$ を用いると

$$y = y_A + y_B$$
$$= A_0 \cos\frac{2\pi}{T}\left(t - \frac{x}{v}\right) + A_0 \cos\frac{2\pi}{T}\left\{t + \frac{1}{v}\left(x - \frac{5\lambda}{2}\right)\right\}$$
$$= 2A_0 \cos\frac{2\pi}{T}\left(t - \frac{5\lambda}{4v}\right)\cos\frac{2\pi}{T}\left(\frac{x}{v} - \frac{5\lambda}{4v}\right)$$

これが，AB間にできる定常波の式であり，時刻 t と位置 x が分離された形である。
定常波の節は時刻 t によらず $y=0$ であるから

$$\cos\frac{2\pi}{T}\left(\frac{x}{v}-\frac{5\lambda}{4v}\right)=0 \qquad \frac{2\pi}{T}\left(\frac{x}{v}-\frac{5\lambda}{4v}\right)=\left(n+\frac{1}{2}\right)\pi \quad (n=0,\ \pm1,\ \pm2,\ \cdots)$$

波の式 $v=\dfrac{\lambda}{T}$ より，$vT=\lambda$ を用いると

$$x=(n+3)\frac{\lambda}{2}$$

よって，$0<x<\dfrac{5\lambda}{2}$ で節の座標 x は，$n=-2,\ -1,\ 0,\ 1$ を代入すると

$$x=\frac{\lambda}{2},\ \lambda,\ \frac{3\lambda}{2},\ 2\lambda$$

となることが確認できる。

問5　20　正解は⑤

2つの波源から点 P_1～P_3 までの道のりの差が波長 λ の整数倍のとき，2つの波は同位相で重なり波は強めあう。逆に，2つの波源から点 P_1～P_3 までの道のりの差が波長 λ の半整数倍のとき，2つの波は逆位相で重なり波は弱めあう。

P_1 については

$$|P_1A-P_1B|=\left|\frac{3\lambda}{2}-2\lambda\right|=\frac{\lambda}{2} \quad \cdots\cdots 弱めあう$$

P_2 については

$$|P_2A-P_2B|=\left|\frac{7\lambda}{2}-\frac{3\lambda}{2}\right|=2\lambda \quad \cdots\cdots 強めあう$$

P_3 については，$P_3A=l$ とすると

$$|P_3A-P_3B|=\left|l-\left(l-\frac{5\lambda}{2}\right)\right|=\frac{5\lambda}{2} \quad \cdots\cdots 弱めあう$$

したがって，語句として最も適当なものは⑤である。

CHECK　アクティブ・ノイズ・キャンセリングは，外部のノイズをマイクで拾い，そのノイズと逆位相の音を発生させて，これらの音を相殺させることでノイズを打ち消す技術である。特にエンジン音や騒音などの低周波数のノイズに効果的で，建設現場では，建設機械の騒音をマイクで拾い，これと逆位相の音をヘッドフォンやイヤフォンで発生させて音を弱めている。

物理 本試験

問題番号(配点)	設問	解答番号	正解	配点	チェック
第1問 (25)	問1	1	②	5	
	問2	2	③	3	
		3	③	2	
	問3	4	②	5	
	問4	5	②	5	
	問5	6	⑦	5*1	
第2問 (30)	問1	7	④	5	
	問2	8	①	5*2	
		9	②		
	問3	10	④	5	
	問4	11	④	5	
	問5	12	①	5	
	問6	13	③	5	

問題番号(配点)	設問	解答番号	正解	配点	チェック
第3問 (25)	問1	14	⑤	5*2	
		15	①		
	問2	16	②	2	
		17	③	3*2	
		18	①		
	問3	19	⑤	5	
	問4	20	③	5	
	問5	21	④	5	
第4問 (20)	問1	22	⑥	5	
	問2	23	④	5	
	問3	24	④	5	
	問4	25	②	5	

(注)

1　*1は，⑧を解答した場合は3点，①，③，⑤のいずれかを解答した場合は2点を与える。

2　*2は，両方正解の場合のみ点を与える。

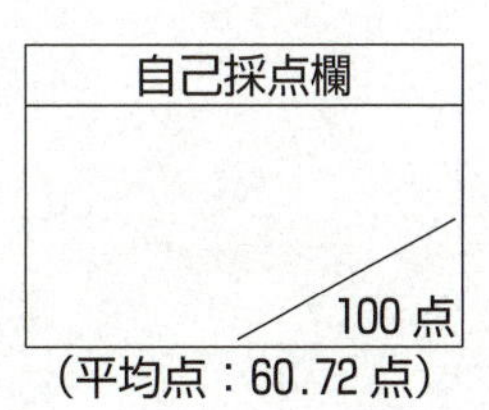

(平均点：60.72点)

第1問　標準　《総　合　題》

問1　[1]　正解は②

2個の波源 S_1，S_2 が逆位相で単振動することに注意する。

2個の波源から点Pまでの距離の差 $|l_1-l_2|$ が，波長 λ の整数倍であれば，点Pに届く2つの水面波は逆位相（位相差 π）で，互いに打ち消しあい，波長 λ の半整数倍であれば，点Pに届く2つの水面波は同位相で，互いに強めあう。よって

$$|l_1-l_2|=\begin{cases} m\lambda & \cdots\text{打ち消しあう} \\ \left(m+\frac{1}{2}\right)\lambda & \cdots\text{強めあう} \end{cases} \quad (m=0,\ 1,\ 2,\ \cdots)$$

CHECK　2個の波源 S_1，S_2 が同位相で単振動するときは

$$|l_1-l_2|=\begin{cases} m\lambda & \cdots\text{強めあう} \\ \left(m+\frac{1}{2}\right)\lambda & \cdots\text{打ち消しあう} \end{cases} \quad (m=0,\ 1,\ 2,\ \cdots)$$

この右辺の条件を，半波長の偶数倍か奇数倍かで表すこともある。

$$|l_1-l_2|=\begin{cases} 2m\cdot\frac{\lambda}{2} & \cdots\text{強めあう} \\ (2m+1)\cdot\frac{\lambda}{2} & \cdots\text{打ち消しあう} \end{cases} \quad (m=0,\ 1,\ 2,\ \cdots)$$

問2　[2]　正解は③　　[3]　正解は③

[2]　光源を凸レンズの左側（前方）の焦点Fの外側に配置すると，像は凸レンズの右側（後方）の焦点Fの外側にでき，上下左右が反転した実像を生じる。観測者とスクリーンの位置関係に注意すると，光源の太い矢印は y 軸の負の向き，細い矢印は x 軸の負の向きに映る。

したがって，最も適当なものは③である。

[3]　レンズの中心より上半分を通る光を遮っても，光源のすべての点から出る光はレンズの下半分を通るので，光源全体の像ができ，像の一部が欠けることはない。しかし，レンズを通る光の量が半分になるので，像の全体が暗くなる。

したがって，最も適当なものは③である。

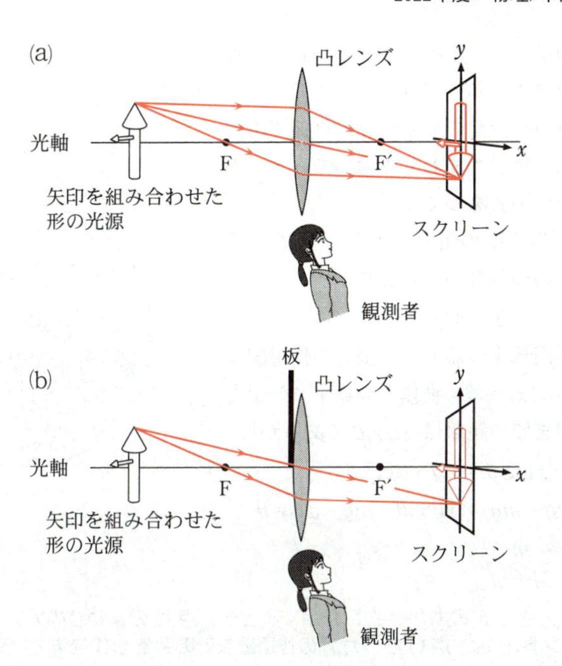

問3　4　正解は②

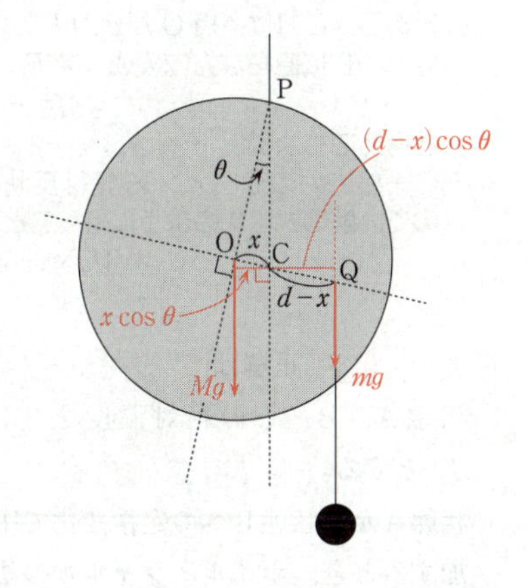

$\angle$OPC$=\theta$として，点Pのまわりの力のモーメントのつり合いの式をつくる。

円板の重心は点Oであるから，円板の重力Mgが点Oにかかり，点Cから重力Mgの作用線までの距離は$x\cos\theta$である。

物体にはたらく力のつり合いの式より，物体をつるす糸の張力の大きさは物体の重力mgに等しいから，この力mgが点Qにかかり，点Cから力mgの作用線までの距離は$(d-x)\cos\theta$である。円板をつるす糸の張力の点Pのまわりのモーメントは0であるから

$$Mg\times x\cos\theta=mg\times(d-x)\cos\theta$$

$$\therefore\quad x=\frac{m}{M+m}d$$

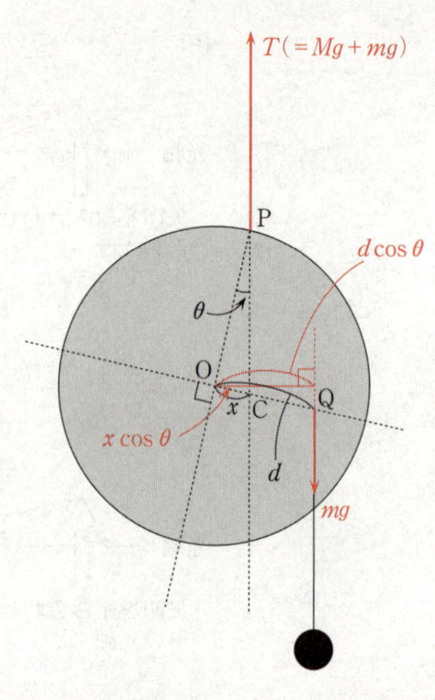

別解　力のモーメントのつり合いの式は任意に選んだ点のまわりで成り立つので，点C，点P，点O，点Qのいずれでも可能である。ここでは，点Oのまわりの力のモーメントのつり合いの式をつくる。

円板をつるす糸の張力の大きさを T とすると，力のつり合いの式より

$$T=Mg+mg$$

点Oから円板をつるす糸の張力の作用線までの距離は $x\cos\theta$，物体をつるす糸の張力の作用線までの距離は $d\cos\theta$ であるから

$$T\times x\cos\theta=mg\times d\cos\theta$$

$$(Mg+mg)\times x\cos\theta=mg\times d\cos\theta$$

$$\therefore\quad x=\frac{m}{M+m}d$$

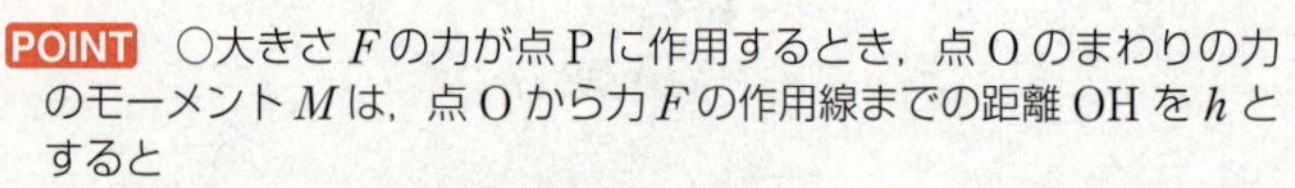

POINT　○大きさ F の力が点Pに作用するとき，点Oのまわりの力のモーメント M は，点Oから力 F の作用線までの距離OHを h とすると

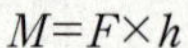

$$M=F\times h$$

である。これは，点Oから力 F の作用点Pまでの距離を l，力 F の線分OPに直角な方向の成分を F_N とすると

$$M=F_N\times l$$

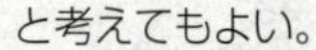

と考えてもよい。

○一般に力のモーメント M は反時計（左）まわりを正，時計（右）まわりを負とするので，解の式は次のように書くことができる。

$$Mg\times x\cos\theta-mg\times(d-x)\cos\theta=0$$

問4　［5］　正解は②

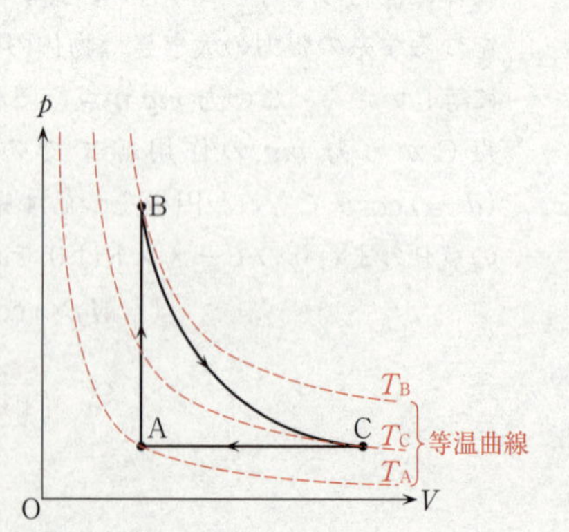

状態A，B，Cの絶対温度を T_A，T_B，T_C とする。

状態Aから状態Bへの定積変化で圧力が増加するとき，ボイル・シャルルの法則より，絶対温度は上昇する。よって　　$T_B>T_A$

状態Bから状態Cへの断熱変化で体積が増加するとき，熱力学第1法則より，絶対温度は下降する。よって　　$T_C<T_B$

状態Cから状態Aへの定圧変化で体積が減少するとき，ボイル・シャルルの法則より，

絶対温度は下降する。よって　　$T_A < T_C$

$$\therefore \quad T_A < T_C < T_B$$

理想気体の内部エネルギーは絶対温度に比例するから

$$U_A < U_C < U_B$$

POINT ○理想気体の物質量を n，定積モル比熱を C_V，絶対温度を T とすると，内部エネルギー U は

$$U = nC_VT$$

○気体が吸収した熱量を Q，気体の内部エネルギーの増加を ΔU，気体が外部にした仕事を W とすると，熱力学第１法則より $Q = \Delta U + W$ である。断熱変化では $Q = 0$ であり，体積が微小量 ΔV だけ変化するとき，圧力 p を一定とみなして，温度変化を ΔT とすると

$$0 = \Delta U + W = nC_V\Delta T + p\Delta V$$

$$\therefore \quad nC_V\Delta T = -p\Delta V$$

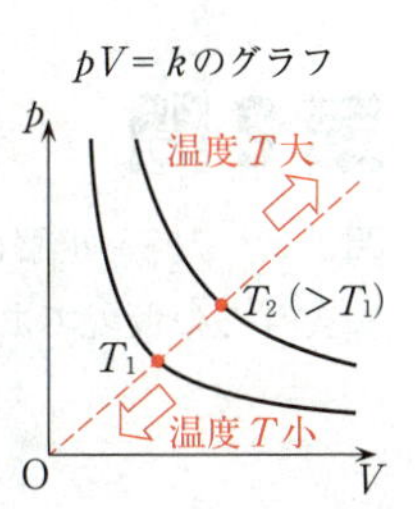

すなわち，断熱圧縮（$\Delta V < 0$）では温度が上がり（$\Delta T > 0$），断熱膨張（$\Delta V > 0$）では温度が下がる（$\Delta T < 0$）。

○状態方程式 $pV = nRT$ より，n，R が一定であるから，p-V グラフで，T＝一定（等温曲線）のグラフは反比例のグラフとなる。

このとき，p-V グラフ上の温度 T は，グラフが原点から離れるほど高い。

問５　**6**　正解は⑦

ア　導線１の電流が導線２の位置につくる磁場の向きは，右ねじの法則より，(c)の向きである。

イ　この磁場から導線２を流れる電流が受ける力の向きは，フレミングの左手の法則より，(d)の向きである。

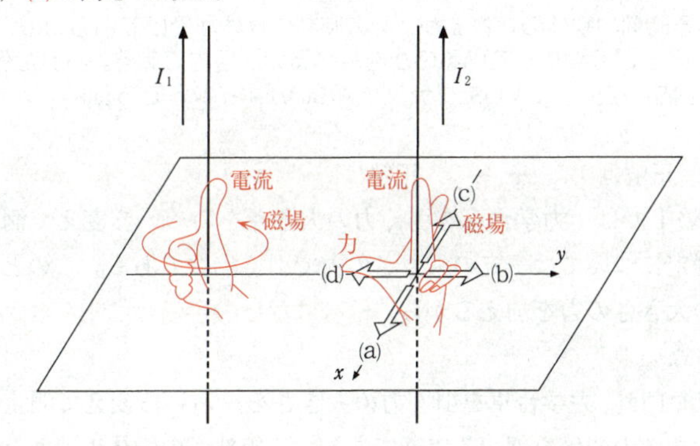

ウ　導線1を流れる大きさ I_1 の電流が，距離 r 離れた導線2の位置につくる磁場の強さを H_1 とすると

$$H_1=\frac{I_1}{2\pi r}$$

この磁場の位置での磁束密度の大きさを B_1 とすると

$$B_1=\mu_0 H_1$$

B_1 から導線2を流れる大きさ I_2 の電流の長さ l の部分が受ける力の大きさ F は

$$F=I_2B_1l=I_2\cdot\mu_0H_1\cdot l=I_2\cdot\mu_0\frac{I_1}{2\pi r}\cdot l=\mu_0\frac{I_1I_2}{2\pi r}l$$

したがって，記号と式の組合せとして最も適当なものは⑦である。

第2問　標準　―― 力学《物体の運動に関する探究，運動の法則，運動量と力積》

問1　7　正解は④

Aさんの仮説である下線部(a)の内容を，比例定数を k として式に表すと

$$v=k\frac{F}{m}$$

m が一定のとき，v は F に比例するから，v-F グラフの①と②のうち，②は不適である。

また，v が F に比例するとき，m が大きいほど v は小さいから，①は不適である。

F が一定のとき，v は m に反比例するから，v-m グラフの③と④のうち，③は不適である。

また，v が m に反比例するとき，F が大きいほど v は大きいから，④は適当。

POINT　ある時刻の物体の速さ v が，その時刻に物体が受けている力の大きさ F と，物体の質量 m とどう関係しているのかを調べるのが目的である。誤った仮説であるが，その仮説の内容を正しく表したグラフを選ぶのがポイントである。

問2　8　正解は①　　9　正解は②

8　実験1では，力学台車を引く力の大きさをいろいろ変えて測定するが，それぞれの測定については一定の大きさの力で引く実験である。このとき，ばねばかりが一定の大きさの力を加えるから，ばねばかりの目盛りは常に一定にしておかなければならない。

9　実験1は，力学台車を引く力の大きさをいろいろ変えて測定し，物体の速さと力の大きさの関係を調べる実験である。下線部(a)の物体の速さと力の大きさが変化するので，それぞれの測定では物体の質量は常に一定にしておかなければならない。すなわち，力学台車とおもりの質量の和を同じ値にする。

問3　10　正解は④

①不適。時刻0〔s〕<t〔s〕<0.3〔s〕では，質量が最も大きい(ア)の速さが最も大きいが，時刻0.3〔s〕<t〔s〕<1〔s〕では，質量が最も小さい(ウ)の速さが最も大きいので，質量が大きいほど速さが大きいとするのは不適である。

②不適。(イ)と，(イ)に対して質量が約2倍になっている(ア)を比較すると，時刻0〔s〕<t〔s〕<0.22〔s〕では，(ア)の速さが大きく，時刻0.22〔s〕<t〔s〕<1〔s〕では，(イ)の速さが大きいので，質量が2倍になると速さは$\frac{1}{4}$倍になっているとするのは不適である。

③不適。質量が異なると時間の経過にともなう速さの変化が異なるので，質量による運動への影響は見いだせないとするのは不適である。

④適当。(ア)，(イ)，(ウ)のそれぞれ質量が一定の物体に一定の力を加えると，時間の経過とともに速さが大きくなっているので，ある質量の物体に一定の力を加えても，速さは一定にならないとするのは適当である。

したがって，最も適当なものは④である。

POINT　実験2は，台車を同じ大きさの一定の力で引いて，物体の質量と速さの関係を調べているが，一定の大きさの力で引いているにもかかわらず，速さが時間変化していることに着目する。

CHECK　(ア)，(イ)，(ウ)のグラフは，台車に一定の大きさの力を加えたときに，それぞれの質量における加速度を求める実験の結果である。このとき，物体の速さはいずれの場合も時刻とともに大きくなっている。

v-t グラフの傾きは加速度 a を表すから，グラフを最小目盛りの$\frac{1}{10}$まで（すなわち0.05m/s 刻みで）目分量で読み取り加速度を求めると

(ア)　m=3.18〔kg〕の場合

t=0.2〔s〕のとき v=0.70〔m/s〕，t=0.8〔s〕のとき v=1.10〔m/s〕より

$$a=\frac{1.10-0.70}{0.8-0.2}\fallingdotseq 0.67\,[\mathrm{m/s^2}]$$

(イ)　m=1.54〔kg〕の場合

t=0.2〔s〕のとき v=0.60〔m/s〕，t=0.8〔s〕のとき v=1.30〔m/s〕より

$$a=\frac{1.30-0.60}{0.8-0.2}\fallingdotseq 1.17\,[\mathrm{m/s^2}]$$

(ウ)　m=1.01〔kg〕の場合

t=0.2〔s〕のとき v=0.55〔m/s〕，t=0.8〔s〕のとき v=1.70〔m/s〕より

$$a=\frac{1.70-0.55}{0.8-0.2}\fallingdotseq 1.92\,[\mathrm{m/s^2}]$$

この結果，(ウ)に対して質量が約3倍の(ア)は加速度の大きさが約$\frac{1}{3}$倍に，(イ)に対して質量が約2倍の(ア)は加速度の大きさが約$\frac{1}{2}$倍になり，加速度の大きさが質量に反比例することがわかる。

問4　11　正解は④

物体が受けた力積＝物体が受けた力 F×その力を受けていた時間 Δt

であるから

物体の運動量の変化 Δp＝その間に物体が受けた力積 $F\Delta t$　……(あ)

となり，運動量の変化 Δp を計算せずに，力積 $F\Delta t$ の大きさを計算すればよい。

(ア)，(イ)，(ウ)のいずれも物体を引く力の大きさは一定であるから，物体が受けた力積の大きさは力を受けていた時間 Δt に比例するので，グラフの傾きは一定である。ただし，力の大きさは0ではないので，グラフの傾きは0ではない。よって，①は不適である。

さらに，物体(ア)，(イ)，(ウ)を引く力の大きさは同じであるから，グラフの傾きは同じである。よって，④が適当で，②，③は不適である。

POINT　(あ)より

$$F=\frac{\Delta p}{\Delta t}$$

であるから，p-t グラフの傾きは，力の大きさ F を表す。
グラフの p 切片の値の違いは，図2のように台車を引く力が一定となったときの時刻 $t=0$ での運動量の大きさが異なることが原因である。

問5　12　正解は①

小球の打ち上げ直前では，小球は台車とともに水平方向に速度 V で運動しているから，台車の速度の水平成分，小球の速度の水平成分はともに V である。

小球の打ち上げ直後では，台車に対する小球の相対速度の水平成分は0であるから，

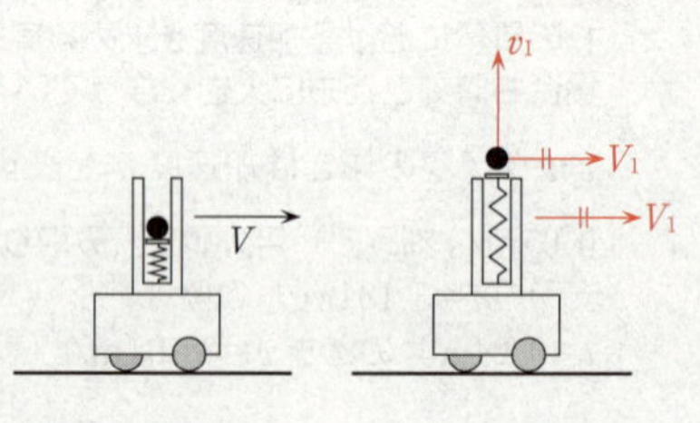

台車の速度の水平成分が V_1 のとき，小球の速度の水平成分も V_1 である。

小球の打ち上げ前後で，台車と小球の運動量の水平成分の和は保存するので

$$(M_1+m_1)V=(M_1+m_1)V_1$$

$$\therefore\quad V=V_1$$

台車と小球の運動エネルギーについては，小球の打ち上げに必要な発射装置がもつエネルギーを含めなければ，エネルギー保存則は成り立たないので，⑤，⑥とも誤りである。

したがって，関係式として正しいものは①である。

POINT　○小球の打ち上げ前に発射装置がもっているエネルギーを E とする。このエネルギー E がすべて小球を打ち上げるのに用いられたとし，小球の打ち上げ前後での高さの変化を無視すると，力学的エネルギー保存則は

$$\frac{1}{2}(M_1+m_1)V^2+E=\frac{1}{2}M_1V_1{}^2+\frac{1}{2}m_1(V_1{}^2+v_1{}^2)$$

○小球の運動を，台車とともに運動する人が見ると，小球は台車から鉛直上方に速さ v_1 で打ち上げられ，最高点に達した後，台車に戻ってくるという，鉛直投げ上げ運動になる。
小球の運動を，水平な実験机上に静止した人が見ると，小球は台車から斜め上方に打ち上げられ，最高点に達した後，台車に戻ってくるという，斜方投射運動になる。
○運動量はベクトル量であるので，水平成分と鉛直成分に分解してそれぞれの方向で保存則を考えることが多い。打ち上げ直後の小球の運動量をスカラー量の和として $m_1V_1+m_1v_1$ とするのは誤りである。
○運動エネルギーはスカラー量であるので，水平成分と鉛直成分に分解してそれぞれの方向で力学的エネルギー保存則を考えるのは誤りである。打ち上げ直後の小球の運動エネルギーは $\frac{1}{2}m_1(V_1{}^2+v_1{}^2)$ である。
○小球の打ち上げ前後で，水平方向には，台車と小球の物体系の外部から力積を受けないので，運動量の水平成分の和は保存する。鉛直方向には，小球の打ち上げ時に，小球は台車の発射装置から鉛直上向きの力を受け，台車は小球から鉛直下向きの力を受ける。これらは，物体系の内力であるから外力の力積とは無関係であるが，台車は物体系の外部である実験机から鉛直上向きの垂直抗力を受けるので，運動量の鉛直成分の和は保存しない。

問6　13　正解は③

一体となる直前では，台車は水平方向に速度 V で運動し，一体となった直後では，おもりは台車とともに水平方向に速度 V_2 で運動している。
一体となる直前，おもりの速度の水平成分は0であり，台車と一体となって水平方向に速度 V_2 で運動するまでの間に，おもりは台車の水平な上面から力を受け，おもりの運動量の水平成分は増加する。一方，台車はおもりからその反作用による力を受け，台車の運動量の水平成分は減少する。これらの力は，台車とおもりを合わせた物体系では内力であり，この物体系は水平方向に外力の力積を受けない。
よって，台車と小球の運動量の水平成分の和は保存するので

$$M_2V=(M_2+m_2)V_2$$

台車とおもりの運動エネルギーについては，台車とおもりが衝突して一体となることによって，力学的エネルギーが減少しているので，④，⑤とも不適である。
したがって，関係式として正しいものは③である。

POINT　○鉛直方向には，台車とおもりが一体となる完全非弾性衝突であるから，力学的エネルギーは減少し，熱量となって失われる。この熱量を Q とすると

$$\frac{1}{2}M_2V^2+\frac{1}{2}m_2v_2{}^2=\frac{1}{2}(M_2+m_2)V_2{}^2+Q$$

○台車とおもりが一体となるときに，問5と同様に，台車は物体系の外部である実験机から鉛直上向きの垂直抗力を受けるので，運動量の鉛直成分の和は保存しない。

第3問 標準 ―― 電磁気《電磁誘導に関する探究》

問1　14　正解は⑤　15　正解は①

図2の電圧が急激に変化するのは，棒磁石がコイルを通過するときである。台車に固定した棒磁石がコイルの中を通るときに誘導起電力による電圧が発生し，棒磁石がコイルに近づくとき電圧が正になり，棒磁石がコイルから遠ざかるとき電圧が負になっている。電圧が0になるのは棒磁石の中心がコイルの中心を通る瞬間，および二つのコイル間を運動しているときである。

電圧が最大になってから次に最大になるまでの時間は$0.7-0.3=0.4$〔s〕であり，この時間に台車は二つのコイルの間を通過するから，等速直線運動をする台車の速さをv〔m/s〕とすると

$$v=\frac{0.20}{0.4}=0.5=5\times10^{-1}\text{〔m/s〕}$$

CHECK　N回巻きコイルを貫く磁束が時間Δtの間に$\Delta\Phi$変化するとき，コイルに生じる誘導起電力Vは，誘導起電力の向きが磁束の変化を妨げる向きであることをレンツの法則より“−”符号で表すと

$$V=-N\frac{\Delta\Phi}{\Delta t}\quad\cdots\cdots(い)$$

これを，ファラデーの電磁誘導の法則という。図2では，誘導起電力の大きさと時間変化が読み取れるが，この法則を用いて台車の速さを求めることはできない。

問2　16　正解は②　17　正解は③　18　正解は①

16　図1の左側のコイルに向かって棒磁石のN極が近づくと，コイルを貫く右向きの磁束が増加する。レンツの法則より，コイルにはそれを妨げる左向きの磁束をつくるように誘導電流が流れ，コイルの左側の面がN極に，右側の面がS極になる。このとき，コイルに向かって近づく棒磁石のN極とコイルのN極が互いに向かい合い斥力を及ぼし合うので，台車の速さを小さくする。

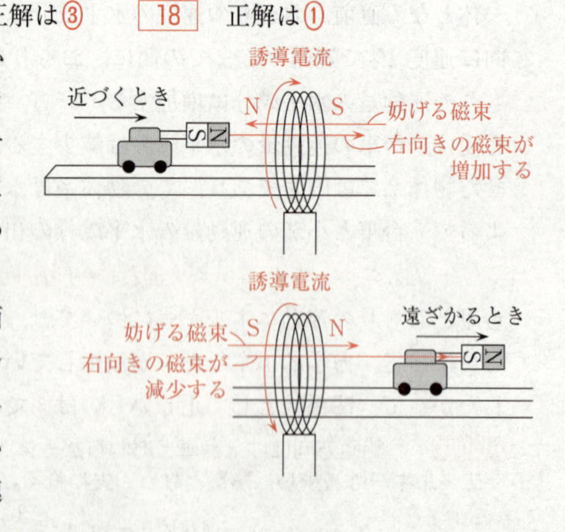

図1の左側のコイルから棒磁石のS極が遠ざかると，コイルを貫く右向きの磁束が減少する。レンツの法則より，コイルにはそれを妨げる右向きの磁束をつくるように誘導電流が流れ，コイルの左側の面がS極に，右側の面がN極になる。このとき，

コイルから遠ざかる棒磁石のＳ極とコイルのＮ極が互いに向かい合い引力を及ぼし合うので，台車の速さを小さくする。
したがって，電流による磁場は，台車の速さを小さくする力を及ぼす。

別解　オシロスコープには内部抵抗がある。コイルに生じた誘導電流が内部抵抗を流れ，ジュール熱が発生するので，台車とコイルの系のエネルギーが減少する。この失われたジュール熱の量だけ台車の運動エネルギーは減少するので，台車の速さは小さくなる。

17　コイルに向かって棒磁石のＮ極が近づくとき，棒磁石のＮ極とコイルのＮ極が互いに及ぼし合う力が小さいのは，コイルに生じる磁場が小さいからである。コイルの巻き方向の厚みを無視すると，N 回巻きで半径 r のコイルを流れる大きさ I の電流が，円の中心につくる磁場の強さを H とすると，$H=N\cdot\dfrac{I}{2r}$ である。よって，電流がつくる磁場が小さいということから，コイルを流れる電流が小さいと考えられる。
誘導起電力により生じた電圧を一定として，コイルを流れる電流が小さいためには，オシロスコープの内部抵抗が大きい必要がある。

CHECK　図のコイルを，巻き方向の厚みが無視できないソレノイドと考えると，単位長さあたり n 回巻きのソレノイドを流れる大きさ I の電流がソレノイド内部につくる一様な磁場の強さを H とすると，$H=nI$ である。この場合も，電流がつくる磁場を小さくするためには，ソレノイドを流れる電流を小さくすればよい。

18　空気抵抗の大きさを f，台車の質量を m，空気抵抗による加速度を a とすると，運動方程式より

$$ma=-f$$

$$\therefore\quad a=-\frac{f}{m}$$

よって，空気抵抗の大きさ f を一定として，空気抵抗による加速度の影響を小さくするためには，台車の質量が大きい必要がある。

CHECK　空気中を運動する物体が受ける空気抵抗の大きさ f は，物体の速さ v に比例する。比例定数を k とすると

$$f=kv$$

であり，台車の質量によらない。よって，台車の速度が遅い場合には空気抵抗の影響が小さいことがわかる。

問３　19　正解は⑤

図３の実験条件の変更前後で，次のことがわかる。
(i)最大電圧が観測される時間間隔は等しい。
②のように台車の速さを２倍にすると，コイルを通過する時間が $\dfrac{1}{2}$ になるので，

最初に最大電圧を観測するまでの時間と，最大電圧を観測する時間間隔は$\frac{1}{2}$になる。すなわち，変更後に最大電圧を観測する時間は，最初が0.15s，2回目が0.35sになるはずである。また，コイルに近づくときの速さが速くなると，コイル内部を通過する時間Δtが小さくなり，時間Δtあたりの磁場の変化が大きくなるので，変更前の最大電圧100mVより大きくなるが，何倍になるかはこれだけではわからない。台車の速さを$\sqrt{2}$倍にするときも同様で，①，②は不適である。

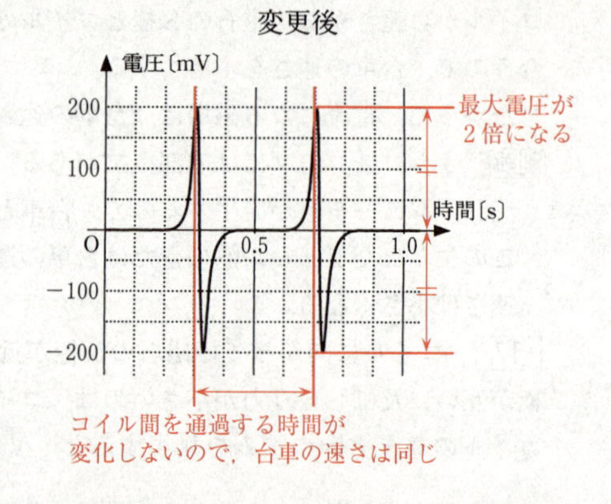

(ii)最大電圧が2倍になっている。

これは，(い)で，時間Δtあたりの磁束の変化$\Delta \Phi$が2倍になったからであり，そのためには，磁石による磁場の強さを強くするか，台車の速さを速くしてコイルを通過する時間を短くするかであるが，台車の速さを速くする場合は(i)より不適である。

よって，台車につける磁石の磁場の強さを2倍にしたときであり，⑤のように磁石を2個たばねて実験をすればよい。

③のように磁石を2個つなげても，中央のN・Sは打ち消されるので，磁場の強さは変わらない。④のように磁石を2個たばねると，磁石の両端のN・Sは打ち消されるので，磁場の強さは0となる。よって，③，④は不適である。

問4　20　正解は③

図6を図5と比べると，最初に観測される電圧の時間変化の正負が逆になっている。すなわち，③のように，図6の実験装置のコイル1の巻き方が逆であったことがわかる。

①，②のように，コイルの巻数を半分にすると，最大電圧が半分になるので，不適である。

④のように，コイル2，コイル3の巻き方が逆であれば，コイル2，コイル3での電圧の時間変化の正負が逆になるので，不適である。

⑤のように，オシロスコープのプラスマイナスのつなぎ方が逆であれば，すべてのコイルでの電圧の時間変化の正負が逆になるので，不適である。

問5 [21] 正解は④

台車が傾いた板の上をすべり降りると，台車は加速してその速さは次第に速くなる。このとき

(i)コイル間を通過するのに要する時間が短くなるので，コイル1とコイル2の間を通過する時間に比べて，コイル2とコイル3の間を通過する時間の方が短い。

(ii)コイルに近づく速さが速くなると，(い)で，コイル内部を通過する時間 Δt が小さくなるので，観測される電圧 V は大きくなる。コイル1を通過するときの電圧に比べて，コイル2を通過するときの電圧の方が大きくなり，コイル3を通過するときの電圧はさらに大きくなる。

これらの条件を満たすグラフの概形として最も適当なものは④である。

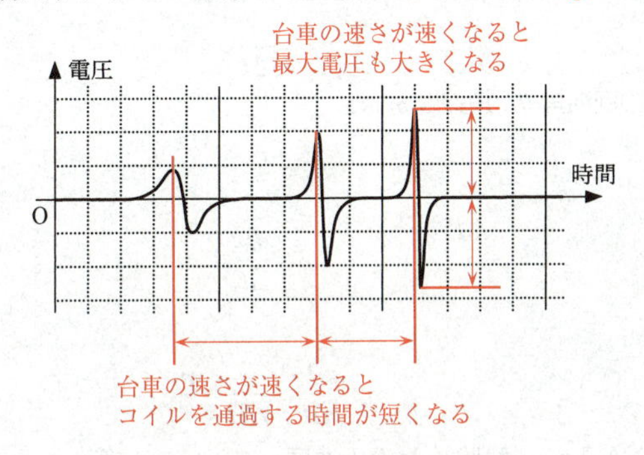

第4問 標準 ―― 原子《等速円運動，万有引力，エネルギー準位》

問1 [22] 正解は⑥

[ア] 等速円運動の速さ v は，角速度 ω を用いて

$$v = r\omega$$

$$\therefore \quad \omega = \frac{v}{r}$$

別解 図2(a)の扇形において，中心角 $\omega\Delta t$，半径 r，弧の長さ $v\Delta t$ の間に成り立つ関係より

$$\omega\Delta t = \frac{v\Delta t}{r}$$

$$\therefore \quad \omega = \frac{v}{r}$$

[イ] 等速円運動の向心加速度の大きさ a は，角速度 ω または速さ v を用いて

$$a = r\omega^2 = \frac{v^2}{r}$$

ベクトルとしての加速度 $\vec{a}$ の定義より

$$\vec{a}=\frac{\Delta\vec{v}}{\Delta t}=\frac{\vec{v_2}-\vec{v_1}}{\Delta t}$$

$$\therefore\quad \vec{v_2}-\vec{v_1}=\vec{a}\Delta t$$

よって，$\vec{v_1}$ と $\vec{v_2}$ との差の大きさは

$$|\vec{v_2}-\vec{v_1}|=|\vec{a}|\Delta t=\frac{v^2}{r}\Delta t$$

したがって，式の組合せとして最も適当なものは⑥である。

POINT　○電子が半径 r の円軌道上を一定の速さで運動するときの速さ v は，時間 Δt の間に円軌道に沿って進んだ長さ（弧の長さ）を s とすると

$$v=\frac{s}{\Delta t}$$

時間 Δt の間の回転角 θ，角速度 ω は

$$\theta=\frac{s}{r}$$

$$\omega=\frac{\theta}{\Delta t}$$

よって

$$\omega=\frac{\theta}{\Delta t}=\frac{s}{r\Delta t}=\frac{v}{r}$$

○時刻 t での速度 $\vec{v_1}$，時刻 $t+\Delta t$ での速度 $\vec{v_2}$ の大きさは等しく，円軌道上を運動する速さ v であるから

$$|\vec{v_1}|=|\vec{v_2}|=v$$

図2(b)の微小角 $\omega\Delta t$ を中心角とする扇形において，半径が v であり，弧の長さを l，弦の長さを d とすると

$$\omega\Delta t=\frac{l}{v}$$

また，速度 $\vec{v_2}$ と速度 $\vec{v_1}$ の差を $\Delta\vec{v}$ とすると

$$\Delta\vec{v}=\vec{v_2}-\vec{v_1}$$

その大きさは $|\Delta\vec{v}|$ であり，これが弦の長さ d に等しい。中心角 $\omega\Delta t$ が微小角であるから，弧の長さ l と弦の長さ d が等しいとして

$$|\Delta\vec{v}|=d\fallingdotseq l=v\cdot\omega\Delta t=v\cdot\frac{v}{r}\Delta t=\frac{v^2}{r}\Delta t$$

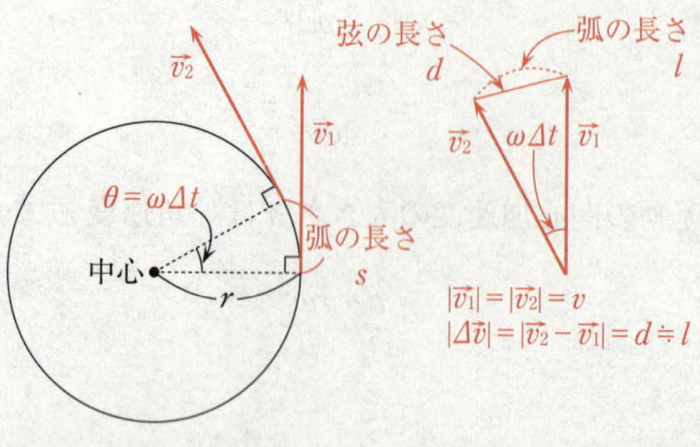

問2 23 正解は④

水素原子中の電子と陽子の間にはたらくニュートンの万有引力の大きさを F_G とすると

$$F_G = G\frac{Mm}{r^2}$$

静電気力の大きさを F_E とすると

$$F_E = k_0\frac{e\cdot e}{r^2}$$

その大きさの比は

$$\frac{F_G}{F_E} = \frac{G\frac{Mm}{r^2}}{k_0\frac{e\cdot e}{r^2}} = \frac{GMm}{k_0e^2}$$

表1の値を指数部分だけ用いた計算で概数で求めると

$$\frac{F_G}{F_E} = \frac{GMm}{k_0e^2} \fallingdotseq \frac{10^{-10}\times10^{-27}\times10^{-30}}{10^{10}\times(10^{-19})^2} = 10^{-39}$$

したがって，数値として最も適当なものは④である。

CHECK 選択肢が指数部分だけの数値であるから，計算は有効数字1桁の概数で十分である。表1の有効数字2桁の値を用いて計算すると

$$\frac{F_G}{F_E} = \frac{GMm}{k_0e^2} \fallingdotseq \frac{6.7\times10^{-11}\times1.7\times10^{-27}\times9.1\times10^{-31}}{9.0\times10^9\times(1.6\times10^{-19})^2}$$
$$=4.49\times10^{-40} \fallingdotseq 4.5\times10^{-40}$$

問3 24 正解は④

電子の運動エネルギー K は

$$K = \frac{1}{2}mv^2 \quad \cdots\cdots(う)$$

円運動の向心力は陽子と電子の間にはたらく静電気力のみであるとすると，中心方向の運動方程式より

$$m\frac{v^2}{r} = k_0\frac{e^2}{r^2} \quad \cdots\cdots(え)$$

(う)，(え)より v を消去して K を求めると

$$K = \frac{1}{2}mv^2 = \frac{1}{2}k_0\frac{e^2}{r}$$

無限遠を基準とした静電気力による位置エネルギー U は

$$U = -k_0\frac{e^2}{r}$$

よって，電子のエネルギー E_n は

$$E_n=K+U=\frac{1}{2}k_0\frac{e^2}{r}-k_0\frac{e^2}{r}=-\frac{k_0e^2}{2r}$$

これに，問題に与えられた電子の軌道半径 r を代入すると

$$E_n=-\frac{k_0e^2}{2r}=-\frac{k_0e^2}{2\times\frac{h^2}{4\pi^2k_0me^2}n^2}=-2\pi^2k_0{}^2\times\frac{me^4}{n^2h^2}\quad\cdots\cdots(お)$$

CHECK　電子の円軌道の一周の長さ $2\pi r$ が電子のド・ブロイ波の波長 $\frac{h}{mv}$ の n 倍に等しいから

$$2\pi r=n\cdot\frac{h}{mv}$$

よって，ボーアの量子条件

$$mvr=n\frac{h}{2\pi}\quad\cdots\cdots(か)$$

が得られる。(え)，(か)より v を消去して r を求めるために $(mv)^2$ をつくると，(え)より

$$\frac{(mv)^2}{mr}=k_0\frac{e^2}{r^2}$$

(か)より

$$(mv)^2=\left(n\frac{h}{2\pi r}\right)^2$$

よって，量子数 n に対応した軌道半径を r_n とすると

$$\left(n\frac{h}{2\pi r_n}\right)^2=k_0\frac{me^2}{r_n}$$

$$\therefore\quad r_n=\frac{h^2}{4\pi^2k_0me^2}n^2$$

軌道半径 r_n は量子数 n に対応したとびとびの値しかもたない。また，(お)の E_n は

$$E_n=-\frac{2\pi^2k_0{}^2me^4}{h^2}\frac{1}{n^2}$$

となり，エネルギー E_n も量子数 n に対応したとびとびの値をもつ。これをエネルギー準位という。

問4　25　正解は②

電子が，量子数 n のエネルギー準位 E から量子数 n' のより低いエネルギー準位 E' へ移るとき，エネルギー準位の差に等しいエネルギーを，エネルギーが $h\nu$ の光子1個として放出する。これを振動数条件という。よって

$$E-E'=h\nu$$

$$\therefore\quad \nu=\frac{E-E'}{h}$$

CHECK　○電子がエネルギー準位の高いところから低いところに落ちると，エネルギーが放出される。そのエネルギーは光子1個のエネルギーになる。

○この振動数 ν に対応する波長 λ は，リュードベリ定数 R を用いて

$$\frac{1}{\lambda}=\frac{\nu}{c}=\frac{E-E'}{ch}=\frac{2\pi^2 k_0{}^2 me^4}{ch^3}\cdot\left(\frac{1}{n'^2}-\frac{1}{n^2}\right)=R\cdot\left(\frac{1}{n'^2}-\frac{1}{n^2}\right)$$

よって，水素原子から放出される光の波長（振動数）は，エネルギー準位の差に対応した特定の値しかとらない。

物 理 追試験

問題番号（配点）	設 問	解答番号	正 解	配 点	チェック
第1問 (30)	問1	1	④	5	
	問2	2	③	5	
		3	①	5	
	問3	4	②	5	
	問4	5	⑥	5	
	問5	6	⑤	5	
第2問 (25)	問1	7	①	5	
	問2	8	⑤	5	
	問3	9	⑤	5	
	問4	10	①	5	
	問5	11	②	5	

問題番号（配点）	設 問	解答番号	正 解	配 点	チェック
第3問 (25)	問1	12	③	5	
	問2	13	⑥	5	
	問3	14	④	5	
	問4	15	①	5	
		16	①	5	
第4問 (20)	A 問1	17	②	4	
		18	④	4	
	B 問2	19	③	4	
	B 問3	20	④	4	
	B 問4	21	③	4	

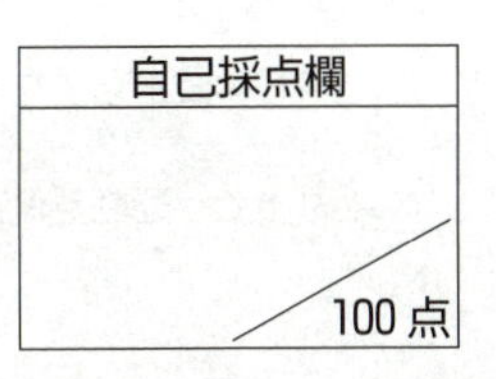

第1問 標準 《総　合　題》

問1　1　正解は④

図２より，$t=0.2$〔s〕〜0.4〔s〕の間は，ばねを介して台車ＡとＢの間に作用・反作用の関係にある力積がはたらきあい，台車Ａ，Ｂとばねの物体系では，衝突前後で運動量保存則が成立する。図２より，衝突前の台車Ａの速度を $v_A=0.6$〔m/s〕，台車Ｂの速度を $v_B=0.3$〔m/s〕，衝突後の台車Ａの速度を $v_A'=0.4$〔m/s〕，台車Ｂの速度を $v_B'=0.7$〔m/s〕と読み取ると

$$m_A\times0.6+m_B\times0.3=m_A\times0.4+m_B\times0.7$$

$$\therefore\quad \frac{m_A}{m_B}=2.0$$

別解１　$t=0.3$〔s〕では，ばねが最も縮んで台車Ａ，Ｂの速度が等しく0.5m/sとなり，２台の台車が一体となって運動する。運動量保存則より

$$m_A\times0.6+m_B\times0.3=(m_A+m_B)\times0.5$$

$$\therefore\quad \frac{m_A}{m_B}=2.0$$

別解２　台車Ａ，Ｂの衝突における反発係数（はね返り係数）を e とすると

$$e=-\frac{v_A'-v_B'}{v_A-v_B}=-\frac{0.4-0.7}{0.6-0.3}=1$$

よって，台車Ａ，Ｂの衝突は弾性衝突であり，衝突前後で力学的エネルギー保存則が成立する。すなわち，ばねが伸び縮みするときにエネルギーを損失せず，衝突前の台車ＡとＢの運動エネルギーの和と，衝突後の台車ＡとＢの運動エネルギーの和が等しい。よって

$$\frac{1}{2}m_A\times0.6^2+\frac{1}{2}m_B\times0.3^2=\frac{1}{2}m_A\times0.4^2+\frac{1}{2}m_B\times0.7^2$$

$$\therefore\quad \frac{m_A}{m_B}=2.0$$

POINT　時刻 $t=0.2$〔s〕〜0.4〔s〕の間は，ばねが伸縮することによって，台車Ａ，Ｂはばねから力積を受ける。

台車Ａがばねから受けた力積の大きさを I とすると，運動量の変化と力積の関係より

$$m_Av_A'-m_Av_A=-I$$

台車Ｂは，作用・反作用の法則よりばねから大きさが等しく向きが反対の力積を受けるから

$$m_Bv_B'-m_Bv_B=I$$

これらの式から I を消去すると

$$m_Av_A+m_Bv_B=m_Av_A'+m_Bv_B'$$

となって，運動量保存則が得られる。

問2 | 2 | 正解は③ | 3 | 正解は①

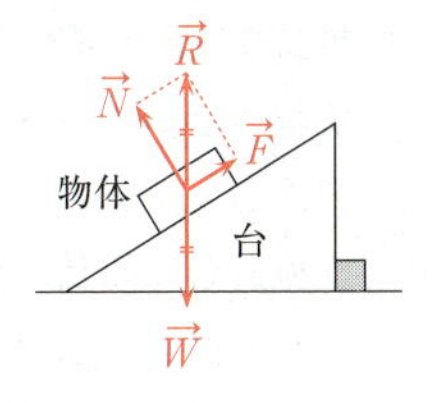

| 2 | 物体が受ける力を重力 $\vec{W}$，垂直抗力 $\vec{N}$，静止摩擦力 $\vec{F}$ とする。物体が静止しているとき，これらの力がつりあい，合力が 0 であるから

$$\vec{W}+\vec{N}+\vec{F}=\vec{0}$$

$$\therefore\quad \vec{N}+\vec{F}=-\vec{W}$$

よって，垂直抗力 $\vec{N}$ と静止摩擦力 $\vec{F}$ の合力は，重力 $\vec{W}$ と大きさが等しく向きが反対である。重力が鉛直方向下向きの⑦の向きであるから，垂直抗力と静止摩擦力の合力は鉛直方向上向きの③の向きである。

POINT 垂直抗力 $\vec{N}$ も静止摩擦力 $\vec{F}$ も，ともに物体が斜面から受ける力であり，これらの合力 $\vec{N}+\vec{F}$ を抗力 $\vec{R}$ という。このとき，力のつりあいの式は

$$\vec{W}+\vec{R}=\vec{0}$$

よって，$\vec{W}$ と $\vec{R}$ は大きさが等しく向きが逆である。

| 3 | | ア | 観測者の加速度が右向きであるから，慣性力の向きはそれと逆向きの左向きである。

| イ | 水平に対する斜面の傾きを θ とする。図 4 で台を動かしたときは，図 3 の台が固定されていたときと比較して，斜面に平行な方向には，下向きに慣性力の成分 $ma\cos\theta$ を受けるようになる。物体が静止しているときは，この力の大きさだけ静止摩擦力が増えることになる。

したがって，語句の組合せとして最も適当なものは①である。

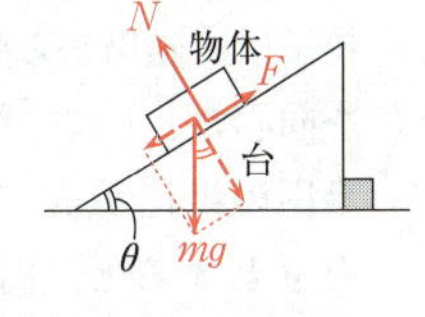

POINT 重力加速度の大きさを g として，物体が受ける重力の大きさを mg，垂直抗力の大きさを N，静止摩擦力の大きさを F とする。力のつりあいの式は，

図 3 で台が固定されていたとき

- 斜面に平行方向　$F-mg\sin\theta=0$
- 斜面に垂直方向　$N-mg\cos\theta=0$

図 4 で台を動かしたとき

- 斜面に平行方向　$F-mg\sin\theta-ma\cos\theta=0$
- 斜面に垂直方向　$N-mg\cos\theta+ma\sin\theta=0$

よって，図 4 で台を動かしたときの静止摩擦力の大きさ F は，図 3 で台が固定されていたときと比較して $ma\cos\theta$ だけ増える。また，垂直抗力の大きさ N は，$ma\sin\theta$ だけ減る。

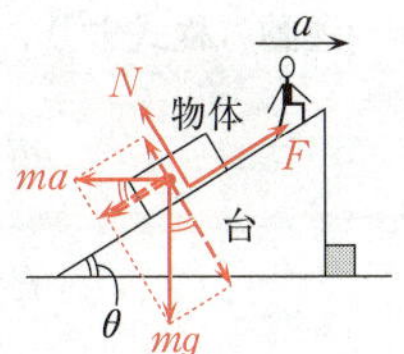

問3　4　正解は②

抵抗線 ab の単位長さ当たりの抵抗を r とすると，抵抗線の ac 間，cb 間の抵抗値はそれぞれ xr，$(L-x)r$ である。

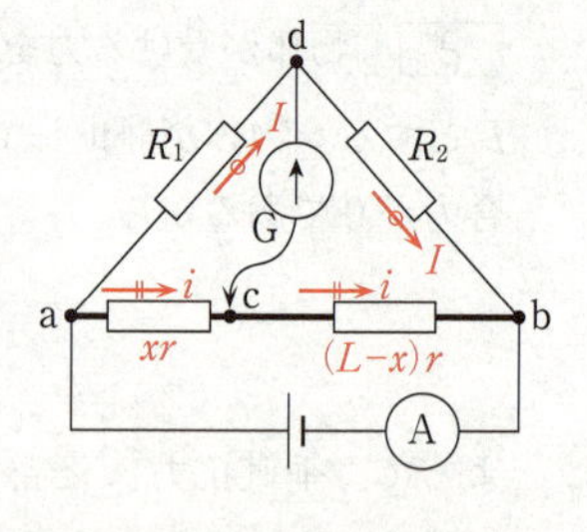

検流計Gに電流が流れないので，ホイートストンブリッジの関係式より

$$\frac{R_1}{R_2}=\frac{xr}{(L-x)r}=\frac{x}{L-x}$$

POINT　抵抗１，抵抗２にかかる電圧をそれぞれ V_1，V_2，抵抗線の ac 間，cb 間にかかる電圧をそれぞれ V_{ac}，V_{cb} とする。検流計Gに電流が流れないとき，上図の点 c と点 d は等電位であるから

$$V_1=V_{ac},\quad V_2=V_{cb}$$

このとき，抵抗１と抵抗２を流れる電流は等しくこれを I とすると

$$V_1=R_1I,\quad V_2=R_2I$$

また，抵抗線の ac 間と cb 間を流れる電流は等しくこれを i とすると

$$V_{ac}=xr\cdot i,\quad V_{cb}=(L-x)r\cdot i$$

よって

$$R_1I=xr\cdot i$$
$$R_2I=(L-x)r\cdot i$$

辺々割ると

$$\frac{R_1}{R_2}=\frac{x}{L-x}$$

問4　5　正解は⑥

粒子は，磁場から受けるローレンツ力を向心力として，等速円運動をする。半円の半径が R のときの粒子の速さを v とすると，円運動の中心方向の運動方程式より

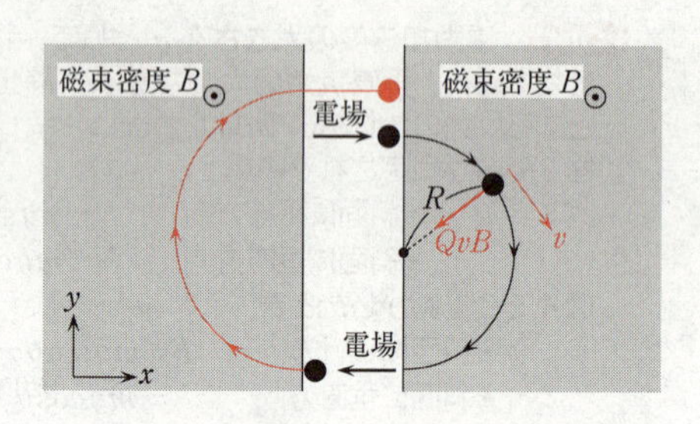

$$m\frac{v^2}{R}=QvB$$

$$\therefore\quad R=\frac{mv}{QB}$$

半円を描くのに要する時間 T は

$$T=\frac{1}{2}\times\frac{2\pi R}{v}=\frac{\pi}{v}\times\frac{mv}{QB}=\frac{\pi m}{QB}$$

よって，粒子の速さ v が大きくなるにつれて R は増加するが，T は v に無関係で一定である。

したがって，変化の組合せとして最も適当なものは⑥である。

POINT ○図６の左右の灰色の領域内を運動する荷電粒子にはたらくローレンツ力の向きは，フレミングの左手の法則に従い，荷電粒子の運動の向きと常に垂直な向きである。よって，ローレンツ力は荷電粒子に仕事をしないので，荷電粒子の運動エネルギーは変化しない。したがって，荷電粒子は等速円運動をし，磁場内での粒子の速さは一定である。
○図６の中間の無色の領域内では，荷電粒子の運動の向きと電場の向きが一致し，荷電粒子が電場から受ける力が仕事をするので，荷電粒子の運動エネルギーが増加する。したがって，荷電粒子は電場を通過することで加速される。

問５ [6] 正解は⑤

題意の速度 v の単位と同様にして

$$1\left[\frac{\mathrm{kg\cdot m}}{\mathrm{s}}\right]=\frac{1〔\mathrm{kg}〕\times1〔\mathrm{m}〕}{1〔\mathrm{s}〕}=\frac{1000〔\mathrm{g}〕\times100〔\mathrm{cm}〕}{1〔\mathrm{s}〕}=100000\left[\frac{\mathrm{g\cdot cm}}{\mathrm{s}}\right]$$

$$=10^5\times1\left[\frac{\mathrm{g\cdot cm}}{\mathrm{s}}\right]$$

第２問 標準 —— 力学，波 《物体の落下と空気の抵抗力，ドップラー効果》

問１ [7] 正解は①

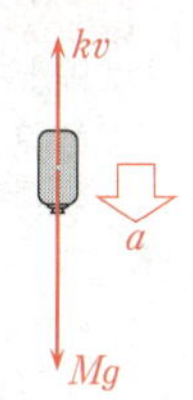

装置の落下速度が v のときの加速度を鉛直方向下向きを正として a とすると，装置全体の運動方程式より

$$Ma=Mg-kv \quad \cdots\cdots(あ)$$

落下開始後しばらくして装置の落下速度の大きさが一定の終端速度 v' に達したとき，加速度 a は０であるから

$$0=Mg-kv'$$

$$\therefore \quad v'=\frac{Mg}{k}$$

問２ [8] 正解は⑤

糸の張力の大きさを T とする。

(i)落下前は，物体は静止しているので，力のつりあいの式より

$$T=mg$$

(ii)落下中で，装置の落下速度が v のとき，物体の運動方程式より

$$ma=mg-T \quad \cdots\cdots(い)$$

(あ)より $a=g-\dfrac{kv}{M}$ を代入すると

$$m\left(g-\frac{kv}{M}\right)=mg-T$$

$$\therefore \quad T=\frac{m}{M}kv \quad \cdots\cdots(う)$$

落下開始と同時では，$v=0$ であるから　　$T=0$

その後，落下速度 v は徐々に増加するから，張力の大きさ T も**徐々に増加**する。

(iii)終端速度に達すると，加速度 a は0であるから，(い)より

$$T=\boldsymbol{mg}$$

したがって，文として最も適当なものは⑤である。

別解　(iii)で，終端速度に達したときの張力の大きさ T は，(う)，問1の答の v' を用いると

$$T=\frac{m}{M}kv'=\frac{m}{M}k\times\frac{Mg}{k}=mg$$

問3　9　正解は⑤

音源Sが静止したマイク（観測者O）に向かって速さ v' で動くから，ドップラー効果の式より

$$f_1=\frac{V}{V-v'}f_0$$

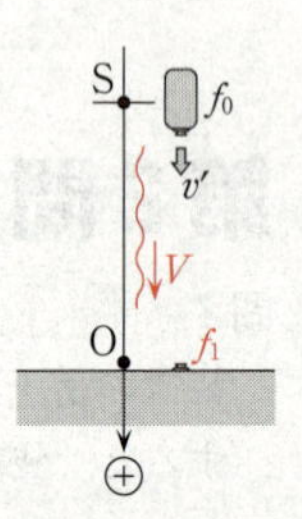

POINT　音源S（source）と観測者O（observer）がこれらを結ぶ直線上を動く場合，音速を V，音源から観測者に向かう向きを正として，音源，観測者の速度をそれぞれ v_S，v_O，音源が出す音の振動数を f_S，観測者が受け取る音の振動数を f_O とすると，ドップラー効果の公式は

$$f_O=\frac{V-v_O}{V-v_S}f_S$$

○音源が動く場合

• 音源が動いても，音速が変化することはない。音源から発せられた音波は，媒質そのものの振動として伝わっていくので，音速は媒質の種類や状態で決まる。

• 音源が動くと，音源から単位時間当たりに出る音波の数は変化せず，音波の波長が変化する。音源が音波を送り出す向きに動けば波長を圧縮し，逆向きに動けば波長を引き伸ばす。

○観測者が動く場合

• 観測者が動いても，音波の波長が変化することはない。

• 観測者が動くと，観測者が単位時間に受け取る音波の数が変化する。これは，観測者に対する音の相対速度が変化することと等しい。観測者が音源に近づく向きに動けば単位時間により多くの波を受け取れ，遠ざかる向きに動けばより少ない波しか受け取れない。

問4 10 正解は①

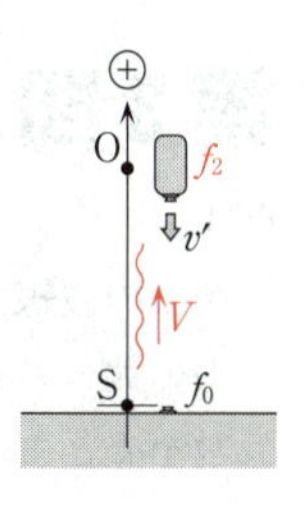

マイク（観測者O）が静止した音源Sに向かって速さ v' で動くから，ドップラー効果の式より

$$f_2=\frac{V-(-v')}{V}f_0=\frac{V+v'}{V}f_0 \quad \cdots\cdots(え)$$

問5 11 正解は②

装置の落下速度が v のとき，マイクに届いた音の振動数 f は，(え)より

$$f=\frac{V+v}{V}f_0$$

$f>f_0$ であるから

$$|f-f_0|=\frac{V+v}{V}f_0-f_0=\frac{v}{V}f_0=\frac{f_0}{V}\times v$$

$\frac{f_0}{V}$ は一定であるから，$|f-f_0|$ は v に比例する。すなわち，$|f-f_0|$ と t の関係のグラフは，v と t の関係のグラフと同じ概形になる。v-t グラフの傾きが加速度 a を表すことから，(あ)を解いて

$$a=g-\frac{kv}{M}$$

(i)落下開始と同時には $v=0$ であるから，$a=g$。このとき，グラフの傾きは最大で g である。

(ii)その後，落下速度 v は徐々に増加するから，a は徐々に減少する。すなわち，グラフの傾きは徐々に小さくなる。

(iii)終端速度に達したとき，加速度 a は0であるから，グラフの傾きは0である。

よって，v-t グラフは右図のようになる。

したがって，$|f-f_0|$ と t の関係のグラフの概形として最も適当なものは②である。

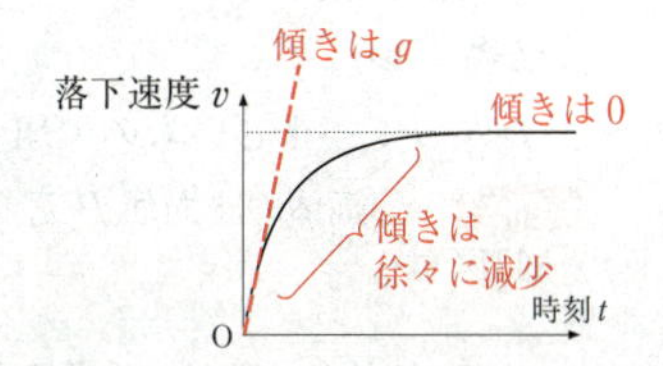

第3問 標準 ―― 力学，熱力学《ばね定数，気体の等温変化と断熱変化》

問1 　12 　正解は③

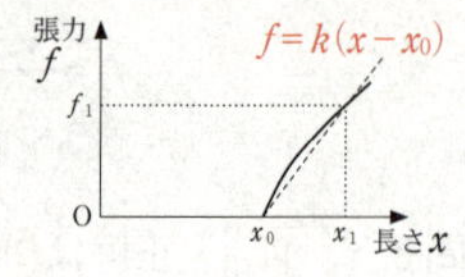

図1の破線で示された関係より，ゴムひもの長さを x，張力の大きさを f，ゴムひもをばねとみなした場合のばね定数を k とすると，フックの法則より

$$f=k(x-x_0)$$

ここで，$x=x_1$ のとき，$f=f_1$ であるから

$$f_1=k(x_1-x_0)$$

$$\therefore \quad k=\frac{f_1}{x_1-x_0}$$

問2 　13 　正解は⑥

(イ)・(ロ)　図3の気体の圧力を P，体積を V とすると，グラフの灰色に塗った部分の面積，すなわち，P-V グラフと V 軸で囲まれる面積は，気体がする仕事を表す。ここでは，体積が V_1 から V_2 へ増加しているから，気体がする仕事は正である。

(ハ)・(ニ)　気体が吸収する熱量を Q，気体の内部エネルギーの変化を ΔU，気体がする仕事を W' とすると，熱力学第一法則より

$$Q=\Delta U+W'$$

図3の気体の等温変化の場合，気体の温度は変化しないので，$\Delta U=0$ であるから

$$Q=W'$$

ここで，$W'>0$ であるから $Q>0$ である。

よって，体積が V_1 から V_2 へ増加する間に，気体がする仕事と気体が吸収する熱量が等しい。

したがって，正しいものの組合せとして最も適当なものは⑥である。

POINT　○気体の圧力が P で，体積が微小量 ΔV 増加するとき，気体がする微小な仕事 $\Delta W'$ は

$$\Delta W'=P\Delta V$$

逆に，気体の体積が減少するとき，気体は仕事をされる。

図3で気体がピストンを押す力を F，ピストンの断面積を S とすると

$$P=\frac{F}{S}$$

気体の体積が ΔV 増加するとき，シリンダーの底からピストンまでの長さが Δx 増加するとすると

$$\Delta V=S\Delta x$$

よって

$$\Delta W'=P\Delta V=\frac{F}{S}\cdot S\Delta x=F\Delta x \quad \cdots\cdots(お)$$

○気体の内部エネルギー U は，気体の絶対温度 T に比例する。気体の物質量を n，定積モル比熱を C_V とすると

$$U=nC_VT$$

気体の温度が ΔT 変化したとき，気体の内部エネルギーの変化 ΔU は

$$U+\Delta U=nC_V(T+\Delta T)$$

$$\therefore\quad \Delta U=nC_V\Delta T$$

CHECK 気体の場合，図5の A→B の断熱圧縮で温度は上昇するが，ゴムの場合，図6の D→F の断熱膨張で温度は上昇するので，ゴムは通常の固体とは異なる特殊な構造をもつ物質である。

○気体に熱を加えると，気体分子の運動エネルギーが増加して温度が上昇し，一定圧力のもとで体積は増加する。

○ゴムは多数の鎖状の高分子からできていて，通常はこれらが絡み合い丸まった状態で運動エネルギーが大きく自由度の高い状態にある。ゴムを伸ばすと，これらの高分子が整列して運動エネルギーが小さい自由度の低い状態になる。よって，ゴムを急に伸ばすと，余った運動エネルギーが発散して温度が上がる。逆に，伸ばしたゴムに熱を加えると縮もうとする。これを，Gough-Joule（グー-ジュール）効果という。

問3 14 正解は④

A→B の過程は断熱変化であるから，気体が吸収する熱量は 0 である。

よって　$Q_{AB}=0$

B→C の過程は定積変化であるから，気体がされる仕事は 0 である。

よって　$W_{BC}=0$

A→C の過程は等温変化であるから，気体の内部エネルギーの変化は 0 である。

よって　$\Delta U_{AC}=0$

したがって，最も適当なものは④である。

CHECK 問2では，気体が外へする仕事を正として W' としたが，本問の題意に沿って，気体が外からされる仕事を正として W とすると，熱力学第一法則は

$$\Delta U=Q+W$$

となる。このとき，

A→B では，$Q_{AB}=0$ であるから　$\Delta U_{AB}=0+W_{AB}$

B→C では，$W_{BC}=0$ であるから　$\Delta U_{BC}=Q_{BC}+0$

A→C では，$\Delta U_{AC}=0$ であるから　$0=Q_{AC}+W_{AC}$

問4 15 正解は①　16 正解は①

15 **・気体の場合**

図5で気体の体積が減少するとき，気体が外からされた正の仕事（ピストンを外から押す力がした仕事）W は，圧力 P-体積 V グラフと V 軸で囲まれる面積である。よって，A→B の断熱変化でされる仕事 W_{AB} の方が，A→C の等温変化でされる仕事 W_{AC} より，灰色に塗られた部分の面積だけ大きい。このとき，A→B と A→C の気体の体積変化，すなわち，ピストンの移動距離は等しいので，問2(お)より，

気体が外からされる仕事 W が大きい方が，ピストンを押す力 F も大きい。

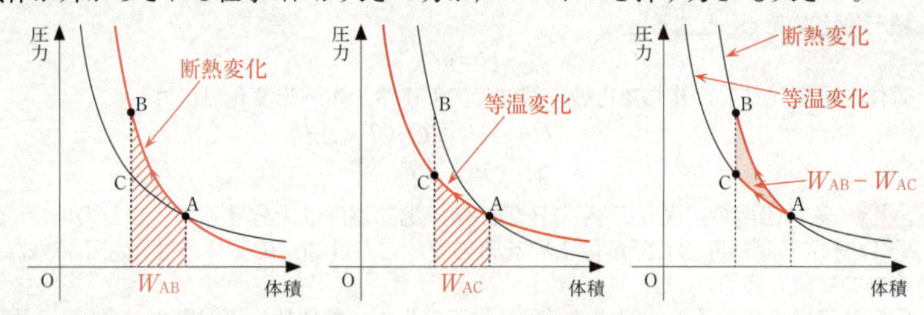

• ゴムの場合

図6でゴムの長さが増加するとき，ゴムひもが外からされた正の仕事（ゴムを外から引っ張る力がした仕事）W は，張力 F-長さ x のグラフと x 軸で囲まれる面積である。よって，D→E のすばやく伸ばした断熱変化でされる仕事 W_{DE} の方が，D→F でゆっくり伸ばした等温変化でされる仕事 W_{DF} より，灰色に塗られた部分の面積だけ大きい。このとき，D→E と D→F のゴムの長さの変化は等しいので，ゴムが外からされる仕事 W が大きい方が，ゴムを引く張力 F も大きい。

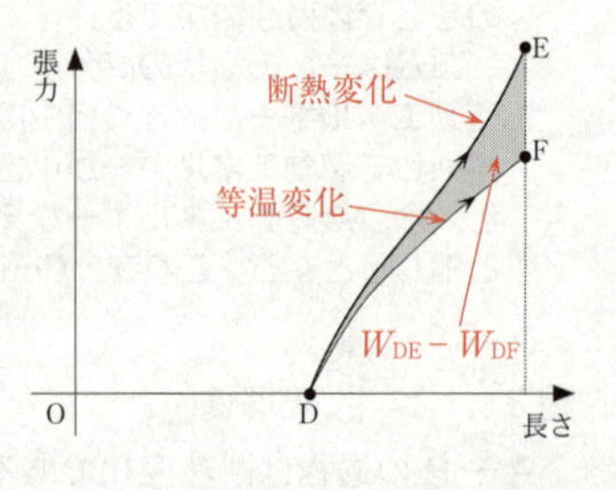

したがって，**気体もゴムも断熱変化の方が**，強い力が必要で，外からされる仕事も大きくなる。

16　• 気体の A→B→C→A のサイクル

B→C では気体の体積が変化していないので，気体が外からされる仕事は 0 である。A→B では気体の体積が減少しているので気体は外から仕事をされ，C→A では気体の体積が増加しているので気体は外へ仕事をしている。このとき，A→B で気体が外からされる仕事の大きさの方が，C→A で気体が外へする仕事の大きさより大きいから，A→B→C→A 全体では，気体は外から仕事をされている。

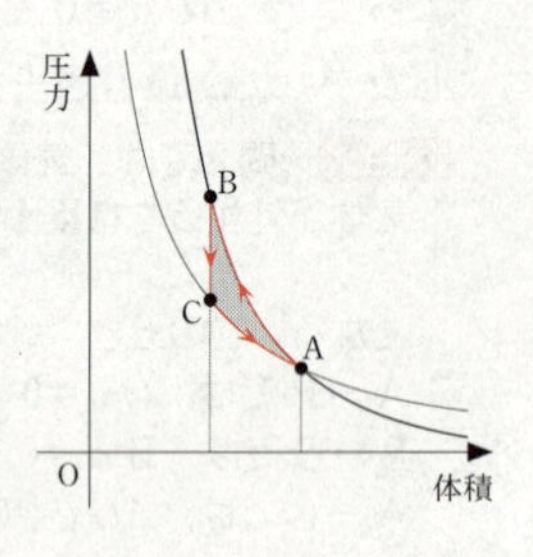

• ゴムの D→E→F→D のサイクル

E→F ではゴムの長さが変化していないので，ゴムが外からされる仕事は 0 である。D→E ではゴムの長さが増加しているのでゴムは外から仕事をされ，F→D ではゴムの長さが減少しているのでゴムは外へ仕事をしている。このとき，D→E でゴムが外からされる仕事の大きさの方が，

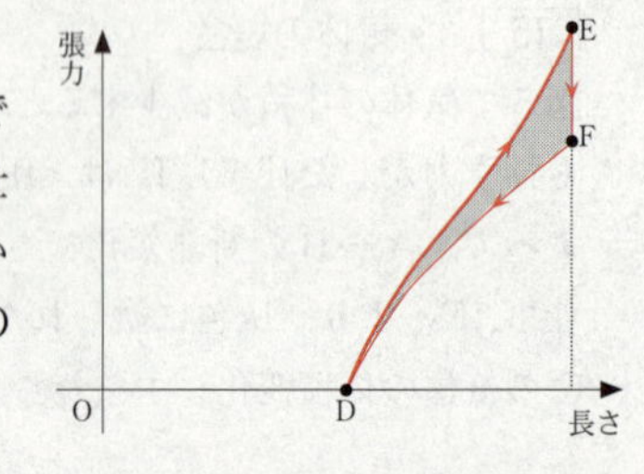

F→D でゴムが外へする仕事の大きさより大きいから，D→E→F→D 全体では，ゴムは外から仕事をされている。

したがって，気体やゴムがされる仕事の総和は，**気体の場合は正**，**ゴムの場合も正**になる。

第4問 ―― 原　子

A 標準 《ブラッグ反射》

問1 17 正解は② 18 正解は④

17 右図のように点A～Dをとる。入射X線の(I)，(II)の点A，Cは同位相であり，反射X線が強め合うとき，(I)，(II)の点A，Dは同位相である。よって，(I)，(II)の経路差は，$\overline{\mathrm{CB}}+\overline{\mathrm{BD}}$ である。

$$\overline{\mathrm{CB}}=\overline{\mathrm{BD}}=d\sin\theta$$

であるから

$$\overline{\mathrm{CB}}+\overline{\mathrm{BD}}=2d\sin\theta$$

18 X線が格子面で反射するとき，(I)，(II)の反射による位相のずれはないので，反射X線が強め合うためには，経路差が，波長 λ の整数倍であればよい。

CHECK 格子間隔 d の結晶に波長 λ のX線を格子面とのなす角 θ で当てると，各格子面で散乱したX線が干渉する。このとき，1つの格子面を鏡とみなして，反射の法則を満たす方向に干渉して，それらが同位相のとき互いに強め合う。これを，ブラッグ反射という。

B 標準 《X線の発生》

問2 19 正解は③

ア 題意より，電子が陽極の金属と衝突し，運動エネルギーのすべてが1個のX線の光子のエネルギーに変わると，最短波長のX線が発生する。よって，電子とX線の光子の**エネルギー**の保存則が成立している。

イ 電子とX線の光子と陽極原子のエネルギーの保存則より，X線の波長 λ が最短波長より長いとき，X線の光子のエネルギー $\dfrac{hc}{\lambda}$ が小さくなるので，陽極原子の熱運動のエネルギー Q が**増加**している。

したがって，語の組合せとして最も適当なものは③である。

POINT　○発生するX線の振動数をν，波長をλとすると，X線の光子のエネルギーEは

$$E=h\nu=\frac{hc}{\lambda}\quad（波の式\ c=\nu\lambda）$$

○電子とX線の光子，陽極原子のエネルギー保存則は

電子がフィラメント・陽極間の電場から受けた仕事eV
＝電子が陽極に衝突する直前にもつ運動エネルギーK
＝陽極から発生したX線の光子のエネルギー$\frac{hc}{\lambda}$
＋陽極原子の熱運動のエネルギーQ
＋電子が陽極に衝突した直後にもつ運動エネルギーK'

運動エネルギーと仕事の関係より

$$K=eV$$

$Q=0$，$K'=0$であるとき，発生したX線の光子のエネルギー$\frac{hc}{\lambda}$は最大となり，波長λが最小で，最短波長となる。

CHECK　○電圧Vで加速された電子が陽極で急激に止められ，電子１個の運動エネルギーの一部が，X線の光子１個のエネルギーに変わる。そのエネルギーの大きさは電子と陽極原子との衝突の仕方によって決まり，いろいろな値のエネルギーをもつX線が放出される。これを連続X線という（問２・問３）。

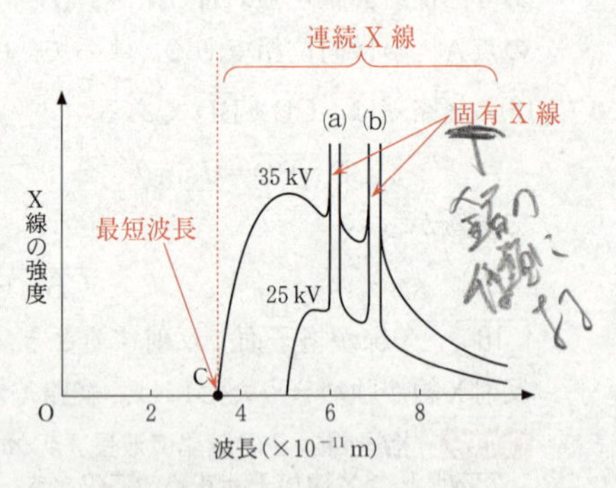

○陽極の金属に飛び込んだ電子が，陽極原子の束縛電子をはじき飛ばすと，それより外側の軌道から電子が移ってくる。このとき，電子の軌道の差で決まるエネルギーがX線の光子として放出される。外側の軌道から内側の軌道に移る方法はいろいろあり，それぞれの差に対応する波長のX線が観測される。これを固有X線（特性X線）という（問４）。よって，陽極原子の種類が異なると，鋭いピークの波長が変化する。

問３　20　正解は④

ウ　X線の最短波長をλ_0とすると，電子とX線の光子のエネルギーの保存則より

$$eV=\frac{hc}{\lambda_0}$$

$$\therefore\quad \lambda_0=\frac{hc}{eV}\quad\cdots\cdots(か)$$

エ　(か)より，両極間の電圧Vを大きくすると，X線の最短波長λ_0は短くなる。よって，C点の波長より短くなる。

したがって，式と語の組合せとして最も適当なものは④である。

問4　21　正解は③

オ　図3の二つの鋭いピークの波長は，(a)の方が短く，(b)の方が長い。X線の光子のエネルギー $\frac{hc}{\lambda}$ が小さいのは，波長 λ が長い方であるから，それは(b)である。

カ　X線の最短波長 λ_0 は，(か)より，$\lambda_0=\frac{hc}{eV}$ であるから，これは，陽極金属の種類によらない。よって，最短波長は図3のC点と比べて変化しない。
したがって，記号と語の組合せとして最も適当なものは③である。

物理 本試験（第1日程）

問題番号（配点）	設問		解答番号	正解	配点	チェック
第1問（25）		問1	1	④	5	
		問2	2	⑤	5	
		問3	3	②	5	
		問4	4	①	5	
		問5	5	②	5*1	
第2問（25）	A	問1	6	③	2	
			7	③	2*2	
			8	⓪		
			9	①		
		問2	10	④	3	
			11	②	3	
		問3	12	④	3*3	
			13	⓪		
			14	①		
	B	問4	15	②	4	
		問5	16	③	4	
		問6	17	③	4	

問題番号（配点）	設問		解答番号	正解	配点	チェック
第3問（30）	A	問1	18	①	4	
		問2	19	②	4	
		問3	20	④	4	
			21	①	4	
	B	問4	22	②	4	
		問5	23	①	5	
		問6	24	⑥	5	
第4問（20）		問1	25	④	5	
		問2	26	③	5	
		問3	27	①	5	
		問4	28	④	5*4	

（注）

1　*1は，①を解答した場合は3点を与える。

2　*2は，解答番号6で③を解答し，かつ，全部正解の場合のみ点を与える。

3　*3は，全部正解の場合のみ点を与える。

4　*4は，③を解答した場合は3点を与える。

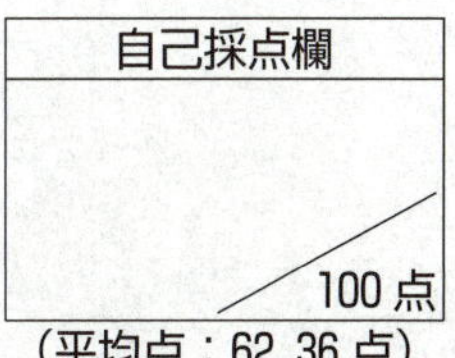

（平均点：62.36点）

第1問 標準 《総　合　題》

問1　1　正解は④

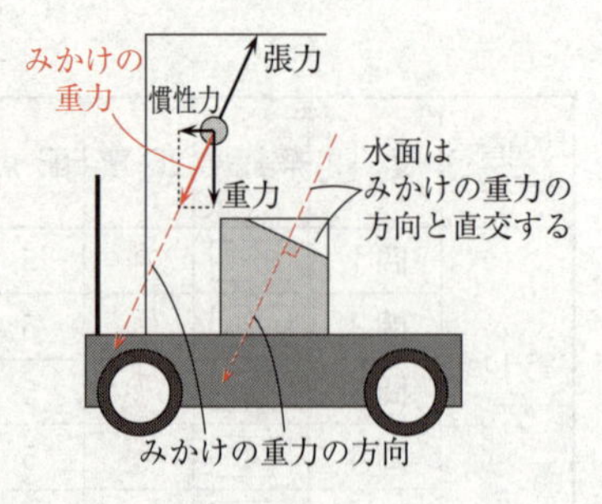

台車とともに運動する観測者から見ると，おもりにはたらく力は，鉛直方向下向きの重力，水平方向左向きの慣性力，糸方向の張力であり，これらの力がつり合っておもりが静止している。このとき，重力と慣性力の合力をみかけの重力といい，みかけの重力と張力とがつり合っている。観測者が下と感じる方向は，みかけの重力の方向である。よって，おもりの糸はみかけの重力の方向に傾き，水面はみかけの重力の方向と直交する方向に傾く。

したがって，図として最も適当なものは④である。

問2　2　正解は⑤

動滑車からつるされた板と荷物，人の全体が床から持ち上がるときは，床から板にはたらく垂直抗力が0になるときであり，このときに人がロープを引く張力の大きさを T〔N〕とする。

人の質量を m〔kg〕，板と荷物の質量の和を M〔kg〕，重力加速度の大きさを g〔m/s^2〕，人が板から受ける垂直抗力の大きさを N〔N〕，動滑車と板を結ぶ1本のひもの張力の大きさを S〔N〕とする。人がロープを下向きに大きさ T〔N〕の張力で引くとき，作用・反作用の法則より，人はロープから上向きに大きさ T〔N〕の張力を受けていることに注意すると，それぞれの物体にはたらく力のつり合いの式は次のようになる。

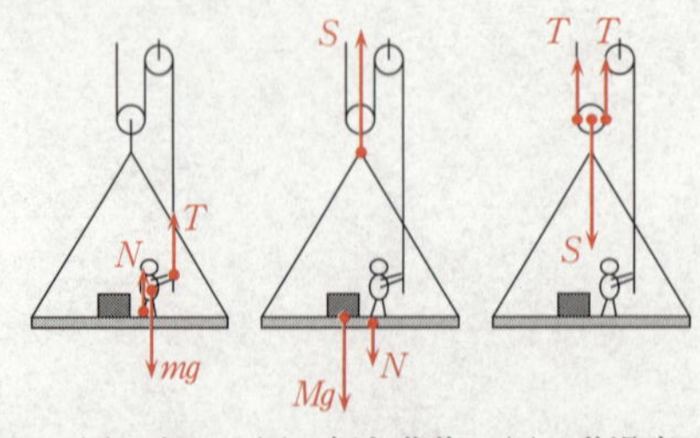

(i)　人　(ii)　板と荷物　(iii)　動滑車

(i)　人　$T+N=mg$

(ii)　板と荷物　$S=Mg+N$

(iii)　動滑車　$2T=S$

N, S を消去して T について解くと

$$T=\frac{1}{3}(m+M)g=\frac{1}{3}\{60+(10+50)\}\times 9.8=392\fallingdotseq 3.9\times 10^2\text{〔N〕}$$

別解　動滑車からつるされた板と荷物，人をまとめて，ひとつの物体Aとする。物体Aの質量は，動滑車の質量が無視できるので，$10+50+60=120$〔kg〕である。このときの物体Aは，動滑車を引き上げる2本のロープと，人の手を引き上げる1本のロープの，合計3本のロープでつるされていることになる。定滑車や動滑車を通しても，1本のロープに加わる張力の大きさは等しいから，これを T〔N〕とすると，重力加速度の大きさが9.8 m/s^2 であることに注意して，力のつり合いの式より

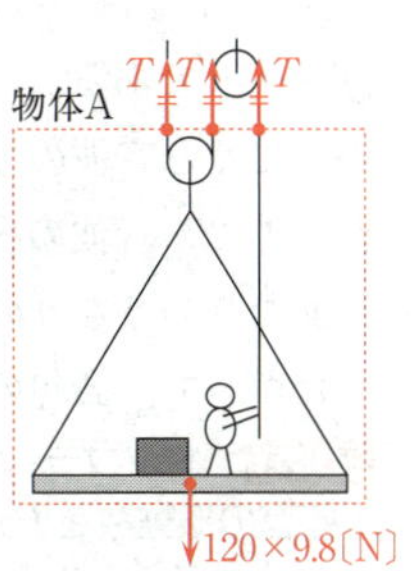

$$T\times 3=120\times 9.8 \qquad \therefore \quad T=392\fallingdotseq 3.9\times 10^2\text{〔N〕}$$

問3　3　正解は②

平行な極板間に生じる電場は一様であり，その強さ E は，極板間の電位差を V，極板間隔を d とすると

$$E=\frac{V}{d}$$

電場の強さが E の点に，電気量 q の点電荷を置くとき，その点電荷にはたらく静電気力の大きさ F は

$$F=qE=q\frac{V}{d}$$

図3の場合，隣り合う極板間の電位差はすべて V であり，さらに点電荷がもつ電気量 q は同じであるから，F は極板間隔 d に反比例する。

したがって，点電荷を置いたときに点電荷にはたらく静電気力の大きさが最も大きくなる点は，極板間隔が最も小さい空間にある点Bである。

問4　4　正解は①

ア　AさんからBさんに直接届いた音波は，静止しているBさんに近づく音源が出す音波であるから，ドップラー効果の式より，この音波の振動数 f_D は f より大きい。

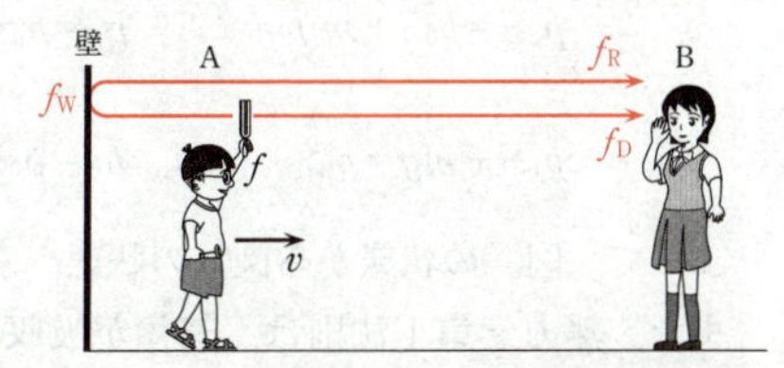

イ　Aさんから壁に届く音波は，静止している壁から遠ざかる音源が出す音波であるから，壁に届く音波の振動数 f_W は f より小さい。静止している壁から静止

しているBさんに届いた音波はドップラー効果を起こさない。よって，壁で反射してBさんに届いた音波の振動数f_{R}はf_{W}と等しく，fより小さい。

ウ　Bさんが聞く1秒あたりのうなりの回数は，これらの音波の振動数の差$|f_{\mathrm{D}}-f_{\mathrm{R}}|$である。Aさんの歩く速さが大きくなると，Aさんから直接Bさんに向かってくる音波の振動数f_{D}は，fよりさらに大きくなり，壁で反射してBさんに向かってくる音波の振動数f_{R}は，fよりさらに小さくなる。よって，Bさんが聞く1秒あたりのうなりの回数は多くなる。

したがって，語句の組合せとして最も適当なものは①である。

POINT　ドップラー効果の式は，音速をV，音源が出す音の振動数をf，観測者が観測する音の振動数をf'，音が進む向きを正の向きとして，音源の速度をv_{S}，観測者の速度をv_{O}とすると，次のようになる。

$$f'=\frac{V-v_{\mathrm{O}}}{V-v_{\mathrm{S}}}f$$

Aさんが歩く速さをvとする。Aさんから直接Bさんに届いた音波の振動数f_{D}は

$$f_{\mathrm{D}}=\frac{V}{V-v}f>f$$

Aさんから壁に届いた音波の振動数をf_{W}とする。壁で反射してBさんに届いた音波の振動数f_{R}は，f_{W}に等しく

$$f_{\mathrm{R}}=f_{\mathrm{W}}=\frac{V}{V+v}f<f$$

Bさんが聞く振動数f_{D}の音波と振動数f_{R}の音波の重ね合わせによってうなりが生じる。1秒あたりのうなりの回数nは

$$n=|f_{\mathrm{D}}-f_{\mathrm{R}}|=\frac{V}{V-v}f-\frac{V}{V+v}f=\frac{2Vv}{V^2-v^2}f$$

よって，vが大きくなると，nは多くなる。

問5　5　正解は②

エ・オ　ピストンの質量をm，断面積をS，容器外の気体の圧力をp_0，重力加速度の大きさをgとする。図(a)，(b)での容器内の気体の圧力をそれぞれp_{a}，p_{b}とすると，力のつり合いの式より

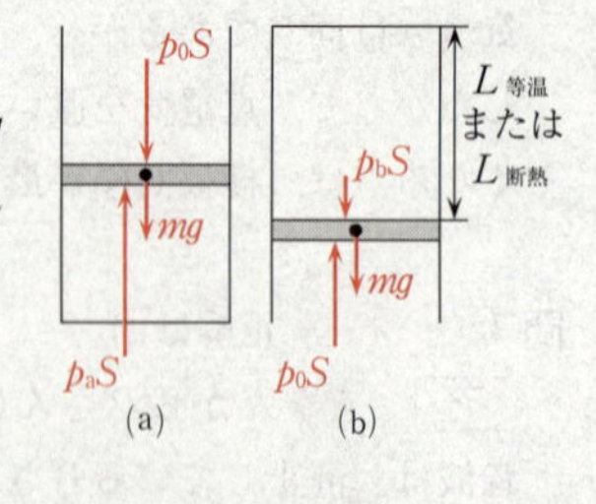

$$p_{\mathrm{a}}S=p_0S+mg \qquad \therefore\quad p_{\mathrm{a}}=p_0+\frac{mg}{S}$$

$$p_{\mathrm{b}}S+mg=p_0S \qquad \therefore\quad p_{\mathrm{b}}=p_0-\frac{mg}{S}$$

よって，図(a)の状態から図(b)の状態へ変化させると，気体の圧力は減少する。

また，熱力学第1法則は，気体が吸収した熱量をQ，気体の内部エネルギーの増加をΔU，気体が外部へした仕事をWとすると，$Q=\Delta U+W$である。

図(a)の状態から図(b)の状態へ変化させるとき，気体の体積が増加するので，気体が

外部へした仕事は正で $W>0$。断熱変化の場合は，気体は外部から熱量を吸収しないので $Q=0$。よって，熱力学第1法則より $\Delta U<0$ となり，気体の温度は下がる。一方，等温変化の場合は，気体の温度は一定である。

図(a)の状態（圧力 p_a の点A）からの変化が，等温変化の場合であっても断熱変化の場合であっても，図(b)の状態での圧力 p_b は等しいので，状態方程式より，温度が高い方が体積が大きく（点B），温度が低い方が体積が小さい（点C）。

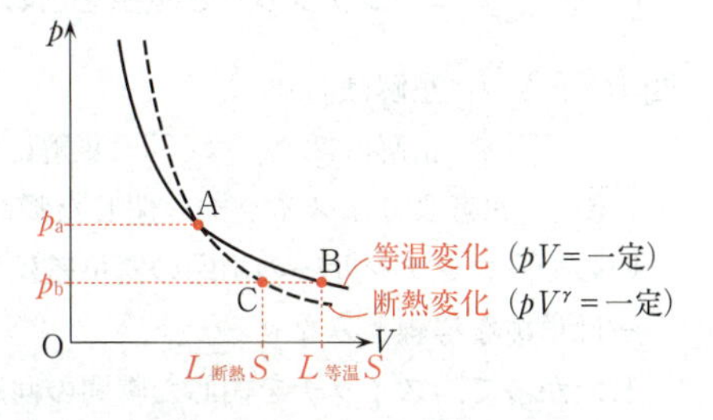

したがって，p_b（$<p_a$）における体積が大きい実線が**等温変化**，体積が小さい破線が**断熱変化**である。

カ 図(a)の状態（圧力 p_a の点A）から図(b)の状態（圧力 p_b の点Bまたは点C）へ変化したとき，等温変化の場合の方が体積が大きく（点B），断熱変化の場合の方が体積が小さい（点C）ので，ピストンの容器の底からの距離は

$$L_{等温}>L_{断熱}$$

したがって，語と式の組合せとして最も適当なものは②である。

CHECK ○図6の p-V グラフにおいて，等温変化の場合は，ボイルの法則より

$$pV=一定$$

断熱変化の場合は，ポアッソンの式より，気体の比熱比を γ（>1）とすると

$$pV^{\gamma}=一定$$

よって，断熱変化の p-V グラフも等温変化の p-V グラフもともに単調減少（下り勾配）であるが，$\gamma>1$ であるから，断熱変化の p-V グラフの方が急勾配である。

○p-V グラフの傾きを求める。

等温変化の場合は，$pV=a$（一定）とおくと

$$p=aV^{-1}$$

$$\therefore\ \left(\frac{dp}{dV}\right)_{等温}=-aV^{-2}=-pV^{-1}=-\frac{p}{V}$$

断熱変化の場合は，$pV^{\gamma}=b$（一定）とおくと

$$p=bV^{-\gamma}$$

$$\therefore\ \left(\frac{dp}{dV}\right)_{断熱}=-\gamma bV^{-\gamma-1}=-\gamma pV^{-1}=-\gamma\frac{p}{V}$$

定圧モル比熱を C_P，定積モル比熱を C_V，気体定数を R とすると

$$\gamma=\frac{C_P}{C_V}=\frac{C_V+R}{C_V}>1$$

であるから，p と V がそれぞれ等しいとき

$$\left(\frac{dp}{dV}\right)_{断熱}<\left(\frac{dp}{dV}\right)_{等温}<0$$

よって，断熱変化の p-V グラフの方が下り勾配の傾きが大きい。

第2問 ── 電磁気

A 標準 《コンデンサーと抵抗を含む直流回路》

問1　6　正解は③

7　正解は③　　8　正解は⓪　　9　正解は①

6　題意より，スイッチを閉じた瞬間はコンデンサーに電荷は蓄えられていないので，コンデンサーの両端の電位差は0Vであるから，この瞬間は，コンデンサーは単純な導線とみなせる。

したがって，スイッチを閉じた瞬間の回路は③と同じ回路とみなせる。

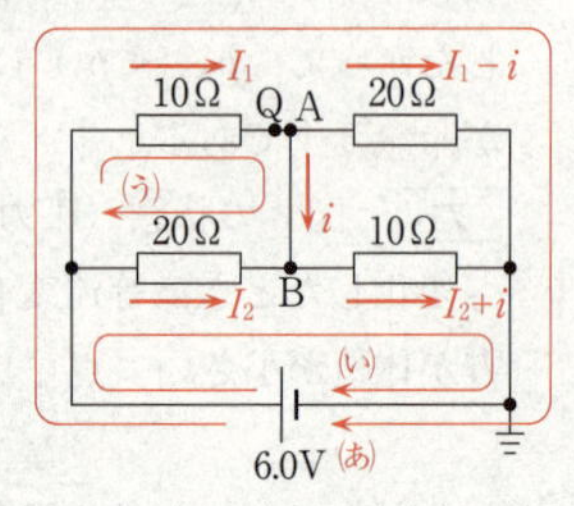

7・8・9　③の回路において，右図のように，左上の10Ωの抵抗を流れる電流をI_1〔A〕，左下の20Ωの抵抗を流れる電流をI_2〔A〕，AB間の導線を流れる電流をi〔A〕とすると，キルヒホッフの第1法則より，右上の20Ωの抵抗を流れる電流はI_1-i〔A〕，右下の10Ωの可変抵抗を流れる電流はI_2+i〔A〕となる。キルヒホッフの第2法則より

(あ)の閉回路について：$6.0=10\cdot I_1+20\cdot(I_1-i)$

(い)の閉回路について：$6.0=20\cdot I_2+10\cdot(I_2+i)$

(う)の閉回路について：$0=10\cdot I_1-20\cdot I_2$

点Qを流れる電流I_Q〔A〕はI_1と等しいから，I_2，iを消去してI_1について解くと

$$I_Q=I_1=0.30=3.0\times10^{-1}〔A〕$$

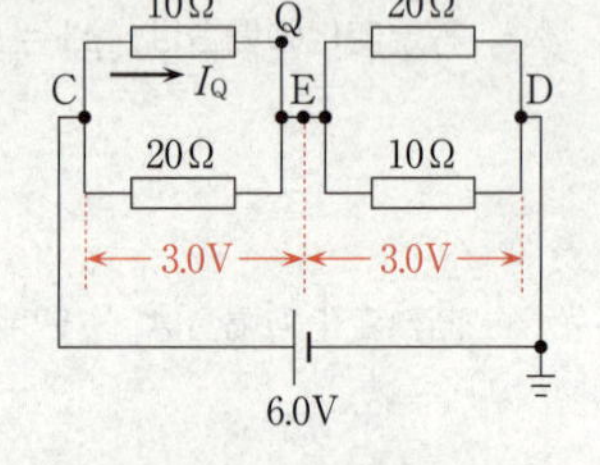

別解　この回路の電圧の分布を右図のように考え，回路の対称性に着目する。

CE間とED間の合成抵抗は等しい（それぞれの合成抵抗をr〔Ω〕とすると，$\dfrac{1}{r}=\dfrac{1}{10}+\dfrac{1}{20}$　より

$r=\dfrac{20}{3}$〔Ω〕である）ので，CE間とED間にかかる電圧は等しく，ともに3.0Vとなる。

したがって，CE間の10Ωの抵抗を流れる電流I_Q〔A〕は，オームの法則より

$$I_Q=\frac{3.0}{10}=3.0\times10^{-1}〔A〕$$

問2　10　正解は④　　11　正解は②

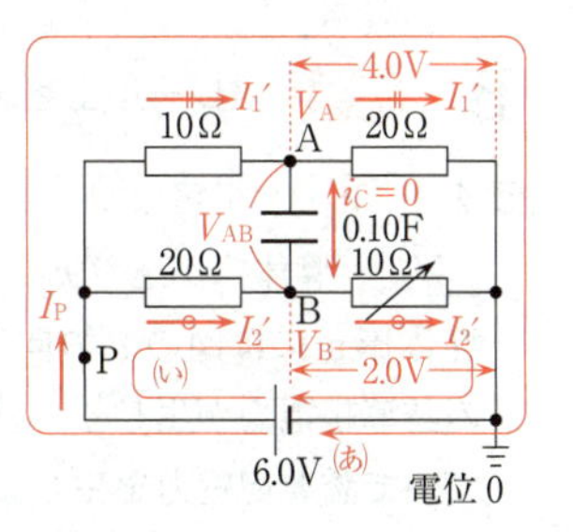

10　図1の回路において，左上の10Ωの抵抗を流れる電流をI_1'〔A〕，左下の20Ωの抵抗を流れる電流をI_2'〔A〕とする。題意より，スイッチを閉じて十分に時間が経過すると，コンデンサーに流れ込む電流i_Cは0となるから，右上の20Ωの抵抗を流れる電流はI_1'〔A〕，右下の10Ωの可変抵抗を流れる電流はI_2'〔A〕となる。キルヒホッフの第2法則より

(あ)の閉回路について：$6.0=10\cdot I_1'+20\cdot I_1'$　　∴　$I_1'=0.20$〔A〕

(い)の閉回路について：$6.0=20\cdot I_2'+10\cdot I_2'$　　∴　$I_2'=0.20$〔A〕

点Pを流れる電流I_P〔A〕は

$$I_P=I_1'+I_2'=0.20+0.20=\mathbf{0.40}\text{〔A〕}$$

11　電源の－極側が接地されているので，この点の電位を0とする。このとき，点A，点Bの電位をそれぞれV_A〔V〕，V_B〔V〕とすると

$$V_A=20\times0.20=4.0\text{〔V〕}$$

$$V_B=10\times0.20=2.0\text{〔V〕}$$

AB間の電位差をV_{AB}〔V〕とすると

$$V_{AB}=4.0-2.0=2.0\text{〔V〕}$$

すなわち，コンデンサーにかかる電圧は2.0Vであるから，コンデンサーに蓄えられた電気量Q〔C〕は

$$Q=0.10\times2.0=\mathbf{0.20}\text{〔C〕}$$

POINT　○問1の，スイッチを閉じた瞬間の電荷が蓄えられていないコンデンサーは，導線とみなせる。

○問2の，十分時間が経過した後の充電されたコンデンサーは，断線とみなせる。

問3　12　正解は④　　13　正解は⓪　　14　正解は①

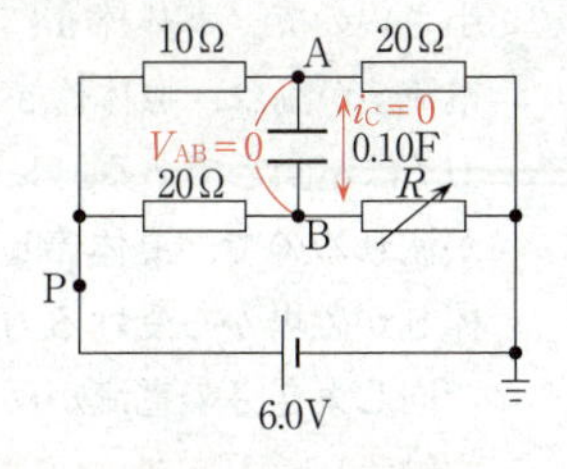

題意より，再びスイッチを入れた後，点Pを流れる電流はスイッチを入れた直後の値を保持したから，この回路は，点Aと点Bの電位が変化せず，さらに4つの抵抗とコンデンサーを流れる電流の分布が変化しない回路である。これは，点Aと点Bが等電位で，コンデンサーには電流が流れ込まない回路であるから，4つの抵抗の抵抗値がホイートストンブリッジの関係になっている回路である。よって

$$\frac{10}{20}=\frac{20}{R}\qquad\therefore\quad R=40=\mathbf{4.0\times10^1}\text{〔Ω〕}$$

B　標準　《レール上を運動する導体棒による電磁誘導》

問4　15　正解は②

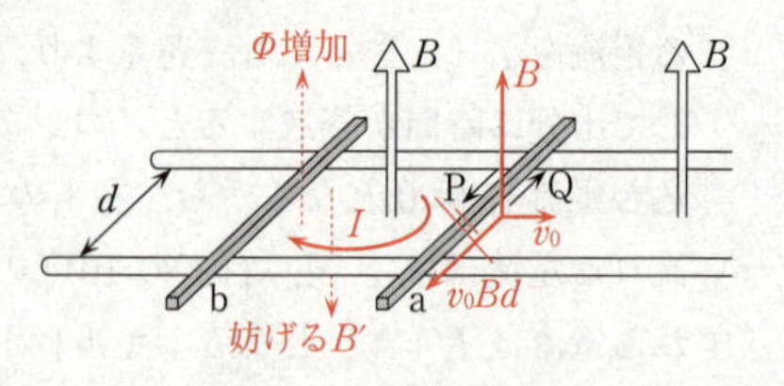

ア　導体棒が速さv_0で動き出した直後，導体棒ａには図のＰの向きに大きさv_0Bdの誘導起電力が生じる。導体棒ｂは静止していて誘導起電力を生じないので，導体棒ａに流れる誘導電流の向きは，導体棒ａに生じる誘導起電力の向きとなり，図のＰの矢印の向きである。

イ　導体棒ａ，ｂの抵抗値は単位長さあたりrであるから，棒全体の抵抗値はともにdrである。導体棒ａにＰの向きに流れる誘導電流をIとすると，キルヒホッフの第２法則より

$$v_0Bd = dr\cdot I + dr\cdot I \quad \therefore \quad I = \frac{v_0Bd}{2dr} = \frac{Bv_0}{2r}$$

したがって，記号と式の組合せとして最も適当なものは②である。

POINT　○磁束密度Bの磁場中を，磁場に垂直に長さdの導体棒が速さvで動くとき，導体棒に生じる誘導起電力の大きさがvBdであることは，必須事項である。
○２本の導体棒とレールで囲まれた回路において，導体棒ａが右向きに動くと，この回路を貫く上向きの磁束Φが増加するから，レンツの法則より，それを妨げる下向きの磁場を作るように誘導電流Iが流れる。その向きは，右ねじの法則より，Ｐの向きである。

問5　16　正解は③

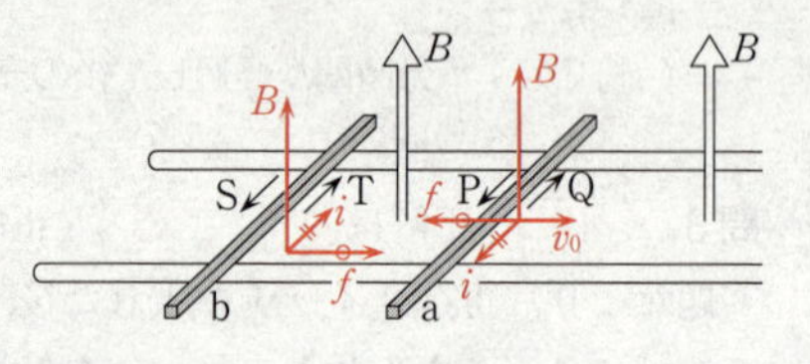

導体棒ｂが動き始めると，導体棒ｂにも誘導起電力が生じるが，その大きさは導体棒ａに生じる誘導起電力の大きさv_0Bdより小さいので，導体棒ａには図のＰの向きに電流iが流れ，導体棒ａが磁場から受ける力fは左向きである。レールと２本の導体棒でできた閉回路には同じ大きさの電流が流れるので，導体棒ｂにはａと同じ大きさの電流iが図のＴの向きに流れ，導体棒ｂが磁場から受ける力fは同じ大きさで右向きである。すなわち，導体棒ａとｂで同じ大きさの電流が反対向きに流れるので，それぞれが磁場から受ける力の大きさは等しく，向きは反対である。

問6　17　正解は③

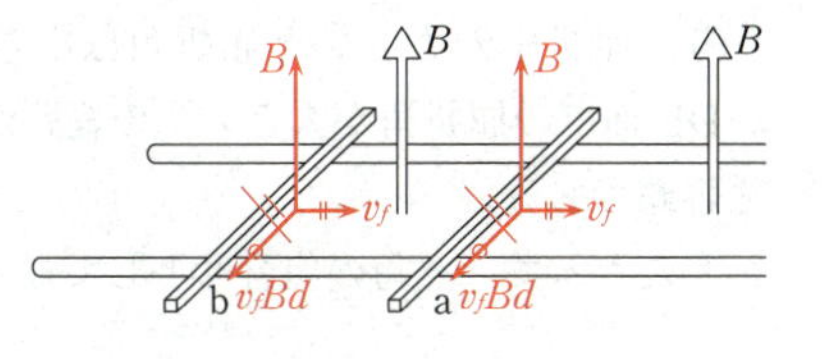

導体棒 a は，右向きの初速度 v_0 で動き出すが，左向きの電磁力（導体棒を流れる電流が磁場から受ける力）を受けて減速する。速度の減少とともに誘導起電力の大きさは v_0Bd から減少する。

導体棒 b は，静止していた状態から，右向きの電磁力を受けて加速し，速度は増加する。導体棒 b が動くと問 5 に示した図の S の向きに誘導起電力が生じ，速度の増加とともに誘導起電力の大きさは増加する。

その結果，導体棒 a に生じる P の向きの誘導起電力と，導体棒 b に生じる S の向きの誘導起電力が等しくなったところで回路に流れる電流は 0 となり，導体棒 a と b にはたらく電磁力も 0 となる。その後，導体棒 a と b は等しい速度 v_f で等速度運動をするようになる。

この間，導体棒 a と b の水平方向には，問 5 で求めた互いに逆向きで同じ大きさの電磁力だけがはたらき，導体棒 a と b の物体系には，外力による力積が加わらない。よって，導体棒 a と b の水平方向にはたらく力の和は 0 となり，運動量の和が保存する。導体棒の質量を m とすると

$$mv_0 = mv_f + mv_f \qquad \therefore \quad v_f = \frac{v_0}{2}$$

したがって，グラフとして最も適当なものは③である。

第3問 ── 波，原子

A  《ダイヤモンドが輝く理由》

問1　18　正解は①

ア・イ　光が真空中から媒質中に入射したとき，振動数は変化しないで，波長が変化する。

真空中での光速を c，振動数を f，波長を λ とすると，$c = f\lambda$ であり，光が真空中から媒質中に入射すると，光の速さは遅くなり，波長も短くなる。また，問題文中の式は，媒質に対する真空の相対屈折率であり

$$\text{媒質に対する真空の相対屈折率} = \frac{\text{媒質中の光速}}{\text{真空中の光速}} = \frac{\text{媒質中の波長}}{\text{真空中の波長}}$$

で与えられる。

ウ　白色光が媒質中に入射するとき，波長によって屈折率が違うため，色に分かれる。これを分散という。

ダイヤモンドでは「波長の短い光ほど屈折率が大きく」なり，屈折率が大きいと屈折角は小さくなるので，図2のDE面での屈折角が大きい(i)の経路が波長の短い方の光の経路である。

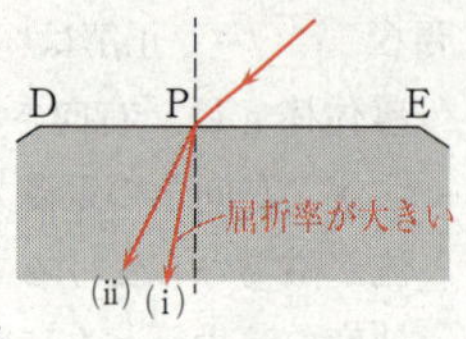

したがって，語句の組合せとして最も適当なものは①である。

問2　19　正解は②

エ　空気に対するダイヤモンドの相対屈折率を $n_{空\to ダ}$ とすると，図3のDE面において，屈折の法則より

$$n_{空\to ダ}=\frac{n}{1},\quad n_{空\to ダ}=\frac{\sin i}{\sin r}$$

$$n=\frac{\sin i}{\sin r}\qquad \therefore\quad \sin i=n\sin r$$

オ　図3のAC面において，光の入射角が臨界角 θ_c になったとき，屈折角は90°となる。光はダイヤモンド中から空気中へ入射するので，屈折の法則より

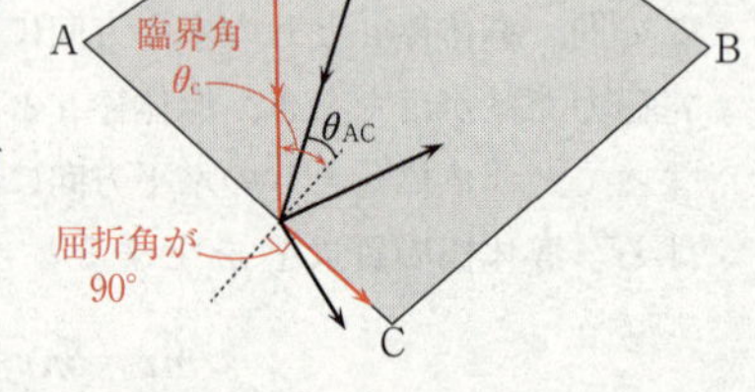

$$\frac{1}{n}=\frac{\sin\theta_c}{\sin 90^\circ}\qquad \therefore\quad \sin\theta_c=\frac{1}{n}\quad\cdots\cdots(あ)$$

したがって，式の組合せとして最も適当なものは②である。

問3　20　正解は④　　21　正解は①

20　カ　ダイヤモンドでは，図5(a)より，グラフの横軸で表されるDE面への入射角 i が $0^\circ<i<i_c$ のとき，縦軸で表されるAC面への入射角 θ_{AC} は，臨界角 θ_c より大きいことがわかる。入射角が臨界角より大きいと，入射光は全反射する。

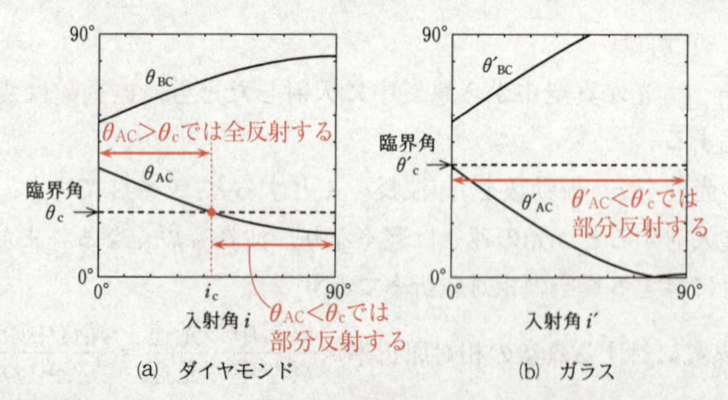

(a)　ダイヤモンド　　(b)　ガラス

キ　一方，i が $i_c<i<90^\circ$ のとき，θ_{AC} は臨界角 θ_c より小さいことがわかる。入射角が臨界角より小さいと，入射光は部分反射し，境界面に入射した光の一部が反射し，残りは境界面を透過する。

ク　ガラスでは，図５(b)より，DE 面への入射角 i' が $0°<i'<90°$ のとき，AC 面への入射角 θ'_{AC} は，臨界角 θ'_c より小さいことがわかる。入射角が臨界角より小さいと，入射光は部分反射する。
したがって，語句の組合せとして最も適当なものは④である。

21　ケ　図５(a)，(b)より，ダイヤモンドの臨界角 θ_c は，ガラスの臨界角 θ'_c より小さい。(あ)より

$$\sin\theta_c = \frac{1}{n} \qquad \therefore \quad n = \frac{1}{\sin\theta_c}$$

であるから，ガラスに比べて臨界角 θ_c が小さいダイヤモンドの方が，屈折率 n が大きい。

コ　図５(b)は，図４のようにカットしたガラスでは，DE 面に入射する光の入射角 i' がどのような値をとっても，AC 面で全反射することはないことを表している。これに対して，図５(a)は，図４のようにカットしたダイヤモンドでは，DE 面に入射する光の入射角 i を適当に選べば，AC 面と BC 面で二度全反射して再び上方へ進む光が存在することを表している。すなわち，ダイヤモンドがガラスより明るく輝くのは，観察者に届く光の量が多いからである。
したがって，語句の組合せとして最も適当なものは①である。

CHECK　図５(a)より，ダイヤモンドの臨界角は $\theta_c \fallingdotseq 25°$ であるから，屈折率は
$n = \dfrac{1}{\sin\theta_c} = \dfrac{1}{\sin 25°} \fallingdotseq 2.4$（定数表のダイヤモンドの屈折率はおよそ 2.42）である。
一方，図５(b)より，ガラスの臨界角は $\theta'_c \fallingdotseq 41°$ であるから，屈折率は
$n = \dfrac{1}{\sin\theta'_c} = \dfrac{1}{\sin 41°} \fallingdotseq 1.5$ である。

B　標準　《蛍光灯が光る原理》

問４　22　正解は②

電子が水銀原子と一度も衝突せずにプレートに到達したときにもつ運動エネルギー K は，電子がフィラメントとプレート間を運動するときに電場からされた仕事 W に等しい。したがって

$$K = W = eV$$

問５　23　正解は①

過程(a)において，電子が水銀原子に衝突するとき，これらは互いに作用・反作用の法則に従う力積を受けるが，電子と水銀原子の外からの力積を受けないので，運動量の和は保存する。
過程(b)においても，過程(a)と同様に，運動量の和は保存する。

したがって，最も適当なものは①である。

POINT　2物体が衝突するとき，衝突に関わる2物体に対して外力による力積が加わらなければ運動量の和は保存し，外力による力積が加われば運動量の和は保存しない。運動量が保存するかしないかということと，電子や水銀原子の運動エネルギーやエネルギー状態がどうなっているかということは無関係である。

これらは，力学において2物体が斜め衝突をする場合に，弾性衝突か非弾性衝突かによらず，運動量の和が保存するのと同じである。力学的エネルギーは，弾性衝突では保存し，非弾性衝突では減少するが，運動量の保存と力学的エネルギーの保存とは別問題である。

問6　24　正解は⑥

過程(a)において，水銀原子のエネルギー状態は，電子と衝突する前後で変化しないから，衝突前に電子がもっていた運動エネルギーは，衝突後の電子の運動エネルギーと水銀原子の運動エネルギーとなるので，運動エネルギーの和は**変化しない**。

過程(b)において，水銀原子のエネルギー状態は，電子と衝突する前後で状態Aよりエネルギーが高い状態Bに変化するから，衝突前に電子がもっていた運動エネルギーは，衝突後の電子の運動エネルギーと水銀原子の運動エネルギーのほかに，水銀原子の状態を変化させるエネルギーとなるので，運動エネルギーの和は**減る**。

したがって，最も適当なものは⑥である。

POINT　○過程(a)における蛍光灯内での水銀原子と電子との衝突は，力学における弾性衝突と同様であり，運動エネルギーの和が保存する。

○過程(b)において，エネルギー準位 E_A にある水銀原子が電子と衝突することによって電子からエネルギーを吸収してエネルギー準位 E_B に励起するとともに，運動エネルギー $E'_{水銀}$ をもって動き出す。やがてエネルギー $h\nu$ の紫外線を放出して，エネルギー準位 E_A に戻る。このとき，$E_B-E_A=h\nu$ の関係がある。ただし，h はプランク定数，ν は放出する紫外線の振動数である。

第4問　標準　――　力学　《斜方投射されたボールの動くそり上での捕球》

問1　25　正解は④

Aさんが投げたボールの速度の水平成分，鉛直成分の大きさはそれぞれ

$$v_{Ax}=v_A\cos\theta_A,\quad v_{Ay}=v_A\sin\theta_A$$

Bさんに届く直前のボールの速度の水平成分，鉛直成分の大きさはそれぞれ

$$v_{Bx}=v_B\cos\theta_B,\quad v_{By}=v_B\sin\theta_B$$

斜め上方に投げられたボールの速度の水平成分の大きさは変化しないので

$$v_{Ax}=v_{Bx}$$

Bさんに届く直前のボールの位置は，Aさんが投げた瞬間のボールの位置より低い

ので，速度の鉛直成分の大きさは

$$v_{Ay} < v_{By}$$

したがって，図より，ボールの速さの大小関係，水平面となす角の大小関係は

$$\boldsymbol{v_A < v_B,\ \theta_A < \theta_B}$$

参考　ボールの速さの大小関係，水平面となす角の大小関係は，上記の式から次のように導かれる。

$v_A = \sqrt{v_{Ax}^2 + v_{Ay}^2}$，$v_B = \sqrt{v_{Bx}^2 + v_{By}^2}$，$v_{Ax} = v_{Bx}$，$v_{Ay} < v_{By}$ であるから

$$v_A < v_B$$

$\tan\theta_A = \dfrac{v_{Ay}}{v_{Ax}}$，$\tan\theta_B = \dfrac{v_{By}}{v_{Bx}}$，$v_{Ax} = v_{Bx}$，$v_{Ay} < v_{By}$ であるから

$$\tan\theta_A < \tan\theta_B \qquad \therefore\ \theta_A < \theta_B$$

別解　（ボールの速さの大小関係について）

Aさんが投げた瞬間のボールに対して，Bさんに届く直前のボールは，その高さの差だけ重力による位置エネルギーが減少している。この減少分が，ボールの運動エネルギーの増加となるので，ボールの速さの大小関係は

$$v_A < v_B$$

問2　26　正解は③

Bさんがボールを捕球する前後において，そりとBさんとボールの物体系には，水平方向の外力がはたらかない（外力による力積が加わらない）ので，この物体系の水平方向の運動量が保存する。また，捕球の直前におけるボールの水平方向の速度の向きと，捕球後におけるそりとBさんの速度の向きは一致する。したがって

$$mv_B\cos\theta_B = (m+M)V \qquad \therefore\ V = \boldsymbol{\frac{mv_B\cos\theta_B}{m+M}}$$

問3　27　正解は①

2物体が衝突をして一体となるような衝突を，完全非弾性衝突という。このとき，跳ね返り係数（反発係数）は0であり，力学的エネルギーは減少する。

そりの上に立ったBさんがボールを捕球して，これらが一体となるとき，力学的エネルギーは減少する。失われたエネルギーは，分子の熱運動のエネルギーに変換され，物体の温度が上昇するのに用いられたり，音や光のエネルギーになったりする。

すなわち，**ΔE は負の値であり，失われたエネルギーは熱などに変換される。**

CHECK　Bさんがボールを捕球する直前の全力学的エネルギー E_1 は

$$E_1 = \frac{1}{2}mv_B^2$$

Bさんがボールを捕球して一体となって運動するときの全力学的エネルギー E_2 は

$$E_2 = \frac{1}{2}(m+M)\left(\frac{mv_B\cos\theta_B}{m+M}\right)^2$$

これらの差 ΔE は

$$\Delta E=E_2-E_1=\frac{1}{2}(m+M)\left(\frac{mv_{\mathrm{B}}\cos\theta_{\mathrm{B}}}{m+M}\right)^2-\frac{1}{2}mv_{\mathrm{B}}{}^2$$

$$=-\frac{1}{2}mv_{\mathrm{B}}{}^2\cdot\frac{(1-\cos^2\theta_{\mathrm{B}})\,m+M}{m+M}<0$$

問4　28　正解は④

ア　衝突前に静止していたそりが，衝突後に静止したままであるためには，衝突時にそりがボールから水平方向の力を受けないことが必要である。ここでは，衝突時に，そり上面とボールの間に摩擦力がはたらかないことが条件である。すなわち，ボールからそりにはたらいた力の水平方向の成分がゼロである。

CHECK　○水平面上で静止していた物体が衝突後も動かないことは，物体の加速度の水平成分がゼロであることを意味する。このとき，運動方程式より，物体にはたらいた力の水平成分がゼロであり，これを，速度変化がゼロと考えると，運動量と力積の関係より，物体にはたらく力積の水平成分がゼロとなる。
○ボールとそりが衝突している間，そりにはたらく力は，ボールからの力，水平な氷面からの力，重力である。これらの力の鉛直成分は常につり合い，そりは鉛直方向に静止したままである。または，これらの力が与える力積の和がゼロであると考えると，そりの運動量は変化しない。すなわち，速度は変化しないといえる。

イ　ボールとそりは，鉛直方向に互いに力積を及ぼし合い，ボールはそりから与えられた力積の鉛直成分によって跳ね返る。

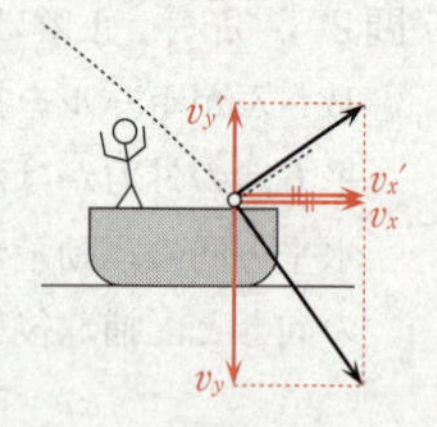

固定された面に衝突する物体について，衝突直前の速度の水平成分の大きさ，鉛直成分の大きさをそれぞれ v_x，v_y，衝突直後の速度の水平成分の大きさ，鉛直成分の大きさをそれぞれ v_x'，v_y' とする。

そり上面とボールの間に摩擦力ははたらかないから

$$v_x=v_x'$$

速度の鉛直成分の大きさの比を跳ね返り係数（反発係数）といい，e で表すと

$$e=\frac{v_y'}{v_y}$$

ここで，$v_y'=v_y$ のとき，$e=\dfrac{v_y'}{v_y}=1$ であり，この衝突を弾性衝突という。$v_y'<v_y$ のとき，$e<1$ であり，この衝突を非弾性衝突という。特に，$v_y'=0$，$e=0$ の衝突を完全非弾性衝突という。

そりと衝突した後のボールの速度の鉛直成分の大きさとボールからそりにはたらいた力の水平方向の成分とは関係がないので，鉛直方向の運動によっては弾性衝突とは限らない。

したがって，語句の組合せとして最も適当なものは④である。

物理 本試験（第２日程）

問題番号(配点)	設問		解答番号	正解	配点	チェック
第１問 (25)		問１	1	③	5	
		問２	2	①	5	
		問３	3	②	3	
			4	①	2	
		問４	5	②	3	
			6	②	2	
		問５	7	④	5*1	
第２問 (25)	A	問１	8	③	3	
			9	⑥	2*2	
		問２	10	⑤	5	
	B	問３	11	④	5	
		問４	12	⑤	5	
		問５	13	⑤	5	

問題番号(配点)	設問		解答番号	正解	配点	チェック
第３問 (25)	A	問１	14	④	4	
		問２	15	①	4*3	
			16	⑨		
			17	②		
		問３	18	⑤	4*4	
	B	問４	19	④	4	
		問５	20	⑤	3	
		問６	21	①	3	
		問７	22	④	3	
第４問 (25)		問１	23	①	5	
		問２	24	③	5	
		問３	25	③	5	
		問４	26	③	5	
		問５	27	①	5*5	

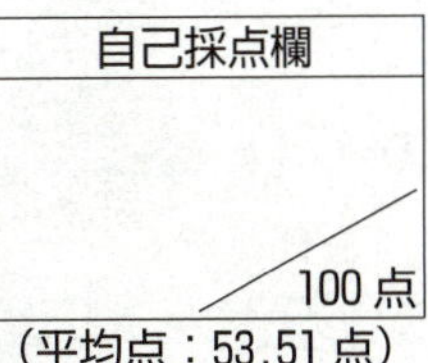

（平均点：53.51点）

(注)

1　＊1は，③を解答した場合は3点を与える。

2　＊2は，解答番号8で③を解答した場合のみ⑥を正解とし，点を与える。

3　＊3は，全部正解の場合に4点を与える。ただし，解答番号14の解答に応じ，解答番号15〜17を下記①〜⑦のいずれかの組合せで解答した場合も4点を与える。

①解答番号14の解答にかかわらず，解答番号15で①，16で⑧，17で②を解答した場合

②解答番号14の解答にかかわらず，解答番号15で②，16で⓪，17で②を解答した場合

③解答番号14で①を解答し，かつ，解答番号15で⑤，16で⓪，17で①を解答した場合

④解答番号14で②を解答し，かつ，解答番号15で⑨，16で⓪，17で①を解答した場合

⑤解答番号14で③を解答し，かつ，解答番号15で①，16で⑦，17で②を解答した場合

⑥解答番号14で⑤を解答し，かつ，解答番号15で②，16で⑦，17で②を解答した場合

⑦解答番号14で⑥を解答し，かつ，解答番号15で③，16で①，17で②を解答した場合

また，解答番号14の解答にかかわらず，解答番号15で⓪，16で②，17で③を解答した場合は2点を与える。

4　＊4は，①，③，⑥，⑦のいずれかを解答した場合は2点を与える。

5　＊5は，②を解答した場合は3点を与える。

第1問 標準 《総　合　題》

問1 [1] 正解は③

角材1と角材2は同じ形状，同じ材質で，それぞれの重心がG_1，G_2であるから，これらを貼りあわせた角材全体の重心はCとなる。Cからの重力の作用線が板を通っていれば倒れることなく床の上に立ち，板からはみ出していれば倒れる。図2のうち，倒れない条件を満たしているのは，(ア)，(イ)，(ウ)である。

(エ)では，板の左端の点を支点として，左回りに回転して倒れる。

別解 貼りあわせた角材および薄い板の全体にはたらく力は，重力 W と床からの垂直抗力 N である。重力の作用点はCであり，垂直抗力の作用点がCの直下の板上に存在すれば，これらの合力が0となって力がつりあい，角材全体は床の上で静止する。(エ)では，垂直抗力 N の作用点を板の左端までもってきても，重力 W と垂直抗力 N の作用線が一致せず，これらがつりあうことはない。

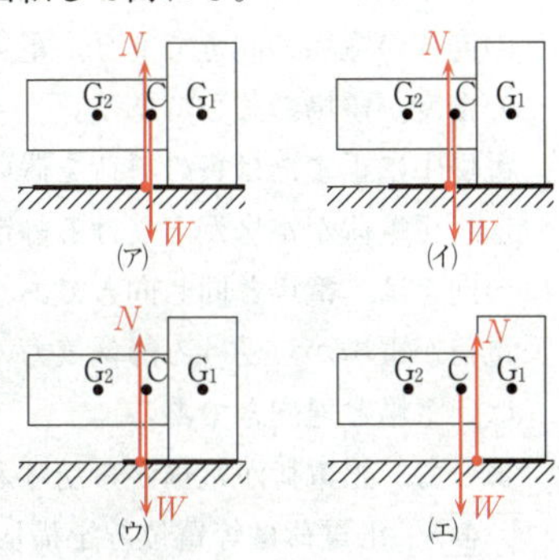

問2 [2] 正解は①

問題文より，小球にはたらく水平方向，鉛直方向の力について，次の式が成り立つ。

$$\text{水平方向}：T\sin\theta = m\omega^2 L\sin\theta$$

$$\text{鉛直方向}：T\cos\theta + N = mg$$

これらから T を消去すると

$$m\omega^2 L\cos\theta + N = mg$$

小球が床から離れずに等速円運動をする条件は，$N \geqq 0$ である。よって

$$N = mg - m\omega^2 L\cos\theta \geqq 0$$

$$\therefore\quad \omega \leqq \sqrt{\frac{g}{L\cos\theta}}$$

したがって，ω の最大値 ω_0 は

$$\omega_0 = \sqrt{\frac{g}{L\cos\theta}}$$

問3　 3 　正解は②　　 4 　正解は①

 3 　電場は電気力線で表し，電場の方向は，等電位線と常に垂直である。すなわち，電気力線と等電位線は常に直交する。電気力線は，正電荷から出て無限遠に向かい，無限遠から来て負電荷に入る。あるいは，正電荷から出て負電荷に入る。このときの電気力線の向きが電場の向きであり，電気力線の密度が電場の強さである。

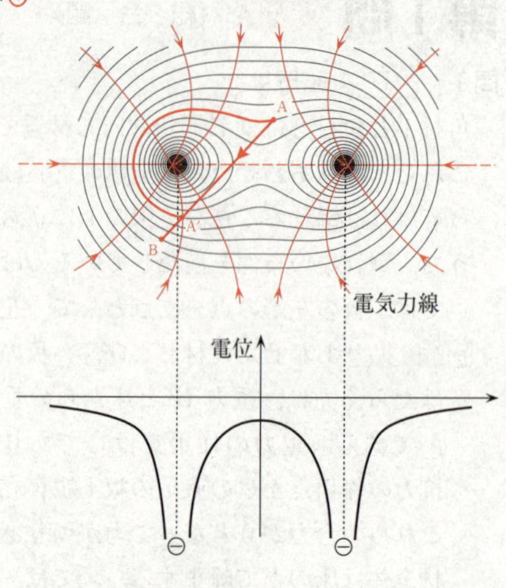

電場中に正または負の電荷を置いたとき，正電荷が電場から受ける静電気力の向きは，電場と同じ向きであり，負電荷が電場から受ける静電気力の向きは，電場と逆向きである。

よって，正電荷が電場から受ける静電気力は常に等電位線に垂直である。

 4 　正電荷は等電位線を横切って電位の高い位置や低い位置を移動するが，外力がする仕事の大きさは，移動の経路によらず，最初の位置Aと最後の位置Bの電位差だけで決まる。位置A，位置Bの電位をそれぞれ V_{A}，V_{B}，正電荷の電気量を q とすると，正電荷を位置Aから位置Bまで移動させるために外力がした仕事 W は

$$W=q\left(V_{\mathrm{B}}-V_{\mathrm{A}}\right)$$

であり，位置Aと位置Bでは，位置Bの方が電位が高いため，$V_{\mathrm{B}}>V_{\mathrm{A}}$ である。よって，外力が正電荷にした仕事の総和は正である。

POINT　正電荷を，AからBまで直線経路で移動させるかわりに，上図に太線で示したように，Aから等電位線に沿ってA′まで移動させ，その後，Bまで移動させる経路を考える。AからA′まで移動させるとき，等電位線の方向に静電気力ははたらかないから，外力がした仕事は0である。次に，A′とBでは，Bの方が電位が高いので，A′からBへ移動させるには外力による正の仕事が必要である。

CHECK　○等電位線は，地図の等高線をイメージすればよい。無限遠を基準水平面として，負電荷は谷底である。正電荷を任意の場所に放置すれば，負電荷の方に落ちていく。
○静電気力は保存力である。保存力とは，物体に力がはたらいて，ある点から別の点に移動したとき，その力がした仕事が，移動の経路によらず最初の点と最後の点だけで決まるような力をいう。重力，ばねの復元力，万有引力も保存力であるが，摩擦力は保存力ではない。物体が保存力だけを受けて運動するとき，または保存力以外の力を受けていてもその力が仕事をしないとき，物体の力学的エネルギーは保存する。

問４　5　正解は②　6　正解は②

5　電子の質量を m，電子の衝突後の速さを v とする。x 軸と直交し，粒子が衝突後に進む向きを y 軸の正の向きとすると，運動量保存則より

$$x\ 方向：p = mv\cos\theta$$

$$y\ 方向：0 = p' - mv\sin\theta$$

mv を消去すると

$$\tan\theta = \frac{p'}{p}$$

別解　運動量はベクトルである。運動量保存則は，粒子と電子の衝突前の運動量のベクトル和と，衝突後の運動量のベクトル和が等しいことを表す。よって

$$\vec{p} = \vec{p'} + m\vec{v}$$

この式が成立するようにベクトルを作図すると右図のようになる。よって

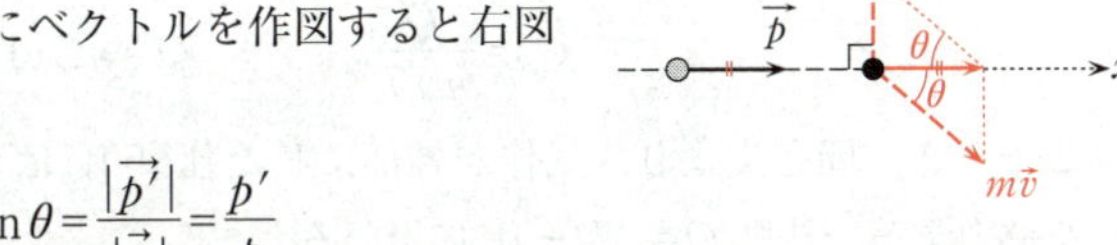

$$\tan\theta = \frac{|\vec{p'}|}{|\vec{p}|} = \frac{p'}{p}$$

6　X線光子が電子と衝突し，電子を跳ねとばしてエネルギーの一部を失う現象をコンプトン効果といい，力学における２物体の弾性衝突と同様のことが起こる。この衝突ではエネルギーが保存するので，X線光子が衝突前にもっていたエネルギーの一部が電子に与えられ，衝突後のX線光子のエネルギーは減少する。したがって，エネルギー $h\nu$ が衝突前に比べて小さくなるとき，h は定数であるから，振動数 ν は衝突前に比べて小さくなる。

CHECK　コンプトン効果とは，X線が電子に衝突して散乱されるとき，散乱X線の中に入射X線より波長の長いもの（振動数が小さいもの，エネルギーが小さいもの）が含まれる現象であり，この散乱をコンプトン散乱ともいう。X線光子の衝突前の振動数を ν，衝突後の振動数を ν' とすると，エネルギー保存則より

$$h\nu = h\nu' + \frac{1}{2}mv^2$$

光速を c とすると，振動数 ν，ν' のX線光子の運動量の大きさはそれぞれ $\frac{h\nu}{c}$，$\frac{h\nu'}{c}$ であるから，運動量保存則より

$$x\ 方向：\frac{h\nu}{c} = mv\cos\theta$$

$$y\ 方向：0 = \frac{h\nu'}{c} - mv\sin\theta$$

問５　7　正解は④

ア　熱力学第一法則は，気体に与えられた熱量を Q，気体の内部エネルギーの

増加を ΔU，気体が外部にした仕事を W として，$Q=\Delta U+W$ と表せる。
気体の圧力 p を一定に保って温度を ΔT だけ上昇させ，体積が ΔV だけ増加したとき，気体が外部にした仕事 W は $p\Delta V$ である。よって，熱力学第一法則より，気体に与えられた熱量 Q は

$$Q=\boldsymbol{\Delta U+p\Delta V}$$

イ　問題文より，定積モル比熱 C_V は

$$C_V=\frac{\Delta U}{n\Delta T}\qquad \therefore\quad \Delta U=nC_V\Delta T$$

定積変化では，$W=0$ であるから，熱力学第一法則より，気体が吸収した熱量 Q はすべて気体の内部エネルギーの増加に用いられる。
一方，気体の圧力を一定に保って温度を ΔT だけ上昇させた場合，気体に与えられた熱量が Q であるとき，定圧モル比熱 C_p は

$$C_p=\frac{Q}{n\Delta T}\qquad \therefore\quad Q=nC_p\Delta T$$

このとき，問題文より，気体が外部にした仕事 W は $nR\Delta T$ であるから，これらを熱力学第一法則 $Q=\Delta U+W$ に用いると

$$nC_p\Delta T=nC_V\Delta T+nR\Delta T$$

$$\therefore\quad C_p-C_V=\boldsymbol{R}$$

したがって，式の組合せとして最も適当なものは④である。

CHECK　○熱力学第一法則は，気体に与えられた熱量を Q，気体が外部からされた仕事（与えられた仕事）を W'，気体の内部エネルギーの増加を ΔU として，$\Delta U=Q+W'$ と表すこともできる。この場合，ア で求めた仕事 $p\Delta V$ は気体が外部にした仕事であることに注意すると，$W'=-p\Delta V$ であるから

$$\Delta U=Q-p\Delta V\qquad \therefore\quad Q=\Delta U+p\Delta V$$

である。
○理想気体の状態方程式より，最初の状態では

$$pV=nRT$$

気体の圧力 p を一定に保って温度を ΔT だけ上昇させ，体積が ΔV だけ増加したとき

$$p(V+\Delta V)=nR(T+\Delta T)$$

上の2式の差をとると

$$p\Delta V=nR\Delta T$$

すなわち，気体が外部にした仕事は

$$W=p\Delta V=nR\Delta T$$

○$C_P-C_V=R$ をマイヤーの式という。これは $Q-\Delta U=W$ すなわち $nC_P\Delta T-nC_V\Delta T=p\Delta V$ を書き換えて得られたものである。気体を，圧力一定の場合と体積一定の場合で，加熱して同じ温度 ΔT だけ上昇させるとき，圧力一定（定圧変化）で行う場合は，体積一定（定積変化）で行う場合に比べて，気体が膨張して外部へ仕事 $p\Delta V$ をする分だけ多くの熱量が必要であることを表している。

第２問 ―― 電磁気

A 標準 《電流計と電圧計》

問１ 8 正解は③ 9 正解は⑥

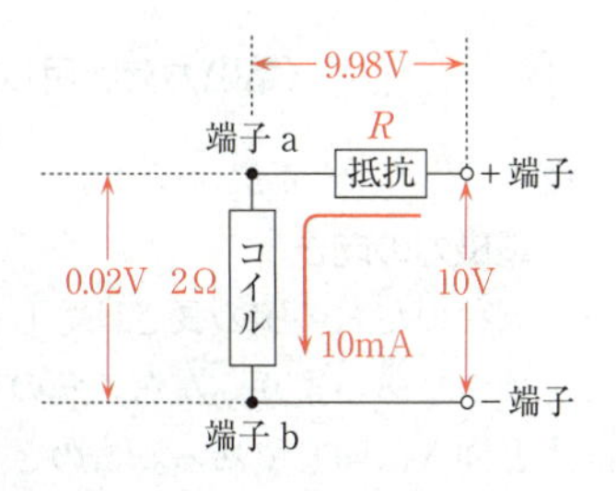

8 目的は，電流計のコイルに10mAの電流が流れているときに，電圧10Vを測定する方法を得ることである。

問題文より，主要部は最大目盛が10mAの電流計である。コイルの端子a，b間の抵抗値が2Ωであるから，10mAすなわち0.01Aの電流が流れたとき，端子間の電圧は2〔Ω〕×0.01〔A〕＝0.02〔V〕である。つまり，この電流計をそのまま電圧計として用いるとき，最大目盛は0.02Vである。

そこで，この電流計を，最大目盛が10Vを示す電圧計として用いるためには，コイルの端子間に0.02Vの電圧をかけたままで，これとは別に接続した抵抗に10－0.02＝9.98〔V〕の電圧がかかるようにすればよい。このような電圧のかかり方にするためには，接続する抵抗はコイルと直列でなければならない。これに該当する図は③または④である。

次に，＋端子，－端子の選択は，図１の電流が端子aから入り端子bから出るときに指針が正しく振れるようになっているので，端子aが＋端子，端子bが－端子である。したがって，最も適当なものは③である。

9 コイルに流れる電流の最大値が10mAと決まっているから，これと直列に接続した抵抗に10mAの電流が流れたとき，この抵抗に9.98Vの電圧がかかるようにしなければならない。その抵抗値R〔Ω〕は，オームの法則より

$$R=\frac{9.98}{0.01}=998\,〔\Omega〕$$

問２ 10 正解は⑤

ア 電圧計は，回路の２点間の電位差を測定するから，測定したいところに並列に接続する。

イ 測定したい部分と電圧計は並列であるからその両方に電流が流れ，回路全体としての電流が増加する。そこで，この電流の増加をできるだけ小さく抑えるためには，電圧計全体の内部抵抗の値を大きくしなければならない。

ウ 電圧計全体の内部抵抗の値が大きいと，電圧計を流れる電流が小さくなる。理想的には，電圧計を流れる電流が０であることが望ましいから，内部抵抗は無限

大である。

したがって，語句の組合せとして最も適当なものは⑤である。

CHECK 電圧計は，測定したいところに並列に接続するが，これに対して，電流計は，回路のある一点を通る電流を測定するから，測定したいところに直列に接続する。

B　標準　《電磁力を利用した天秤の原理》

問3　11　正解は④

電磁力の向き

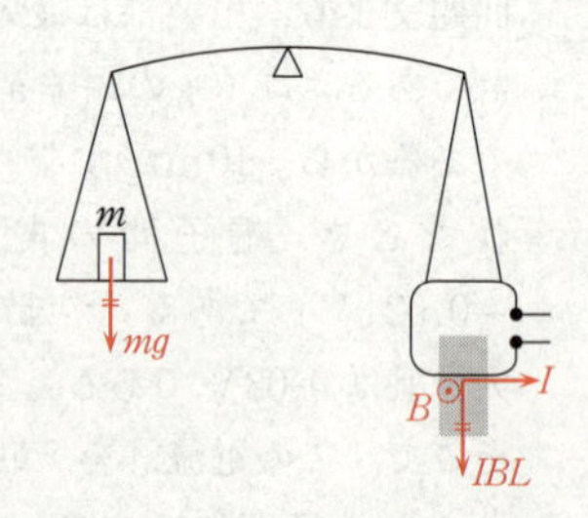

天秤（てんびん）の左右の腕の長さは等しいから，力のモーメントのつりあいより，左右の腕の端にはたらく力の大きさと向きは同じである。このとき，左の腕の皿には大きさ mg の重力が鉛直下向きに，右の腕のコイルには大きさ IBL の電磁力が鉛直下向きにはたらいている。

電流の向き

紙面の裏から表向きの磁場の中で，コイルにはたらく電磁力が鉛直下向きになるためには，フレミングの左手の法則より，電流の向きは図のQの向きである。

したがって，組合せとして正しいものは④である。

CHECK 天秤の左の腕の端には皿をつるす糸の張力が，右の腕の端にはコイルをつるす糸の張力がはたらき，それぞれを T_L，T_R とすると，$T_L=mg$，$T_R=IBL$ である。支点から左右の腕の端までの水平距離を l とすると，力のモーメントのつりあいの式 $T_L\times l=T_R\times l$ より

$$mg\times l=IBL\times l \qquad \therefore \quad mg=IBL$$

となり，式(1)が得られる。

問4　12　正解は⑤

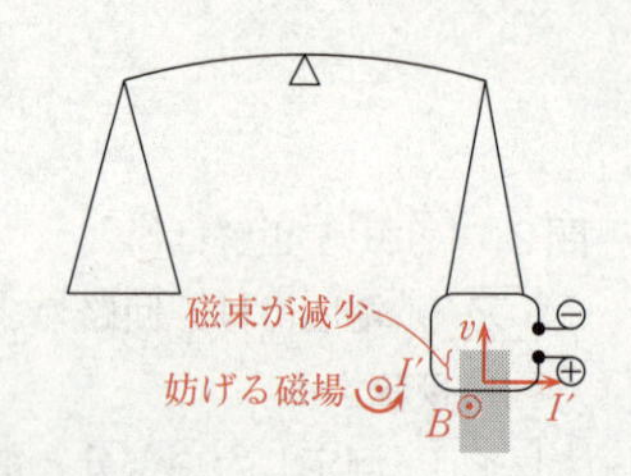

エ　コイルが鉛直上向きに移動すると，コイルを貫く紙面の裏から表向きの磁束が減少する。レンツの法則より，その磁束の変化を妨げる向きである，紙面の裏から表向きの磁場をつくる電流 I' を流す向きに起電力が生じる。その向きは，右ねじの法則より，図のQの向きである。

オ　コイルに生じる起電力の大きさ V は

$$V=vBL$$

これと式(1)の両辺を互いに割り算して BL を消去すると

$$\frac{mg}{V}=\frac{I}{v} \qquad \therefore \quad mgv=IV$$

したがって，記号と式の組合せとして最も適当なものは⑤である。

問５　13　正解は⑤

物理量の意味

物体が一定の大きさの力 F を受けて，一定の速さ v で微小時間 Δt だけ動くとき，動いた距離は $v\Delta t$ であるから，この間に力のした仕事 W は，$F\times v\Delta t$ である。この間の仕事率 P は

$$P=\frac{W}{\Delta t}=\frac{F\times v\Delta t}{\Delta t}=Fv$$

コイルを持ち上げる糸の張力は，鉛直上向きで，重力の大きさ mg に等しい。また，コイルが鉛直上向きに速さ v で動くとき，左腕の皿の物体は鉛直下向きに速さ v で動く。このとき，物体は一定の大きさの重力 mg を受けて，一定の速さ v で動いていることになる。

よって，mgv は，上の式で $F=mg$ としたものであるから，重力のする仕事の仕事率である。

記号

仕事率の単位の記号はWであり，ワットと読む。

したがって，物理量の意味と記号の組合せとして最も適当なものは⑤である。

別解　問４より $mgv=IV$ が導かれているから，mgv の単位と，IV の単位は同じものである。

IV は電力（または消費電力）であり，電流を流すために行われた仕事の仕事率を表す。単位はW（ワット）である。

CHECK　○物理量の意味の選択肢にある，重力による位置エネルギーは（重力 mg）×（基準点からの高さ h）で単位は J，物体の運動量は（質量 m）×（速さ v）で単位は $\mathrm{kg\cdot m/s=N\cdot s}$ である。

○ mgv の単位の関係は

$$[\mathrm{kg}]\cdot[\mathrm{m/s^2}]\cdot[\mathrm{m/s}]=[\mathrm{N}]\cdot[\mathrm{m/s}]=[\mathrm{J/s}]=[\mathrm{W}]$$

第3問 ── 波

A 標準 《弦に生じる定常波，正弦波の式》

問1　14　正解は④

$L=0.50$〔m〕，すなわち，

$\dfrac{1}{L}=\dfrac{1}{0.50}=2$〔1/m〕のときの振動数$f$〔Hz〕を，図2で最小目盛の$\dfrac{1}{5}$まで読み取ると，およそ190Hzである。よって，最も適当な数値は

$$f=1.9\times10^2\text{〔Hz〕}$$

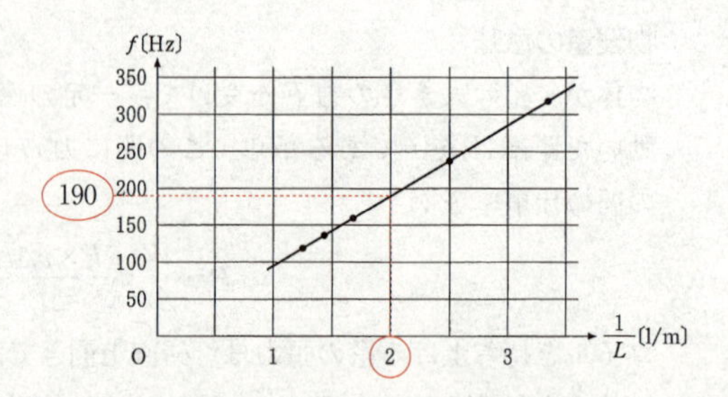

問2　15　正解は①　16　正解は⑨　17　正解は②

$L=0.50$〔m〕で基本振動が生じているから，この波の波長λ〔m〕は

$$\lambda=2L=2\times0.50=1.0\text{〔m〕}$$

弦を伝わる波の速さをv〔m/s〕とすると，波の式より

$$v=f\lambda=1.9\times10^2\times1.0=1.9\times10^2\text{〔m/s〕}$$

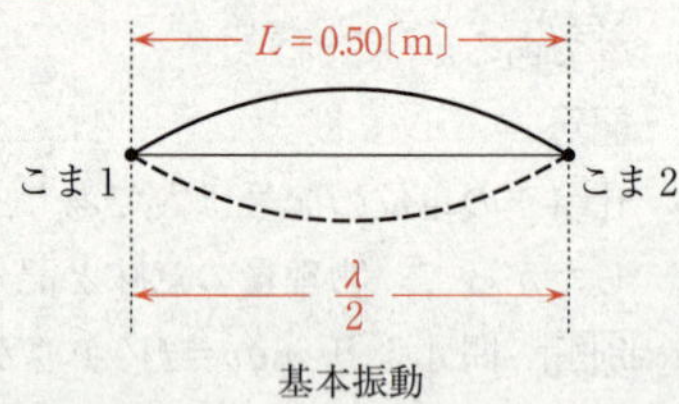

CHECK　弦に定常波が生じるすべての振動を固有振動という。固有振動のうち，振動数が最も小さく波長が最も長い振動を基本振動といい，両端に節と，中央に腹を1つもつ。振動数が2，3，…倍になれば，波長は$\dfrac{1}{2}$，$\dfrac{1}{3}$，…倍になり，これを2倍振動，3倍振動，…，といい，まとめて倍振動という。

問3　18　正解は⑤

ア　図3の左に進む波の原点$x=0$での時刻tにおける変位$y_{2,0}$は，時刻$t=0$の直後，波が左に進むとともに原点の媒質はy軸の正の向きに動く（破線の正弦波をx軸に沿って少しだけ左に平行移動させたものが時刻$t=0$の直後の波形であり，原点の媒質がy軸の正の向きに動いていることがわかる）ことに注意すると

$$y_{2,0}=\frac{A_0}{2}\sin2\pi ft$$

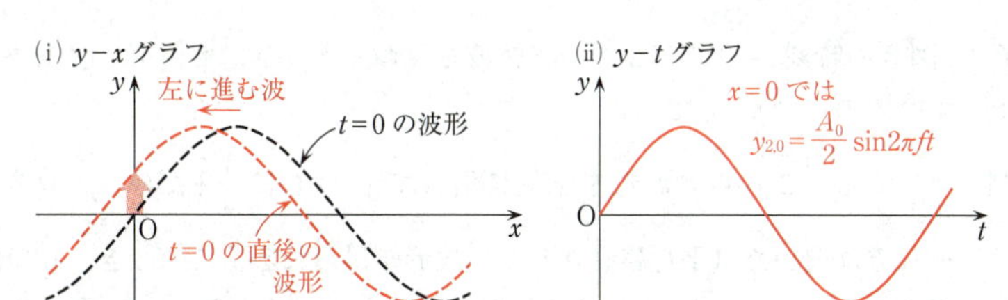

この波の速さを v，位置 x（>0）から原点まで進むのに要した時間を Δt とすると

$$\Delta t=\frac{x}{v}$$

この波の位置 x（>0）での時刻 t における変位 y_2 は，原点での時刻 t における変位 $y_{2,0}$ より時間 $\Delta t=\frac{x}{v}$ だけ前に現れていたものであるから

$$y_2=\frac{A_0}{2}\sin 2\pi f\left\{t-\left(-\frac{x}{v}\right)\right\}=\frac{A_0}{2}\sin 2\pi\left(ft+\frac{fx}{v}\right)=\boldsymbol{\frac{A_0}{2}\sin 2\pi\left(ft+\frac{x}{\lambda}\right)}$$

別解　図３の，時刻 $t=0$ の瞬間に左に進む正弦波の，時刻 $t=0$ での変位 $y_{2,0}$（下図の y-x グラフの波形の式）は

$$y_{2,0}=\frac{A_0}{2}\sin 2\pi\frac{x}{\lambda}\quad\cdots\cdots(※)$$

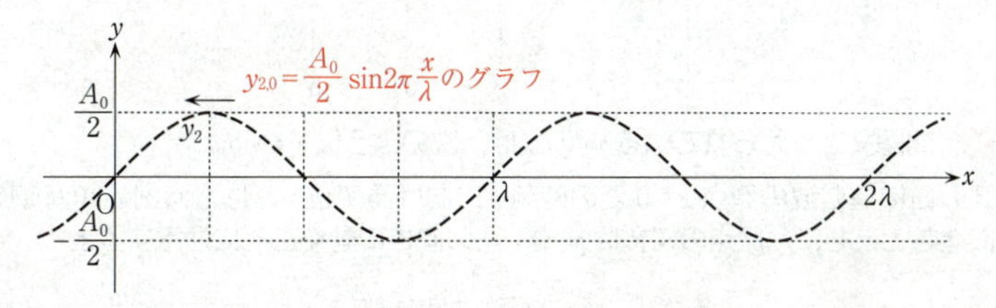

＜方法１＞　選択肢①～⑧の式に $t=0$ を代入して，(※)に一致するものは

$$y_2=\frac{A_0}{2}\sin 2\pi\left(ft+\frac{x}{\lambda}\right)$$

である。

＜方法２＞　$t=0$ で(※)と表される波が，時間 t の間に進む距離を Δx とすると

$$\Delta x=vt$$

波は x 軸の負の向きに進むので，時刻 t での位置 x（>0）における変位 y_2 は，$t=0$ での波形より $\Delta x=vt$ だけ戻したものであるから

$$y_2=\frac{A_0}{2}\sin 2\pi\frac{\{x-(-vt)\}}{\lambda}=\frac{A_0}{2}\sin 2\pi\left(\frac{x}{\lambda}+\frac{vt}{\lambda}\right)=\frac{A_0}{2}\sin 2\pi\left(ft+\frac{x}{\lambda}\right)$$

［イ］　図3の時刻 $t=0$ で，2つの正弦波を重ねると，a，b，a′，b′ を含めて x 軸上のすべての点で $y=0$ である。

時刻 $t=\dfrac{1}{4f}$ では，これらの波形を x 軸に沿って y_1 は右に $\dfrac{1}{4}\lambda$ だけ，y_2 は左に $\dfrac{1}{4}\lambda$ だけ，それぞれ進めた（平行移動させた）波形が得られる。このとき，b の位置では谷と谷が重なり $y=-A_0$ に，b′ の位置では山と山が重なり $y=A_0$ になる。よって，b，b′ の位置は定常波の腹であることがわかる。また，a，a′ の位置では，2つの正弦波の重なりが $y=0$ となり，定常波の節であることがわかる。

したがって，式と記号の組合せとして最も適当なものは⑤である。

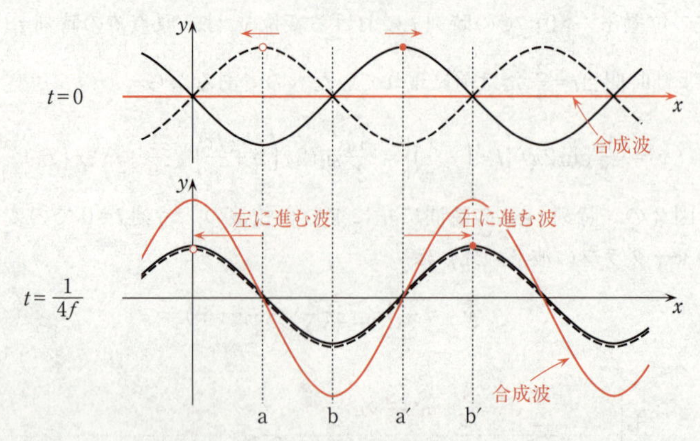

CHECK　問題文で与えられている y_1 の式は，次のように求める。

図3の右に進む波の原点 $x=0$ での時刻 t における変位 $y_{1,0}$ は，時刻 $t=0$ の直後，波が右に進むとともに，原点の媒質は y 軸の正の向きに動くことに注意すると

$$y_{1,0}=\frac{A_0}{2}\sin 2\pi ft$$

この波の位置 x（>0）での時刻 t における変位 y_1 は，原点での時刻 t における変位 $y_{1,0}$ より時間 $\Delta t=\dfrac{x}{v}$ だけ後に現れたものであるから

$$y_1=\frac{A_0}{2}\sin 2\pi f\left(t-\frac{x}{v}\right)=\frac{A_0}{2}\sin 2\pi\left(ft-\frac{x}{\lambda}\right)$$

B　標準　《くさび形薄膜での光の干渉》

問4　［19］　正解は④

次図のように点Oから距離 x の位置にA，その真上に A′ をとる。AA′ において，平面ガラス間の距離は d で，2つの面で反射する光の経路差は $2d$ である。また，隣り合う暗線の間隔が Δx であるから，AA′ の1つ外側の暗線は点Oから距離 $x+\Delta x$ の位置であり，ここにB，その真上に B′ をとる。BB′ では，2つの面で反

射する光の経路差は $2d$ より 1 波長すなわち，λ だけ長くなる。このとき，AA′ と BB′ の距離の差 B′B″ は $\frac{\lambda}{2}$ であるから，△OPQ と△A′B″B′ に相似の関係を用いると

$$\frac{D}{L}=\frac{\frac{\lambda}{2}}{\Delta x} \qquad \therefore \quad D=\boldsymbol{\frac{L\lambda}{2\Delta x}}$$

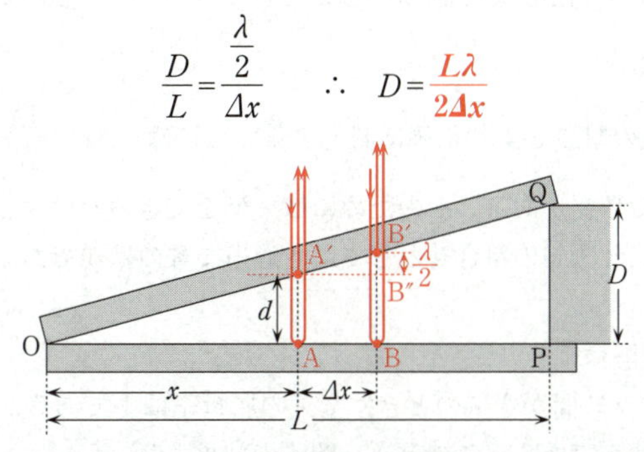

別解　平面ガラスの屈折率は空気の屈折率より大きいから，上のガラスの下面（上図の A′，B′）で反射する光は，反射の際に位相は変化しない（自由端反射）。下のガラスの上面（上図の A，B）で反射する光は，反射の際に位相が π だけ変化する。つまり，光路長で考えると波長にして半波長 $\frac{\lambda}{2}$ だけ変化する（固定端反射）。

これらの光が重なり合うと，光の経路差 $2d$ が波長の整数倍であるとき，反射の際の位相の変化が加わり，暗線となる。すなわち，整数を m（$m=0, 1, 2, \cdots$）として

$$暗線条件：2d=m\lambda$$

$$明線条件：2d=\left(m+\frac{1}{2}\right)\lambda$$

暗線の位置 AA′ で，△OPQ と △OAA′ に相似の関係を用いると

$$\frac{D}{L}=\frac{d}{x}$$

$$\therefore \quad x=\frac{L}{D}d=\frac{L}{D}\frac{m\lambda}{2}=m\frac{L\lambda}{2D}$$

その外側の暗線の位置 BB′ では

$$x+\Delta x=(m+1)\frac{L\lambda}{2D}$$

上の 2 式の差をとると

$$\Delta x=\frac{L\lambda}{2D} \qquad \therefore \quad D=\frac{L\lambda}{2\Delta x}$$

問5　20　正解は⑤

ウ　N個の暗線をまとめて$N\Delta x=\Delta X$とおくと，$\Delta x=\dfrac{\Delta X}{N}$となる。

ここで，ΔXが0.1mmまで読み取ることができるので，Δxは$\dfrac{0.1}{N}$mmまで決めることができる。

エ　金属箔の厚さをより正確に測定するためには，$\Delta x=\dfrac{\Delta X}{N}$をできるだけ小さい値まで求める必要がある。そのためには，Nをできるだけ大きくするとよい。
したがって，式と語句の組合せとして最も適当なものは⑤である。

問6　21　正解は①

オ　平面ガラス間が空気のとき，空気の屈折率は1であるから，この空気層を進む光の波長はλである。このとき，問4の結果より

$$\Delta x=\frac{L\lambda}{2D}$$

平面ガラス間が屈折率nの液体のとき，この液体中を進む光の波長λ'は，$\lambda'=\dfrac{\lambda}{n}$であるから，隣り合う暗線の間隔を$\Delta x'$とすると

$$\Delta x'=\frac{L\lambda'}{2D}=\frac{L\lambda}{n\cdot 2D}$$

$1<n<1.5$であるから，$\Delta x'<\Delta x$となり，隣り合う暗線の間隔は狭くなった。

カ　隣り合う暗線の間隔が狭くなったのは，液体中を進む光の波長が$\lambda'=\dfrac{\lambda}{n}$となり，空気中での波長$\lambda$より短くなったからである。
したがって，語句の組合せとして最も適当なものは①である。

CHECK　○液体の屈折率がガラスの屈折率より小さい場合，上のガラスの下面で反射する光は，反射の際に位相は変化せず，下のガラスの上面で反射する光は，反射の際に位相がπだけ変化するので，これらの光の重なりの結果，暗線条件は，平面ガラス間が空気の場合の式において，λをλ'に置き換えた式で表される。
また，液体の屈折率がガラスの屈折率より大きい場合では，上のガラスの下面で反射する光は，反射の際に位相がπだけ変化し，下のガラスの上面で反射する光は，反射の際に位相が変化しないので，同様にこれらの光の重なりの結果，暗線条件は，やはり平面ガラス間が空気の場合の式において，λをλ'に置き換えた式で表される。
○液体の屈折率n（$1<n<1.5$）について，屈折率1.5は，一般的に使用される光学ガラスの屈折率であるが，問題を解く上では特に必要ない。

問7　22　正解は④

①不適。単色光は，ひとつの波長だけの光であるが，白色光は，可視光線のすべて

の単色光を含んだ光，すなわち，様々な波長の光を含んだものである。よって，単色光と比べて白色光の波長が非常に短いということはない。

②不適。空気中では屈折率を1としているので光の速さは波長によらず一定である。

③不適。白色光でも単色光でも，光は様々な方向に振動する成分をもった横波である。偏光とは，そこから一定の方向に振動する成分だけを取りだした光である。偏光の方向が異なるのは波長によるものではない。

④適当。問4より，干渉した光が明暗の縞模様をつくる位置は波長に関係し，単色光の暗線の間隔はその波長に比例する。よって，白色光を当てたときには，白色光に含まれている様々な色の光の干渉によって虹色の縞模様が見える。その理由は，波長によって明線の間隔が異なるからである。

したがって，最も適当なものは④である。

第4問 標準 ―― 力学《ばねの単振動による物体の質量の測定》

問1 23 正解は①

物体が原点Oにあるとき，ばねA，ばねBはともに自然の長さから伸びた状態であるから，物体がばねAから受ける弾性力はx軸の負の向きに大きさk_AL_A，ばねBから受ける弾性力はx軸の正の向きに大きさk_BL_Bである。これらがつり合っているとき，合力は0となり

$$-k_AL_A+k_BL_B=0 \qquad \therefore \quad k_AL_A-k_BL_B=0$$

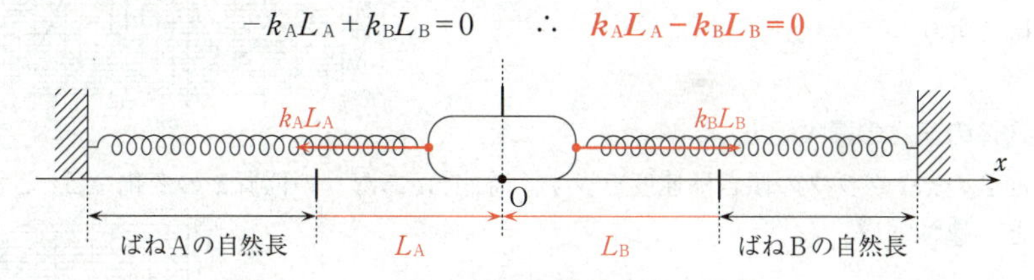

問2 24 正解は③

物体は，力のつり合いの位置である原点Oを中心に単振動をし，x_0が振幅である。すなわち，$x=x_0$から振動をはじめた物体は，$x=-x_0$で一旦静止し折り返す。よって，どちらのばねも常に自然の長さより伸びた状態であるためには

$$L_A>x_0 \quad かつ \quad L_B>x_0$$

でなければならない。

問3 25 正解は③

物体が位置xにあるとき，ばねBの伸びはL_B-xである。ばねは伸びているから，物体がばねBから受ける弾性力の向きはx軸の正の向きである。したがって，ばね

Bから物体にはたらく力は $k_B(L_B-x)$ である。

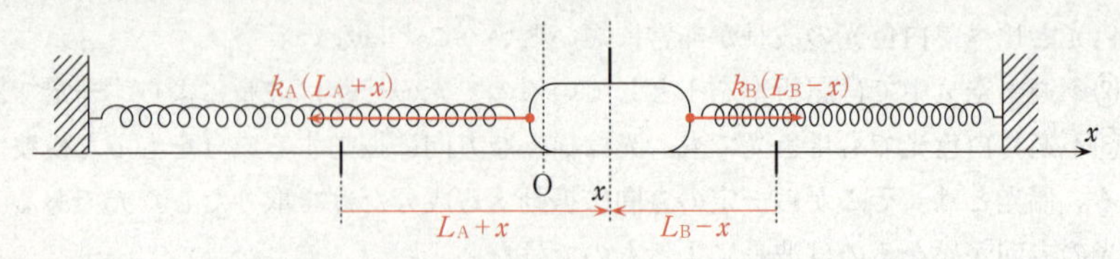

CHECK　2つのばねから物体にはたらく合力 F は

$$F=-k_A(L_A+x)+k_B(L_B-x)=-(k_A+k_B)x-(k_AL_A-k_BL_B)$$
$$=-(k_A+k_B)\left(x+\frac{k_AL_A-k_BL_B}{k_A+k_B}\right)$$

よって，ばねAとばねBを一つの合成ばねと見なしたときのばね定数 K は

$$K=k_A+k_B$$

また，合力 $F=0$ となる位置が力のつり合いの位置であるから，それが $x=0$ となる条件は，問1で得られたものと同様に

$$k_AL_A-k_BL_B=0$$

問4　26　正解は③

周期 T

$t=0$〔s〕で $x=x_0=0.14$〔m〕から動きはじめて1回振動して，再び $x=0.14$〔m〕に戻ってくるまでの時間が周期 T であるから，図2より

$$T=2.8〔s〕$$

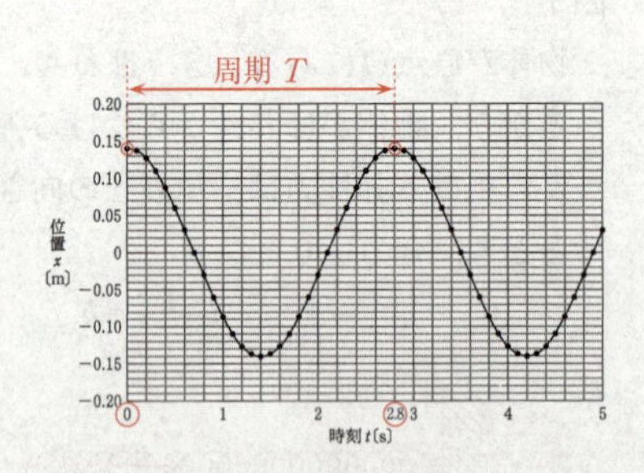

物体の速さの最大値 v_{max}

図2の x-t グラフの傾きは速度を表す。時間 Δt あたりの位置 x の変化を Δx とすると，速さ v は

$$v=\left|\frac{\Delta x}{\Delta t}\right|$$

速さの最大値 v_{max} は，グラフの傾きの最大値を求めればよく，それは物体が $x=0$ を通過する瞬間の値である。

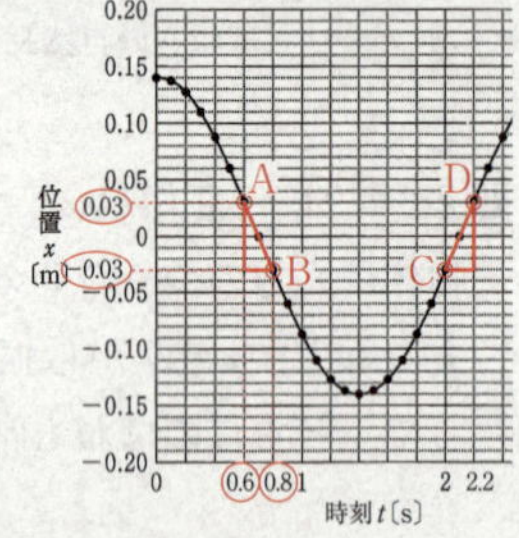

単振動の x-t グラフは三角関数で表されるが，右図で，物体が $x=0$ を右から左へ通過する $t=0.6$〜0.8〔s〕の AB 間では，グラフは直線と見なせるので，このときの傾きの大きさより

$$v_{max}=\left|\frac{(-0.03)-0.03}{0.8-0.6}\right| \qquad \therefore \quad v_{max}=0.3〔m/s〕$$

物体が $x=0$ を左から右へ通過する $t=2.0$〜2.2〔s〕の CD 間で求めても，同じ結

果が得られる。

したがって，組合せとして最も適当なものは③である。

別解 単振動する物体の速さの最大値 $v_{\max}$ は，振幅 A と角振動数 ω を用いて

$$v_{\max}=A\omega$$

角振動数 ω は，周期 T を用いて

$$\omega=\frac{2\pi}{T}$$

よって

$$v_{\max}=A\cdot\frac{2\pi}{T}=0.14\times\frac{2\times3.14}{2.8}=0.314\fallingdotseq0.3\,[\mathrm{m/s}]$$

問5 27 正解は①

ア 力学的エネルギー保存則より，$x=x_0$ で物体を静かに放したときに合成ばねがもっていた弾性力による位置エネルギーと，$x=0$ での物体の運動エネルギーが等しいから

$$\frac{1}{2}Kx_0{}^2=\frac{1}{2}mv_{\max}{}^2 \qquad \therefore \quad m=\frac{Kx_0{}^2}{v_{\max}{}^2}$$

イ 物体と水平面上との間に摩擦があると，$x=x_0$ で物体を静かに放してから，物体の速さが最大となるまでの間に，摩擦力が負の仕事をすることによって物体の力学的エネルギーが減少し，速さの最大値 $v_{\max}$ が小さくなる。

よって，摩擦がないときと比べて，$v_{\max}$ に小さい値を用いて $m=\dfrac{Kx_0{}^2}{v_{\max}{}^2}$ を計算すると，m は大きい値になる。

したがって，式と語句の組合せとして最も適当なものは①である。

第２回 試行調査：物理

問題番号(配点)	設問		解答番号	正解	配点	チェック
第１問(30)	問１		1	⑦	4	
	問２		2	①	4	
			3	③	4	
	問３		4	②	4	
			5	④	5*1	
			6	①		
	問４		7	④，⑤	5*2	
	問５		8	①	4*1	
			9	⓪		
			10	①		
第２問(28)	A	問１	1	⑥	5	
		問２	2	⑧	5*3	
	B	問３	3	③	4	
			4	②	4	
		問４	5	②	5	
		問５	6	①	5	

問題番号(配点)	設問		解答番号	正解	配点	チェック
第３問(20)	A	問１	1	⑧	4	
		問２	2	④	3	
			3	③	4	
	B	問３	4	⑦	4	
		問４	5	③	5	
第４問(22)	A	問１	1	④	3	
		問２	2	⑥	4	
	B	問３	3	⑤	5*4	
		問４	4	④	5	
			5	②	5	

（注）
1　＊1は，全部正解の場合のみ点を与える。
2　＊2は，過不足なく解答した場合のみ点を与える。
3　＊3は，第２問の解答番号１で②を解答し，かつ，解答番号２で⑤を解答した場合も点を与える。
4　＊4は，④を解答した場合は２点を与える。

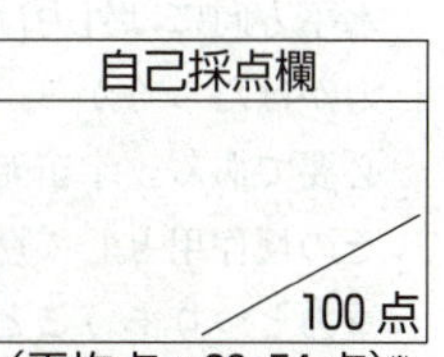

（平均点：38.54点）※

※2018年11月の試行調査の受検者のうち，３年生の得点の平均値を示しています。

第1問 標準 《総　合　題》

問1　1　正解は⑦

小物体が高さの基準面に達する直前の運動エネルギーを，地球上で K，月面上で K' とする。小物体を水平投射した高さ h の位置と高さの基準面との間で，力学的エネルギー保存則より

地球上では

$$mgh+\frac{1}{2}mv^2=K$$

月面上では

$$m\cdot\frac{g}{6}\cdot h+\frac{1}{2}mv^2=K'$$

したがって，二つの運動エネルギーの差を ΔK とすると

$$\Delta K=|K-K'|$$
$$=\left|\left(mgh+\frac{1}{2}mv^2\right)-\left(m\cdot\frac{g}{6}\cdot h+\frac{1}{2}mv^2\right)\right|=\frac{5}{6}mgh$$

問2　2　正解は①　3　正解は③

2　物資は，宇宙船から静かに切り離されたから，物資の宇宙船に対する相対初速度は0である。この物資の運動を，惑星にいる宇宙飛行士から見ると，大気による抵抗がないから，それぞれの物資は，宇宙船から切り離された位置から水平投射運動をする。すなわち，図2の水平方向左向きには宇宙船の速度に等しい初速度で等速直線運動をするので，すべての物資は宇宙船と同じ鉛直線上にある。

また，鉛直方向下向きには自由落下運動をするので，惑星上での重力加速度の大きさを g'，落下時間を t，落下距離を y とすると

$$y=\frac{1}{2}g't^2$$

よって，物資の位置は，落下時間 t の2乗に比例する距離だけ宇宙船から下方の位置である。

したがって，物資の位置および運動の軌跡を表す図はアである。

3　宇宙船が等速直線運動をするとき，宇宙船にはたらく力はつりあっている。水平方向には外力ははたらいていない。鉛直方向には，鉛直下向きに惑星からの重力がはたらくから，力がつりあうためには，重力と同じ大きさで鉛直上向きの力が必要である。宇宙船がロケットエンジンから燃料ガスを鉛直下向きに噴射すると，その反作用として燃料ガスから宇宙船にはたらく鉛直上向きの力が生じ，この力が重力とつりあうことになる。

問３ 4 正解は② 5 正解は④ 6 正解は①

4 気体の圧力を p，ピストンの断面積を S とする。
理想気体の状態方程式より

$$p \cdot Sh = nRT$$

ピストンにはたらく力のつりあいより

$$pS = mg$$

pS を消去すると

$$mgh = nRT$$

5，6 熱力学第１法則は，「気体の内部エネルギーの増加 ΔU＝気体が外部から吸収した熱量 Q＋気体が外部からされた仕事 W」である。
ピストンがシリンダーの底面まで落下するとき，ピストンにはたらく重力がピストンに対して仕事をし，気体はピストンから押されることで正の仕事をされ，$W>0$ である。また，ピストンが落下して気体がシリンダー全体に広がるときでも，シリンダーが断熱材で密閉されているから，気体は断熱変化をし，$Q=0$ である。よって，熱力学第１法則より

$$\Delta U>0$$

単原子分子の理想気体であるから，定積モル比熱は $\frac{3}{2}R$ であり，温度変化を ΔT とすると

$$\Delta U=\frac{3}{2}nR\Delta T$$

したがって，$\Delta U>0$ のとき，$\Delta T>0$ となり，気体の温度は上がる。

POINT ○ピストンにはたらく重力がする仕事は mgh であり，気体はピストンから mgh の仕事をされる。
○気体の内部エネルギーの変化 ΔU は，定積モル比熱 C_V を用いると，$\Delta U=nC_V\Delta T$ であり，単原子分子の理想気体では $C_V=\frac{3}{2}R$，二原子分子の理想気体では $C_V=\frac{5}{2}R$ である。
○気体が断熱膨張するだけの条件では，気体の温度が上がるか下がるかは決まらない。断熱変化で $Q=0$ のとき，$W=\Delta U=nC_V\Delta T$ となり，仕事 W の正負によって，温度変化 ΔT の正負が決まる。気体が正の仕事をされたとき，$W>0$ で $\Delta T>0$ となり，気体の温度は上がる。気体が負の仕事をされたとき，$W<0$ で $\Delta T<0$ となり，気体の温度は下がる。
○ピストンが固定されているならば，気体が真空へ膨張していくだけで気体は仕事をされない。このとき，$Q=0$，$W=0$ であるから，$\Delta U=nC_V\Delta T=0$ となり，気体の温度は変化しない。すなわち，等温で膨張していったことになる。

問4　7　正解は④，⑤

凸レンズに入射する光線は，凸レンズを通過後，次のように進む。

(あ)　凸レンズの中心を通るように入射した光線は，屈折せずに直進する。

(い)　凸レンズ前方の焦点を通って入射した光線は，屈折後，光軸に平行に進む。

(う)　光軸に平行に入射した光線は，屈折後，凸レンズ後方の焦点を通る。

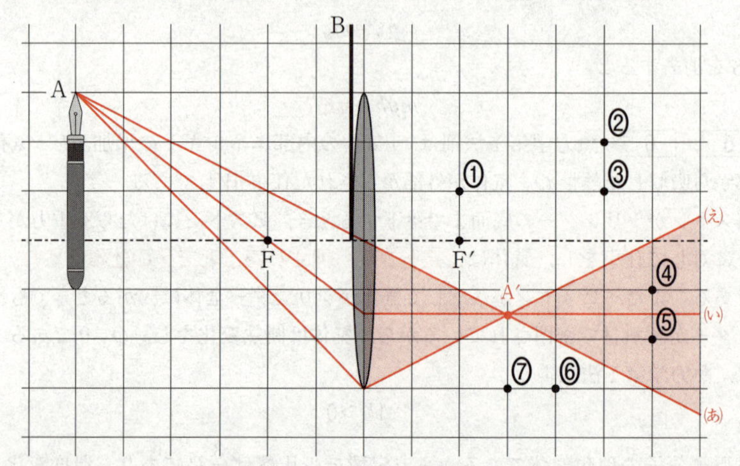

図4の万年筆の先端Aの像A′は，(あ)，(い)の光線による作図で得られる。このとき，Aから出て凸レンズの下端を通った光線も屈折後A′へ進むので（(え)の光線），Aから出た光がレンズで屈折した後に進む範囲は，上図の網かけ部分である。

したがって，Aから出た光が届く点として適当なものは④と⑤である。

問5　8　正解は①　9　正解は⓪　10　正解は①

水素原子のエネルギー準位のうち，エネルギーの最も低い励起状態は$n=2$であり

$$E_2=-\frac{13.6}{2^2}\text{eV}$$

基底状態は$n=1$であり

$$E_1=-\frac{13.6}{1^2}\text{eV}$$

このエネルギー準位の差に等しいエネルギーが，光子1個のもつエネルギーEとして放出される。

$$E=E_2-E_1$$
$$=\left(-\frac{13.6}{2^2}\right)-\left(-\frac{13.6}{1^2}\right)=13.6\times\frac{3}{4}=10.2\fallingdotseq\mathbf{1.0\times10^1}\text{eV}$$

第２問 ―― 力と運動

A  《２物体の衝突》

問１  正解は⑥

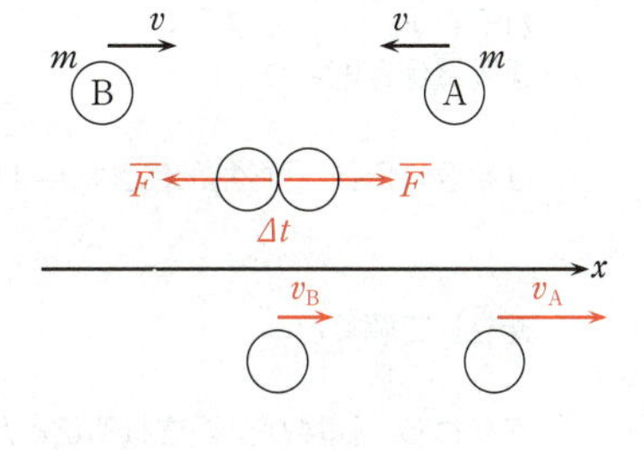

衝突後の小物体Ａ，Ｂの速度をそれぞれ v_A, v_B とする。

運動量保存則より

$$m(-v)+mv=mv_A+mv_B$$

はね返り係数（反発係数）の式より

$$e=-\frac{v_A-v_B}{(-v)-v}$$

連立して解くと

$$v_A=ev$$
$$v_B=-ev$$

問２ 2 正解は⑧

小物体Ａが小物体Ｂから受けた力の平均値を $\overline{F}$ とする。小物体Ａについての運動量と力積の関係より，小物体Ａの運動量の変化は小物体Ａが受けた力積に等しいから

$$\overline{F}\cdot\Delta t=mv_A-m(-v)$$
$$=m\cdot ev-m(-v)$$
$$\therefore\quad \overline{F}=\frac{(1+e)mv}{\Delta t}\quad\cdots\cdots(お)$$

B  《衝突時に２物体がおよぼし合う力》

問３ 3 正解は③ 4 正解は②

3 質量が等しい２物体が弾性衝突をするとき，衝突前後でその速度は交換される。衝突前の台車Ａの速度を $-v$，台車Ｂの速度を v とすると，衝突後の台車Ａの速度は v，台車Ｂの速度は $-v$ となる。

図２において，台車Ａが受けた力 F と時刻 t の関係のグラフの面積 S が，台車Ａが受けた力積 I を表し，台車Ａが受けた力積 I は台車Ａの運動量の変化 Δp に等しいから

$$S=I=\Delta p=mv-m(-v)=2mv\quad\cdots\cdots(か)$$

別解　台車Aが受けた力積 I は，(お)より

$$I=\overline{F}\cdot\Delta t=(1+e)\,mv$$

弾性衝突では，はね返り係数 $e=1$ であるから

$$I=(1+1)\,mv=2mv$$

CHECK　衝突前の台車A，Bの速度をそれぞれ v_A，v_B，衝突後の台車A，Bの速度をそれぞれ v_A'，v_B' とする。

運動量保存則より

$$mv_A+mv_B=mv_A'+mv_B'$$

はね返り係数（弾性衝突では $e=1$）の式より

$$1=-\frac{v_A'-v_B'}{v_A-v_B}$$

連立して解くと

$$v_A'=v_B,\quad v_B'=v_A$$

すなわち，速度が交換されることがわかる。

4　図 2 の網かけ部分の面積を，下図の太線で囲まれた三角形の面積で近似する。この三角形の高さが f，底辺の長さが Δt であるから，面積 S は

$$S=\frac{1}{2}f\Delta t \quad \cdots\cdots(き)$$

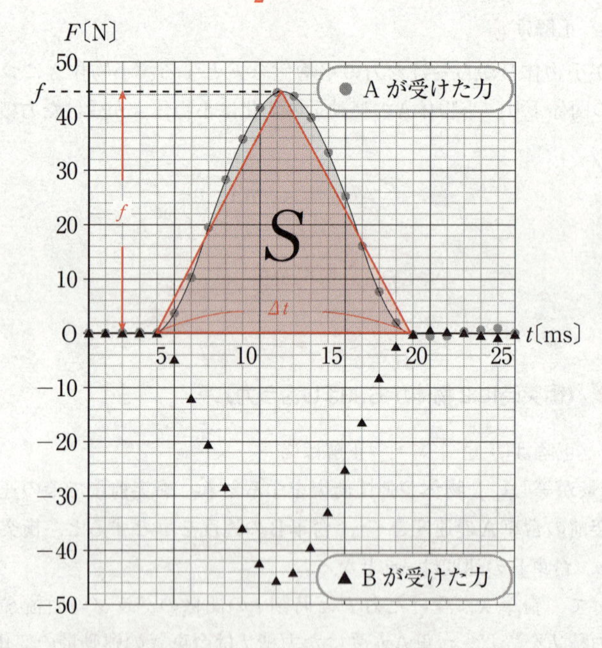

問４ 5 正解は②

「図２の F-t グラフの面積 S＝台車Ａが受けた力積 I＝台車Ａの運動量の変化 Δp」であるから，(か)，(き)より

$$\frac{1}{2}f\Delta t=2mv$$

F-t グラフからは $f=44.5$ N と読み取ることができ，与えられた時刻 t の値を代入すると

$$\frac{1}{2}\times 44.5\times(19.0\times 10^{-3}-4.0\times 10^{-3})=2\times 1.1\times v$$

$$\therefore\quad v=0.151\fallingdotseq 0.15\ \text{m/s}$$

問５ 6 正解は①

図３で，台車Ａの実線のグラフと t 軸で囲まれる面積と，台車Ｂの破線のグラフと t 軸で囲まれる面積は等しいから，台車Ａが受けた力積を I_{A}，台車Ｂが受けた力積を I_{B} とすると，I_{A}，I_{B} は，作用反作用の関係より，大きさが等しく向きが反対であることがわかる。また，２つの台車が接触していた時間 Δt は等しいから，台車Ａが受けた力の大きさの最大値 f と台車Ｂが受けた力の大きさの最大値 f が等しく，向きが反対であることもわかる。

次に，台車Ａ，Ｂの衝突させる速さを変えたときも，問３と同様に，弾性衝突ならば，衝突前後でその速度は交換される。衝突前の台車Ａの速度が０，台車Ｂの速度が $2v$ のとき，衝突後の台車Ａの速度は $2v$，台車Ｂの速度は０となる。台車Ａが受けた力積を I_{A}' とすると，I_{A}' は，台車Ａの運動量の変化 Δp_{A} に等しいから

$$I_{\text{A}}'=\Delta p_{\text{A}}=m\cdot 2v-0=2mv$$

このとき，問４と同様に，台車Ａが受けた力の最大値は f となる。

また，台車Ｂが受けた力積を I_{B}' とすると，I_{B}' は，作用反作用の関係より

$$I_{\text{B}}'=-I_{\text{A}}'=-2mv$$

このとき，台車Ｂが受けた力の最小値は $-f$ となる。

したがって，グラフとして最も適当なものは①である。

第3問 ── 波　動

A 標準 《せっけん膜による光の干渉》

問1 　1 　正解は⑧

せっけん膜の二つの表面で反射した光の，屈折率を考慮した経路差（光路差，光学距離の差）をΔとすると，せっけん膜の屈折率がnであるから

$$\Delta = n \times 2d$$

光が，空気中を進んでせっけん膜の左側表面で反射したとき，光の位相はπ変化し，せっけん膜中を進んでせっけん膜の右側表面で反射したときは，光の位相は変化しない。

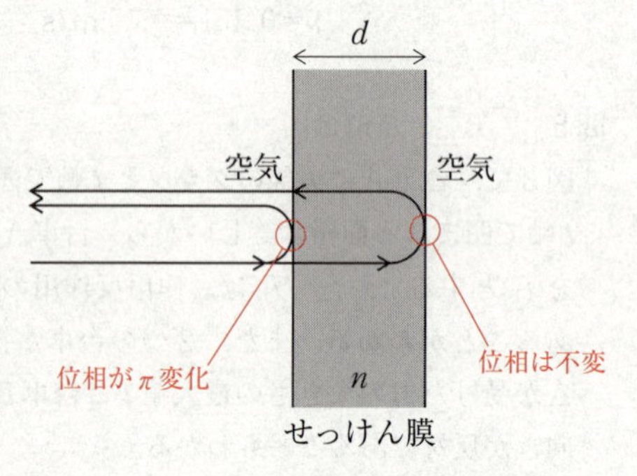

これら二つの反射光が重なるとき，反射の際の位相の変化の差πは半波長分の光路差に相当するので，光路差Δが波長の半整数倍のとき，その光は強め合う。したがって，$m=0,\ 1,\ 2,\ 3,\ \cdots$を用いて

$$2nd = \left(m + \frac{1}{2}\right)\lambda \quad \cdots\cdots(く)$$

別解　せっけん膜の二つの表面間の往復距離をΔ'とすると

$$\Delta' = 2d$$

せっけん膜中を進む光の波長をλ'とすると，せっけん膜の屈折率がnであるから

$$\lambda' = \frac{\lambda}{n}$$

したがって，二つの光が強め合う条件は

$$2d = \left(m + \frac{1}{2}\right)\frac{\lambda}{n} \qquad \therefore \quad 2nd = \left(m + \frac{1}{2}\right)\lambda$$

POINT　○光が，屈折率の小さい媒質（光学的に疎）から大きい媒質（光学的に密）に向かって入射し，その境界面で反射したとき，位相がπ変化する（固定端反射に相当）。すなわち光路長が半波長分だけ変化する。
○光が，屈折率の大きい媒質から小さい媒質に向かって入射し，その境界面で反射したとき，位相は変化しない（自由端反射に相当）。

問2 [2] 正解は④ [3] 正解は③

[2] 題意より，上から見える色の順は，波長が短い順である。白色光を虹の7色に分けるとき，波長の長いものから順に，赤・橙・黄・緑・青・藍・紫である。したがって，与えられた3色を波長の短いものから順に並べると，青・緑・赤である。

[3] (く)より，せっけん膜の厚み d は光の波長 λ に比例するから，波長 λ が長いほど，せっけん膜の厚み d が厚い。虹色の領域で，上部に波長の短い色，下部に波長の長い色が見えているから，せっけん膜は下部ほど厚いと考えられる。

B 標準 《電波の干渉》

問3 [4] 正解は⑦

電波の強弱は，電波の振幅でわかり，電波の振幅は，電圧の実効値に比例する。

表1の値から，

電波が強められているおよその位置の，距離 d は

$$d=95,\ 109,\ 123\,\mathrm{mm} \quad \cdots\cdots(け)$$

電波が弱められているおよその位置の，距離 d は

$$d=86,\ 100,\ 116,\ 130\,\mathrm{mm} \quad \cdots\cdots(こ)$$

であり，強められた位置（腹）と，弱められた位置（節）が交互に並んでいる。

これは，図3の右向きに進む入射波と，金属板で反射して左向きに進む反射波が干渉して，定常波（定在波）がつくられたためである。

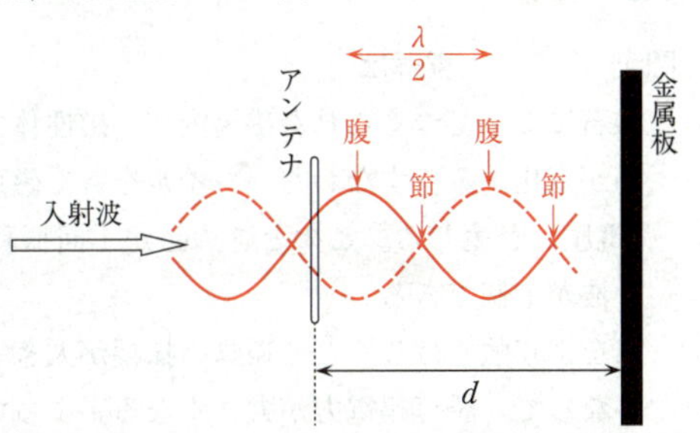

問4 [5] 正解は③

電波の波長を λ とする。定常波の隣り合う強め合いの位置（腹）の間隔，または弱め合いの位置（節）の間隔は $\frac{1}{2}\lambda$ であり，(け)，(こ)より，その間隔はおよそ14 mmである。よって

$$\frac{1}{2}\lambda=14 \qquad \therefore \quad \lambda=28\,\mathrm{mm}$$

したがって，最も近い値は30mmである。

参考 表1の値をグラフに描くと，定常波の隣り合う強め合いの位置（腹）の間隔，または弱め合いの位置（節）の間隔が明らかになる。

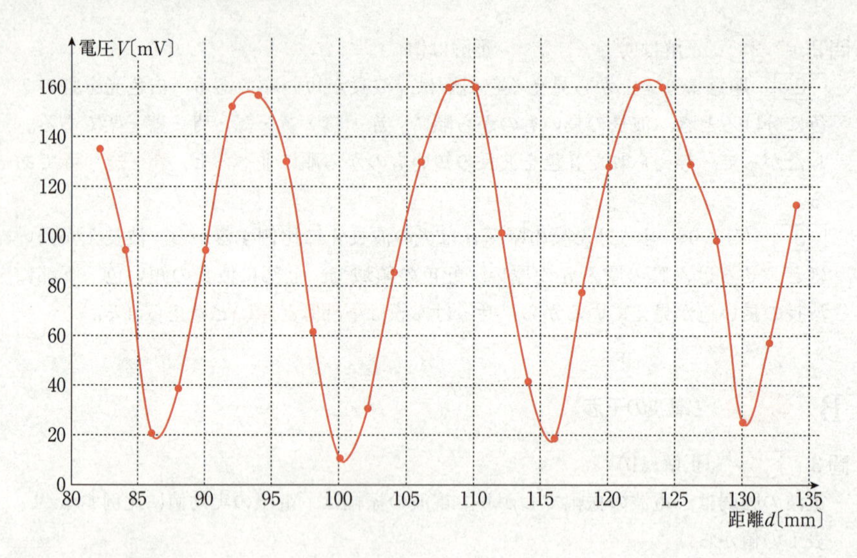

第4問 ―― 電気と磁気

A 標準 《エレキギターのしくみ》

問1　1　正解は④

磁石によってつくられた磁場内で，磁性体である鉄製の弦が振動すると，もとの磁場が変化する。すなわち，コイルを貫く磁束が変化するので，コイルに誘導起電力（電圧）が生じる。このとき，弦が1回振動すると，オシロスコープに現れる電圧の波が1個できる。

弦をより強くはじくと，振動の振幅が大きくなり，コイルを貫く磁束の変化が大きくなって，誘導起電力が大きくなる。よって，オシロスコープに現れる波の振幅，すなわち縦軸の電圧の最大値が大きくなる。しかし，弦の長さは変化していないので，弦の振動の波長は変化せず，振動数（周期）も変化しない。よって，オシロスコープに現れる波の周期，すなわち横軸の波の時間間隔は変わらない。

したがって，オシロスコープの画面として最も適当なものは④である。

問2　2　正解は⑥

銅製のおんさを振動させた場合，縦軸の電圧の振幅がほぼ0であることから，誘導起電力が発生していないことがわかる。これは，コイルを貫く磁束の変化がほぼ0であったからで，その原因は，鉄や銅の磁気的な性質を表す量である比透磁率の違いにある。

CHECK ○磁場内におくと磁化される物質を磁性体という。鉄，コバルト，ニッケルを磁場内におくと，これらは磁場の向きに強く磁化され，磁場を取り去っても磁気が残るという性質をもつ。これを強磁性体という。
○磁性体の磁化の様子を表す量を，透磁率という。透磁率 μ は，磁性体に強さ H の磁場が与えられたとき，磁性体が磁化して生じた磁束密度を B とすると，$B=\mu H$ の関係から得られる。真空に対する物質の透磁率を，比透磁率という。比透磁率は，銅ではほぼ1であり，鉄では2000〜200000である。

B 標準 《コイルに生じる誘導起電力》

問3 [3] 正解は⑤

[ア] 図8で，グラフの山が最初に現れていることは，このとき，端子Aの電位が端子Bの電位より高いことを表し，コイル内部には端子Bから端子Aに電流を流そうとする向きに誘導起電力が生じている。

コイルは上から見て端子Aから端子Bへ時計回りに巻かれているから，端子Bから端子Aへの向きは，**反時計回り**である。

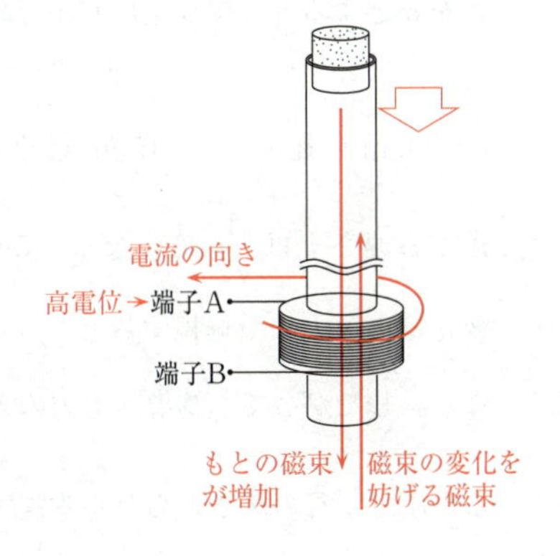

POINT コイルの端子A，B間に抵抗をつないだとき，高電位の端子Aから電流を取り出すことになり，この電流は端子Bからコイルに入り，コイル内部で端子Bから端子Aに流れる。誘導起電力は，コイルから電流を取り出す端子Aが高電位である。

[イ] コイルを貫く磁束が変化すると，その変化を妨げる向きに誘導起電力が生じる。その向きは，右ねじの法則に従う。

上から見てコイルに反時計回りの電流を流そうとするような誘導起電力によって生じる磁束は，図の上向きである。この上向きの磁束を生じさせるようなもとの磁束の変化は，上向きの磁束が減少するときか，または下向きの磁束が増加するときかのどちらかである。

よって，コイルを上から下に貫く磁束は**増加**したときである。

POINT 誘導起電力は，コイルを貫く磁束の変化を妨げる向きに生じるのであるが，この場合，上向きの磁束の減少を妨げる磁束は上向きであり，下向きの磁束の増加を妨げる磁束も上向きである。

[ウ] 磁束は，N極から出てS極に入る。磁石が落下することによって，コイルを上から下に貫く磁束が増加するのは，**N極**を下にして落下し，コイルに近づいてきたときである。

したがって，語句の組合せとして最も適当なものは⑤である。

問4　4　正解は④　5　正解は②

4　コイルに生じる誘導起電力の大きさは，コイルを貫く単位時間当たりの磁束の変化に比例する。磁石の面がコイルの端と一致する瞬間に，磁束の変化が最大となるから，電位のグラフに山の頂上が現れる時刻は，落下してきた磁石の先端がコイルに入った瞬間であり，谷の底が現れる時刻は，磁石の後端がコイルから出た瞬間である。磁石がコイルを通過するときの磁束の変化は一定であるが，コイルを通過する時間が長くなると，単位時間当たりの磁束の変化が小さくなり，誘導起電力は小さくなる。

磁石を自由落下させたとき，落下距離が h のときの速さ v は，重力加速度の大きさを g とすると，等加速度直線運動の式より

$$v^2-0=2gh \qquad \therefore \quad v=\sqrt{2gh}$$

$h=30\,\text{cm}$ に比べて $h=15\,\text{cm}$ の場合，落下距離 h が $\frac{1}{2}$ 倍になるので，コイルを通過する速さ v は $\frac{1}{\sqrt{2}}$ 倍になる。このとき，磁石がコイルを通過するときの速さの変化は小さいので無視すると，コイルを通過するのに要する時間はおよそ $\sqrt{2}$ 倍となる。したがって，誘導起電力の大きさはおよそ $\frac{1}{\sqrt{2}}$ 倍になり，山の高さからわかる電圧も，谷の深さからわかる電圧も，ともにおよそ $\frac{1}{\sqrt{2}}$ 倍になる。

5　電位のグラフの山の頂上と谷の底の時間差は，磁石がコイルを通過するのに要する時間であるから，およそ $\sqrt{2}$ 倍になる。

第 1 回 試行調査：物理

問題番号	設問	解答番号	正解	備考	チェック
第 1 問	問 1	1	⑤	＊1	
		2	③		
	問 2	3	⑤		
	問 3	4	⑥		
	問 4	5	⑥		
	問 5	6	④		
	問 6	7	③		
第 2 問	問 1	1	①，③	＊2	
	問 2	2	④	＊3	
	問 3	3	②，③	＊4	
	問 4	4	①，⑥	＊3	
	問 5	5	④		

問題番号	設問		解答番号	正解	備考	チェック
第 3 問	A	問 1	1	②	＊1	
			2	⑤		
			3	①		
			4	①	＊1	
			5	⑥		
			6	⓪		
		問 2	7	①	＊1	
			8	②		
			9	②		
		問 3	10	④		
	B	問 4	11	①，②	＊4	
		問 5	12	③	＊1	
			13	⑤		
		問 6	14	②	＊3	
第 4 問	問 1		1	⑥		
			2	②		
	問 2		3	⑤	＊5	
			4	⓪		
			5	②		

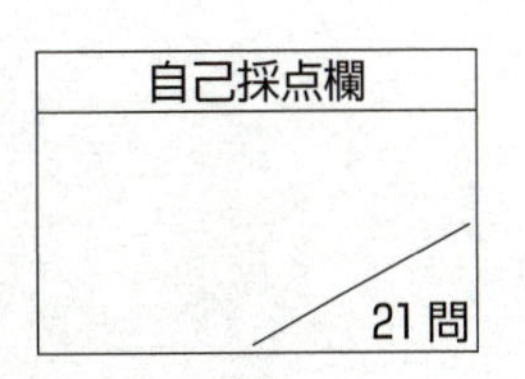

● 各設問の配点は非公表。

（注）
＊１は，全部を正しくマークしている場合のみ正解とする。
＊２は，過不足なくマークしている場合に正解とする。
＊３は，過不足なくマークしている場合のみ正解とする。
＊４は，過不足なくマークしている場合に正解とする。
＊５は，全部を正しくマークしている場合を正解とする。ただし，第４問の解答番号２で選択した解答に応じ，解答番号３～５を以下の組合せで解答した場合も正解とする。

- 解答番号２で①を選択し，解答番号３を⑤，解答番号４を⓪，解答番号５を①とした場合
- 解答番号２で③を選択し，解答番号３を⑤，解答番号４を⓪，解答番号５を③とした場合
- 解答番号２で④を選択し，解答番号３を⑤，解答番号４を⓪，解答番号５を④とした場合
- 解答番号２で⑤を選択し，解答番号３を①，解答番号４を⓪，解答番号５を⓪とした場合
- 解答番号２で⑥を選択し，解答番号３を①，解答番号４を⓪，解答番号５を①とした場合
- 解答番号２で⑦を選択し，解答番号３を①，解答番号４を⓪，解答番号５を②とした場合
- 解答番号２で⑧を選択し，解答番号３を①，解答番号４を⓪，解答番号５を③とした場合

第1問 標準 《総　合　題》

問1 [1] 正解は⑤　[2] 正解は③

物体の質量を m，初速度の大きさを v_0，動摩擦係数を μ'，重力加速度の大きさを g とする。物体がすべっているときにはたらく力は，重力 mg，垂直抗力 N，動摩擦力 $\mu'N$ である。物体の加速度の大きさを a とすると

$$\begin{cases} \text{水平方向の運動方程式} & ma=-\mu'N \\ \text{鉛直方向の力のつり合いの式} & N=mg \end{cases}$$

したがって

$$ma=-\mu'mg \qquad \therefore \quad a=-\mu'g$$

すべり始めてから停止するまでの距離を x とすると，等加速度直線運動の式より

$$0-v_0{}^2=2ax$$

$$\therefore \quad x=-\frac{v_0{}^2}{2a}=\frac{v_0{}^2}{2\mu'g} \quad \cdots\cdots ①$$

g は一定であるから，①より

・動摩擦係数 μ' が同じ場合，初速度 v_0 が2倍になると，停止するまでの距離 x は4倍になる。

・初速度 v_0 が同じ場合，動摩擦係数 μ' が $\frac{1}{2}$ 倍になると，停止するまでの距離 x は2倍になる。

別解　仕事とエネルギーの関係より，物体の運動エネルギーは，動摩擦力がした仕事の量だけ変化するから

$$0-\frac{1}{2}mv_0{}^2=-\mu'mg\cdot x \qquad \therefore \quad x=\frac{v_0{}^2}{2\mu'g} \quad \cdots\cdots ①$$

以下，同様にして求めることができる。

問2 [3] 正解は⑤

発生した起電力による電流が抵抗を流れることによって消費される電気エネルギー E が大きいほど，ハンドルを回転させる仕事 W は大きい（実際には歯車などの摩擦力に逆らう仕事の影響もあるがほぼ一定である）。回転させる仕事 W が大きいほど，大きな力を必要とするので，手ごたえは重くなる。

c の不導体の棒を接続したときは，電流がほとんど流れないので，E はほとんど0であり，手ごたえは軽い。

a の豆電球を接続したときと，b のリード線どうしを接続したときとでは，どちら

も電流が流れ，電気エネルギーが消費される。豆電球にはある程度の抵抗があるが，リード線の抵抗は非常に小さいので，豆電球に比べてリード線を流れる電流は大きい。発電機からは同じ起電力が発生し，電圧は一定に保たれているので，流れる電流が大きいほどEも大きくなり，手ごたえも重くなる。すなわち，リード線どうしを接続したときの方が，豆電球を接続したときよりも手ごたえが重い。
したがって，正しい順は⑤である。

CHECK　消費電力Pは，電圧をV，抵抗をR，電流をIとすると，$P=VI=\dfrac{V^2}{R}=RI^2$である。本問のように，Vが一定のときは，$P=\dfrac{V^2}{R}$より，PはRに反比例する。すなわち，Rが小さいほどPは大きい。
一般に，Vが一定のときには$P=\dfrac{V^2}{R}$を，Iが一定のときには$P=RI^2$を用いると考えやすい。

問3　4　正解は⑥

光が，右図のように円板の端Pを通って目に進むとき，入射角をα，屈折角をβとする。屈折の法則より

$$n=\frac{\sin\alpha}{\sin\beta}$$

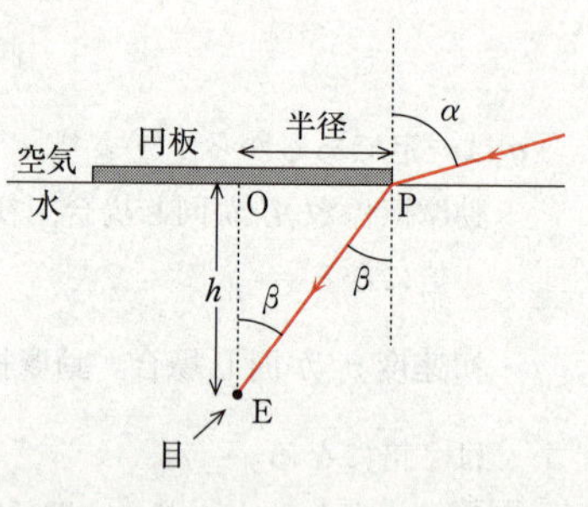

潜っている人の目から外が全く見えなくなる円板の半径が最小値Rとなるときは，αがちょうど90°になるときであるから

$$n=\frac{\sin 90^\circ}{\sin\beta}\qquad\therefore\quad \sin\beta=\frac{1}{n}$$

このβは光が水中から空気中へ進むときの臨界角である。また，図の△EOPより

$$\sin\beta=\frac{\mathrm{OP}}{\mathrm{EP}}=\frac{R}{\sqrt{h^2+R^2}}$$

したがって

$$\frac{1}{n}=\frac{R}{\sqrt{h^2+R^2}}\qquad\therefore\quad R=\frac{h}{\sqrt{n^2-1}}$$

問4 5 正解は⑥

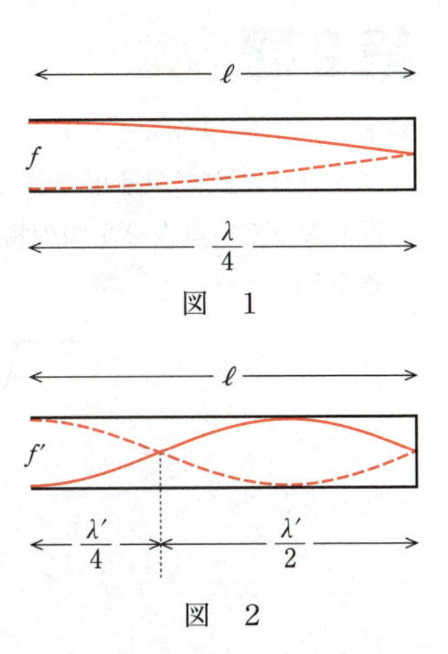

図 1
図 2

管の長さを ℓ とする。初めて共鳴した振動数 f のとき（問題の図），気柱内に生じる定常波の腹と節との間隔は $\frac{\lambda}{4}$ であるから

$$\ell=\frac{\lambda}{4} \qquad \therefore \quad \lambda=4\ell$$

ここで，右の図1のように共鳴した振動数が最も小さいものを基本振動という。再び共鳴した振動数 f' のときは，右の図2のような振動（3倍振動）であるから

$$\ell=\frac{3\lambda'}{4} \qquad \therefore \quad \lambda'=\frac{4\ell}{3}=\frac{\lambda}{3}$$

これらの共鳴で音速 v は一定であるから

$$v=f\lambda=f'\lambda'$$

$$\therefore \quad f'=\frac{\lambda}{\lambda'}f=\frac{\lambda}{\frac{\lambda}{3}}f=3f$$

したがって，適当な組合せは⑥である。

問5 6 正解は④

単位時間あたりの水の位置エネルギーの減少量を U とすると

$$U=30\times9.8\times17=4998\,\mathrm{W}$$

このうち，電力に変換された割合は

$$\frac{2.2\times10^3}{4998}=0.440\fallingdotseq44\,\%$$

問6 7 正解は③

α 粒子と金の原子核との間にはたらく静電気力は，電気量がともに正であるから反発力（斥力）である。

α 粒子が原子核から離れた位置を通過するとき，α 粒子が受ける静電気力は小さいから，その進路は少ししか曲げられない。α 粒子の経路が原子核に近づくにつれて，α 粒子が受ける静電気力は大きくなるから，その進路は大きく曲げられるようになり，さらに近づけば跳ね返されるようになる。

したがって，図として最も適当なものは③である。

第 2 問　標準　―― 力学《単振り子，単振動》

問 1　1　正解は①・③

ブランコに式(1)が適用できることを前提とし，単振り子の長さ L は，ブランコの板と乗っている人を 1 つの物体と考えたときの重心とブランコの回転軸との距離と考える。

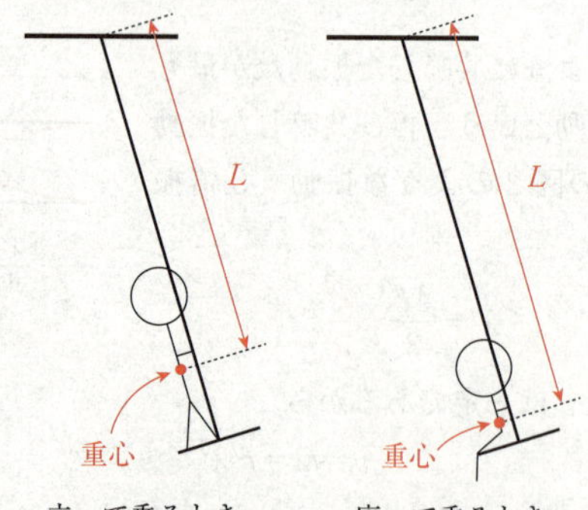

①正文。ブランコに座って乗っていた場合に比べて，板の上に立って乗ると，ブランコの板と乗っている人を 1 つの物体と考えたときの重心の位置がブランコの支点に近くなる。よって，式(1)より，L が小さくなり，周期は短くなると考えられる。

②誤文。ブランコに立って乗っていた場合に，座って乗ると，ブランコの板と乗っている人を 1 つの物体と考えたときの重心の位置がブランコの支点から遠くなる。よって，式(1)より，L が大きくなり，周期は長くなると考えられる。

③正文。ブランコのひもを短くすると，L が小さくなり，式(1)より，周期は短くなると考えられる。

④誤文。ブランコのひもを長くすると，L が大きくなり，式(1)より，周期は長くなると考えられる。

⑤誤文。式(1)によれば，周期は板や乗っている人の質量にはよらないので，ブランコの板をより重いものに交換しても周期は変化しないと考えられる。

以上より，適当なものは①と③である。

問 2　2　正解は④

表 1 の測定結果をみると，「振動の端で測定した場合」は測定値が $14.19\times10\mathrm{s}$～$14.47\times10\mathrm{s}$ であり，「振動の中心で測定した場合」は測定値が $14.28\times10\mathrm{s}$～$14.32\times10\mathrm{s}$ である。よって，「振動の中心で測定した場合」の方が，測定値のばらつきが小さいため，測定誤差が小さく，正確であるといえる。また，「振動の中心

で測定した場合」の方が，測定値のばらつきが小さいことから，振動の中心を通過する瞬間の方が，より正確にストップウォッチを押していると考えられる。
以上より，適当なものは④である。

問3 [3] 正解は②・③

式(1)は，単振り子において，振幅が微小のときに成り立つ式であることに注意する。
①誤文。振幅によって周期が変化したのは，振幅が微小でないと式(1)は適用できず，実際には周期が振幅に依存している可能性があるためと考えられる。よって，「測定か数値の処理に誤りがある」と判断するのは合理的ではない。
②正文。式(1)は振幅が微小のときに成り立つ式であるため，表2の振れはじめの角度が45°や70°の場合には，振幅が微小でなく，実測値は式(1)からずれたと判断できる。
③正文。表2から，振幅が大きく式(1)が適用できない場合には，振れはじめの角度，つまり振幅が大きいほど，振り子の周期が長いという仮説を立てることはできる。
以上より，合理的と考えられる考察は②・③である。

問4 [4] 正解は①・⑥

式(1)より

$$T^2=\frac{4\pi^2}{g}L$$

となることから，T^2 は L に比例する。よって，横軸に単振り子の長さ，縦軸に周期の2乗をとると，グラフは右上がりの直線になり，式(1)に従っているかどうかを確認しやすい。
以上より，適当なものは①・⑥である。

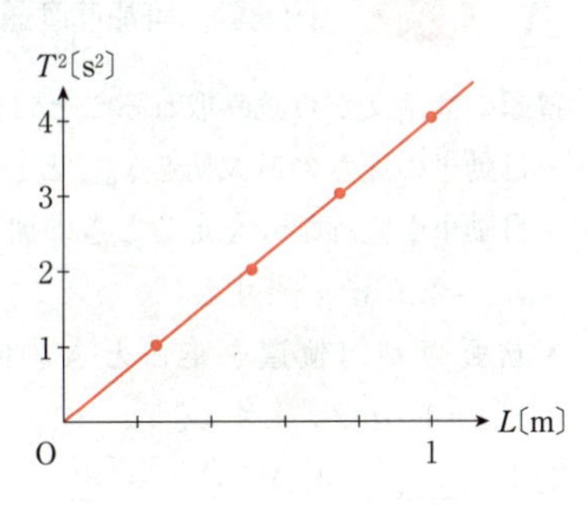

ちなみに，表3の結果をグラフにすると，上図のようになり，ほぼ式(1)に従っていることが確認できる。

問５　[5]　正解は④

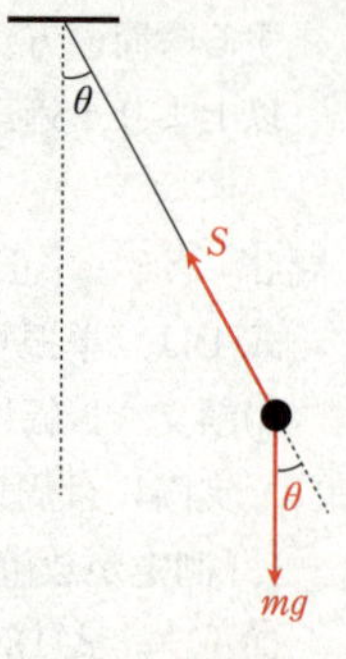

おもりの質量を m，ピアノ線の長さを L，重力加速度の大きさを g とする。最下点から測った角度が θ の位置をおもりが速さ v で通過するとき，ピアノ線の張力の大きさを S とすると，中心方向の運動方程式より

$$m\frac{v^2}{L}=S-mg\cos\theta$$

$$\therefore\quad S=m\left(\frac{v^2}{L}+g\cos\theta\right)$$

振動の中心では，おもりの速さが最大となり，$\theta=0$

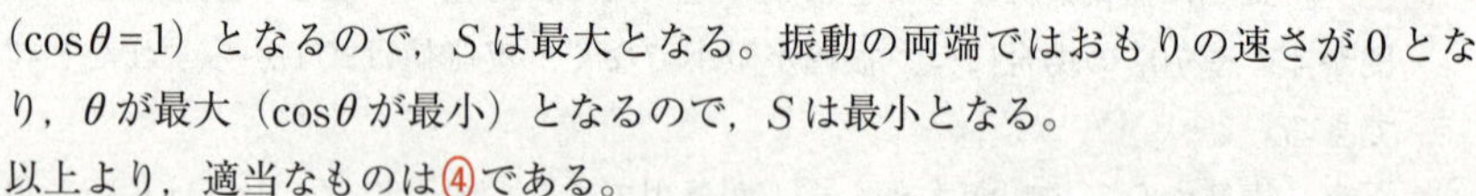

($\cos\theta=1$) となるので，S は最大となる。振動の両端ではおもりの速さが０となり，θ が最大（$\cos\theta$ が最小）となるので，S は最小となる。

以上より，適当なものは④である。

第３問 ── 力学，熱力学

A　やや難　《円運動，等加速度運動》

冒頭の会話文から読み取れることは以下の３点である。

- 自動車の速さの最大値を $v_{\max}$ として，$v_{\max}=25\,\mathrm{m/s}$ とする。
- 自動車が直線部分を走るときの加速度の大きさの最大値を $a_{\max}$ として，$a_{\max}=2.0\,\mathrm{m/s^2}$ とする。
- 自動車が円軌道を走るときの向心加速度の大きさの最大値を $a'_{\max}$ として，$a'_{\max}=1.6\,\mathrm{m/s^2}$ とする。

問１　[1]　正解は②　[2]　正解は⑤　[3]　正解は①
　　　[4]　正解は①　[5]　正解は⑥　[6]　正解は⓪

図１の道路の円弧部分の半径を r_1 とすると，$r_1=400\,\mathrm{m}$ であり，AB 間の道路の長さを ℓ とすると

$$\ell=2\pi r_1\times\frac{90^\circ}{360^\circ}=\frac{1}{2}\pi\times400=200\pi\,\mathrm{m}$$

となる。自動車が制限速度である $v_{\max}$ で等速で走行する場合に，要する時間を Δt とすると

$$\Delta t=\frac{\ell}{v_{\max}}=\frac{200\pi}{25}=8\pi=25.12\fallingdotseq\mathbf{2.5\times10^1}\,\mathrm{s}$$

となり，これが AB 間を走行するのに要する時間の最小値である。また，このとき，向心加速度の大きさを a_1 とすると

$$a_1 = \frac{v_{max}^2}{r_1} = \frac{25^2}{400} = 1.56 \fallingdotseq 1.6 \times 10^0 \,\mathrm{m/s^2}$$

となる。ちなみに，この向心加速度 a_1 は，冒頭の会話文にある，向心加速度の制限値 $a'_{max} = 1.6\,\mathrm{m/s^2}$ 以下を満たす。

問2 [7] 正解は① [8] 正解は② [9] 正解は②

図2の道路の円弧部分の半径を r_2 とすると，$r_2 = 100\,\mathrm{m}$ である。自動車が円弧部分を向心加速度の制限値 a'_{max} で走るときの速さを v とすると

$$a'_{max} = \frac{v^2}{r_2}$$

$$\therefore \quad v = \sqrt{a'_{max} r_2} = \sqrt{1.6 \times 100}\,\mathrm{m/s}$$

よって，自動車はC地点までに減速して，速さを $\sqrt{1.6 \times 100}\,\mathrm{m/s}$ 以下にしなければならない。

自動車が直線部分を走るとき，加速度の大きさの制限値 a_{max} で減速し，速さが v_{max} から v となるために必要な距離を x_1 とすると，等加速度直線運動の公式より

$$v^2 - v_{max}^2 = -2a_{max} x_1$$

$$\therefore \quad x_1 = \frac{v_{max}^2 - v^2}{2a_{max}} = \frac{25^2 - (\sqrt{1.6 \times 100})^2}{2 \times 2.0} = 1.16 \times 10^2 \fallingdotseq 1.2 \times 10^2\,\mathrm{m}$$

よって，自動車はC地点より少なくとも $1.2 \times 10^2\,\mathrm{m}$ 以上手前の地点から減速を始めなければならない。

問3 [10] 正解は④

自動車が円運動しながら減速する場合には，向心加速度（図4のbの向き）に加えて，自動車の進行方向と逆向きの加速度（図4のcの向き）が必要である。よって，これらの加速度を合成したものは，図4のbとcの間の向きとなる。

以上より，適当なものは④である。

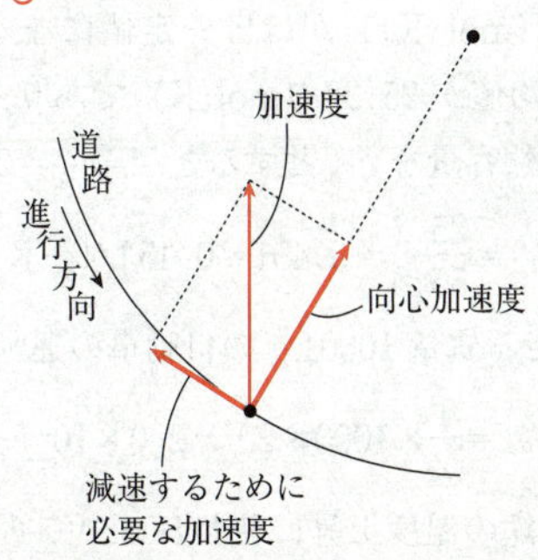

POINT 物体が半径 r の等速円運動をするとき，物体の速さを v，角速度を ω として，

中心方向に生じる加速度を向心加速度といい，その大きさ a_C は

$$a_C = r\omega^2 = \frac{v^2}{r}$$

と表される。ただし，物体が非等速円運動をするとき，物体には向心加速度に加えて，軌道の接線方向にも加速度が生じているので注意しなければならない。

B やや難 《比熱容量，熱力学第２法則》

問４ 11 正解は①・②

①正文。金属 1g の温度を 1K だけ上昇させるのに必要なエネルギーを比熱容量という。表１より，原子量 A が小さいほど，比熱容量は大きいことがわかる。

②正文。原子量 A〔g/mol〕と比熱容量 c〔J/(g·K)〕の積は，Ac〔J/(mol·K)〕となり，単位に注目すると，この値は，1mol の金属の温度を 1K だけ上昇させるのに必要なエネルギーを表すことがわかる。以下の表に，Ac の値を示すと，金属の種類によらずほぼ等しい値（平均値 25.2）になっていることがわかる。

元素記号	Mg	Al	Ti	Cu	Ag	Pb
原子量 A	24.3	27.0	47.9	63.5	107.9	207.2
比熱容量 c〔J/(g·K)〕	1.03	0.900	0.528	0.385	0.234	0.130
Ac〔J/(mol·K)〕	25.0	24.3	25.3	24.4	25.2	26.9

（平均値 25.2）

③誤文。表１から，比熱容量の値は原子量 A によって異なる。よって，金属の質量が同じときにも，金属の温度を 1K だけ上昇させるのに必要なエネルギーは，原子量 A によって異なる。

以上より，適当なものは①・②である。

問５ 12 正解は③ 13 正解は⑤

まずは，表１を利用して鉄の比熱容量を求める。原子量 A〔g/mol〕と比熱容量 c〔J/(g·K)〕の積 Ac〔J/(mol·K)〕がほぼ一定値になることを利用する。それぞれの原子の Ac の値の平均値が 25.2J/(mol·K) であり，鉄の原子量が 55.8g/mol であることから，鉄の比熱容量を c_{Fe} とすると，$Ac_{Fe} = 25.2$J/(mol·K) より

$$c_{Fe} = \frac{25.2}{55.8} = 0.451 \fallingdotseq 0.45\,\mathrm{J/(g \cdot K)}$$

となる。速さ 20m/s で走る質量 1000kg の自動車の運動エネルギーを K とすると

$$K = \frac{1}{2} \times 1000 \times 20^2 = 2.0 \times 10^5\,\mathrm{J}$$

このエネルギーがすべて鉄の温度上昇に使われるのであれば，鉄の温度変化を ΔT として

$$K = mc_{Fe}\Delta T \qquad \therefore \quad \Delta T = \frac{K}{mc_{Fe}}$$

となるので，$\Delta T \leqq 160\,\mathrm{K}$ となるためには

$$\Delta T = \frac{K}{mc_{Fe}} \leqq 160\,\mathrm{K}$$

より

$$m \geqq \frac{K}{160 \times c_{Fe}} = \frac{2.0 \times 10^5}{160 \times 0.451} = 2.77 \times 10^3\,\mathrm{g} \fallingdotseq 3.0 \times 10^0\,\mathrm{kg}$$

となる。

参考　比熱容量 c と A^{-1} が比例することを，与えられた方眼紙を用いて確認することもできる。

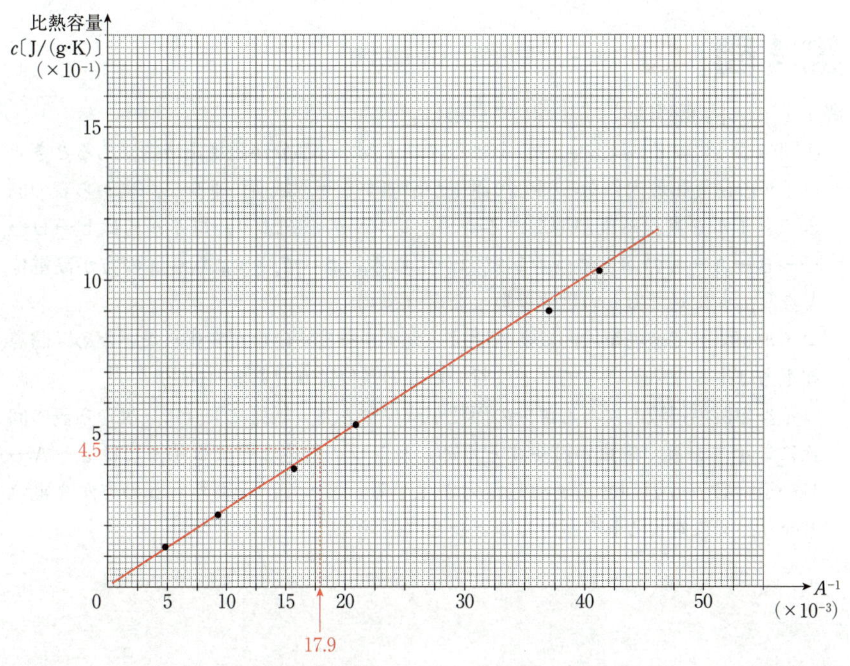

上のグラフより，比例定数 k を用いて

$$c = k \times A^{-1} \qquad \therefore \quad Ac = k = \text{一定}$$

が確認できる。

このグラフを用いると，鉄の比熱は，$A^{-1} = 0.0179$ より $c_{Fe} \fallingdotseq 0.45\,\mathrm{J/(g \cdot K)}$ と求めることもできる。

問6　14　正解は②

①熱機関から放出された熱の一部を再び熱機関に吸収させることは可能であり，ブレーキで発生した熱を車内の暖房に用いることはできる。

②熱をすべて，自動車の運動エネルギーに戻すことは不可能である。一般に，「与えられた熱のすべてを仕事に変化する熱機関は存在しない」ことが知られており，これを熱力学第2法則という。

③自動車の減速時に，車軸に発電機をつなぎ，作動させてエネルギーを回収し，バッテリーを充電することは可能である。これを回生ブレーキという。回生ブレーキは電車や電動自転車などにも利用されている。

以上より，物理法則に反するものは②である。

第4問　標準 ―― 電磁気《電磁誘導》

問1　1　正解は⑥　2　正解は②

次図のようにコイル上にA～Dをとる。コイルの一部分が磁場領域内にあるとき，コイルの磁場領域内にある部分の面積が増加する間，紙面に垂直に，裏から表の向きにコイルを貫く磁束が増加するため，レンツの法則より，コイルにはb→D→C→B→A→aの向きに誘導起電力が生じる。よって，bよりもaの方が高電位となり，aに対するbの電位は負となる（図(a)）。

コイルがすべて磁場領域内にある間は，コイルを貫く磁束が変化しないため，誘導起電力は生じない。よって，aに対するbの電位は0である（図(b)）。

コイルの磁場領域内にある部分の面積が減少する間，紙面に垂直に，裏から表の向きにコイルを貫く磁束が減少するため，レンツの法則より，コイルにはa→A→B→C→D→bの向きに誘導起電力が生じる。よって，aよりもbの方が高電位となり，aに対するbの電位は正となる（図(c)）。

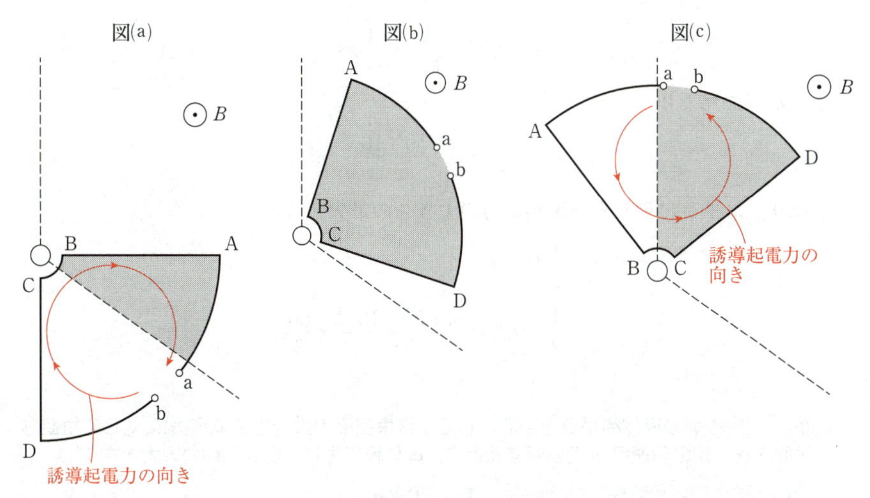

また，コイルの角速度が一定であるから，コイルに生じる誘導起電力の大きさは一定となる。以上より，aに対するbの電位の時間変化を表すと下図の色つきの線のようになり，⑥が適当である。

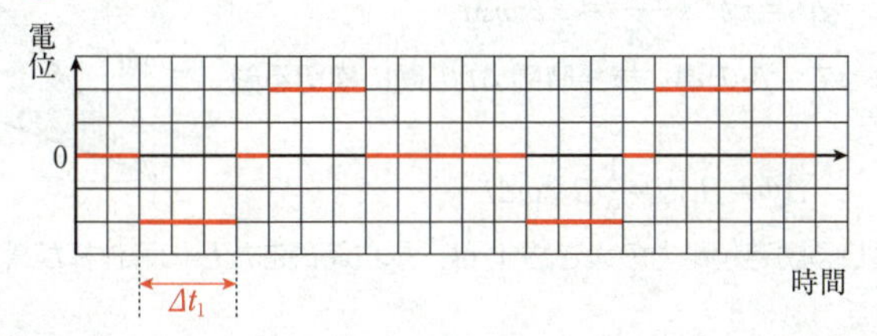

コイルの角速度を ω とする。コイルの磁場領域内にある部分の面積が増加し，誘導起電力が生じる時間を Δt_1 とすると，Δt_1 はコイルが 90° 回転するのに要する時間であるから

$$\Delta t_1=\frac{\frac{\pi}{2}}{\omega}=\frac{\frac{\pi}{2}}{\frac{50}{3}\pi}=3.0\times10^{-2}\,\mathrm{s}$$

である。選択肢⑥のグラフではこの時間が横軸の3目盛りの大きさに相当していることから，1目盛りの大きさは

$$\frac{\Delta t_1}{3}=\frac{3.0\times10^{-2}}{3}=\mathbf{0.010}\,\mathrm{s}$$

問2 3 正解は⑤ 4 正解は⓪ 5 正解は②

コイルの直線部分の長さを ℓ とすると，コイルで囲まれた部分の面積 S_1 は，半径 ℓ，中心角 90° の扇形の面積と考えて

$$S_1 = \pi\ell^2 \times \frac{90°}{360°} = \frac{1}{4}\pi\ell^2$$

となる。これより

$$\ell^2 = \frac{4S_1}{\pi} = \frac{4\times50\times10^{-4}}{\pi}\,\mathrm{m}^2$$

となり，コイルに生じる誘導起電力の大きさの最大値 V は

$$V = \frac{1}{2}B\ell^2\omega$$

$$= \frac{1}{2}\times0.30\times\frac{4\times50\times10^{-4}}{\pi}\times\frac{50}{3}\pi$$

$$= \mathbf{5.0\times10^{-2}}\,\mathrm{V}$$

POINT　長さ ℓ の導体棒がOを中心として，磁束密度の大きさ B の磁場に対して垂直な平面内を一定の角速度 ω で回転するとき，導体棒に生じる誘導起電力の大きさ V は

$$V = \frac{1}{2}B\ell^2\omega$$

となる。これは次のようにして導出される。

時間 Δt に導体棒が磁場を横切る面積を ΔS とすると

$$\Delta S = \pi\ell^2 \times \frac{\omega\Delta t}{2\pi} = \frac{1}{2}\ell^2\omega\Delta t$$

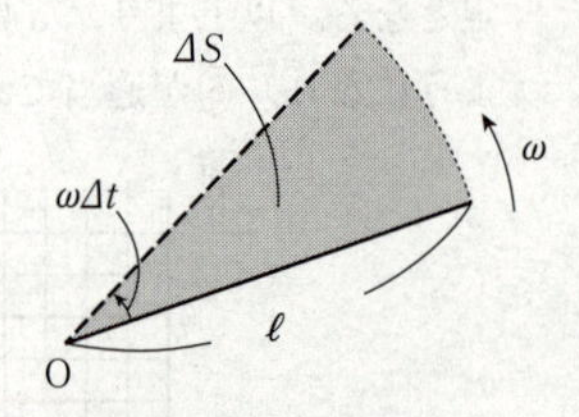

となる。よって，この導体棒が時間 Δt の間に横切る磁束 $\Delta\Phi$ は

$$\Delta\Phi = B\Delta S = \frac{1}{2}B\ell^2\omega\Delta t$$

導体棒に生じる誘導起電力の大きさ V は，単位時間あたりに導体棒が横切る磁束に等しいので

$$V = \frac{\Delta\Phi}{\Delta t} = \frac{1}{2}B\ell^2\omega$$

NOTE

NOTE

NOTE

NOTE

NOTE

2025年版

共通テスト
過去問研究

物理

問題編

矢印の方向に引くと
本体から取り外せます ▶
ゆっくり丁寧に取り外しましょう

問題編

物理（9回分）

- 2024年度　本試験
- 2023年度　本試験
- 2023年度　追試験
- 2022年度　本試験
- 2022年度　追試験
- 2021年度　本試験（第1日程）※1
- 2021年度　本試験（第2日程）※1
- 第2回試行調査※2
- 第1回試行調査※2

◎ マークシート解答用紙（2回分）

本書に付属のマークシートは編集部で作成したものです。実際の試験とは異なる場合がありますが，ご了承ください。

※1　2021年度の共通テストは，新型コロナウイルス感染症の影響に伴う学業の遅れに対応する選択肢を確保するため，本試験が以下の2日程で実施されました。
第1日程：2021年1月16日(土)および17日(日)
第2日程：2021年1月30日(土)および31日(日)

※2　試行調査はセンター試験から共通テストに移行するに先立って実施されました。
第2回試行調査（2018年度），第1回試行調査（2017年度）

2024

共通テスト
本試験

物理

解答時間 60 分
配点 100 点

物　　理

（解答番号 [1] ～ [22]）

第１問　次の問い（問１～５）に答えよ。（配点　25）

問１　図１のように，直角二等辺三角形の一様な薄い板を水平な床に対して垂直に立てる。板の頂点をA，B，Cとし，板が壁と垂直になるように，頂点Aを壁に接触させる。AC = BC = L とする。板の重心は辺BCから $\frac{L}{3}$ の距離のところにある。この三角形を含む鉛直面内で，点Bに水平右向きに大きさ F の力を加えるとき，板が点Aのまわりに回転しないような F の最大値を表す式として正しいものを，後の①～⑥のうちから一つ選べ。ただし，板の質量を M とし，重力加速度の大きさを g とする。[1]

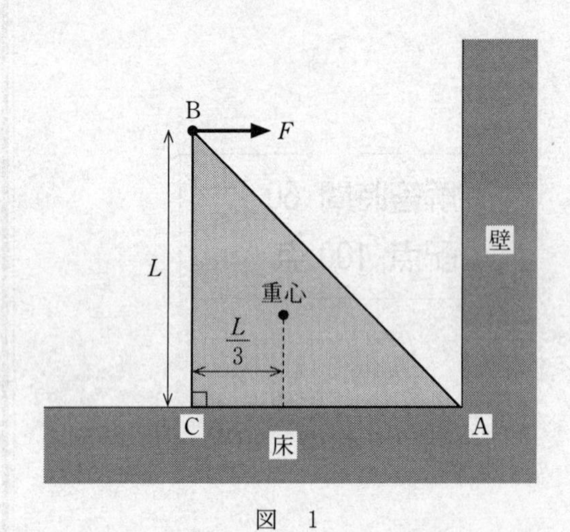

図　1

①　$\frac{Mg}{3\sqrt{2}}$　　②　$\frac{Mg}{3}$　　③　$\frac{Mg}{2}$

④　$\frac{\sqrt{2}\,Mg}{3}$　　⑤　$\frac{2\,Mg}{3}$　　⑥　Mg

問2　次の文章中の空欄 [2] ・ [3] に入れる数値として最も適当なものを，それぞれの直後の｛　｝で囲んだ選択肢のうちから一つずつ選べ。

太陽の中心部の温度は約1500万Kであり，そこには水素原子核やヘリウム原子核が電子と結びつかずに存在している。その状態を，単原子分子理想気体とみなすとき，太陽の中心部にあるヘリウム原子核1個あたりの運動エネルギーの平均値は，温度300Kの空気中に，単原子分子理想気体として存在するヘリウム原子1個あたりの運動エネルギーの平均値の

約 [2] ｛① 2500　② 5000　③ 12500　④ 25000　⑤ 50000　⑥ 125000｝倍となる。

また，太陽の中心部で，水素原子核1個あたりの運動エネルギーの平均値は，ヘリウム原子核1個あたりの運動エネルギーの平均値の

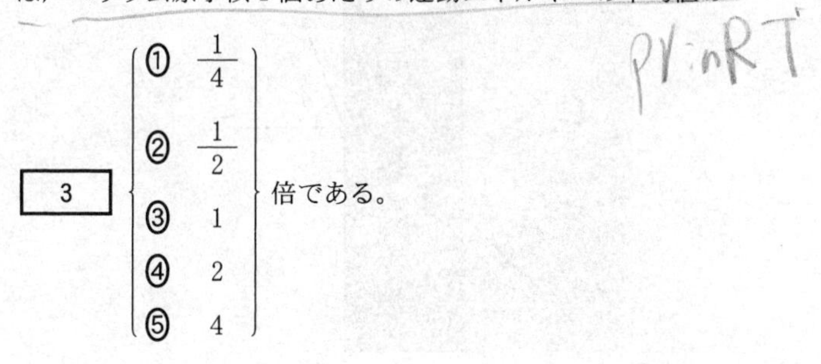

[3] ｛① $\frac{1}{4}$　② $\frac{1}{2}$　③ 1　④ 2　⑤ 4｝倍である。

問 3　次の文章中の空欄 ア ・ イ に入れる語句と式の組合せとして最も適当なものを，後の①～⑨のうちから一つ選べ。 4

図2には，水，厚さ一定のガラス，空気の層を，光が屈折しながら進む様子が描かれている。水，ガラス，空気の屈折率をそれぞれ n，n'，n'' $(n' > n > n'',\ n'' = 1)$ とすると，水とガラスの境界面での屈折では $n \sin\theta = n' \sin\theta'$ の関係が成り立ち，ガラスと空気の境界面でも同様の関係が成り立つ。図2の角度 θ がある角度 θ_C を超えると，光は空気中に出てこなくなる。このとき，光は ア の境界面で全反射しており，θ_C は $\sin\theta_C =$ イ で与えられる。

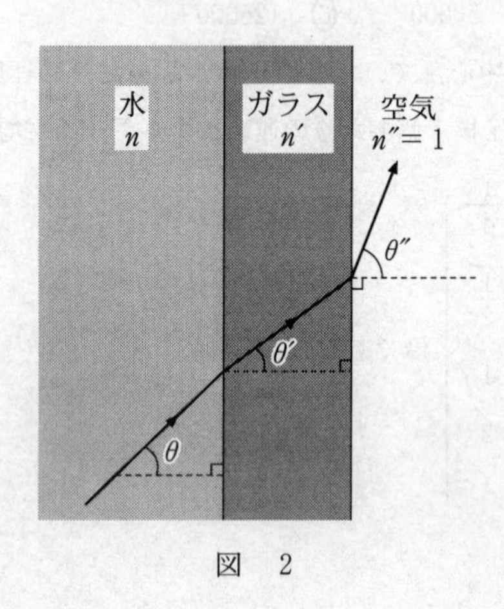

図　2

	ア	イ
①	水とガラス	$\frac{1}{n}$
②	水とガラス	$\frac{1}{n'}$
③	水とガラス	$\frac{n'}{n}$
④	ガラスと空気	$\frac{1}{n}$
⑤	ガラスと空気	$\frac{1}{n'}$
⑥	ガラスと空気	$\frac{n'}{n}$
⑦	水とガラス，および，ガラスと空気の両方	$\frac{1}{n}$
⑧	水とガラス，および，ガラスと空気の両方	$\frac{1}{n'}$
⑨	水とガラス，および，ガラスと空気の両方	$\frac{n'}{n}$

問 4　次の文章中の空欄 ウ ・ エ に入れる語の組合せとして最も適当なものを，後の①～⑨のうちから一つ選べ。ただし，重力は無視できるものとする。 5

一様な磁場(磁界)中の荷電粒子の運動について，互いに直交する三つの座標軸として x 軸，y 軸，z 軸を定めて考える。荷電粒子が xy 平面内で円運動しているときは，磁場の方向は ウ に平行である。また，荷電粒子が x 軸に平行に直線運動しているときは，磁場の方向は エ に平行である。

	ウ	エ
①	x 軸	x 軸
②	x 軸	y 軸
③	x 軸	z 軸
④	y 軸	x 軸
⑤	y 軸	y 軸
⑥	y 軸	z 軸
⑦	z 軸	x 軸
⑧	z 軸	y 軸
⑨	z 軸	z 軸

問 5　次の文章中の空欄 **オ** ・ **カ** に入れるものの組合せとして最も適当なものを，後の①～⑨のうちから一つ選べ。 **6**

陽子($^{1}_{1}$H)を炭素の原子核 $^{12}_{6}$C に衝突させたところ，原子核反応により原子核 $^{13}_{7}$N が生成された。表 1 に示す統一原子質量単位 u で表した原子核の質量から考えると，この反応で核エネルギーが **オ** ことがわかる。

原子核 $^{13}_{7}$N は，やがて原子核 $^{13}_{6}$C に崩壊する。崩壊によって，原子核 $^{13}_{7}$N の個数が 40 分間で $\frac{1}{16}$ になったとすると，原子核 $^{13}_{7}$N の半減期は約 **カ** となる。

表　1

元　素	原子核	原子核の質量〔u〕
水　素	$^{1}_{1}$H	1.0073
炭　素	$^{12}_{6}$C $^{13}_{6}$C	11.9967 13.0000
窒　素	$^{13}_{7}$N	13.0019

	オ	カ
①	放出されなかった	10 分
②	放出されなかった	20 分
③	放出されなかった	40 分
④	放出されたかどうかは，反応前の陽子の運動エネルギーによる	10 分
⑤	放出されたかどうかは，反応前の陽子の運動エネルギーによる	20 分
⑥	放出されたかどうかは，反応前の陽子の運動エネルギーによる	40 分
⑦	放出された	10 分
⑧	放出された	20 分
⑨	放出された	40 分

第2問　ペットボトルロケットに関する探究の過程についての次の文章を読み，後の問い(**問1～5**)に答えよ。(配点　25)

図1は，ペットボトルロケットの模式図である。ペットボトルの飲み口には栓のついた細い管(ノズル)が取り付けられていて，内部には水と圧縮空気がとじこめられている。ノズルの栓を開くとその先端から下向きに水が噴出する。ペットボトルとノズルはそれぞれ断面積 S_0，s の円筒形とする。考えやすくするために，以下の計算では，水の運動による摩擦(粘性)，空気抵抗，大気圧，重力の影響は無視する。

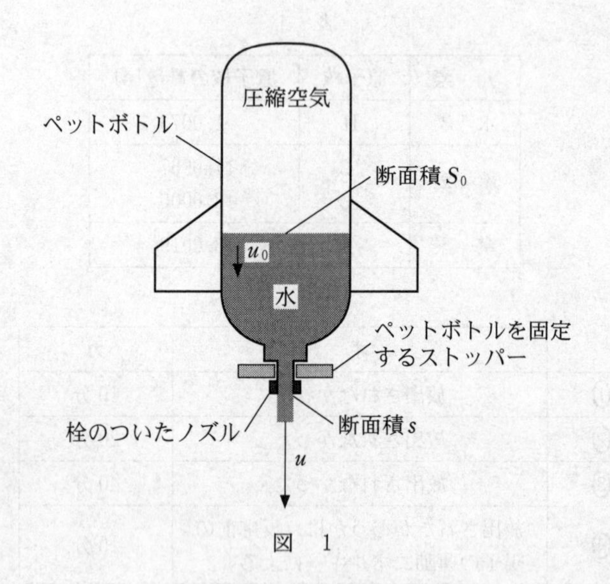

図　1

まず，図1のように，ペットボトルがストッパーで固定されている場合を考える。

問1　次の文章中の空欄 ア ・ イ に入れる式の組合せとして最も適当なものを，後の①～⑧のうちから一つ選べ。 7

ノズルから噴出する水の速さを u とするとき，短い時間 Δt の間に噴出する水の体積 ΔV は $\Delta V =$ ア と表される。また，ΔV は，ペットボトル内で下降する水面の速さ u_0 を用いて表すこともできるから，ΔV を消去して u_0 を求めると，$u_0 =$ イ が得られる。したがって，u の値が同じであれば，ノズルを細くすればするほど，u_0 は小さくなる。

	ア	イ
①	su	$\sqrt{\dfrac{s}{S_0}}\,u$
②	su	$\dfrac{s}{S_0}u$
③	su^2	$\sqrt{\dfrac{s}{S_0}}\,u$
④	su^2	$\dfrac{s}{S_0}u$
⑤	$su\Delta t$	$\sqrt{\dfrac{s}{S_0}}\,u$
⑥	$su\Delta t$	$\dfrac{s}{S_0}u$
⑦	$su^2\Delta t$	$\sqrt{\dfrac{s}{S_0}}\,u$
⑧	$su^2\Delta t$	$\dfrac{s}{S_0}u$

引き続き，ペットボトルが固定されている場合を考える。栓を開けた後，図2(a)のような状態にあったところ，時刻 $t = 0$ から $t = \Delta t$ までの間に質量 Δm，体積 ΔV の水が噴出し，図2(b)のような状態になった。このとき，Δt は小さいので，$t = 0$ から $t = \Delta t$ までの間，圧縮空気の圧力 p や，噴出した水の速さ u は一定とみなせるものとする。また，ペットボトルやノズルの中にあるときの水の運動エネルギーは考えなくてよい。水の密度を ρ_0 とする。なお，以下の図で，$t < 0$ で噴出した水は省略されている。

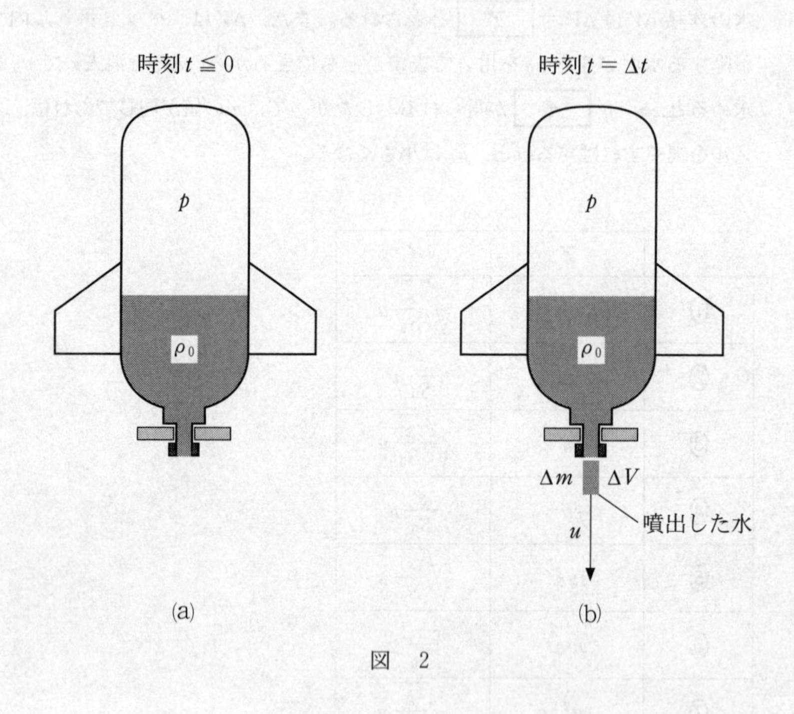

図　2

問 2　時刻 $t = 0$ から $t = \Delta t$ までの間に噴出した水の質量 Δm と，同じ時間の間に圧縮空気がした仕事 W' を表す式として正しいものを，それぞれの選択肢のうちから一つずつ選べ。

$\Delta m =$ [8]

$W' =$ [9]

8 の選択肢

① $p\Delta V$　② $\rho_0\Delta V$　③ $u\Delta V$　④ $p\rho_0\Delta V$

⑤ $\dfrac{\Delta V}{p}$　⑥ $\dfrac{\Delta V}{\rho_0}$　⑦ $\dfrac{\Delta V}{u}$　⑧ $\dfrac{\Delta V}{p\rho_0}$

9 の選択肢

① $p\Delta V$　② $\rho_0\Delta V$　③ $p\rho_0\Delta V$　④ $p\rho_0(\Delta V)^2$

⑤ $-p\Delta V$　⑥ $-\rho_0\Delta V$　⑦ $-p\rho_0\Delta V$　⑧ $-p\rho_0(\Delta V)^2$

問 3　次の文章中の空欄 **ウ** ・ **エ** には，それぞれの直後の｛　｝内の語句および数式のいずれか一つが入る。入れる語句および数式を示す記号の組合せとして最も適当なものを，後の①～⑨のうちから一つ選べ。 **10**

時刻 $t=0$ から $t=\Delta t$ までの間に噴出した水の，$t=\Delta t$ での

ウ ｛(a) 運動量　(b) 内部エネルギー　(c) 運動エネルギー｝が，この間に圧縮空気がした仕事 W' に等しいとき，

$u=$ **エ** ｛(d) $\dfrac{2W'}{\Delta m}$　(e) $\dfrac{2W'}{p\Delta m}$　(f) $\sqrt{\dfrac{2W'}{\Delta m}}$｝となる。この式と前問の結果から，$p$ と ρ_0 を用いて u を表すことができる。

	①	②	③	④	⑤	⑥	⑦	⑧	⑨
ウ	(a)	(a)	(a)	(b)	(b)	(b)	(c)	(c)	(c)
エ	(d)	(e)	(f)	(d)	(e)	(f)	(d)	(e)	(f)

今度は，ペットボトルロケットが静止した状態から飛び出す状況を考える。時刻 $t < 0$ では，図 2(a) と同じ状態であり，$t = 0$ にストッパーを外して動けるようになったとする(図 3(a))。$t = \Delta t$ では，水を噴出したロケットは上向きに動いている(図 3(b))。$t = 0$ での，ペットボトルと内部の水やノズルを含むロケット全体の質量を M，速さを 0 とする。また，$t = \Delta t$ での，ロケット全体の質量を M'，速さを Δv，Δt の間に噴出した水の速さを u' とする。Δt が小さいときには，Δm と Δv も小さいので，M' を M に，u' を u に等しいとみなせるものとする。ペットボトル内部の水の流れの影響は考えなくてよいものとする。

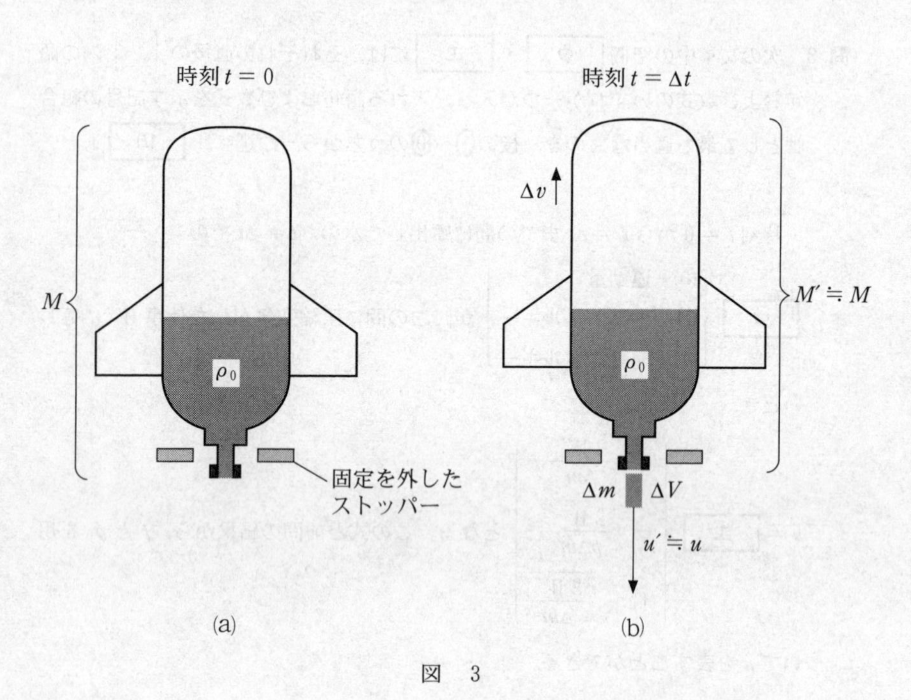

図　3

問 4　時刻 $t=\Delta t$ でのロケットの運動量と噴出した水の運動量の和は，$t=0$ でのロケットの運動量に等しいと考えられる。その関係を表す式として最も適当なものを，次の①～⑧のうちから一つ選べ。 11

① $\Delta m\Delta v + Mu = 0$　　② $\Delta m\Delta v - Mu = 0$

③ $M\Delta v + \Delta mu = 0$　　④ $M\Delta v - \Delta mu = 0$

⑤ $\frac{1}{2}M(\Delta v)^2 + \frac{1}{2}\Delta mu^2 = 0$　　⑥ $\frac{1}{2}M(\Delta v)^2 - \frac{1}{2}\Delta mu^2 = 0$

⑦ $\frac{1}{2}\Delta m(\Delta v)^2 + \frac{1}{2}Mu^2 = 0$　　⑧ $\frac{1}{2}\Delta m(\Delta v)^2 - \frac{1}{2}Mu^2 = 0$

問 5　Δt の間に増加した速さ Δv から，噴出する水がロケットに及ぼす力(推進力)を求めることができる。この推進力の大きさが，ロケットにはたらく重力の大きさ Mg よりも大きくなる条件を表す不等式として最も適当なものを，次の①～⑥のうちから一つ選べ。ここで，g は重力加速度の大きさである。
12

① $\Delta v > g$　　② $\Delta v > 2g$　　③ $\Delta m\Delta v > Mg$

④ $\Delta v > g\Delta t$　　⑤ $\Delta v > 2g\Delta t$　　⑥ $\Delta m\Delta v > Mg\Delta t$

第3問　次の文章を読み，後の問い(問1～5)に答えよ。(配点　25)

図1の装置を用いて，弦の固有振動に関する探究活動を行った。均一な太さの一本の金属線の左端を台の左端に固定し，間隔Lで置かれた二つのこまにかける。金属線の右端には滑車を介しておもりをぶら下げ，金属線を大きさSの一定の力で引く。金属線は交流電源に接続されており，交流の電流を流すことができる。以下では，二つのこまの間の金属線を弦と呼ぶ。弦に平行にx軸をとる。弦の中央部分にはy軸方向に，U字型磁石による一定の磁場(磁界)がかけられており，弦には電流に応じた力がはたらく。交流電源の周波数を調節すると弦が共振し，弦にできた横波の定在波(定常波)を観察できる。

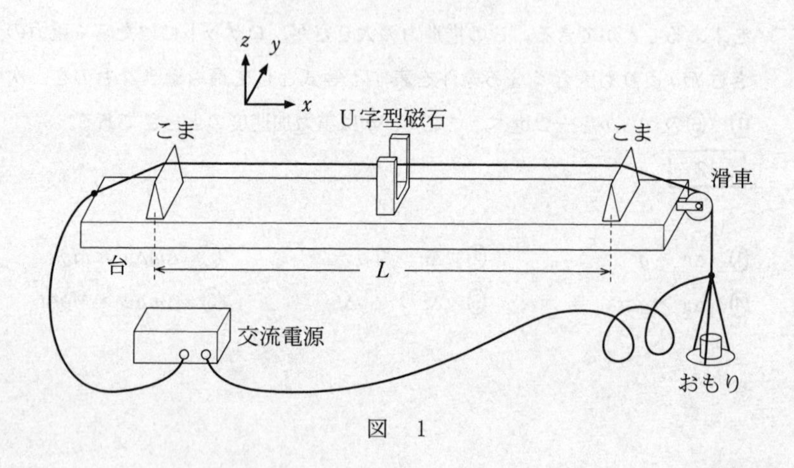

図　1

問 1　次の文章中の空欄 ア ・ イ に入れる語の組合せとして最も適当なものを，後の①～⑥のうちから一つ選べ。 13

金属線に交流電流が流れると，弦の中央部分は図 1 の ア に平行な力を受ける。弦が振動して横波の定在波ができたとき，弦の中央部分は イ となる。

	①	②	③	④	⑤	⑥
ア	x 軸	x 軸	y 軸	y 軸	z 軸	z 軸
イ	腹	節	腹	節	腹	節

問 2　弦に 3 個の腹をもつ横波の定在波ができたとき，この定在波の波長を表す式として最も適当なものを，次の①～⑤のうちから一つ選べ。 14

①　$2L$　　②　L　　③　$\frac{2L}{3}$　　④　$\frac{L}{3}$　　⑤　$\frac{L}{2}$

定在波の腹が n 個生じているときの交流電源の周波数を弦の固有振動数 f_n として記録し，縦軸を f_n，横軸を n としてグラフを描くと図2が得られた。

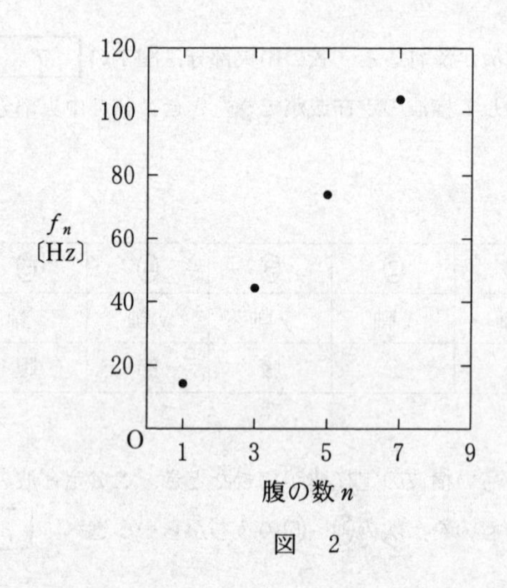

図　2

問 3　図2で，原点とグラフ中のすべての点を通る直線を引くことができた。この直線の傾きに比例する物理量として最も適当なものを，次の①～④のうちから一つ選べ。 15

① 弦を伝わる波の位相
② 弦を伝わる波の速さ
③ 弦を伝わる波の振幅
④ 弦を流れる電流の実効値

問 4　次の文章中の空欄 **16** に入れる式として最も適当なものを，後の①～⑥のうちから一つ選べ。

おもりの質量を変えることで，金属線を引く力の大きさ S を5通りに変化させ，$n=3$ の固有振動数 f_3 を測定した。f_3 と S の間の関係を調べるために，縦軸を f_3 とし，横軸を S，$\frac{1}{S}$，S^2，$\sqrt{S}$ として描いたグラフを図3に示す。これらのグラフから，f_3 は **16** に比例することが推定される。

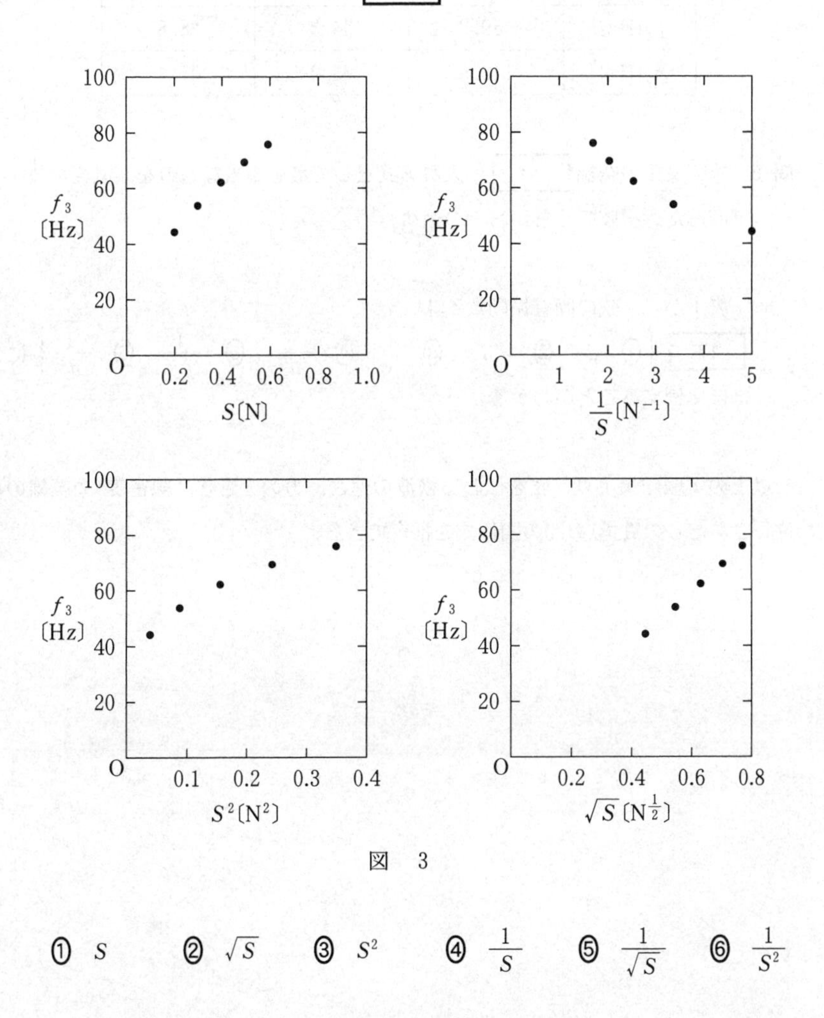

図　3

①　S　　②　$\sqrt{S}$　　③　S^2　　④　$\frac{1}{S}$　　⑤　$\frac{1}{\sqrt{S}}$　　⑥　$\frac{1}{S^2}$

次に，おもりの質量を変えずに，直径 $d = 0.1$ mm，0.2 mm，0.3 mm の，同じ材質の金属線を用いて実験を行った。表1に，得られた固有振動数 f_1，f_3，f_5 を示す。

表　1

	$d = 0.1$ mm	$d = 0.2$ mm	$d = 0.3$ mm
f_1〔Hz〕	29.4	14.9	9.5
f_3〔Hz〕	89.8	44.3	28.8
f_5〔Hz〕	146.5	73.9	47.4

問 5　次の文中の空欄 **17** に入れる式として最も適当なものを，直後の $\{\quad\}$ で囲んだ選択肢のうちから一つ選べ。

表1から，弦の固有振動数 f_n は

17 $\left\{\right.$ ① d　② $\sqrt{d}$　③ d^2　④ $\dfrac{1}{d}$　⑤ $\dfrac{1}{\sqrt{d}}$　⑥ $\left.\dfrac{1}{d^2}\right\}$ に，

ほぼ比例することがわかる。

以上の実験結果より，弦を伝わる横波の速さ，力の大きさ，線密度(金属線の単位長さあたりの質量)の間の関係式を推定できる。

第4問　次の文章を読み，後の問い(問1～5)に答えよ。(配点　25)

真空中の，大きさが同じで符号が逆の二つの点電荷が作る電位の様子を調べよう。

問1　電荷を含む平面上の等電位線の模式図として最も適当なものを，次の①～⑥のうちから一つ選べ。ただし，図中の実線は一定の電位差ごとに描いた等電位線を示す。 18

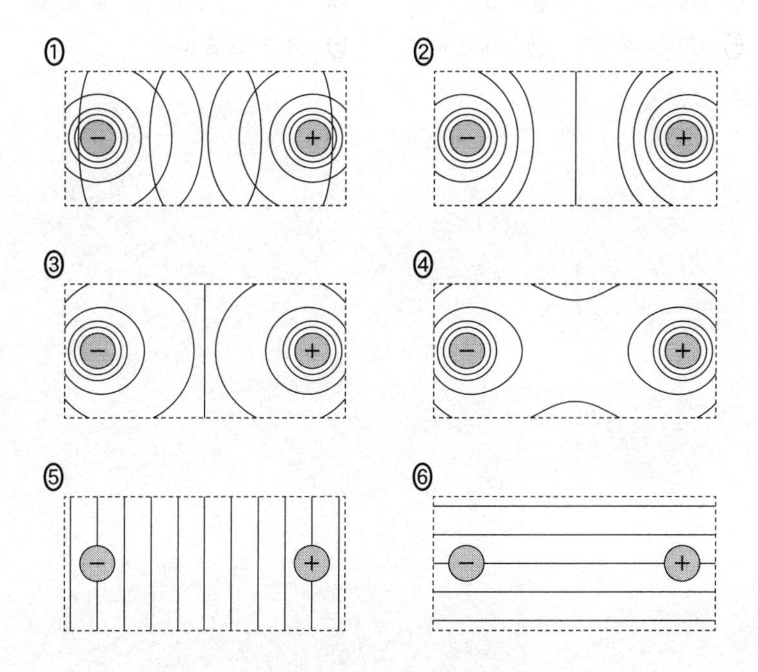

問 2　等電位線と電気力線について述べた次の文(a)〜(c)から，正しいものをすべて選んだ組合せとして最も適当なものを，後の①〜⑦のうちから一つ選べ。

19

(a)　電気力線は，電場(電界)が強いところほど密である。

(b)　すべての隣り合う等電位線の間の距離は等しい。

(c)　等電位線と電気力線は直交する。

① (a)　　② (b)　　③ (c)　　④ (a)と(b)

⑤ (a)と(c)　　⑥ (b)と(c)　　⑦ (a)と(b)と(c)

続いて，図1のように，長方形の一様な導体紙(導電紙)に電流を流し，導体紙上の電位を測定すると，図2のような等電位線が描けた。ただし，点P，Qを通る直線上に，負の電極(点Q)から正の電極(点P)の向きにx軸をとり，電極間の中央の位置を原点O($x=0$)にとる。また，原点での電位を0 mVにとる。図2の太枠は導体紙の辺を示す。

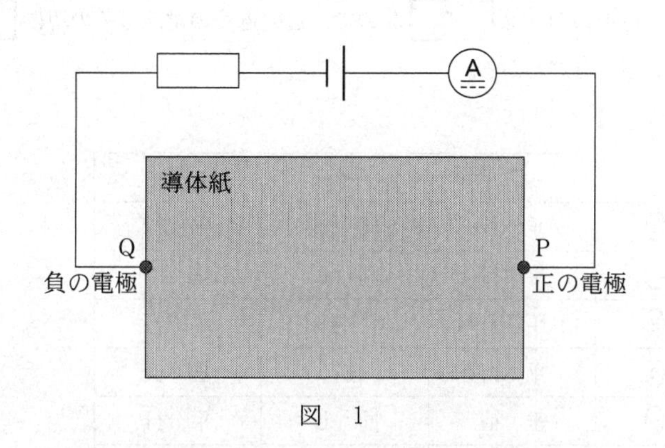

図　1

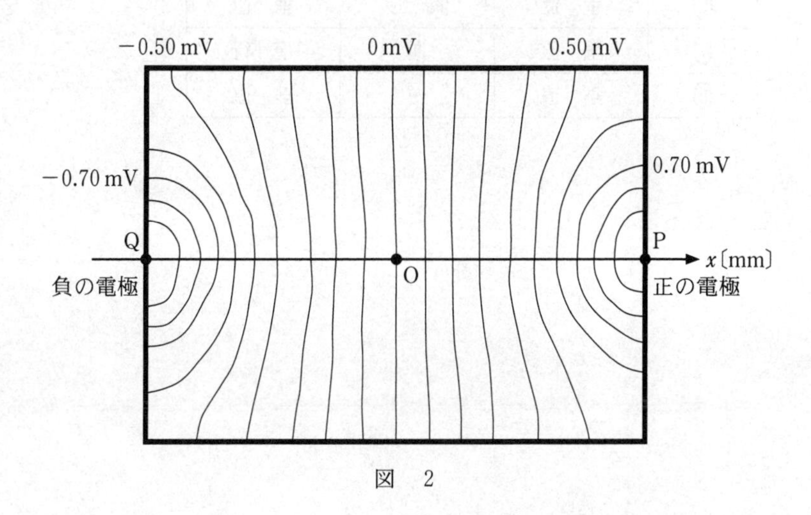

図　2

問 3　次の文章中の空欄 ア ～ ウ に入れる語の組合せとして最も適当なものを，後の①～⑧のうちから一つ選べ。 20

図2において，導体紙の辺の近くで，等電位線は辺に対して垂直になっている。このことから，辺の近くの電場はその辺に ア であることがわかる。電流と電場の向きは イ なので，辺の近くの電流はその辺に ウ に流れていることがわかる。

	ア	イ	ウ
①	平　行	同　じ	平　行
②	平　行	同　じ	垂　直
③	平　行	逆	平　行
④	平　行	逆	垂　直
⑤	垂　直	同　じ	平　行
⑥	垂　直	同　じ	垂　直
⑦	垂　直	逆	平　行
⑧	垂　直	逆	垂　直

直線PQ上で位置x〔mm〕と電位V〔mV〕の関係を調べたところ，図3が得られた。

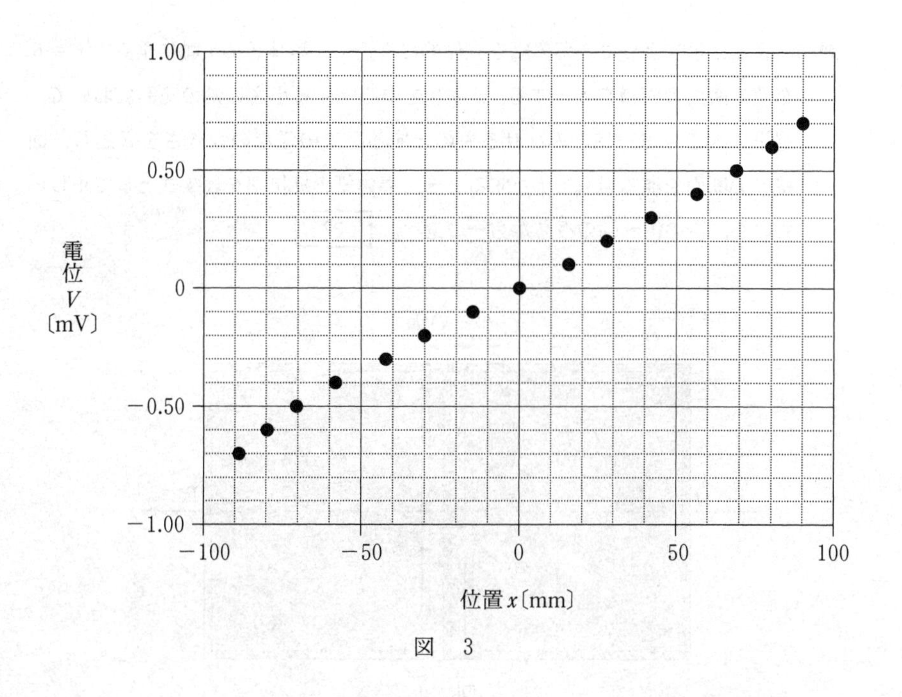

図　3

問 4　$x = 0$ mm の位置における電場の大きさに最も近い値を，次の①～⑥のうちから一つ選べ。 21

① 1×10^{-4} V/m　② 4×10^{-4} V/m　③ 7×10^{-4} V/m

④ 1×10^{-3} V/m　⑤ 4×10^{-3} V/m　⑥ 7×10^{-3} V/m

最後に，**問 4** で求めた電場の大きさを用いて，導体紙の抵抗率を求めることを試みた。

問 5　図 4 に示すように，導体紙を立体的に考えて，導体紙の x 軸に垂直で $x = 0$ を通る断面の面積を S とする。$x = 0$ を中心とする小さい幅の範囲において，電場の大きさは一様とみなせるものとする。この電場の大きさを E とし，面積 S の断面を通る電流を I とするとき，導体紙の抵抗率を表す式として正しいものを，後の①～⑥のうちから一つ選べ。 22

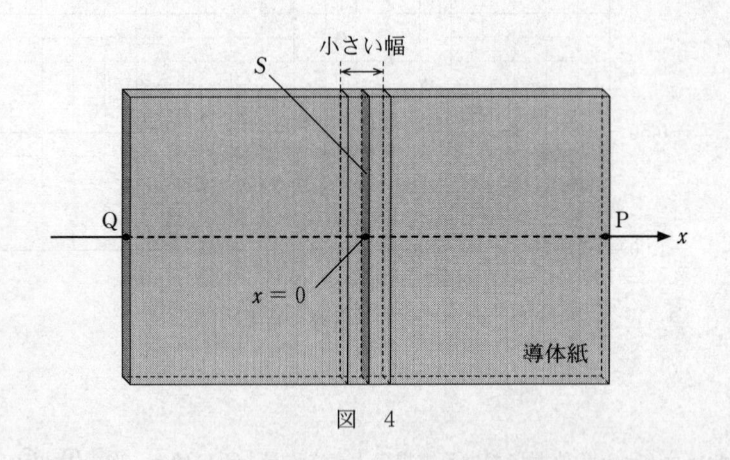

図　4

①　$\dfrac{SE}{I}$　　②　$\dfrac{IS}{E}$　　③　$\dfrac{IE}{S}$　　④　$\dfrac{S}{IE}$　　⑤　$\dfrac{E}{IS}$　　⑥　$\dfrac{I}{SE}$

2023

共通テスト
本試験

物理

解答時間 60 分
配点 100 点

物　　理

(解答番号 [1] ～ [26])

第1問　次の問い(問1～5)に答えよ。(配点　25)

問1　変形しない長い板を用意し，板の両端の下面に細い角材を取り付けた。水平な床の上に，二つの体重計 a，b を離して置き，それぞれの体重計が正しく重さを計測できるように板をのせた。

図1のように，体重計ではかると 60 kg の人が，板の全長を 2：1 に内分する位置(体重計 a から遠く，体重計 b に近い)に，片足立ちでのって静止した。このとき，体重計 a と b の表示は，それぞれ何 kg を示すか。数値の組合せとして最も適当なものを，後の①～⑥のうちから一つ選べ。ただし，板と角材の重さは考えなくてよいものとする。[1]

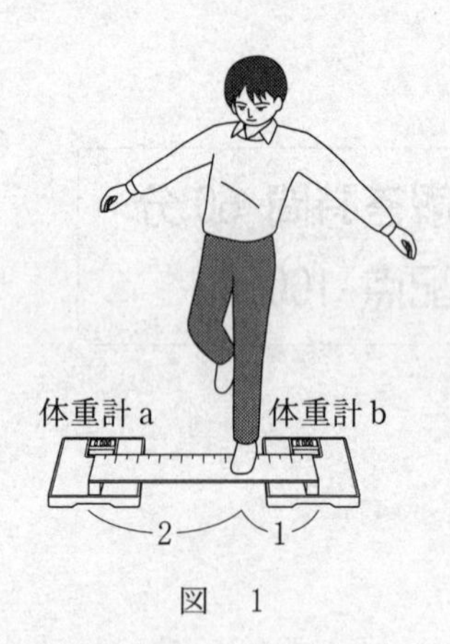

図　1

	体重計 a	体重計 b
①	30	30
②	60	60
③	20	40
④	40	20
⑤	40	80
⑥	80	40

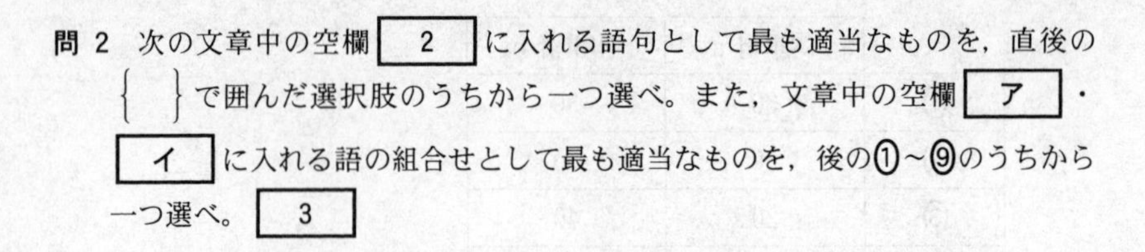

問 2　次の文章中の空欄 [2] に入れる語句として最も適当なものを，直後の｛　｝で囲んだ選択肢のうちから一つ選べ。また，文章中の空欄 [ア]・[イ] に入れる語の組合せとして最も適当なものを，後の①～⑨のうちから一つ選べ。[3]

図2のような理想気体の状態変化のサイクルA→B→C→Aを考える。

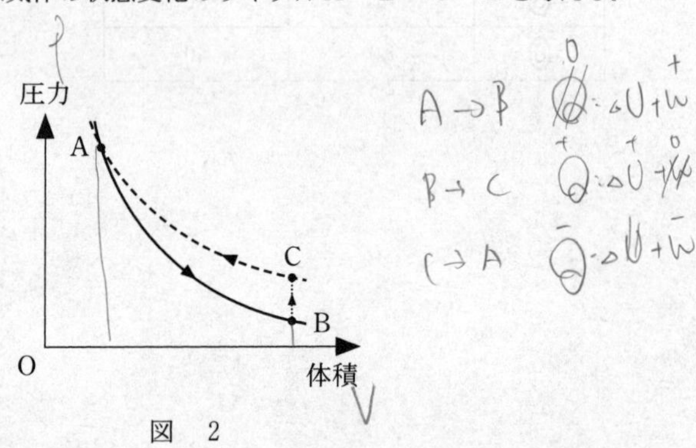

図　2

A→B：熱の出入りがないようにして，膨張させる。

B→C：熱の出入りができるようにして，定積変化で圧力を上げる。

C→A：熱の出入りができるようにして，等温変化で圧縮してもとの状態に戻す。

サイクルを一周する間，気体の内部エネルギーは

[2] ｛① 増加する。　② 一定の値を保つ。　③ 変化するがもとの値に戻る。　④ 減少する。｝

この間に気体がされた仕事の総和は [ア] であり，気体が吸収した熱量の総和は [イ] である。

[3] の選択肢

	①	②	③	④	⑤	⑥	⑦	⑧	⑨
ア	正	正	正	0	0	0	負	負	負
イ	正	0	負	正	0	負	正	0	負

問 3　図3のように，池一面に張った水平な氷の上で，そりが岸に接している。そりの上面は水平で，岸と同じ高さである。また，そりと氷の間には摩擦力ははたらかない。岸の上を水平左向きに滑ってきたブロックがそりに移り，その上を滑った。そりに対してブロックが動いている間，ブロックとそりの間には摩擦力がはたらき，その後，ブロックはそりに対して静止した。

ブロックがそりの上を滑り始めてからそりの上で静止するまでの間の，運動量と力学的エネルギーについて述べた次の文章中の空欄 [4] ・ [5] に入れる文として最も適当なものを，後の①～④のうちから一つずつ選べ。ただし，同じものを繰り返し選んでもよい。

そりが岸に固定されていて動けない場合は， [4] 。そりが固定されておらず，氷の上を左に動くことができる場合は， [5] 。

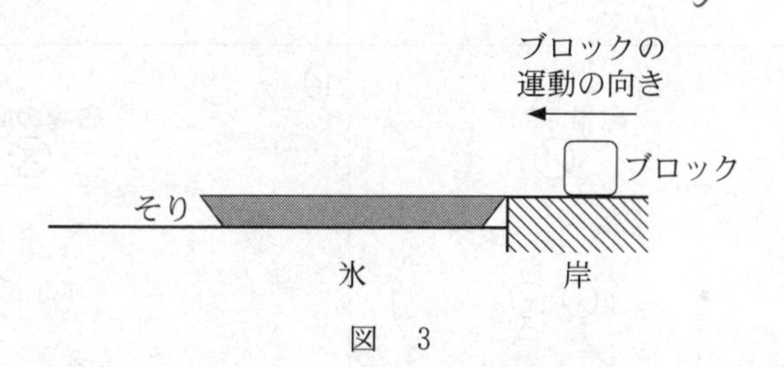

図　3

[4] ・ [5] の選択肢

① ブロックとそりの運動量の総和も，ブロックとそりの力学的エネルギーの総和も保存する

② ブロックとそりの運動量の総和は保存するが，ブロックとそりの力学的エネルギーの総和は保存しない

③ ブロックとそりの運動量の総和は保存しないが，ブロックとそりの力学的エネルギーの総和は保存する

④ ブロックとそりの運動量の総和も，ブロックとそりの力学的エネルギーの総和も保存しない

問 4　紙面に垂直で表から裏に向かう一様な磁場（磁界）中において，同じ大きさの電気量をもつ正と負の荷電粒子が，磁場に対して垂直に同じ速さで運動している。ここで正の荷電粒子は負の荷電粒子より，質量が大きいものとする。その運動の様子を描いた模式図として最も適当なものを，次の①～④のうちから一つ選べ。ただし，図の矢印は荷電粒子の運動の向きを表す。また，荷電粒子間にはたらく力や重力の影響は無視できるものとする。　6

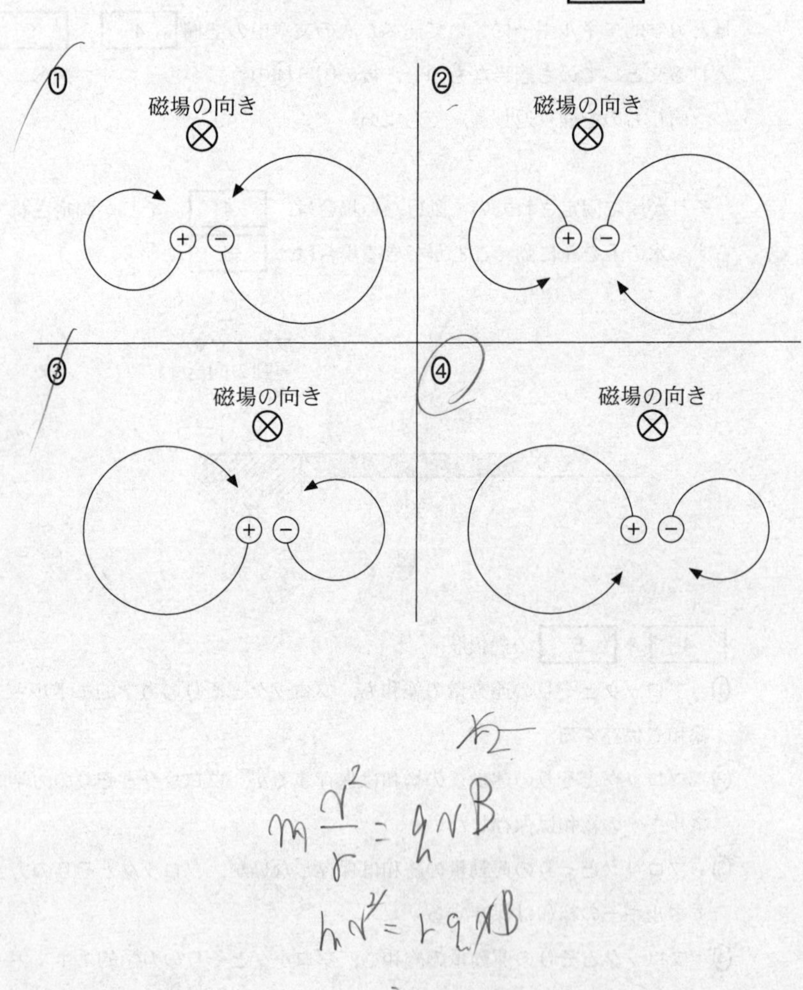

問 5　金属に光を照射すると電子が金属外部に飛び出す現象を，光電効果という。図 4 は飛び出してくる電子の運動エネルギーの最大値 K_0 と光の振動数 ν の関係を示したグラフである。実線は実験から得られるデータ，破線は実線を $\nu = 0$ まで延長したものである。プランク定数 h を，図 4 に示す W と ν_0 を用いて表す式として正しいものを，後の①～⑤のうちから一つ選べ。

$h =$ [7]

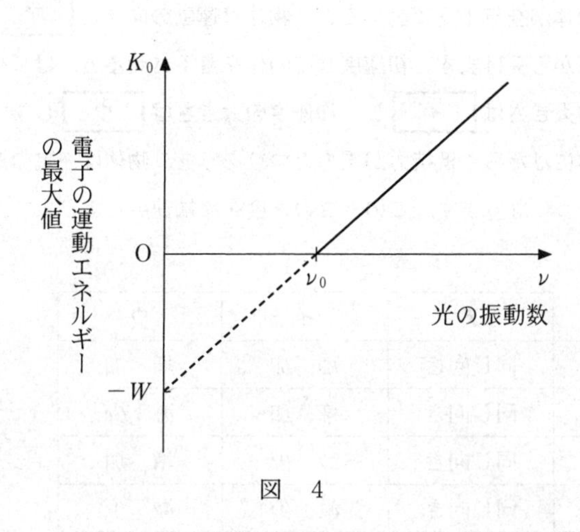

図　4

① $\nu_0 - W$　　② $\nu_0 + W$　　③ $\nu_0 W$　　④ $\dfrac{\nu_0}{W}$　　⑤ $\dfrac{W}{\nu_0}$

第2問　空気中での落下運動に関する探究について，次の問い（問1～5）に答えよ。（配点　25）

問1　次の発言の内容が正しくなるように，空欄 ア ～ ウ に入れる語句の組合せとして最も適当なものを，後の①～⑧のうちから一つ選べ。 8

先生：物体が空気中を運動すると，物体は運動の向きと ア の抵抗力を空気から受けます。初速度0で物体を落下させると，はじめのうち抵抗力の大きさは イ し，加速度の大きさは ウ します。やがて，物体にはたらく抵抗力が重力とつりあうと，物体は一定の速度で落下するようになります。このときの速度を終端速度とよびます。

	ア	イ	ウ
①	同じ向き	増　加	増　加
②	同じ向き	増　加	減　少
③	同じ向き	減　少	増　加
④	同じ向き	減　少	減　少
⑤	逆向き	増　加	増　加
⑥	逆向き	増　加	減　少
⑦	逆向き	減　少	増　加
⑧	逆向き	減　少	減　少

先生：それでは，授業でやったことを復習してください。

生徒：抵抗力の大きさ R が速さ v に比例すると仮定すると，正の比例定数 k を用いて

$$R = kv$$

と書けます。物体の質量を m，重力加速度の大きさを g とすると，$R = mg$ となる v が終端速度の大きさ v_f なので，

$$v_f = \frac{mg}{k}$$

と表されます。実験をして v_f と m の関係を確かめてみたいです。

先生：いいですね。図1のようなお弁当のおかずを入れるアルミカップは，何枚か重ねることによって質量の異なる物体にすることができるので，落下させてその関係を調べることができますね。その物体の形は枚数によらずほぼ同じなので，k は変わらないとみなしましょう。物体の質量 m はアルミカップの枚数 n に比例します。

生徒：そうすると，v_f が n に比例することが予想できますね。

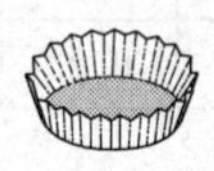

図　1

n 枚重ねたアルミカップを落下させて動画を撮影した。図 2 のように，アルミカップが落下していく途中で，20 cm ごとに落下するのに要する時間を 10 回測定して平均した。この実験を $n = 1，2，3，4，5$ の場合について行った。その結果を表 1 にまとめた。

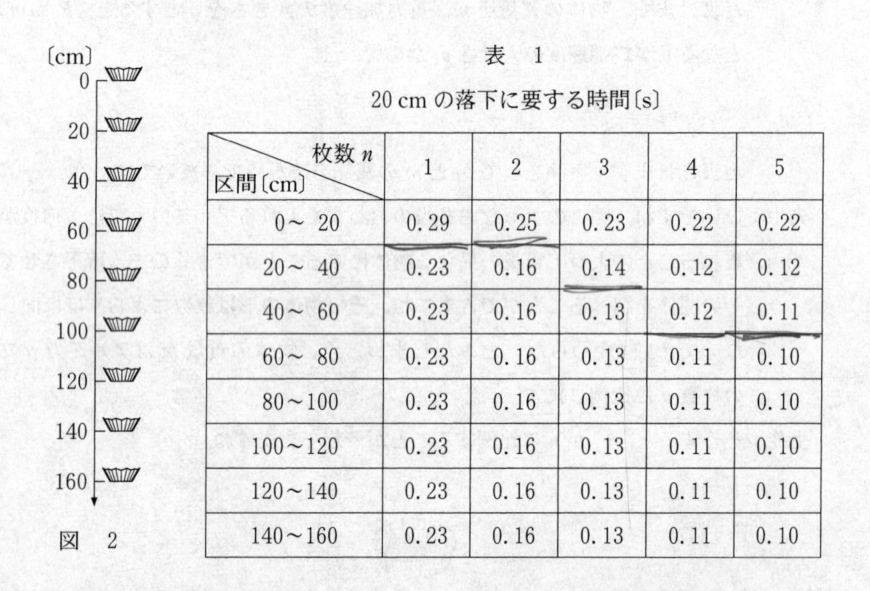

図　2

表　1

20 cm の落下に要する時間〔s〕

区間〔cm〕＼枚数 n	1	2	3	4	5
0～ 20	0.29	0.25	0.23	0.22	0.22
20～ 40	0.23	0.16	0.14	0.12	0.12
40～ 60	0.23	0.16	0.13	0.12	0.11
60～ 80	0.23	0.16	0.13	0.11	0.10
80～100	0.23	0.16	0.13	0.11	0.10
100～120	0.23	0.16	0.13	0.11	0.10
120～140	0.23	0.16	0.13	0.11	0.10
140～160	0.23	0.16	0.13	0.11	0.10

問 2　表 1 の測定結果から，アルミカップを 3 枚重ねたとき（$n = 3$ のとき）の v_f を有効数字 2 桁で求めるとどうなるか。次の式中の空欄 [9] ～ [11] に入れる数字として最も適当なものを，後の①～⓪のうちから一つずつ選べ。ただし，同じものを繰り返し選んでもよい。

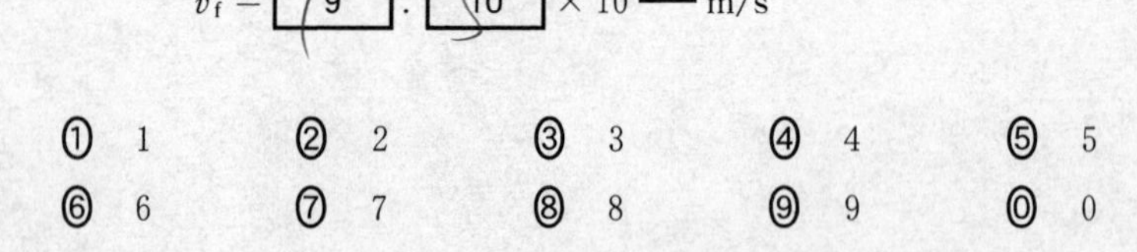

$$v_f = \boxed{9}\,.\,\boxed{10} \times 10^{\boxed{11}}\ \mathrm{m/s}$$

①　1　　②　2　　③　3　　④　4　　⑤　5

⑥　6　　⑦　7　　⑧　8　　⑨　9　　⓪　0

生徒：アルミカップの枚数 n と v_{f} の測定値を図3に点で描き込みましたが，$v_{\mathrm{f}}=\dfrac{mg}{k}$ に基づく予想と少し違いますね。

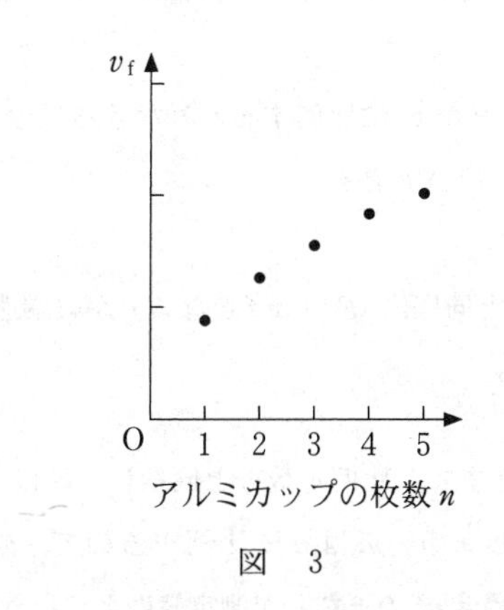

図　3

問 3　図3が予想していた結果と異なると判断できるのはなぜか。その根拠として最も適当なものを，次の①～④のうちから一つ選べ。 12

① アルミカップの枚数 n を増やすと，v_{f} が大きくなる。

② 測定値のすべての点のできるだけ近くを通る直線が，原点から大きくはずれる。

③ v_{f} がアルミカップの枚数 n に反比例している。

④ 測定値がとびとびにしか得られていない。

先生：実は，物体の形状や速さによっては，空気による抵抗力の大きさ R は，速さに比例するとは限らないのです。

生徒：そうなんですか。授業で習った $v_{\rm f}$ の式は，いつも使えるわけではないのですね。

先生：はい。ここでは，R が v^2 に比例するとみなせる場合も考えてみましょう。正の比例定数 k' を用いて R を

$$R = k'v^2$$

と書くと，先ほどと同様に，$R = mg$ となる v が終端速度の大きさ $v_{\rm f}$ なので，

$$v_{\rm f} = \sqrt{\frac{mg}{k'}}$$

と書くことができます。比例定数 k と同様に，k' は n によって変化しないものとみなしましょう。m は n に比例するので，$v_{\rm f}$ と n の関係を調べると，$R = kv$ と $R = k'v^2$ のどちらが測定値によく合うかわかります。

生徒：わかりました。縦軸と横軸をうまく選んでグラフを描けば，原点を通る直線になってわかりやすくなりますね。

先生：それでは，そのグラフを描いてみましょう。

問 4　速さの 2 乗に比例する抵抗力のみがはたらく場合に，グラフが原点を通る直線になるような縦軸・横軸の選び方の組合せとして最も適当なものを，次の①～⑨のうちから二つ選べ。ただし，解答の順序は問わない。

[13]・[14]

	①	②	③	④	⑤	⑥	⑦	⑧	⑨
縦　軸	$\sqrt{v_{\rm f}}$	$\sqrt{v_{\rm f}}$	$\sqrt{v_{\rm f}}$	$v_{\rm f}$	$v_{\rm f}$	$v_{\rm f}$	${v_{\rm f}}^2$	${v_{\rm f}}^2$	${v_{\rm f}}^2$
横　軸	$\sqrt{n}$	n	n^2	$\sqrt{n}$	n	n^2	$\sqrt{n}$	n	n^2

先生：抵抗力の大きさ R と速さ v の関係を明らかにするために，ここまでは終端速度の大きさと質量の関係を調べましたが，落下途中の速さが変化していく過程で，R と v の関係を調べることもできます。鉛直下向きに y 軸をとり，アルミカップを原点から初速度 0 で落下させます。アルミカップの位置 y を $\Delta t = 0.05\,\mathrm{s}$ ごとに記録したところ，図 4 のような y-t グラフが得られました。この y-t グラフをもとにして，R と v の関係を調べる手順を考えてみましょう。

問 5　この手順を説明する文章中の空欄 エ ・ オ には，それぞれの直後の { } 内の記述および数式のいずれか一つが入る。入れる記述および数式を示す記号の組合せとして最も適当なものを，後の①～⑨のうちから一つ選べ。 15

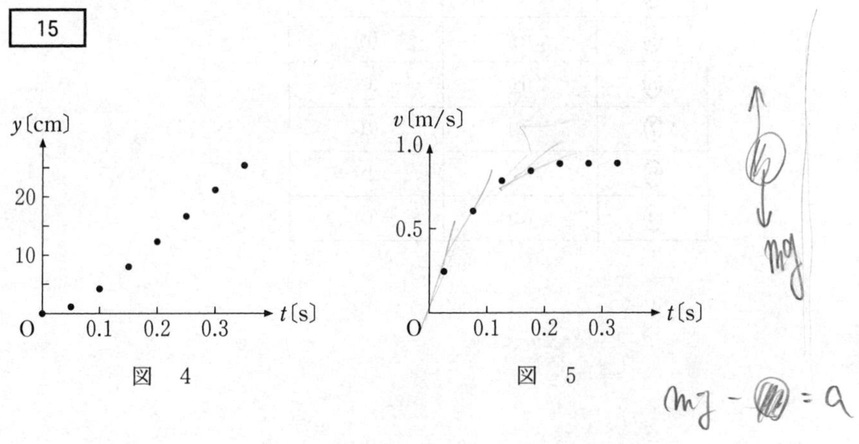

図　4　　　　図　5

まず，図 4 の y-t グラフより，$\Delta t = 0.05\,\mathrm{s}$ ごとの平均の速さ v を求め，図 5 の v-t グラフをつくる。次に，加速度の大きさ a を調べるために，

エ {
(a)　v-t グラフのすべての点のできるだけ近くを通る一本の直線を引き，その傾きを求めることによって a を求める。
(b)　v-t グラフから終端速度を求めることによって a を求める。
(c)　v-t グラフから Δt ごとの速度の変化を求めることによって a-t グラフをつくる。
}

こうして求めたaから，アルミカップにはたらく抵抗力の大きさRは，

$R =$ **オ** $\left\{\begin{array}{ll}\text{(a)} & m(g+a) \\ \text{(b)} & ma \\ \text{(c)} & m(g-a)\end{array}\right\}$ と求められる。

以上の結果をもとに，Rとvの関係を示すグラフを描くことができる。

	エ	オ
①	(a)	(a)
②	(a)	(b)
③	(a)	(c)
④	(b)	(a)
⑤	(b)	(b)
⑥	(b)	(c)
⑦	(c)	(a)
⑧	(c)	(b)
⑨	(c)	(c)

第3問　次の文章を読み，後の問い（問1～5）に答えよ。（配点　25）

全方向に等しく音を出す小球状の音源が，図1のように，点Oを中心として半径r，速さvで時計回りに等速円運動をしている。音源は一定の振動数f_0の音を出しており，音源の円軌道を含む平面上で静止している観測者が，届いた音波の振動数fを測定する。

音源と観測者の位置をそれぞれ点P，Qとする。点Qから円に引いた2本の接線の接点のうち，音源が観測者に近づきながら通過する方を点A，遠ざかりながら通過する方を点Bとする。また，直線OQが円と交わる2点のうち観測者に近い方を点C，遠い方を点Dとする。vは音速Vより小さく，風は吹いていない。

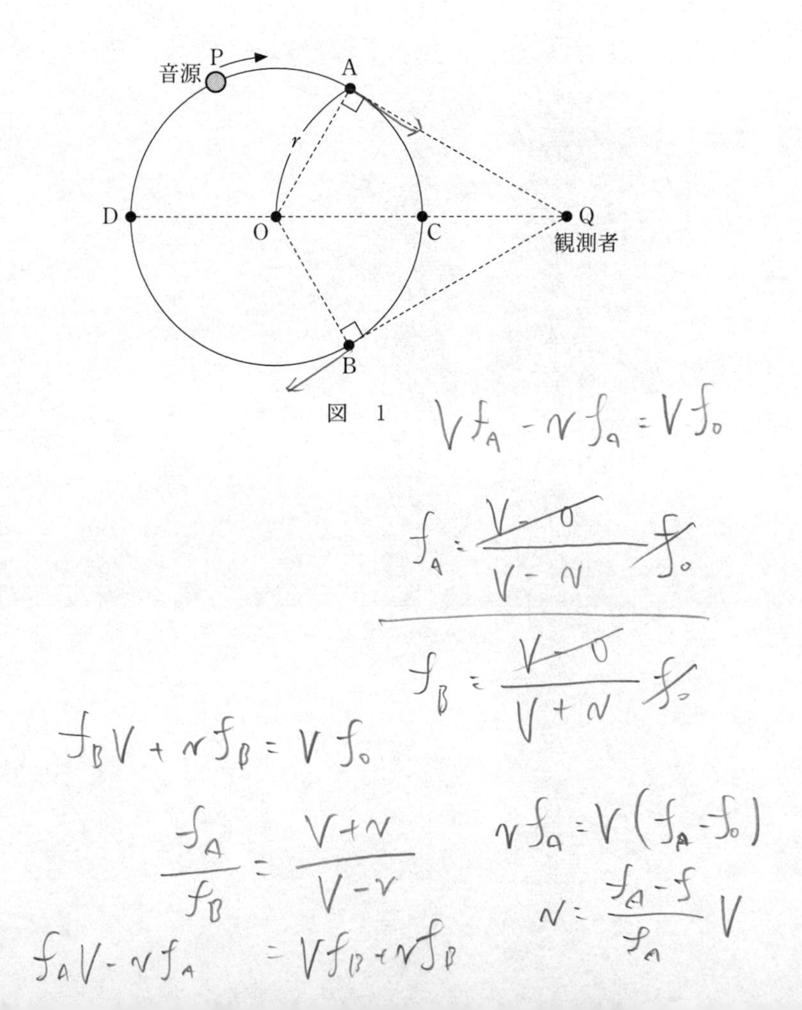

図　1

問 1　音源にはたらいている向心力の大きさと，音源が円軌道を点Cから点Dまで半周する間に向心力がする仕事を表す式の組合せとして正しいものを，次の①～⑤のうちから一つ選べ。ただし，音源の質量を m とする。 16

	①	②	③	④	⑤
向心力の大きさ	mrv^2	mrv^2	0	$\dfrac{mv^2}{r}$	$\dfrac{mv^2}{r}$
仕　事	πmr^2v^2	0	0	πmv^2	0

問 2　次の文章中の空欄 17 に入れる語句として最も適当なものを，直後の { } で囲んだ選択肢のうちから一つ選べ。

音源の等速円運動にともなって f は周期的に変化する。これは，音源の速度の直線 PQ 方向の成分によるドップラー効果が起こるからである(図 2)。このことから，f が f_0 と等しくなるのは，音源が

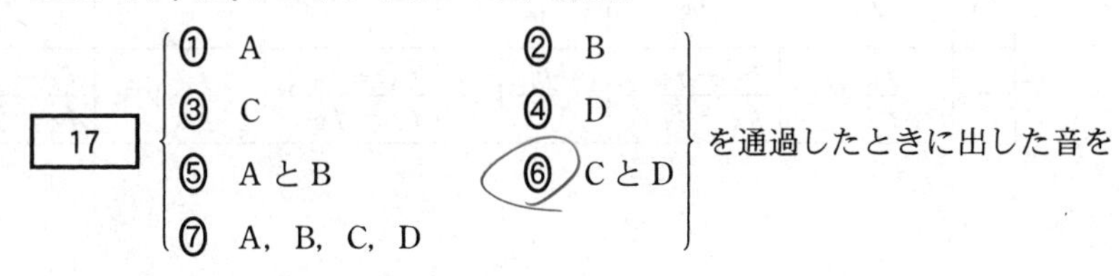

17 { ① A　② B　③ C　④ D　⑤ A と B　⑥ C と D　⑦ A，B，C，D } を通過したときに出した音を

測定した場合であることがわかる。

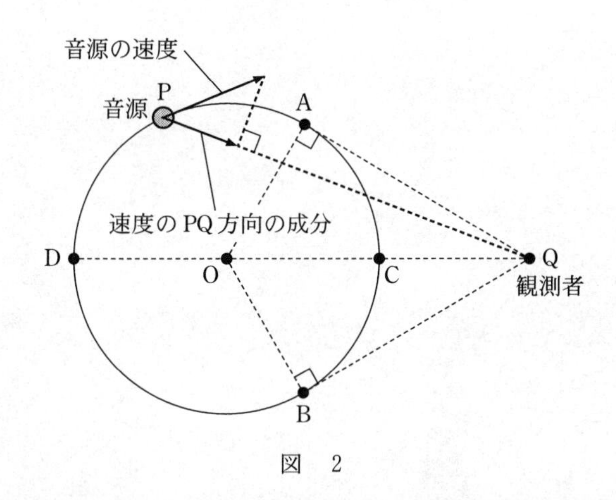

図　2

問 3　音源が点A，点Bを通過したときに出した音を観測者が測定したところ，振動数はそれぞれf_A，f_Bであった。f_Aと音源の速さvを表す式の組合せとして正しいものを，次の①～⑥のうちから一つ選べ。 18

	①	②	③	④	⑤	⑥
f_A	f_0	f_0	$\frac{V+v}{V}f_0$	$\frac{V+v}{V}f_0$	$\frac{V}{V-v}f_0$	$\frac{V}{V-v}f_0$
v	$\frac{f_B}{f_A}V$	$\frac{f_A-f_B}{f_A+f_B}V$	$\frac{f_B}{f_A}V$	$\frac{f_A-f_B}{f_A+f_B}V$	$\frac{f_B}{f_A}V$	$\frac{f_A-f_B}{f_A+f_B}V$

次に，音源と観測者を入れかえた場合を考える。図3に示すように，音源を点Qの位置に固定し，観測者が点Oを中心に時計回りに等速円運動をする。

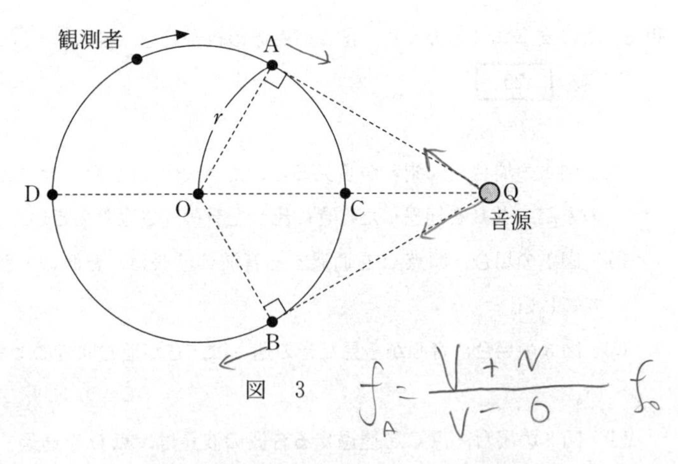

図　3

問 4　このとき，等速円運動をする観測者が測定する音の振動数についての記述として最も適当なものを，次の①～⑤のうちから一つ選べ。 19

① 点Aにおいて最も大きく，点Bにおいて最も小さい。
② 点Bにおいて最も大きく，点Aにおいて最も小さい。
③ 点Cにおいて最も大きく，点Dにおいて最も小さい。
④ 点Dにおいて最も大きく，点Cにおいて最も小さい。
⑤ 観測の位置によらず，常に等しい。

音源が等速円運動している場合（図１）と観測者が等速円運動している場合（図３）の音の速さや波長について考える。

問５　次の文章(a)〜(d)のうち，正しいものの組合せを，後の①〜⑥のうちから一つ選べ。［20］

(a)　図１の場合，観測者から見ると，点Ａを通過したときに出した音の速さの方が，点Ｂを通過したときに出した音の速さより大きい。

(b)　図１の場合，原点Ｏを通過する音波の波長は，音源の位置によらずすべて等しい。

(c)　図３の場合，音源から見た音の速さは，音が進む向きによらずすべて等しい。

(d)　図３の場合，点Ｃを通過する音波の波長は，点Ｄを通過する音波の波長より長い。

①　(a)と(b)　　②　(a)と(c)　　③　(a)と(d)

④　(b)と(c)　　⑤　(b)と(d)　　⑥　(c)と(d)

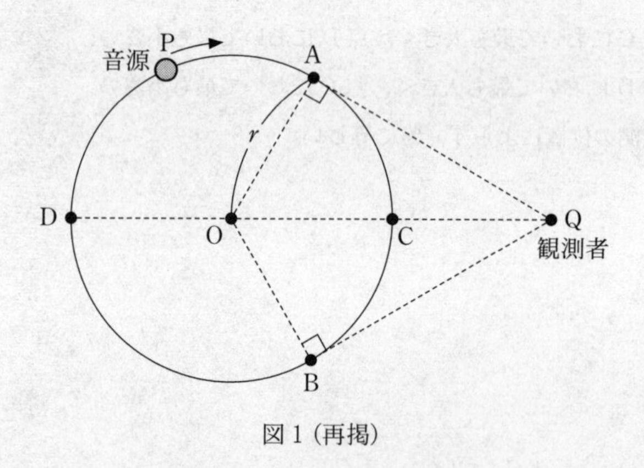

図１（再掲）

第４問　次の文章を読み，後の問い（問１～５）に答えよ。（配点　25）

物理の授業でコンデンサーの電気容量を測定する実験を行った。まず，コンデンサーの基本的性質を復習するため，図１のような真空中に置かれた平行平板コンデンサーを考える。極板の面積を S，極板間隔を d とする。

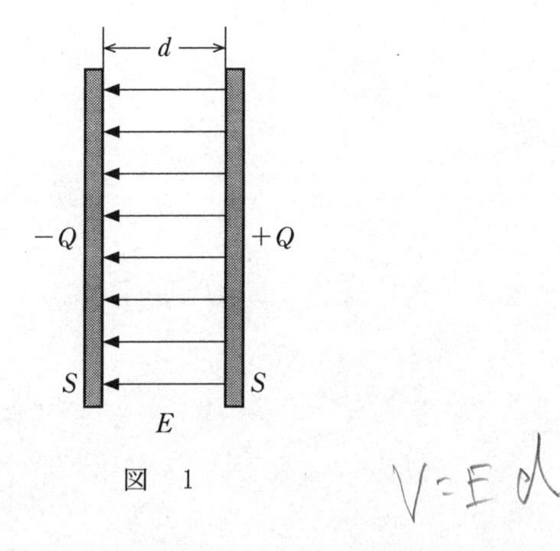

図　1

問１　次の文章中の空欄 ア ・ イ に入れる式の組合せとして正しいものを，後の①～⑧のうちから一つ選べ。 21

図１のコンデンサーに電気量（電荷）Q が蓄えられているときの極板間の電圧を V とする。極板間の電場（電界）が一様であるとすると，極板間の電場の大きさ E と V，d の間には $E =$ ア の関係が成り立つ。また，真空中のクーロンの法則の比例定数を k_0 とすると，二つの極板間には $4\pi k_0 Q$ 本の電気力線があると考えられ，電気力線の本数と電場の大きさの関係を用いると E が求められる。これと ア が等しいことから Q は V に比例して $Q = CV$ と表せることがわかる。このとき比例定数（電気容量）は $C =$ イ となる。

	①	②	③	④	⑤	⑥	⑦	⑧
ア	Vd	Vd	Vd	Vd	$\frac{V}{d}$	$\frac{V}{d}$	$\frac{V}{d}$	$\frac{V}{d}$
イ	$4\pi k_0 dS$	$\frac{dS}{4\pi k_0}$	$\frac{4\pi k_0 S}{d}$	$\frac{S}{4\pi k_0 d}$	$4\pi k_0 dS$	$\frac{dS}{4\pi k_0}$	$\frac{4\pi k_0 S}{d}$	$\frac{S}{4\pi k_0 d}$

図2のように，直流電源，コンデンサー，抵抗，電圧計，電流計，スイッチを導線でつないだ。スイッチを閉じて十分に時間が経過してからスイッチを開いた。図3のグラフは，スイッチを開いてから時間 t だけ経過したときの，電流計が示す電流 I を表す。ただし，スイッチを開く直前に電圧計は5.0Vを示していた。

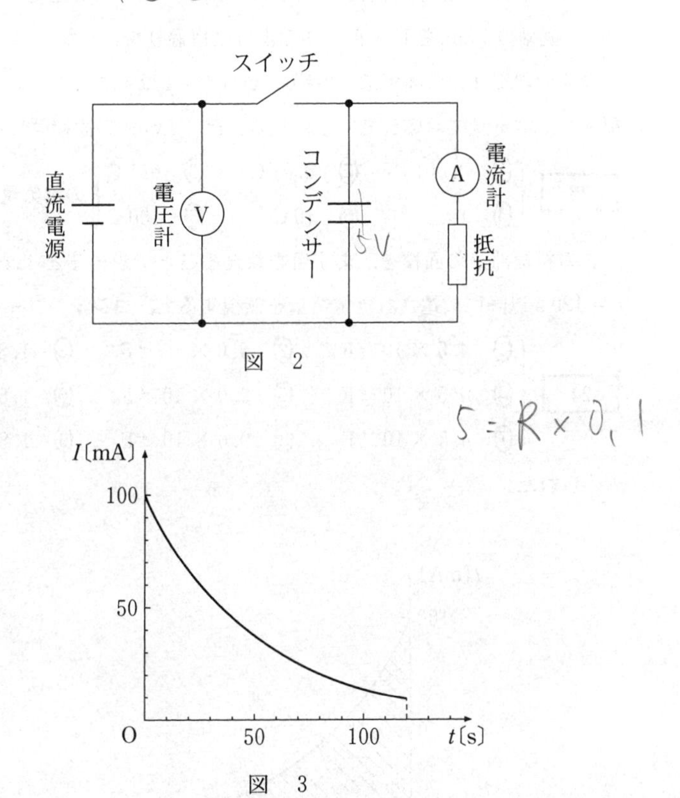

図　2

図　3

問 2　図3のグラフから，この実験で用いた抵抗の値を求めると何Ωになるか。その値として最も適当なものを，次の①～⑧のうちから一つ選べ。ただし，電流計の内部抵抗は無視できるものとする。 22 Ω

① 0.02　② 2　③ 20　④ 200
⑤ 0.05　⑥ 5　⑦ 50　⑧ 500

問 3　次の文章中の空欄 23 ・ 24 に入れる値として最も適当なものを，それぞれの直後の｛　｝で囲んだ選択肢のうちから一つずつ選べ。

図3のグラフを方眼紙に写して図4を作った。このとき，横軸の1 cm を10 s，縦軸の1 cm を10 mA とするように目盛りをとった。

図4の斜線部分の面積は，$t = 0$ s から $t = 120$ s までにコンデンサーから放電された電気量に対応している。このとき，1 cm^2 の面積は

23 ｛①　0.001 C　②　0.01 C　③　0.1 C　④　1 C　⑤　10 C　⑥　100 C｝の電気量に対応する。

この斜線部分の面積を，ます目を数えることで求めると45 cm^2 であった。$t = 120$ s 以降に放電された電気量を無視すると，コンデンサーの電気容量は

24 ｛①　4.5×10^{-3} F　②　9.0×10^{-3} F　③　1.8×10^{-2} F　④　4.5×10^{-2} F　⑤　9.0×10^{-2} F　⑥　1.8×10^{-1} F　⑦　4.5×10^{-1} F　⑧　9.0×10^{-1} F　⑨　1.8 F｝と

求められた。

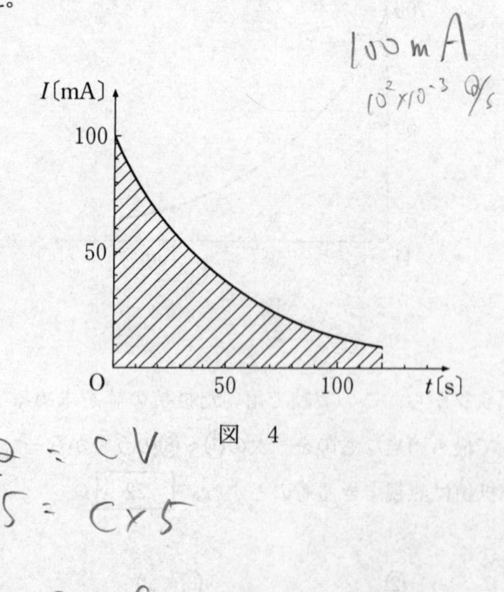

図 4

問 3の方法では，$t=120\,\mathrm{s}$ のときにコンデンサーに残っている電気量を無視していた。この点について，授業で討論が行われた。

問 4　次の会話文の内容が正しくなるように，空欄 **25** に入れる数値として最も適当なものを，後の①～⑧のうちから一つ選べ。

Aさん：コンデンサーに蓄えられていた電荷が全部放電されるまで実験をすると，どれくらい時間がかかるんだろう。

Bさん：コンデンサーを5.0Vで充電したときの実験で，電流の値が $t=0\,\mathrm{s}$ での電流 $I_0=100\,\mathrm{mA}$ の $\frac{1}{2}$ 倍，$\frac{1}{4}$ 倍，$\frac{1}{8}$ 倍になるまでの時間を調べてみると，図5のように35s間隔になっています。なかなか0にならないですね。

Cさん：電流の大きさが十分小さくなる目安として最初の $\frac{1}{1000}$ の0.1mA程度になるまで実験をするとしたら， **25** sくらいの時間，測定することになりますね。それくらいの時間なら，実験できますね。

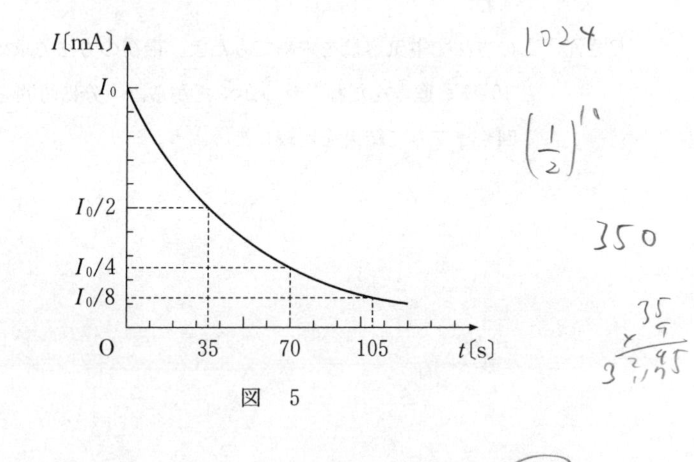

図　5

① 140	② 210	③ 280	④ 350
⑤ 420	⑥ 490	⑦ 560	⑧ 630

問 5 次の会話文の内容が正しくなるように，空欄 ウ ・ エ に入れる式と語句の組合せとして最も適当なものを，後の①～⑧のうちから一つ選べ。 26

先　生：時間をかけずに電気容量を正確に求める他の方法は考えられますか。

Aさん：この回路では，コンデンサーに蓄えられた電荷が抵抗を流れるときの電流はコンデンサーの電圧に比例します。一方で，コンデンサーに残っている電気量もコンデンサーの電圧に比例します。この両者を組み合わせることで，この実験での電流と電気量の関係がわかりそうです。

Bさん：なるほど。電流の値が $t=0$ での値 I_0 の半分になる時刻 t_1 に注目してみよう。グラフの面積を用いて $t=0$ から $t=t_1$ までに放電された電気量 Q_1 を求めれば，$t=0$ にコンデンサーに蓄えられていた電気量が $Q_0=$ ウ とわかるから，より正確に電気容量を求められるよ。最初の方法で私たちが求めた電気容量は正しい値より エ のですね。

Cさん：この方法で電気容量を求めてみたよ。最初の方法で求めた値と比べると 10 % も違うんだね。せっかくだから，十分に時間をかける実験を1回やってみて結果を比較してみよう。

	ウ	エ
①	$\frac{Q_1}{4}$	小さかった
②	$\frac{Q_1}{4}$	大きかった
③	$\frac{Q_1}{2}$	小さかった
④	$\frac{Q_1}{2}$	大きかった
⑤	$2Q_1$	小さかった
⑥	$2Q_1$	大きかった
⑦	$4Q_1$	小さかった
⑧	$4Q_1$	大きかった

2023

共通テスト
追試験

物理

解答時間 60 分
配点 100 点

物　理

（解答番号 [1] ～ [20]）

第1問　次の問い（問1～5）に答えよ。（配点　25）

問1　次の文章中の空欄 [ア]・[イ] に入れる文字列と式の組合せとして最も適当なものを，後の①～⑥のうちから一つ選べ。[1]

太陽から見たときの彗星（すいせい）の運動について考える。彗星が図1のような軌道を描いて運動している。軌道上の点Aと点Cは太陽から同じ距離にあり，点Bでは太陽からの距離が最小である。

A，B，Cの各点における，太陽による万有引力が彗星に対してする単位時間あたりの仕事（力の大きさ×速度の力方向の成分）は正，負，0のいずれかになる。点A，B，Cのそれぞれの場合について，正，負，0のうち該当するものを，左から順に並べると [ア] となる。

A，B，Cの各点での彗星の速さを v_A，v_B，v_C とするとき，[イ] が成り立つ。

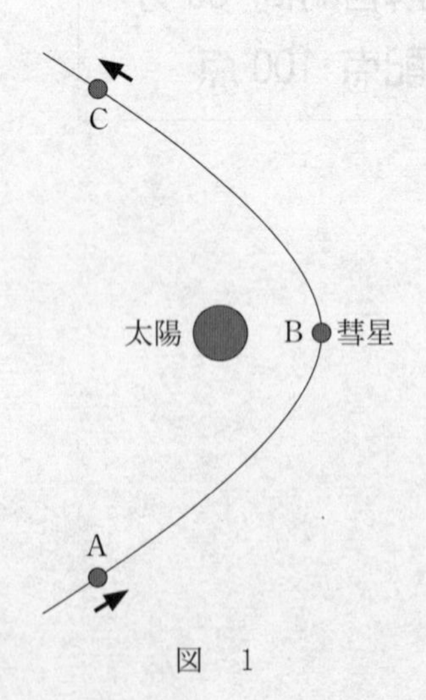

図　1

	ア	イ
①	負，0，正	$v_A = v_C > v_B$
②	負，0，正	$v_A = v_C < v_B$
③	負，0，正	$v_A < v_B < v_C$
④	正，0，負	$v_A = v_C > v_B$
⑤	正，0，負	$v_A = v_C < v_B$
⑥	正，0，負	$v_A < v_B < v_C$

問 2 次の文章中の空欄 ウ ・ エ に入れる語句の組合せとして最も適当なものを，後の①～⑨のうちから一つ選べ。ただし，振り子は鉛直面内で振動し，振幅は十分小さいものとする。 2

軽くて伸びないひもと小球で長さLの振り子をつくり，ひもの一端を自動車の内部の天井に固定した。自動車が静止しているとき，振り子をある鉛直面内で小さく振らせると，その周期Tは重力加速度の大きさをgとして$T = 2\pi\sqrt{\frac{L}{g}}$となる。

この自動車を静止状態から一定の加速度aで水平方向に加速した。重力と慣性力の合力を考えると，このとき自動車の中で観測される振り子の周期は ウ 。

自動車の速さがvに達した後，しばらく自動車を等速直線運動させた。このとき自動車の中で観測される振り子の周期は エ 。

	ウ	エ
①	Tより長い	Tより長い
②	Tより長い	Tに等しい
③	Tより長い	Tより短い
④	Tに等しい	Tより長い
⑤	Tに等しい	Tに等しい
⑥	Tに等しい	Tより短い
⑦	Tより短い	Tより長い
⑧	Tより短い	Tに等しい
⑨	Tより短い	Tより短い

問 3　次の文章中の空欄 オ ・ カ に入れる式と数値の組合せとして最も適当なものを，後の①～⑧のうちから一つ選べ。 3

なめらかに動くピストンのついたシリンダーに，気体を閉じ込めた熱機関がある。図2は，この熱機関の1サイクルA→B→C→Aにおける，気体の圧力pと体積Vの変化の様子を表す。A→B，B→C，C→Aの各過程における気体の内部エネルギーの変化と気体がする仕事は表1のとおりである。この表を利用して，過程A→Bにおいて気体が吸収する熱量を計算すると オ となる。また，過程B→Cと過程C→Aにおいて，気体は熱を放出することがわかる。これらのことをもとにし，この熱機関の熱効率を計算すると カ となる。

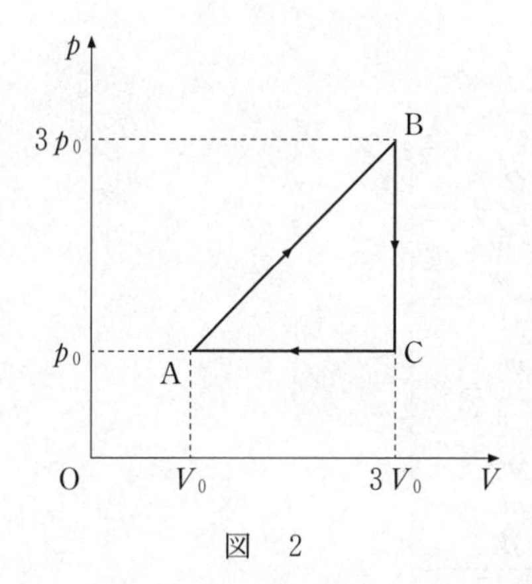

図　2

表　1

	気体の内部エネルギーの変化	気体がする仕事
A→B	$20\,p_0V_0$	$4\,p_0V_0$
B→C	$-\,15\,p_0V_0$	0
C→A	$-\,5\,p_0V_0$	$-\,2\,p_0V_0$

	①	②	③	④	⑤	⑥	⑦	⑧
オ	$16\,p_0V_0$	$16\,p_0V_0$	$16\,p_0V_0$	$16\,p_0V_0$	$24\,p_0V_0$	$24\,p_0V_0$	$24\,p_0V_0$	$24\,p_0V_0$
カ	$\frac{1}{8}$	$\frac{1}{4}$	4	8	$\frac{1}{12}$	$\frac{1}{6}$	6	12

問 4　次の文章中の空欄 キ ・ ク に入れる式の組合せとして最も適当なものを，後の①～⑧のうちから一つ選べ。 4

ミクロな世界の粒子は，粒子としての性質と波動としての性質をあわせもっている。大きさ p の運動量をもつ粒子の物質波としての波長(ド・ブロイ波長)は，h をプランク定数として キ で表される。

質量 m の電子と質量 M の陽子をそれぞれ同じ大きさの電圧で加速すると，同じ大きさの運動エネルギーをもつ。このとき，電子のド・ブロイ波長 $\lambda_{電子}$ と陽子のド・ブロイ波長 $\lambda_{陽子}$ の比は

$$\frac{\lambda_{電子}}{\lambda_{陽子}} = \boxed{ク}$$

である。

	キ	ク
①	$\frac{p}{h}$	$\sqrt{\frac{M}{m}}$
②	$\frac{p}{h}$	$\frac{M}{m}$
③	$\frac{p}{h}$	$\sqrt{\frac{m}{M}}$
④	$\frac{p}{h}$	$\frac{m}{M}$
⑤	$\frac{h}{p}$	$\sqrt{\frac{M}{m}}$
⑥	$\frac{h}{p}$	$\frac{M}{m}$
⑦	$\frac{h}{p}$	$\sqrt{\frac{m}{M}}$
⑧	$\frac{h}{p}$	$\frac{m}{M}$

問 5　次の文章中の空欄 ケ ～ サ に入れるものの組合せとして最も適当なものを，後の①～⑧のうちから一つ選べ。 5

深さ h の水の底に落ちているコインを真上から見る。ここではコインの見かけの深さを考察しよう。水の空気に対する屈折率を $n(n > 1)$ とする。図 3 のように，点 A から出て目に入る光は，鉛直線に対し角 θ の方向に進み，水面の点 P で鉛直線に対し角 θ' の方向に屈折し，B の方向に進んだ光である。点 A を通る鉛直線と点 P との距離を d，直線 BP が鉛直線と交わる点を Q とする。角 θ，θ' がきわめて小さいとして考えると，$\sin\theta \fallingdotseq \tan\theta$，$\sin\theta' \fallingdotseq \tan\theta'$ と近似できるので，点 Q の水面からの深さ h' は， ケ と表される。このように，h' は コ によらず，点 A から θ の小さい方向に進む光はどれも， サ から出ているように見え，コインの位置は実際より浅く見える。

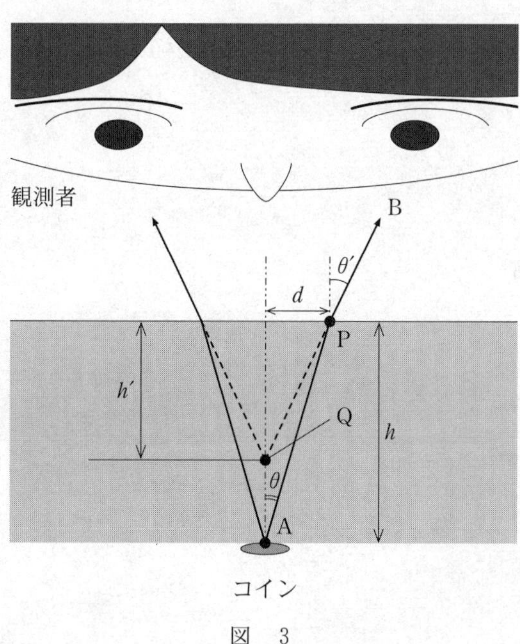

図　3

	ケ	コ	サ
①	$\frac{n}{h}$	d	点 P
②	$\frac{n}{h}$	d	点 Q
③	$\frac{h}{n}$	d	点 P
④	$\frac{h}{n}$	d	点 Q
⑤	$\frac{n}{d}$	h	点 P
⑥	$\frac{n}{d}$	h	点 Q
⑦	$\frac{d}{n}$	h	点 P
⑧	$\frac{d}{n}$	h	点 Q

第2問

Ａさんと Ｂさんがスマートフォン（スマホ）の無線充電器の仕組みについて話をしている。次の会話文を読んで，後の問い（**問１〜３**）に答えよ。（配点　25）

Ａさん：最近のスマホって，充電器の上に置くだけで充電できるらしいけど，どういう仕組みか知ってる？

Ｂさん：コイルを利用して，充電器からスマホに電力を送っているらしいよ。

Ａさん：なるほど。それでは，どのように電力を送っているのか，実験で確かめてみよう。

二人は，図１のように，コイルの中心軸が一致するようにコイル１とコイル２を配置した。コイル１には交流電源と交流電流計を，コイル２には抵抗とオシロスコープをそれぞれ図１のように接続し，オシロスコープで抵抗の両端の電圧を測定した。

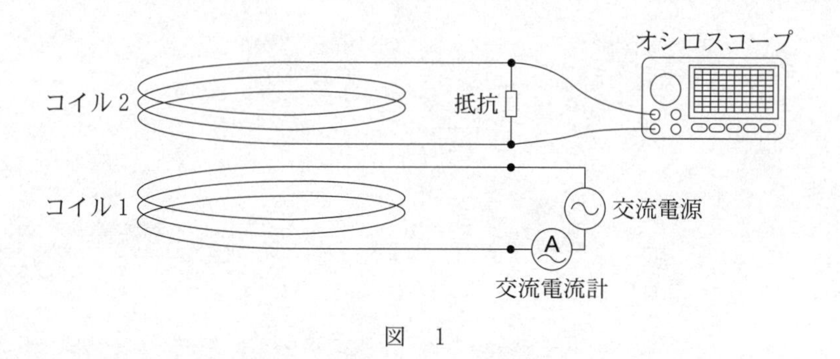

図　１

Ａさん：交流電源のスイッチを入れると，オシロスコープに交流電圧の波形が現れたよ。

Ｂさん：起電力が生じているから抵抗に電流が流れている，つまり，コイル１から離れたコイル２へ電力を送ることができている証拠だね。これは，コイル１で生じた変動する磁場（磁界）がコイル２も貫くことによって起こる電磁誘導（相互誘導）によって説明できるよ。では，それが実験条件によってどのように変わるか見てみよう。

Bさんは，図1の状態から，図2のようにコイル2を上に持ち上げて，二つのコイルを離した。

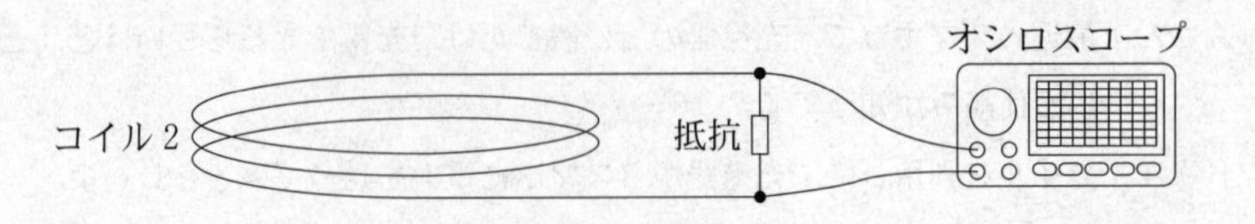

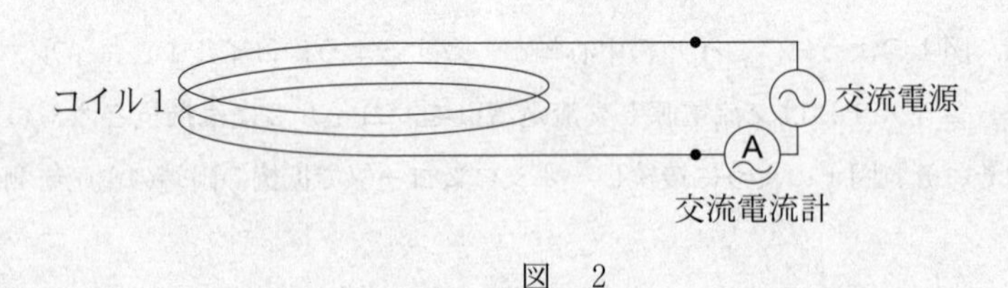

図　2

問1　次の会話文の内容が正しくなるように，空欄 ア ・ イ および ウ ・ エ に入れる語句の組合せとして最も適当なものを，後のそれぞれの①～⑨のうちから一つずつ選べ。 6 ・ 7

Bさん：図2の実験で，オシロスコープに現れた波形はどうなりましたか？
Aさん：波形の振幅は， ア 。
Bさん：山と山の間隔はどうですか？
Aさん：間隔は イ 。
Bさん：次に，図2の配置のままで，交流電流計で読み取る値，つまり実効値が一定になるように交流電源の電圧を調整しながら，交流電源の周波数を高くしてみましょう。波形はどうなりましたか？
Aさん：波形の振幅は， ウ 。
Bさん：山と山の間隔はどうですか？
Aさん：間隔は エ 。

6 の選択肢

	ア	イ
①	大きくなりました	広がりました
②	大きくなりました	狭くなりました
③	大きくなりました	変わりません
④	小さくなりました	広がりました
⑤	小さくなりました	狭くなりました
⑥	小さくなりました	変わりません
⑦	変わりません	広がりました
⑧	変わりません	狭くなりました
⑨	変わりません	変わりません

7 の選択肢

	ウ	エ
①	大きくなりました	広がりました
②	大きくなりました	狭くなりました
③	大きくなりました	変わりません
④	小さくなりました	広がりました
⑤	小さくなりました	狭くなりました
⑥	小さくなりました	変わりません
⑦	変わりません	広がりました
⑧	変わりません	狭くなりました
⑨	変わりません	変わりません

離れたコイルへ電力を送る仕組みについて学んだ二人は，次に充電について考えることにした。

Aさん：相互誘導で電力を送ることができるんだね。これで充電できるのかな？
Bさん：いや，実際にはダイオードを用いた回路がコイル 2 につながれているようだよ。
Aさん：ダイオードってどんなはたらきをするの？
Bさん：ダイオードには，電流を一方向にしか流さない性質があるんだ。図 3 のように，電流が流れる向きを順方向，その反対の向きを逆方向というんだ。ダイオードを用いた回路のはたらきを調べてみよう。

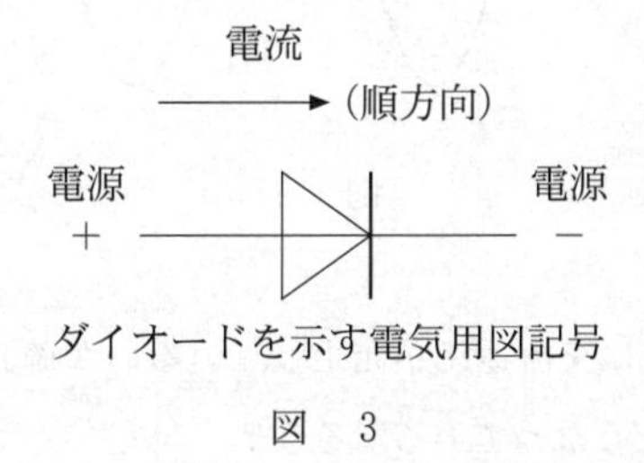

図　3

二人は，コイル 2 を再びコイル 1 に近づけ，図 1 の回路のコイル 2 と抵抗の間にダイオードを直列に入れた図 4 のような回路を作成し，オシロスコープで端子 ab 間，および端子 cd 間の電圧を同時に測定した。ただし，オシロスコープは図の矢印の向きに電流を流そうとする起電力を正の電圧として表示する。

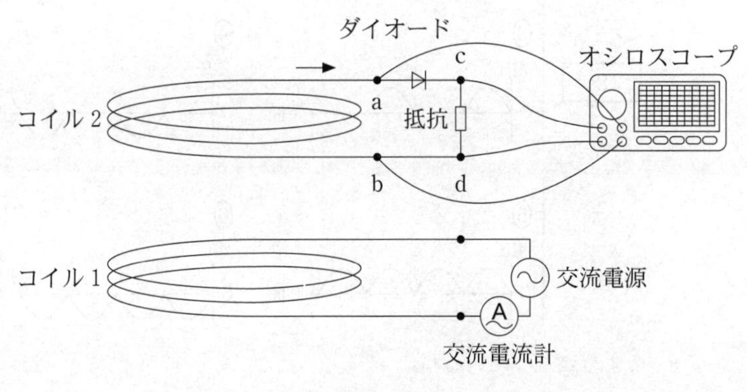

図　4

問 2　次の会話文の内容が正しくなるように，空欄 [8] に入れる図として最も適当なものを，直後の｛　｝で囲んだ選択肢のうちから一つ選べ。

Aさん：端子 ab 間の電圧波形は，図 5 のようになったよ。

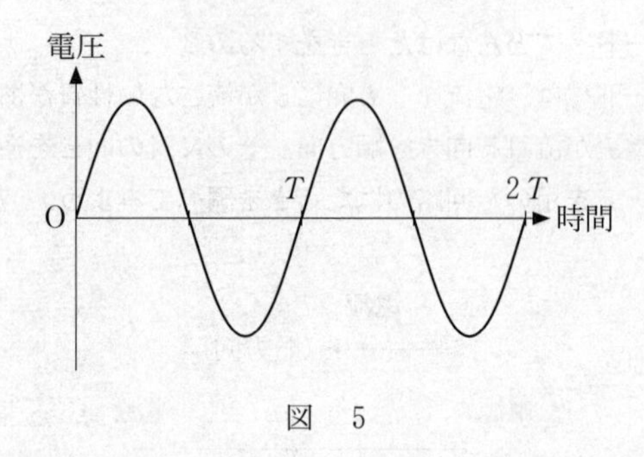

図　5

Bさん：コイル 2 に交流電圧が発生しているのが確認できるね。では，端子 cd 間はどうなっているだろう？

Aさん：端子 cd 間の電圧波形は，

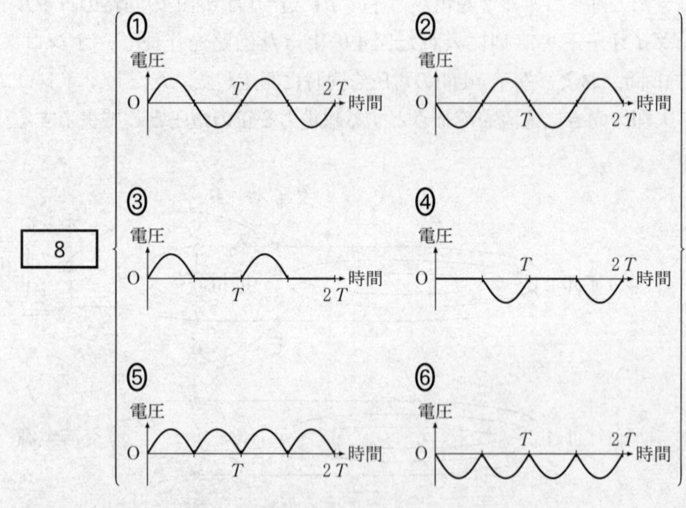

のようになっているね。

問 3　次の会話文の内容が正しくなるように，空欄 9 ・ 10 に入れる語句または図として最も適当なものを，それぞれの直後の { } で囲んだ選択肢のうちから一つずつ選べ。

Aさん：複数個のダイオードを使った図 6 のような回路もあるみたいだね。複雑だけど，電流はどのように流れているの？

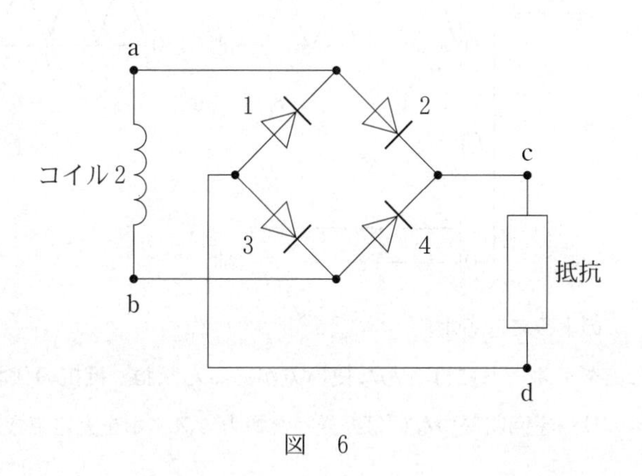

図　6

Bさん：例えば，コイル 2 に誘導起電力が生じ，点 b からダイオードに向かって電流が流れる場合を考えよう。このとき，電流は点 b から

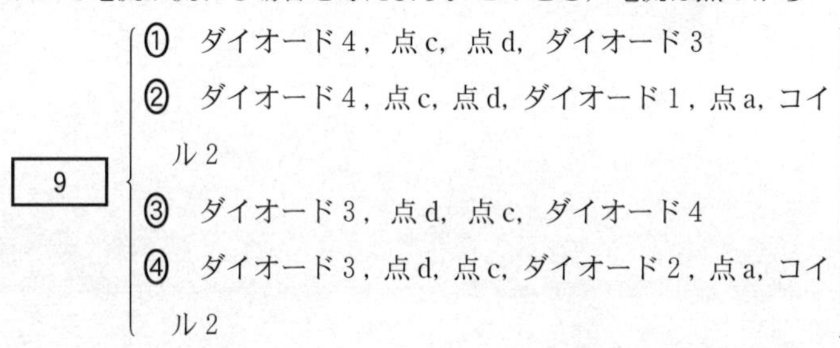

9
① ダイオード 4，点 c，点 d，ダイオード 3
② ダイオード 4，点 c，点 d，ダイオード 1，点 a，コイル 2
③ ダイオード 3，点 d，点 c，ダイオード 4
④ ダイオード 3，点 d，点 c，ダイオード 2，点 a，コイル 2

を順に通って点 b に戻ってくるんだ。点 a の電位が高い場合についても，同じように考えればいいんだ。

Aさん：それでは，抵抗で消費される電力はどうなっているんだろう？

Bさん：点 ab 間の電圧波形が図 5 となるとき，抵抗で消費される電力の時間変化は

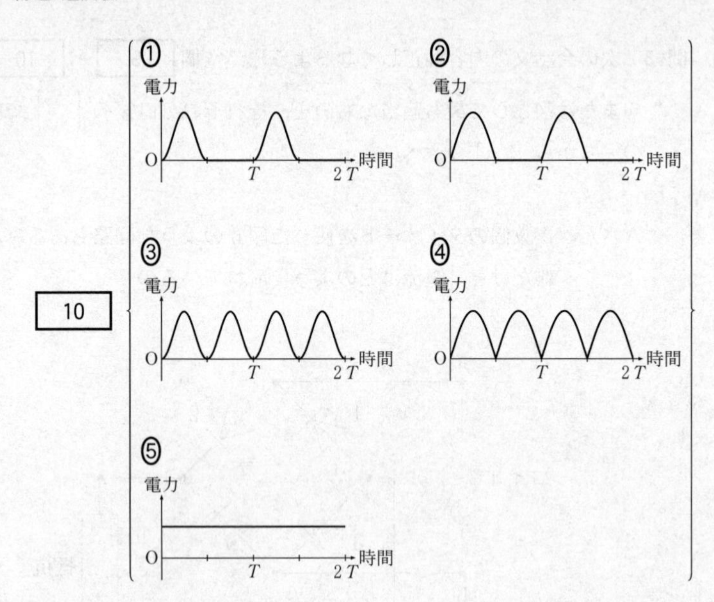

のようになるよ。

Aさん：ダイオードにはこんな使い方があるんだね。抵抗の代わりにバッテリーを回路につなげば，送った電力でスマホを充電できそうだね。

第３問　次の文章を読み，後の問い（問１〜４）に答えよ。（配点　20）

図１のように，薄いものさしを両手の人差し指の上にのせて，同じ高さのまま水平に保ち，左右の指の間隔をゆっくりと縮める。左右の指は交互に滑り，ものさしの重心付近でたがいに接する。

図　1

この現象を段階を踏んで物理的に考察してみよう。

図２には，左右の指の間隔をゆっくりと縮めるときに，ものさしにはたらく力の向きを矢印で，作用点を黒丸で示している。左指からものさしにはたらく垂直抗力と摩擦力の大きさをそれぞれN_L，f_L，右指からものさしにはたらく垂直抗力と摩擦力の大きさをそれぞれN_R，f_R，ものさしの重心から左指までの距離をx_L，右指までの距離をx_R，ものさしの質量をm，重力加速度の大きさをgとする。指とものさしの間の静止摩擦係数μや動摩擦係数μ'（$\mu > \mu'$）は，それぞれ左指と右指で等しいものとする。

また，指の間隔を縮めるとき左指は動かさず，右指を左指に近づけるようにする。

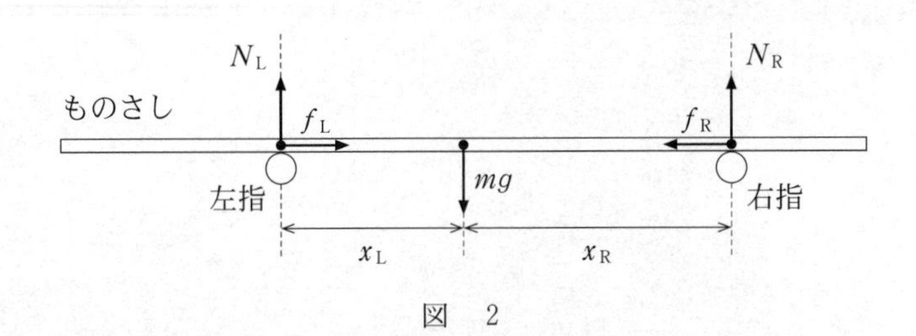

図　2

問 1　次の文章中の空欄 ア ・ イ に入れる式の組合せとして最も適当なものを，後の①～⑥のうちから一つ選べ。 11

最初に，ものさしにはたらく鉛直方向の力の関係を考えよう。ものさしは同じ高さのまま水平に保たれるので，x_{L} と x_{R} の大小関係にかかわらず，垂直抗力と重力の間には ア が成り立ち，重心から指までの距離と垂直抗力の間には イ が成り立つ。

	ア	イ
①	$N_{\mathrm{L}}+N_{\mathrm{R}}=mg$	$N_{\mathrm{L}}x_{\mathrm{L}}=N_{\mathrm{R}}x_{\mathrm{R}}$
②	$N_{\mathrm{L}}+N_{\mathrm{R}}=mg$	$N_{\mathrm{L}}x_{\mathrm{R}}=N_{\mathrm{R}}x_{\mathrm{L}}$
③	$N_{\mathrm{L}}=N_{\mathrm{R}}=mg$	$N_{\mathrm{L}}x_{\mathrm{L}}=N_{\mathrm{R}}x_{\mathrm{R}}$
④	$N_{\mathrm{L}}=N_{\mathrm{R}}=mg$	$N_{\mathrm{L}}x_{\mathrm{R}}=N_{\mathrm{R}}x_{\mathrm{L}}$
⑤	$N_{\mathrm{L}}=N_{\mathrm{R}}=\dfrac{mg}{2}$	$N_{\mathrm{L}}x_{\mathrm{L}}=N_{\mathrm{R}}x_{\mathrm{R}}$
⑥	$N_{\mathrm{L}}=N_{\mathrm{R}}=\dfrac{mg}{2}$	$N_{\mathrm{L}}x_{\mathrm{R}}=N_{\mathrm{R}}x_{\mathrm{L}}$

次に，ものさしに指からはたらく摩擦力と水平方向の運動について**段階**1から**段階**4に分けて考えてみよう。指の間隔を縮める前は$x_L < x_R$とする。

問 2　次の文章中の空欄 **ウ** ・ **エ** に入れる式の組合せとして最も適当なものを，後の①～⑥のうちから一つ選べ。 **12**

段階1　図3に示すように，左右の指の間隔を縮めようと力を加えるが，この段階では指とものさしは静止している。このとき，ものさしにはたらく摩擦力は静止摩擦力であり，f_Lとf_Rの関係は **ウ** である。左指および右指からものさしにはたらく最大摩擦力の大きさには **エ** の関係があるので，さらに力を加えると，右指から滑り始める。

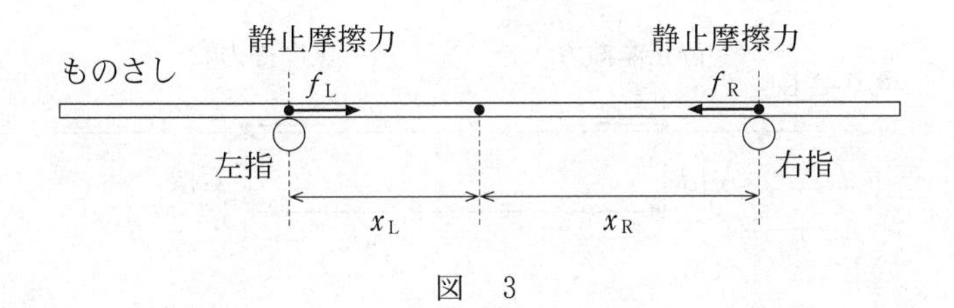

図　3

	ウ	エ
①	$f_L > f_R$	$\mu N_L > \mu N_R$
②	$f_L > f_R$	$\mu N_L < \mu N_R$
③	$f_L = f_R$	$\mu N_L > \mu N_R$
④	$f_L = f_R$	$\mu N_L < \mu N_R$
⑤	$f_L < f_R$	$\mu N_L > \mu N_R$
⑥	$f_L < f_R$	$\mu N_L < \mu N_R$

問 3 次の文章中の空欄 [オ]・[カ] に入れる語と式の組合せとして最も適当なものを，後の①～④のうちから一つ選べ。 [13]

段階 2 図 4 のように右指が滑り始めてからは，右指から動摩擦力，左指から静止摩擦力がものさしにはたらく。この段階では x_R が小さくなるにつれ，N_R は [オ] なり，f_R も変化する。f_R と左指からものさしにはたらく最大摩擦力の大きさとが等しくなるまで右指だけが滑り，ものさしの重心に近づく。f_R と左指での最大摩擦力の大きさとが等しくなったときの N_L を N_{L2}，N_R を N_{R2} とすると，$\frac{N_{L2}}{N_{R2}} =$ [カ] となる。したがって，このとき $x_L > x_R$ であることがわかる。f_R と左指での最大摩擦力の大きさが等しくなると，今度は左指が滑り始める。

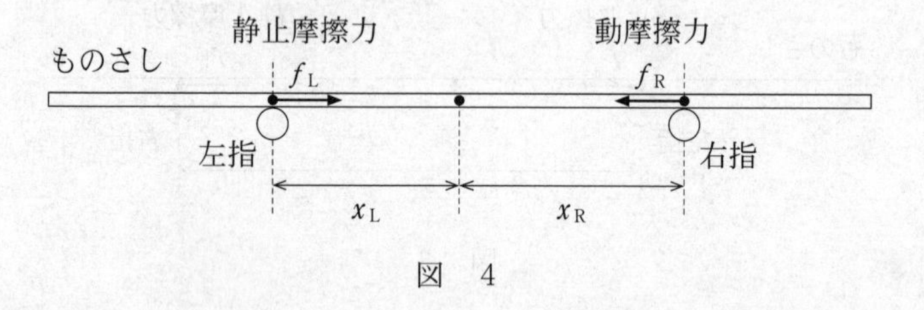

図 4

	①	②	③	④
オ	小さく	小さく	大きく	大きく
カ	$\frac{\mu}{\mu'}$	$\frac{\mu'}{\mu}$	$\frac{\mu}{\mu'}$	$\frac{\mu'}{\mu}$

問 4　次の文章中の空欄 キ ・ ク に入れる語句の組合せとして最も適当なものを，後の①～④のうちから一つ選べ。 14

段階 3　左指が滑り始めた直後は図 5 のように，ものさしにはたらく摩擦力は動摩擦力となる。この段階では，f_R は f_L より キ ため，ものさしは ク に加速され，ものさしの速度が右指の速度に等しくなると右指の滑りが止まる。

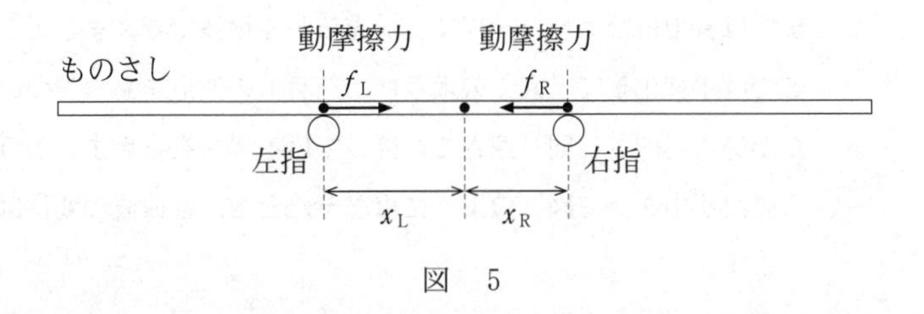

図　5

	①	②	③	④
キ	小さい	小さい	大きい	大きい
ク	右向き	左向き	右向き	左向き

段階 4　この段階では，左指が滑るが，右指は滑らない。つまり，**段階 2** から**段階 3** で考察した現象の左右が逆転し，しばらくは左指が滑る。これらの現象が交互に繰り返され，最後には左右の指がものさしの重心の近くで接することになる。

第4問

授業中の外部の騒音に困ったPさんとQさんは「音を使って音を消すことはできないのかな？」と考え，先生に相談した。次の問い(**問1～5**)に答えよ。ただし，会話文の内容は正しいものとする。(配点　30)

問1　次の会話文中の空欄 ア ・ イ にはそれぞれの直後の｛　｝内の語句および図のいずれか一つが入る。入れるものを示す記号の組合せとして最も適当なものを，後の①～⑧のうちから一つ選べ。 15

先　生：まずは音ではなくウェーブマシンを伝わる横波で考えましょうか。ここでは単純化して，図1のように，三角形の波形をもつ二つの波が，たがいに逆向きに同じ速さで進行している場合を考えましょう。これらの波が出あって図2のように重なったとき，合成波の変位は0になります。

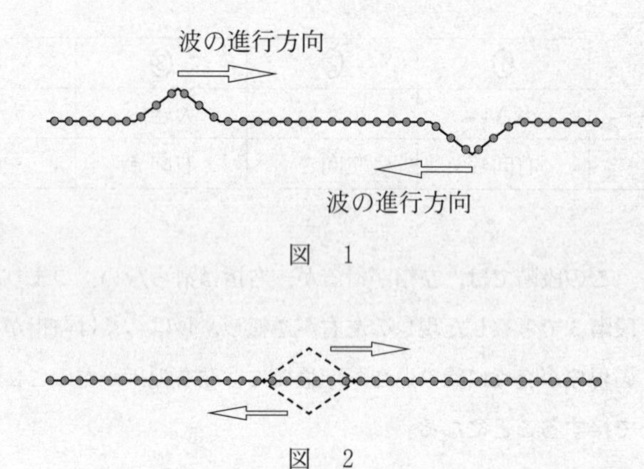

図　1

図　2

Pさん：この状態では波がなくなってしまっているから，これ以降も波は完全に消えてしまうのかな？

Qさん：それはよくある間違いだよ。もし完全に消えてしまったら，最初に波のもっていた力学的エネルギーがなくなってしまうことになり，その保存則に反することになるね。実際には，

ア ｛(a)　屈折の法則　(b)　反射の法則　(c)　波の独立性　(d)　熱力学第二法則｝

からわかるように，図 2 の状態になった後

イ

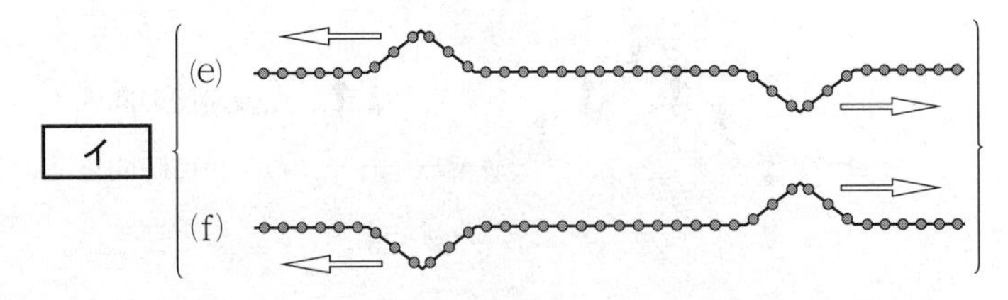

のようになるから波は消えてしまわないよね。

15 の選択肢

	①	②	③	④	⑤	⑥	⑦	⑧
ア	(a)	(a)	(b)	(b)	(c)	(c)	(d)	(d)
イ	(e)	(f)	(e)	(f)	(e)	(f)	(e)	(f)

問 2　次の会話文中の空欄 ウ ・ エ にはそれぞれ直後の｛　｝内の図のいずれか一つが入る。入れる図を示す記号の組合せとして最も適当なものを，後の①～⑥のうちから一つ選べ。 16

先　生：図 2 の状態の後でも波が消えない理由をもう少し考えてみましょうか。波が出あう前には，図 1 の左側にある，波が右へ進んでいる部分では，各点の速度は図 3 の矢印の向きになります。

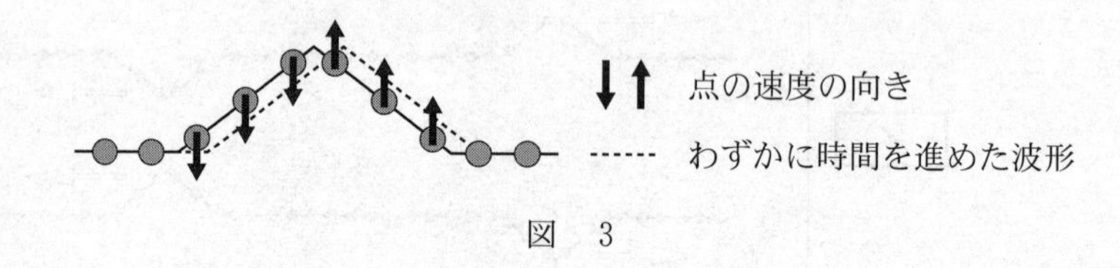

図　3

同じように考えると，図 1 の右側にある，波が左へ進んでいる部分では，各点の速度はどちらを向くかわかりますか？

Qさん： ウ

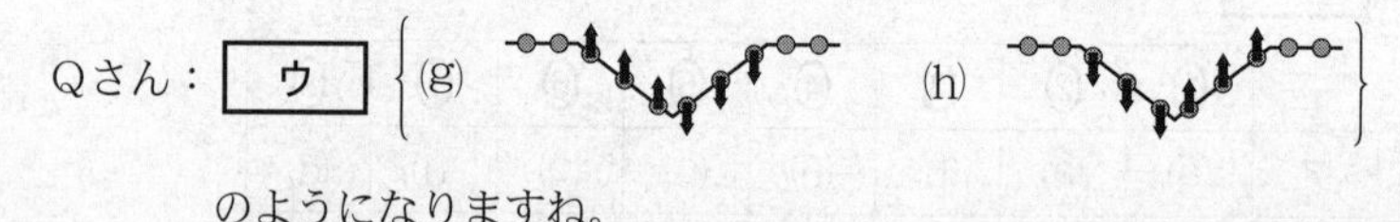

のようになりますね。

先　生：すると，合成波について，各点の速度の向きはどうなりますか？波の重ね合わせの原理はすべての時刻で成り立つから，変位の時間に対する変化率である各点の速度についても重ね合わせの原理が使えると思ってよいです。

Qさん：図 2 のように，二つの波が重なって合成波の変位が 0 になっているとき，重なっている部分での各点の速度の向きは

エ

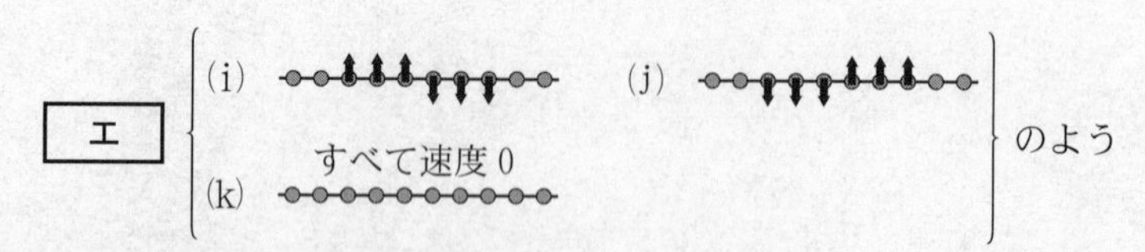

のようになりますね。

Pさん：なるほど，こう考えると波が消えない理由がわかりますね。

16 の選択肢

	①	②	③	④	⑤	⑥
ウ	(g)	(g)	(g)	(h)	(h)	(h)
エ	(i)	(j)	(k)	(i)	(j)	(k)

先　生：広がる波の場合，重ね合わせによって波が消える条件も複雑になります。次は平面上を伝わる横波を考えましょう。平面上の波源Aと波源Bから円形の波面をもつ波が広がっていくと，二つの波が重なり合って，ある時刻では図4のようになります。ただし，変位は平面に垂直で，二つの波源は同位相で振動しているとします。

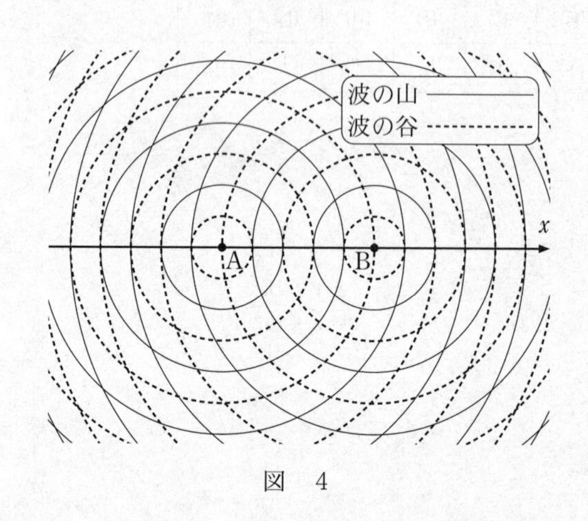

図　4

Pさん：波の波長をλとすると，この二つの波源の間の距離は$\frac{5\lambda}{2}$ですね。

Qさん：そうですね。図4のA，Bを通る直線上にできる波だけを，Aを原点にしてx軸の正の向きをA→Bの向きにとってグラフを描くと図5のようになりました。ただし，波源から離れることで波の振幅が小さくなることは無視しています。

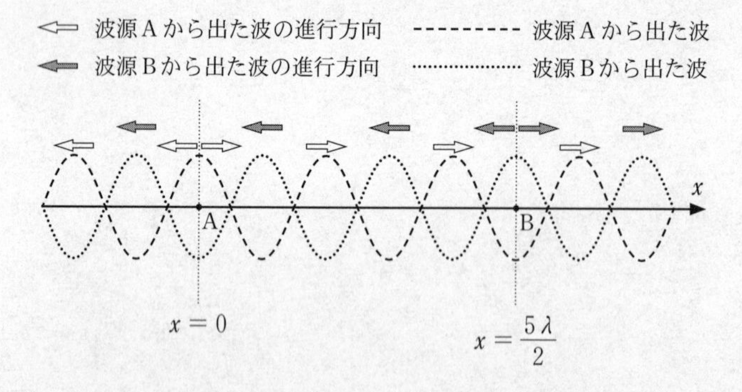

図　5

Ｐさん：この瞬間はA，Bを通る直線上では合成波が消えているんだね。でもずっと消えたままかどうかは，じっくり考えないと。

先　生：時間が経過すると変位はどう変わるでしょうか。どちらの波も，波源より左側では左向き，波源より右側では右向きに進行するので，少し時間がたった後のグラフは図6のようになることに注意して考えていきましょう。

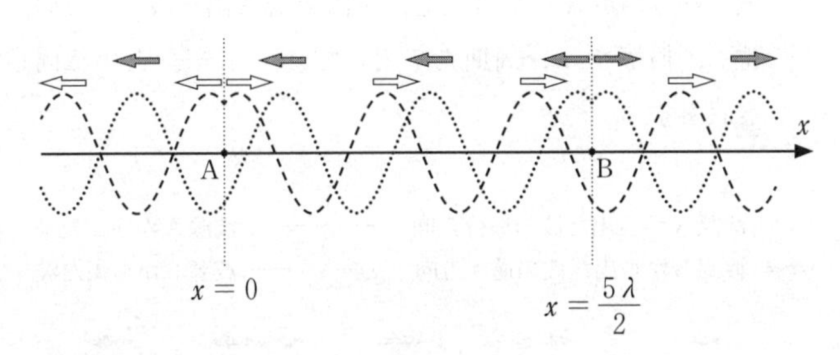

図　6

問 3　図5に示した状態より $\dfrac{1}{4}$ 周期後の合成波の図として最も適当なものを，次の①～⑧のうちから一つ選べ。 17

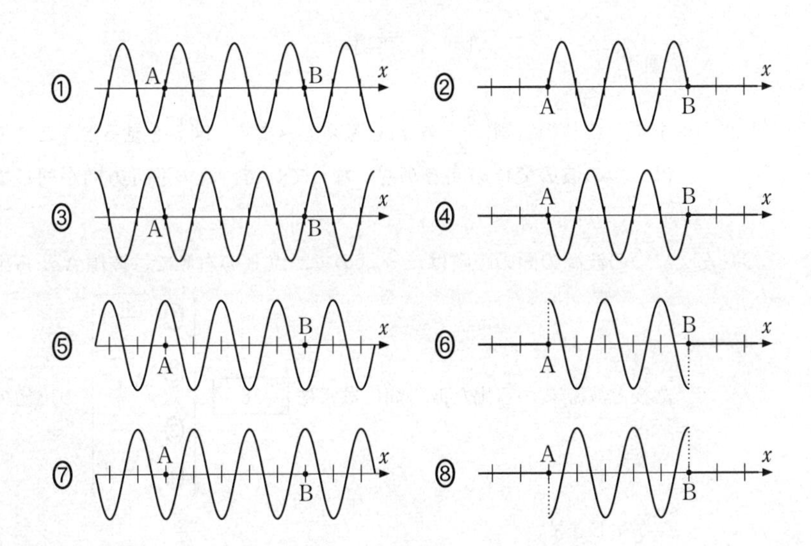

問 4　次の会話文の空欄 [18] ・ [19] に入れる式として最も適当なものを，それぞれの直後の｛　｝で囲んだ選択肢のうちから一つずつ選べ。

先　生：**問 3** で求めた図において合成波の変位が 0 の位置で，時間によらずその変位が 0 になるかどうかを数式で確認してみましょう。

図 5 が $t = 0$ の瞬間だと考えると，時刻 t における波源 A から出た波(----)の点 A での変位も，波源 B から出た波(·········)の点 B での変位も，振幅を A_0，周期を T として $A_0 \cos \dfrac{2\pi t}{T}$ という同じ式で表現されます。

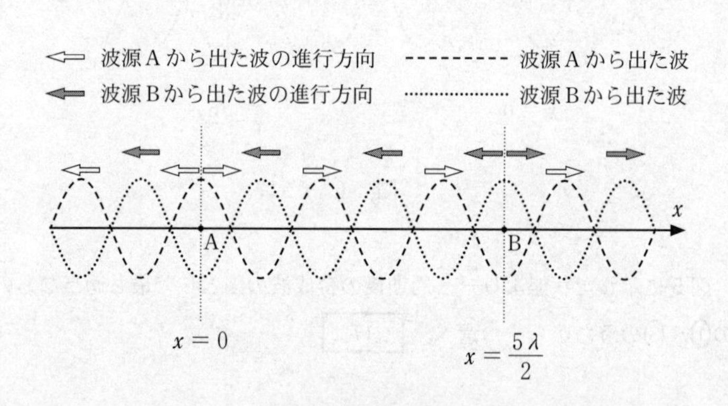

図　5 (再掲)

P さん：まず，点 B の右側$\left(\dfrac{5\lambda}{2} \leqq x\right)$を考えてみます。図 5 を見ると，ここでは二つの波の変位の向きが逆になっていて，波の進行方向が同じです。

Q さん：二つの波源の間の距離は $\dfrac{5\lambda}{2}$ なので，点 B の右側では波源 A から出た波と波源 B から出た波の間には常に [18] ｛① $\dfrac{\pi}{2}$　② $\dfrac{5\pi}{4}$　③ $\dfrac{5\pi}{2}$　④ 5π｝の位相の差が生じます。

先　生：点Bの右側では，二つの波は常に逆位相になっているので，打ち消しあうことが確認できました。この打ち消しあいは点Aの左側でも同じですね。

次に，点Aと点Bの間$\left(0 < x < \dfrac{5\lambda}{2}\right)$の範囲を考えてみましょう。時刻$t$，座標$x$の点における波源Aから出た波の変位は，

$y_A = A_0 \cos\dfrac{2\pi}{T}\left(t - \dfrac{x}{v}\right)$と表されます。

Qさん：波源Bから出た波も同様に考えることができます。点Bから座標xまでの距離を考えれば，時刻t，座標xの点における波源Bから出た波の変位は，

$y_B =$ 19
① $A_0 \cos\dfrac{2\pi}{T}\left\{t - \dfrac{1}{v}\left(x - \dfrac{5\lambda}{2}\right)\right\}$
② $A_0 \cos\dfrac{2\pi}{T}\left\{t - \dfrac{1}{v}\left(x + \dfrac{5\lambda}{2}\right)\right\}$
③ $A_0 \cos\dfrac{2\pi}{T}\left\{t + \dfrac{1}{v}\left(x - \dfrac{5\lambda}{2}\right)\right\}$
④ $A_0 \cos\dfrac{2\pi}{T}\left\{t + \dfrac{1}{v}\left(x + \dfrac{5\lambda}{2}\right)\right\}$
と表されます。

先　生：波が打ち消しあう位置では，波源Aから出た波と波源Bから出た波の位相が常に逆になっています。合成波の変位$y_A + y_B$の式に，**問3**で求めた合成波の図において変位が0の座標xを代入すると，時間によらずその位置の変位が0となることが確認できるでしょう。

問 5　次の会話文の空欄 **20** に入れる語句として最も適当なものを，直後の { } で囲んだ選択肢から一つ選べ。

先　生：それでは次に線分 AB 以外の平面上に範囲をひろげて考えてみましょう。図 7 は，図 4 に点 P_1～点 P_3 を加えたものです。

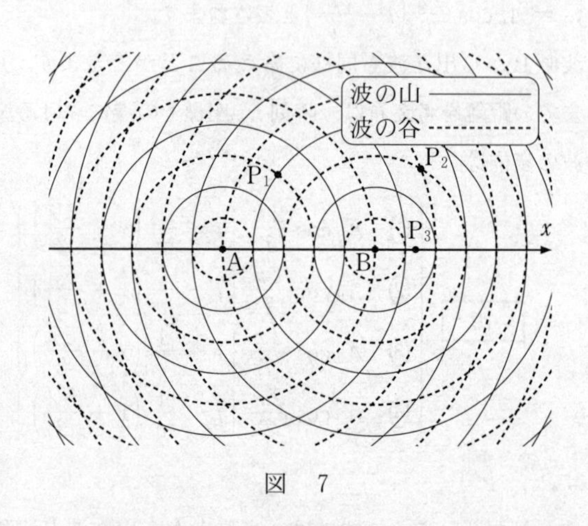

図　7

Qさん：点 P_1～点 P_3 の内で，常に波が弱めあう点をすべて選ぶと，

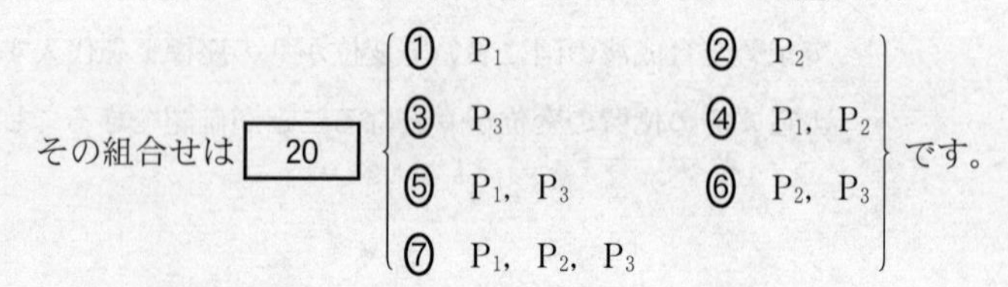

その組合せは **20**
① P_1
② P_2
③ P_3
④ P_1，P_2
⑤ P_1，P_3
⑥ P_2，P_3
⑦ P_1，P_2，P_3
です。

Pさん：あらゆる場所で音を消すのは難しいみたいですね。しかし，ある振動数の音に対して特定の場所に限れば音で音を消すことができそうだということがわかりました。

先　生：実際に空気中を伝わる音波は縦波ですが，同様の議論が成り立ちます。また，ここでは波源から出る二つの波を同位相として考察しましたが，逆位相の波によって音を消すこともできます。この原理を応用したものにアクティブ・ノイズキャンセリング・ヘッドフォンがあります。

2022

共通テスト
本試験

物理

解答時間 60 分
配点 100 点

物　　　理

（解答番号 [1] ～ [25]）

第1問　次の問い（問1～5）に答えよ。（配点　25）

問1　次の文章中の空欄 [1] に入れる式として正しいものを，後の①～④のうちから一つ選べ。

図1のように，2個の小球を水面上の点 S_1，S_2 に置いて，鉛直方向に同一周期，同一振幅，**逆位相**で単振動させると，S_1，S_2 を中心に水面上に円形波が発生した。図1に描かれた実線は山の波面を，破線は谷の波面を表す。水面上の点PとS$_1$，S$_2$ の距離をそれぞれ l_1，l_2，水面波の波長を λ とし，$m=0$，1，2，…とすると，Pで水面波が互いに強めあう条件は，$|l_1-l_2|=$ [1] と表される。ただし，S_1 と S_2 の間の距離は波長の数倍以上大きいとする。

① $m\lambda$　　② $\left(m+\frac{1}{2}\right)\lambda$　　③ $2m\lambda$　　④ $(2m+1)\lambda$

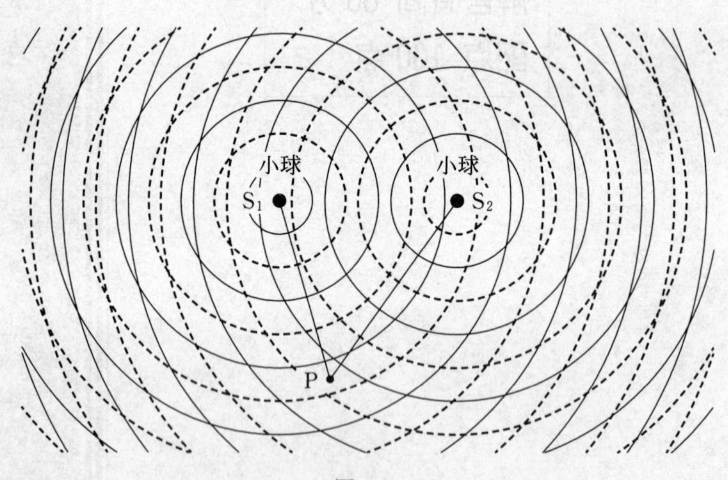

図　1

問 2　次の文章中の空欄 [2] に入れる選択肢として最も適当なものを，次ページの①～④のうちから一つ，空欄 [3] に入れる語句として，最も適当なものを，直後の｛　｝で囲んだ選択肢のうちから一つ選べ。

図 2 (a)のように，垂直に矢印を組み合わせた形の光源とスクリーンを，凸レンズの光軸上に配置したところ，スクリーン上に光源の実像ができた。スクリーンは光軸と垂直であり，F，F′ はレンズの焦点である。スクリーンと光軸の交点を座標の原点にして，スクリーンの水平方向に x 軸をとり，レンズ側から見て右向きを正とし，鉛直方向に y 軸をとり上向きを正とする。光源の太い矢印は y 軸方向正の向き，細い矢印は x 軸方向正の向きを向いている。このとき，観測者がレンズ側から見ると，スクリーン上の像は [2] である。

次に図 2 (b)のように，光を通さない板でレンズの中心より上半分を通る光を完全に遮(さえぎ)った。スクリーン上の像を観測すると，

[3] ｛
① 像の $y > 0$ の部分が見えなくなった。
② 像の $y < 0$ の部分が見えなくなった。
③ 像の全体が暗くなった。
④ 像にはなにも変化がなかった。
｝

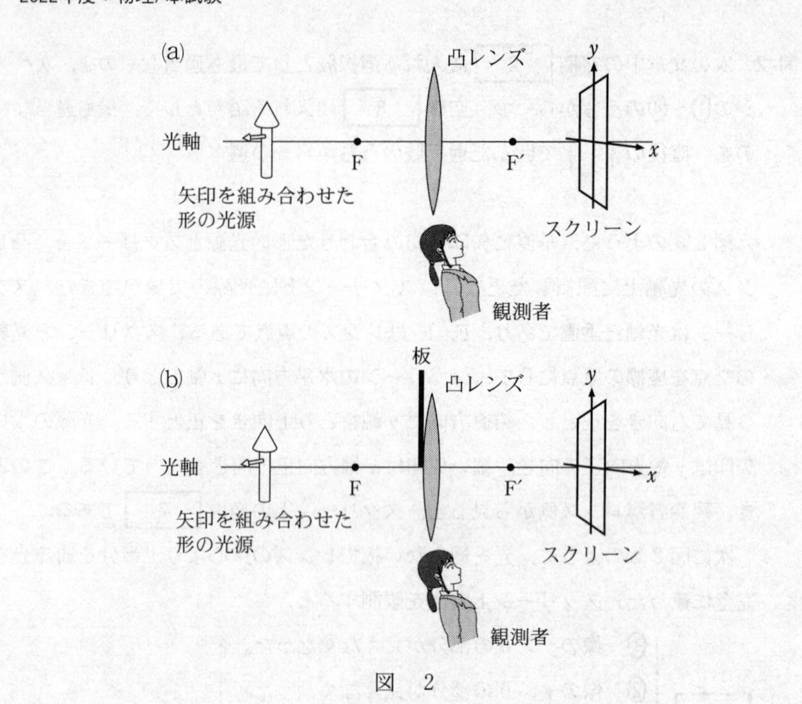
(a)
凸レンズ
y
光軸
F
F′
x
矢印を組み合わせた
形の光源
スクリーン
観測者
(b)
板
凸レンズ
y
光軸
F
F′
x
矢印を組み合わせた
形の光源
スクリーン
観測者

図　2

2 の選択肢

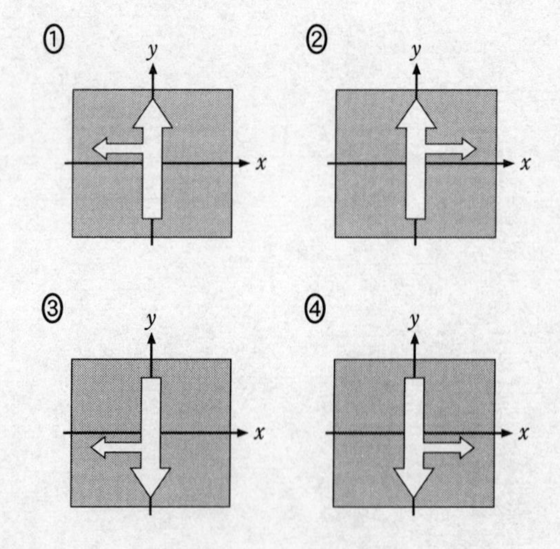
①
y
x
②
y
x
③
y
x
④
y
x

問 3　質量が M で密度と厚さが均一な薄い円板がある。この円板を，外周の点 P に糸を付けてつるした。次に，円板の中心の点 O から直線 OP と垂直な方向に距離 d だけ離れた点 Q に，質量 m の物体を軽い糸で取り付けたところ，図 3 のようになって静止した。直線 OQ 上で点 P の鉛直下方にある点を C としたとき，線分 OC の長さ x を表す式として正しいものを，後の①～④のうちから一つ選べ。$x =$ [4]

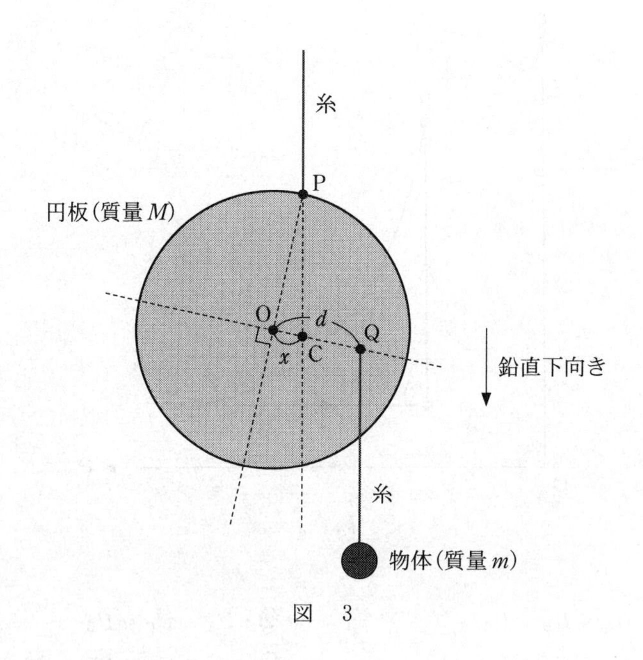

図　3

①　$\dfrac{m}{M-m}d$　　②　$\dfrac{m}{M+m}d$　　③　$\dfrac{M}{M-m}d$　　④　$\dfrac{M}{M+m}d$

問 4　理想気体が容器内に閉じ込められている。図4は，この気体の圧力 p と体積 V の変化を表している。はじめに状態Aにあった気体を定積変化させ状態Bにした。次に状態Bから断熱変化させ状態Cにした。さらに状態Cから定圧変化させ状態Aに戻した。状態A，B，Cの内部エネルギー U_A，U_B，U_C の関係を表す式として正しいものを，後の①～⑧のうちから一つ選べ。 5

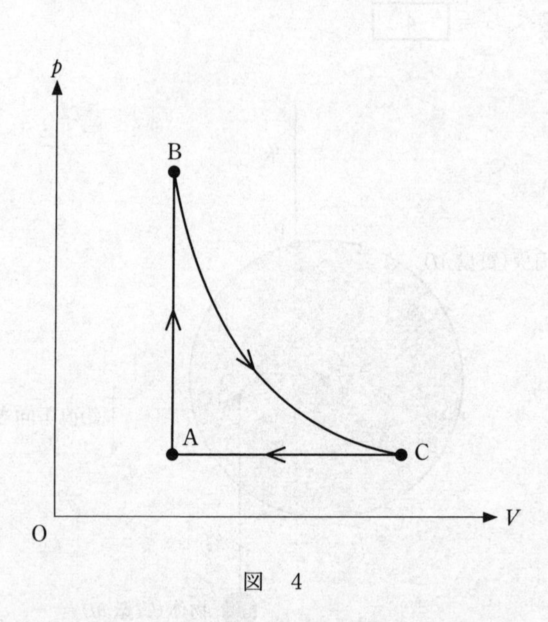

図　4

① $U_A < U_B < U_C$　　② $U_A < U_C < U_B$

③ $U_B < U_A < U_C$　　④ $U_B < U_C < U_A$

⑤ $U_C < U_A < U_B$　　⑥ $U_C < U_B < U_A$

⑦ $U_B = U_C < U_A$　　⑧ $U_A < U_B = U_C$

問 5　次の文章中の空欄 ア ～ ウ に入れる記号と式の組合せとして最も適当なものを，次ページの①～⑧のうちから一つ選べ。 6

図5のように，空気中に十分に長い2本の平行導線(導線1，導線2)を xy 平面に対して垂直に置き，同じ向き(図5の上向き)に電流を流す。それぞれの電流の大きさは I_1 と I_2，導線の間隔は r である。このとき，導線1の電流が導線2の位置につくる磁場の向きは ア である。また，この磁場から導線2を流れる電流が受ける力の向きは イ であり，導線2の長さ l の部分が受ける力の大きさは ウ である。ただし，空気の透磁率は真空の透磁率 μ_0 と同じとする。

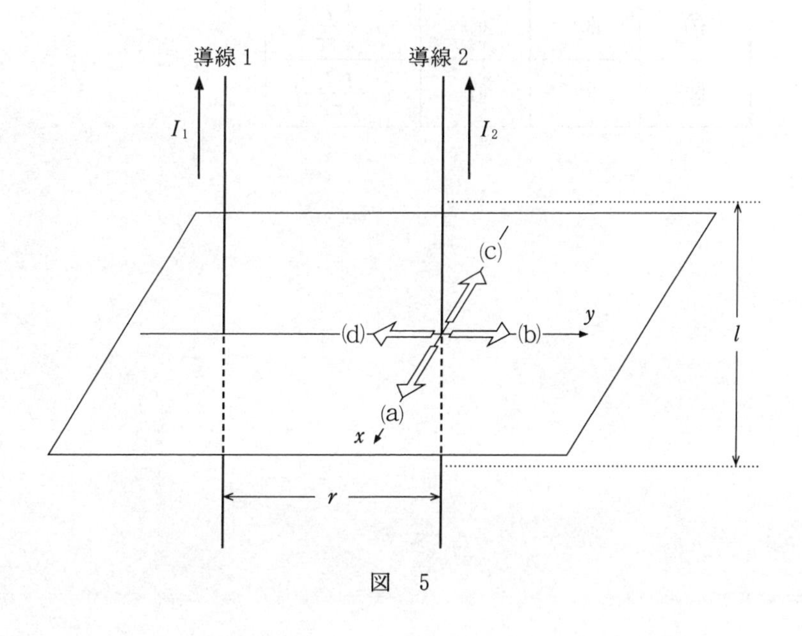

図　5

	ア	イ	ウ
①	(a)	(b)	$\mu_0 \frac{I_1 I_2}{2\pi r} l$
②	(a)	(b)	$\mu_0 \frac{I_1 I_2}{2\pi r^2} l$
③	(a)	(d)	$\mu_0 \frac{I_1 I_2}{2\pi r} l$
④	(a)	(d)	$\mu_0 \frac{I_1 I_2}{2\pi r^2} l$
⑤	(c)	(b)	$\mu_0 \frac{I_1 I_2}{2\pi r} l$
⑥	(c)	(b)	$\mu_0 \frac{I_1 I_2}{2\pi r^2} l$
⑦	(c)	(d)	$\mu_0 \frac{I_1 I_2}{2\pi r} l$
⑧	(c)	(d)	$\mu_0 \frac{I_1 I_2}{2\pi r^2} l$

第2問　物体の運動に関する探究の過程について，後の問い(**問1～6**)に答えよ。(配点　30)

Aさんは，買い物でショッピングカートを押したり引いたりしたときの経験から，「物体の速さは物体にはたらく力と物体の質量のみによって決まり，(a)ある時刻の物体の速さ v は，その時刻に物体が受けている力の大きさ F に比例し，物体の質量 m に反比例する」という仮説を立てた。Aさんの仮説を聞いたBさんは，この仮説は誤った思い込みだと思ったが，科学的に反論するためには実験を行って確かめることが必要であると考えた。

問1　下線部(a)の内容を v，F，m の関係として表したグラフとして最も適当なものを，次の①～④のうちから一つ選べ。　7

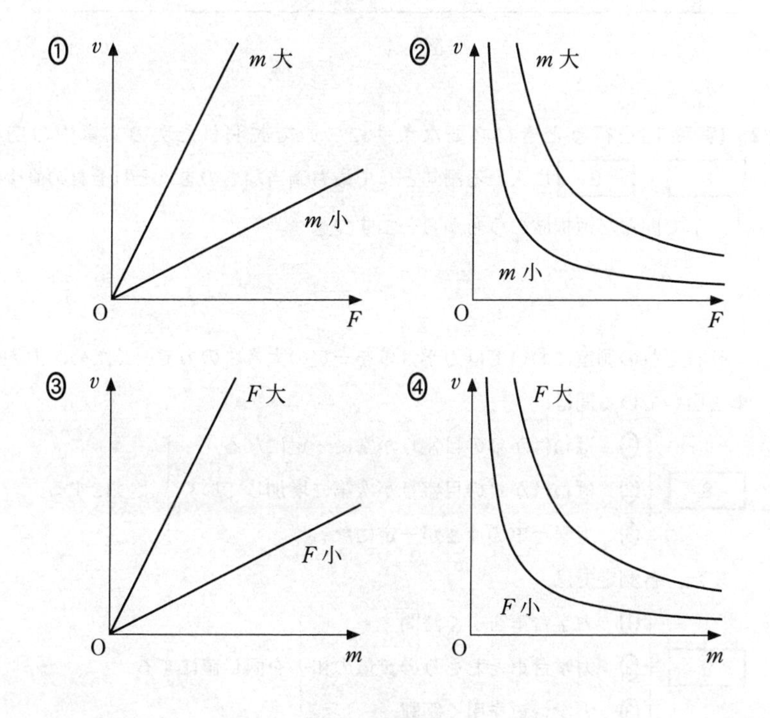

Bさんは，水平な実験机上をなめらかに動く力学台車と，ばねばかり，おもり，記録タイマー，記録テープからなる図1のような装置を準備した。そして，物体に一定の力を加えた際の，力の大きさや質量と物体の速さの関係を調べるために，次の2通りの実験を考えた。

【実験1】　いろいろな大きさの力で力学台車を引く測定を繰り返し行い，力の大きさと速さの関係を調べる実験。

【実験2】　いろいろな質量のおもりを用いる測定を繰り返し行い，物体の質量と速さの関係を調べる実験。

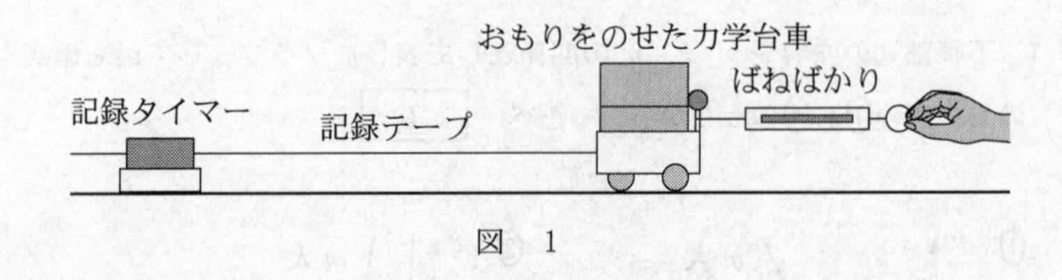

図　1

問 2　**【実験1】**を行うときに必要な条件について説明した次の文章中の空欄 [8] ・ [9] に入れる語句として最も適当なものを，それぞれの直後の { } で囲んだ選択肢のうちから一つずつ選べ。

それぞれの測定においては力学台車を一定の大きさの力で引くため，力学台車を引いている間は，

[8] { ① ばねばかりの目盛りが常に一定になる / ② ばねばかりの目盛りが次第に増加していく / ③ 力学台車の速さが一定になる } ようにする。

また，各測定では，

[9] { ① 力学台車を引く時間 / ② 力学台車とおもりの質量の和 / ③ 力学台車を引く距離 } を同じ値にする。

【実験 2】として，力学台車とおもりの質量の合計が

ア：3.18 kg　　イ：1.54 kg　　ウ：1.01 kg

の 3 通りの場合を考え，各測定とも台車を同じ大きさの一定の力で引くことにした。

この実験で得られた記録テープから，台車の速さ v と時刻 t の関係を表す図 2 のグラフを描いた。ただし，台車を引く力が一定となった時刻をグラフの $t = 0$ としている。

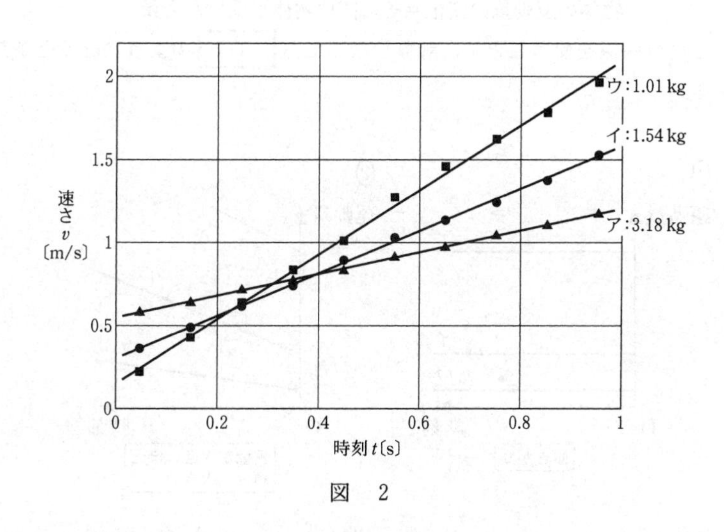

図　2

問 3　図 2 の実験結果から A さんの仮説が誤りであると判断する根拠として，最も適当なものを，次の①～④のうちから一つ選べ。 **10**

① 質量が大きいほど速さが大きくなっている。

② 質量が 2 倍になると，速さは $\frac{1}{4}$ 倍になっている。

③ 質量による運動への影響は見いだせない。

④ ある質量の物体に一定の力を加えても，速さは一定にならない。

Aさんの仮説には，実験で確かめた誤り以外にも，見落としている点がある。物体の速さを考えるときには，その時刻に物体が受けている力だけでなく，それまでに物体がどのように力を受けてきたかについても考えなければならない。

速さの代わりに質量と速度で決まる運動量を用いると，物体が受けてきた力による力積を使って，物体の運動状態の変化を議論することができる。

問 4　次の文章中の空欄 **11** に入れるグラフとして最も適当なものを，後の①～④のうちから一つ選べ。

図2を運動量と時刻のグラフに描き直したときの概形は，

物体の運動量の変化＝その間に物体が受けた力積

という関係を使うことで，計算しなくても **11** のようになると予想できる。

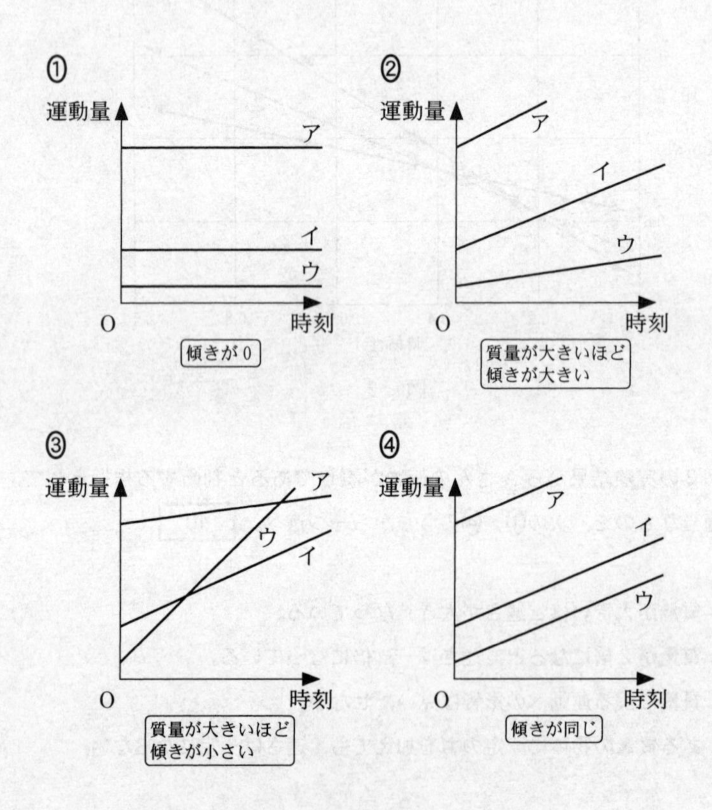

さらに，Bさんは，一定の速さで運動をしている物体の質量を途中で変えるとどうなるだろうかという疑問を持ち，次の2通りの実験を行った。

問5　小球を発射できる装置がついた質量M_1の台車と，質量m_1の小球を用意した。この装置は，台車の水平な上面に対して垂直上向きに，この小球を速さv_1で発射できる。図3のように，水平右向きに速度Vで等速直線運動する台車から小球を打ち上げた。このとき，小球の打ち上げの前後で，台車と小球の運動量の水平成分の和は保存する。小球を打ち上げる直前の速度Vと，小球を打ち上げた直後の台車の速度V_1の関係式として正しいものを，後の①～⑥のうちから一つ選べ。 12

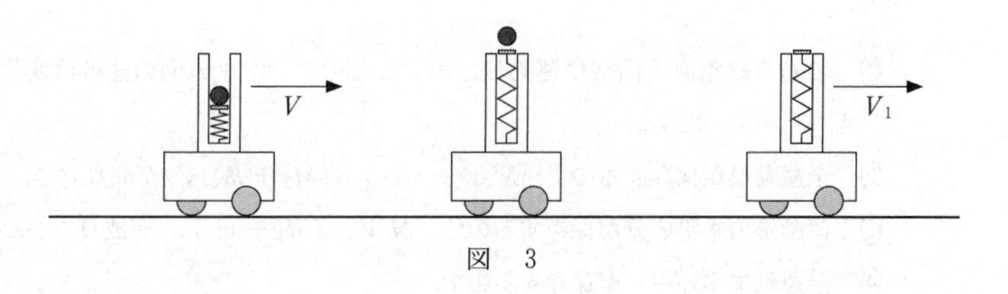

図　3

① $V = V_1$

② $(M_1 + m_1)V = M_1V_1$

③ $M_1V = (M_1 + m_1)V_1$

④ $M_1V = m_1V_1$

⑤ $\frac{1}{2}(M_1 + m_1)V^2 = \frac{1}{2}M_1{V_1}^2$

⑥ $\frac{1}{2}(M_1 + m_1)V^2 = \frac{1}{2}M_1{V_1}^2 + \frac{1}{2}m_1{v_1}^2$

問 6　次に，図4のように，水平右向きに速度 V で等速直線運動する質量 M_2 の台車に質量 m_2 のおもりを落としたところ，台車とおもりが一体となって速度 V と同じ向きに，速度 V_2 で等速直線運動した。ただし，おもりは鉛直下向きに落下して速さ v_2 で台車に衝突したとする。V と V_2 が満たす関係式を説明する文として最も適当なものを，後の①～⑤のうちから一つ選べ。 13

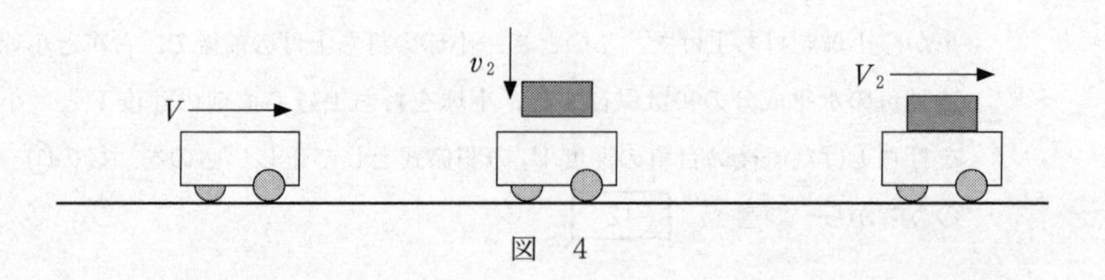

図　4

① おもりは鉛直下向きに運動して衝突したので，水平方向の速度は変化せず，$V = V_2$ である。

② 全運動量が保存するので，$M_2V + m_2v_2 = (M_2 + m_2)V_2$ が成り立つ。

③ 運動量の水平成分が保存するので，$M_2V = (M_2 + m_2)V_2$ が成り立つ。

④ 全運動エネルギーが保存するので，
$\frac{1}{2}M_2V^2 + \frac{1}{2}m_2{v_2}^2 = \frac{1}{2}(M_2 + m_2){V_2}^2$ が成り立つ。

⑤ 運動エネルギーの水平成分が保存するので，
$\frac{1}{2}M_2V^2 = \frac{1}{2}(M_2 + m_2){V_2}^2$ が成り立つ。

第3問　次の文章を読み，後の問い(問1～5)に答えよ。(配点　25)

図1のように，二つのコイルをオシロスコープにつなぎ，平面板をコイルの中を通るように水平に設置した。台車に初速を与えてこの板の上で走らせる。台車に固定した細長い棒の先に，台車の進行方向にN極が向くように軽い棒磁石が取り付けられている。二つのコイルの中心間の距離は0.20 mである。ただし，コイル間の相互インダクタンスの影響は無視でき，また，台車は平面板の上をなめらかに動く。

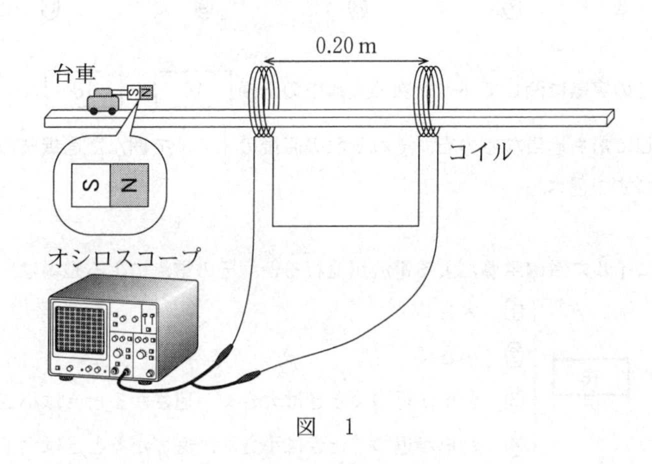

図　1

台車が運動することにより，コイルには誘導起電力が発生する。オシロスコープにより電圧を測定すると，台車が動き始めてからの電圧は，図2のようになった。

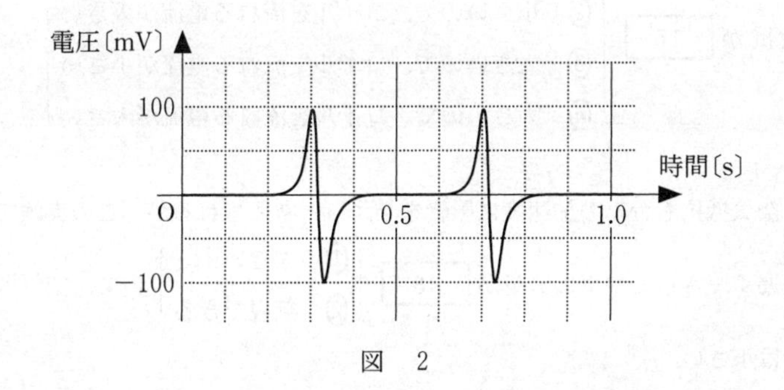

図　2

問 1　このコイルとオシロスコープの組合せを，スピードメーターとして使うことができる。この台車の運動を等速直線運動と仮定したとき，図 2 から読み取れる台車の速さを，有効数字 1 桁で求めるとどうなるか。次の式中の空欄 [14]・[15] に入れる数字として最も適当なものを，後の①～⓪のうちから一つずつ選べ。ただし，同じものを繰り返し選んでもよい。

[14] $\times 10^{-\boxed{15}}$ m/s

①　1　　②　2　　③　3　　④　4　　⑤　5
⑥　6　　⑦　7　　⑧　8　　⑨　9　　⓪　0

問 2　この実験に関して述べた次の文章中の空欄 [16] ～ [18] に入れる語句として最も適当なものを，それぞれの直後の｛　｝で囲んだ選択肢のうちから一つずつ選べ。

コイルに電磁誘導による電流が流れると，その電流による磁場は，台車の速さを [16] ｛①　大きく　②　小さく　③　台車が近づくときは大きく，遠ざかるときは小さく　④　台車が近づくときは小さく，遠ざかるときは大きく｝する力を及ぼす。しかし，実際の実験ではこの力は小さいので，台車の運動はほぼ等速直線運動とみなしてよかった。力が小さい理由は，オシロスコープの内部抵抗が [17] ｛①　小さいので，コイルを流れる電流が小さい　②　小さいので，コイルを流れる電流が大きい　③　大きいので，コイルを流れる電流が小さい　④　大きいので，コイルを流れる電流が大きい｝からである。

空気抵抗も台車の加速度に影響を与えると考えられるが，この実験では台車が遅く，さらに台車の質量が [18] ｛①　大きい　②　無視できる｝ので，空気抵抗の影響は小さい。

問 3　A さんが，条件を少し変えて実験してみたところ，結果は図 3 のように変わった。

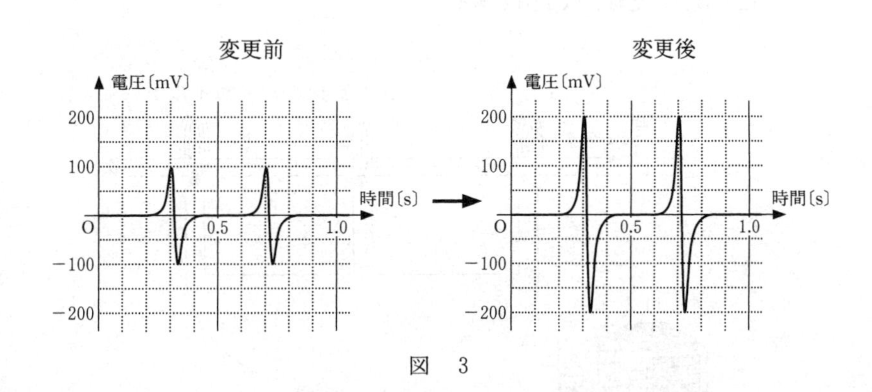

図　3

A さんが加えた変更として最も適当なものを，次の①～⑤のうちから一つ選べ。ただし，選択肢に記述されている以外の変更は行わなかったものとする。また，磁石を追加した場合は，もとの磁石と同じものを使用したものとする。　19

① 台車の速さを $\sqrt{2}$ 倍にした。

② 台車の速さを 2 倍にした。

③ 台車につける磁石を S N S N のように 2 個つなげたものに交換した。

④ 台車につける磁石を N S / S N のように 2 個たばねたものに交換した。

⑤ 台車につける磁石を S N / S N のように 2 個たばねたものに交換した。

Aさんは次に図4のようにコイルを三つに増やして実験をした。ただし，コイルの巻き数はすべて等しく，コイルは等間隔に設置されている。また，台車に取り付けた磁石は1個である。

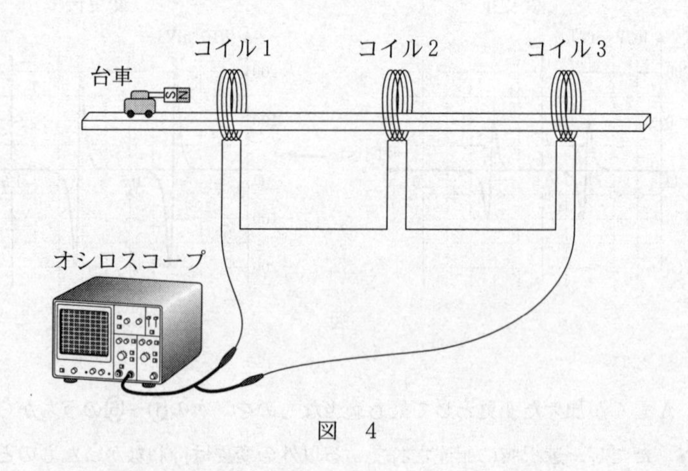

図　4

実験結果は，図5のようになった。

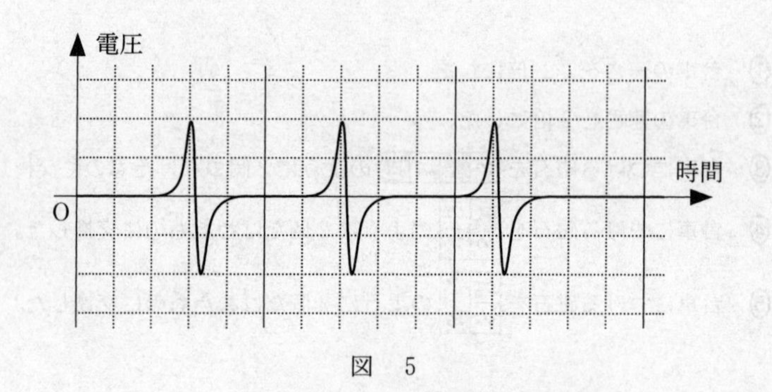

図　5

問 4　BさんがAさんと同じような装置を作り，三つのコイルを用いて実験をしたところ，図6のように，Aさんの図5と違う結果になった。

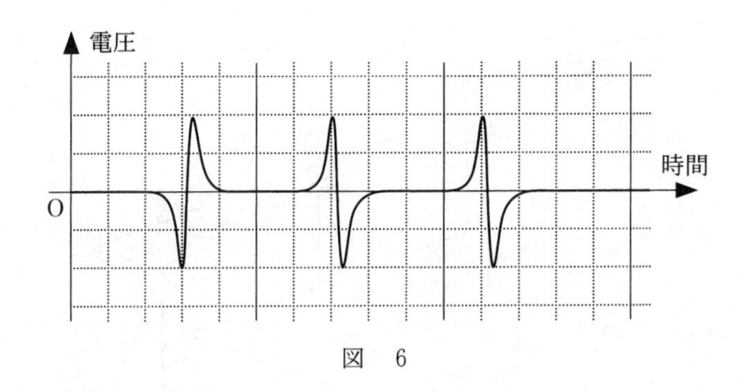

図　6

Bさんの実験装置はAさんの実験装置とどのように違っていたか。最も適当なものを，次の①～⑤のうちから一つ選べ。ただし，選択肢に記述されている以外の違いはなかったものとする。 20

① コイル1の巻数が半分であった。

② コイル2，コイル3の巻数が半分であった。

③ コイル1の巻き方が逆であった。

④ コイル2，コイル3の巻き方が逆であった。

⑤ オシロスコープのプラスマイナスのつなぎ方が逆であった。

問 5 Aさんが図7のように実験装置を傾けて板の上に台車を静かに置くと，台車は板を外れることなくすべり降りた。

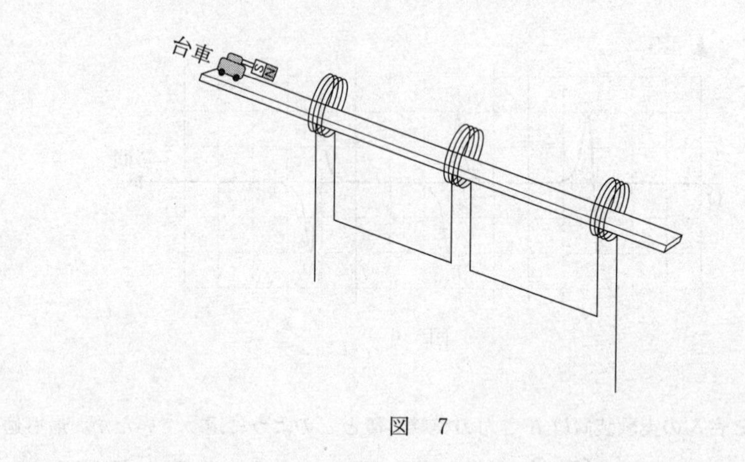

図 7

このとき，オシロスコープで測定される電圧の時間変化を表すグラフの概形として最も適当なものを，次ページの①～⑤のうちから一つ選べ。 21

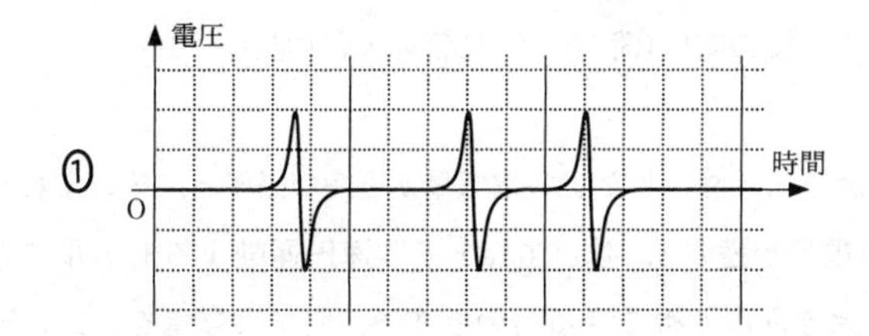
①
電圧
時間
O

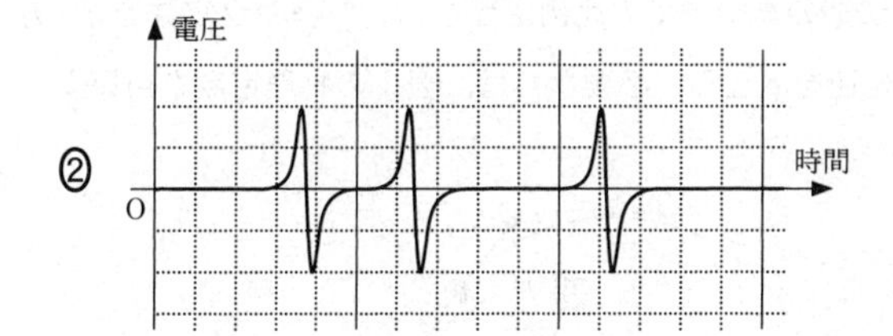
②
電圧
時間
O

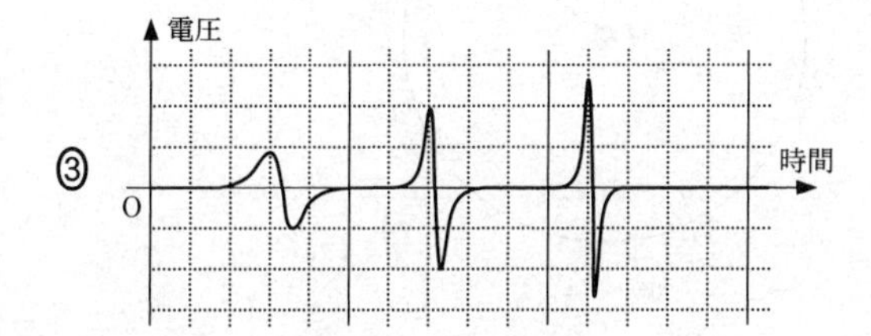
③
電圧
時間
O

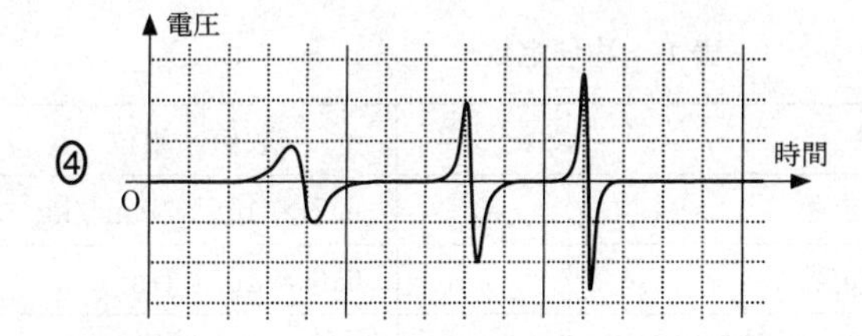
④
電圧
時間
O

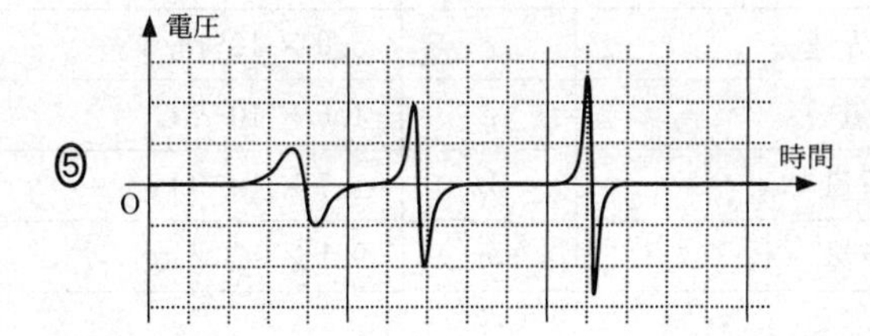
⑤
電圧
時間
O

第4問　次の文章を読み，後の問い(問1～4)に答えよ。(配点　20)

水素原子を，図1のように，静止した正の電気量 e を持つ陽子と，そのまわりを負の電気量 $-e$ を持つ電子が速さ v，軌道半径 r で等速円運動するモデルで考える。陽子および電子の大きさは無視できるものとする。陽子の質量を M，電子の質量を m，クーロンの法則の真空中での比例定数を k_0，プランク定数を h，万有引力定数を G，真空中の光速を c とし，必要ならば，表1の物理定数を用いよ。

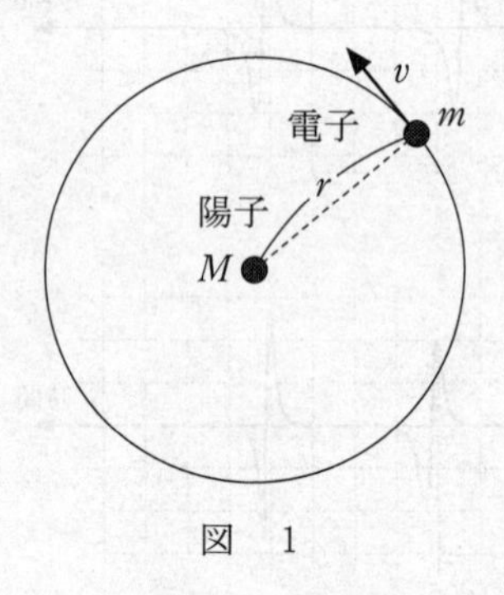

図　1

表1　物理定数

名　称	記　号	数値・単位
万有引力定数	G	$6.7\times10^{-11}\,\mathrm{N\cdot m^2/kg^2}$
プランク定数	h	$6.6\times10^{-34}\,\mathrm{J\cdot s}$
クーロンの法則の真空中での比例定数	k_0	$9.0\times10^{9}\,\mathrm{N\cdot m^2/C^2}$
真空中の光速	c	$3.0\times10^{8}\,\mathrm{m/s}$
電気素量	e	$1.6\times10^{-19}\,\mathrm{C}$
陽子の質量	M	$1.7\times10^{-27}\,\mathrm{kg}$
電子の質量	m	$9.1\times10^{-31}\,\mathrm{kg}$

問 1　次の文章中の空欄 ア ・ イ に入れる式の組合せとして最も適当なものを，後の①～⑥のうちから一つ選べ。 22

図 2(a)のように，半径 r の円軌道上を一定の速さ v で運動する電子の角速度 ω は ア で与えられる。時刻 t での速度 $\overrightarrow{v_1}$ と微小な時間 Δt だけ経過した後の時刻 $t+\Delta t$ での速度 $\overrightarrow{v_2}$ との差の大きさは イ である。

ただし，図 2(b)は $\overrightarrow{v_2}$ の始点を $\overrightarrow{v_1}$ の始点まで平行移動した図であり，$\omega\Delta t$ は $\overrightarrow{v_1}$ と $\overrightarrow{v_2}$ とがなす角である。また，微小角 $\omega\Delta t$ を中心角とする弧(図 2(b)の破線)と弦(図 2(b)の実線)の長さは等しいとしてよい。

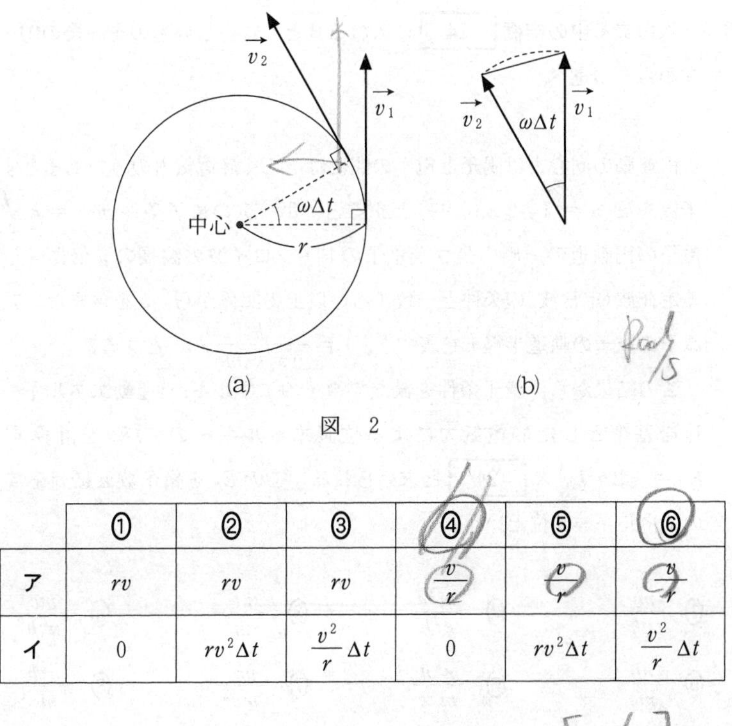

(a)　(b)

図　2

	①	②	③	④	⑤	⑥
ア	rv	rv	rv	$\frac{v}{r}$	$\frac{v}{r}$	$\frac{v}{r}$
イ	0	$rv^2\Delta t$	$\frac{v^2}{r}\Delta t$	0	$rv^2\Delta t$	$\frac{v^2}{r}\Delta t$

問 2　次の文章中の空欄 **23** に入れる数値として最も適当なものを，後の①～⑥のうちから一つ選べ。

水素原子中の電子と陽子の間にはたらくニュートンの万有引力と静電気力の大きさを比較すると，万有引力は静電気力のおよそ $10^{-\boxed{23}}$ 倍であることがわかる。万有引力はこのように小さいので，電子の運動を考える際には，万有引力は無視してよい。

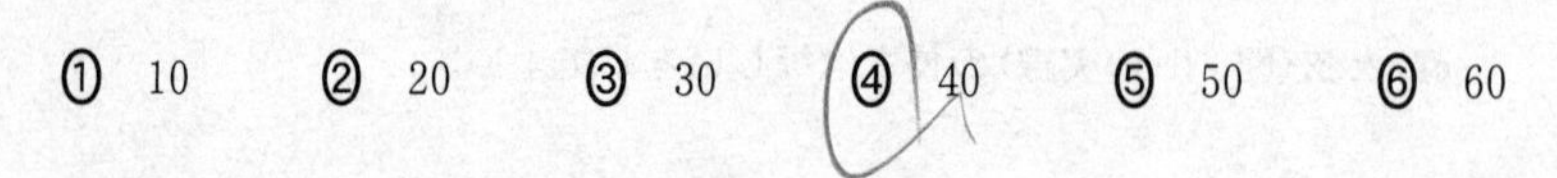

① 10　② 20　③ 30　④ 40　⑤ 50　⑥ 60

問 3　次の文章中の空欄 **24** に入れる式として正しいものを，後の①～⑧のうちから一つ選べ。

円運動の向心力は陽子と電子の間にはたらく静電気力のみであるとする。量子数を n（$n = 1, 2, 3, \cdots$）とすると，ボーアの量子条件 $mvr = n\dfrac{h}{2\pi}$ は，電子の円軌道の一周の長さが電子のド・ブロイ波の波長の n 倍に等しいとする定在波（定常波）の条件と一致する。以上の関係から，v を含まない式で水素原子の電子の軌道半径 r を表すと，$r = \dfrac{h^2}{4\pi^2 k_0 me^2}n^2$ となる。

この結果から，量子条件を満たす電子のエネルギー（運動エネルギーと無限遠を基準とした静電気力による位置エネルギーの和）E_n を計算すると，$E_n = -2\pi^2 k_0{}^2 \times$ **24** と求められる。この E_n を量子数 n に対応する電子のエネルギー準位という。

① $\dfrac{me}{nh}$　② $\dfrac{m^2e}{n^2h}$　③ $\dfrac{me^2}{nh^2}$　④ $\dfrac{me^4}{n^2h^2}$

⑤ $\dfrac{nh}{me}$　⑥ $\dfrac{n^2h}{m^2e}$　⑦ $\dfrac{nh^2}{me^2}$　⑧ $\dfrac{n^2h^2}{me^4}$

問 4　次の文中の空欄 [25] に入れる式として正しいものを，後の①～④のうちから一つ選べ。

水素原子中の電子が，量子数 n のエネルギー準位 E から量子数 n' のより低いエネルギー準位 E' へ移るとき，放出される光子の振動数 ν は，$\nu =$ [25] である。

① $\dfrac{E' - E}{h}$　② $\dfrac{E - E'}{h}$　③ $\dfrac{h}{E' - E}$　④ $\dfrac{h}{E - E'}$

2022

共通テスト
追試験

物理

解答時間 60 分
配点 100 点

物　　理

（解答番号 1 ～ 21 ）

第1問　次の問い（問1～5）に答えよ。（配点　30）

問1　図1のように，水平面内の直線上をなめらかに運動する質量 m_A の台車Aを，同じ直線上をなめらかに運動する質量 m_B の台車Bに追突させる。台車Aにはばねが取り付けてある。図2は，このときの台車A，Bの衝突前後の速度 v と時間 t の関係を表す v-t グラフであり，速度の正の向きは図1の右向きである。次の文中の空欄 1 に入れる語句として最も適当なものを，直後の｛　｝で囲んだ選択肢のうちから一つ選べ。ただし，台車A，Bの車輪とばねの質量は，無視できるものとする。

台車Aの質量と台車Bの質量の比 $\frac{m_A}{m_B}$ は，

1 ｛
① 0.5である。
② 1.0である。
③ 1.5である。
④ 2.0である。
⑤ これだけでは定まらない。
｝

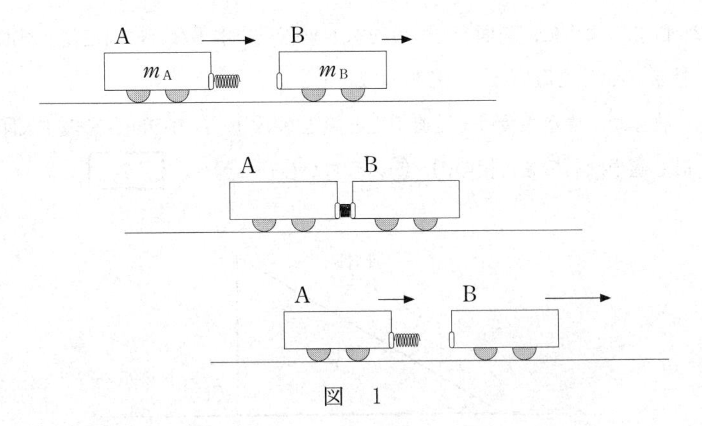
A
B
m_A
m_B
A
B
A
B

図　1

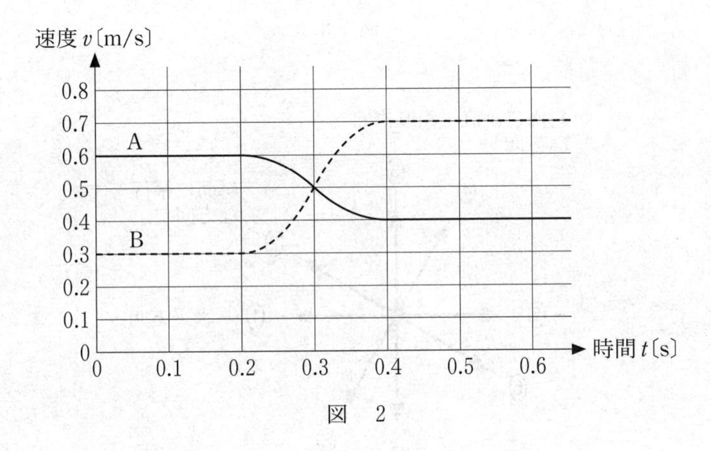
速度 v〔m/s〕
0.8
0.7
0.6
0.5
0.4
0.3
0.2
0.1
0
A
B
0
0.1
0.2
0.3
0.4
0.5
0.6
時間 t〔s〕

図　2

問 2 図3のように，斜面をもつ台をストッパーで水平な床に固定し，斜面上に質量 m の物体を置いたところ物体は静止した。

物体が斜面から受ける垂直抗力と静止摩擦力の合力の向きを表す矢印として最も適当なものを，後の①～⑧のうちから一つ選べ。 2

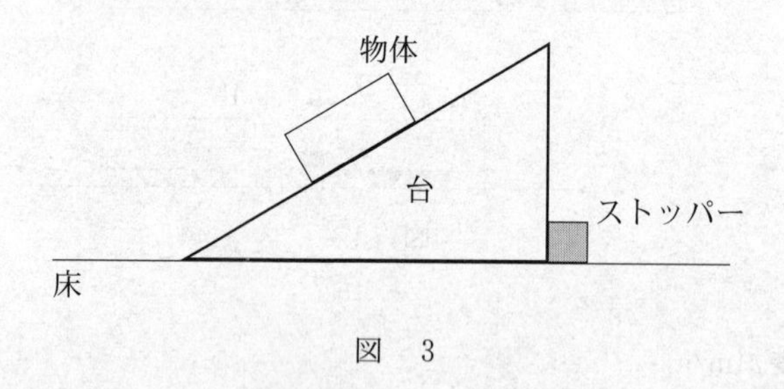

図 3

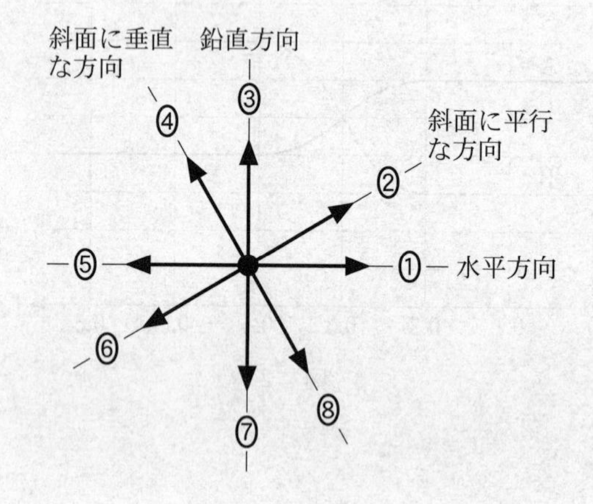

次に，斜面上に観測者を立たせてストッパーを外した後に，台を図 4 のように，右向きに大きさ a の加速度で動かしたところ，物体は斜面上をすべることなく台と一体となって運動した。次の文章の空欄 ア ・ イ に入れる語句の組合せとして最も適当なものを，後の①～④のうちから一つ選べ。 3

台とともに運動する観測者には，物体に水平方向 ア 向きに大きさ ma の慣性力がはたらいているように見える。また，物体が斜面から受ける静止摩擦力の大きさは，台が固定されていたときと比較して イ 。

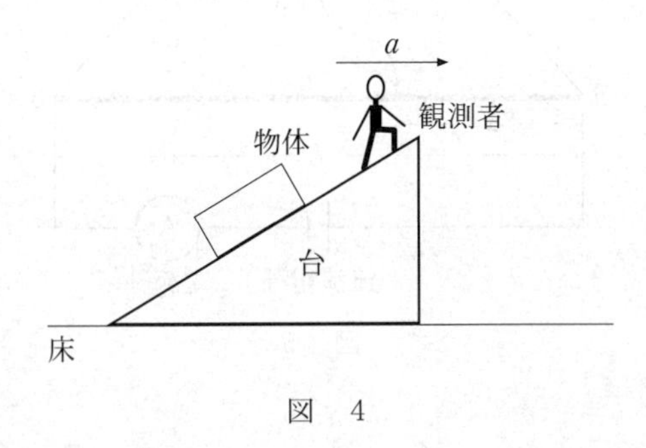

図　4

	①	②	③	④
ア	左	左	右	右
イ	増える	減　る	増える	減　る

問 3　図5のように，長さがLで太さが一様な抵抗線ab，抵抗値がR_1の抵抗1，抵抗値がR_2の抵抗2，検流計G，直流電源，電流計を接続する。接点cは，ab上を自由に移動できる。ここで，点cをab上で動かし，検流計Gに電流が流れない点を見つけた。このときのac間の距離をxとした場合，$\frac{R_1}{R_2}$を表す式として正しいものを，後の①～⑥のうちから一つ選べ。$\frac{R_1}{R_2}=$ **4**

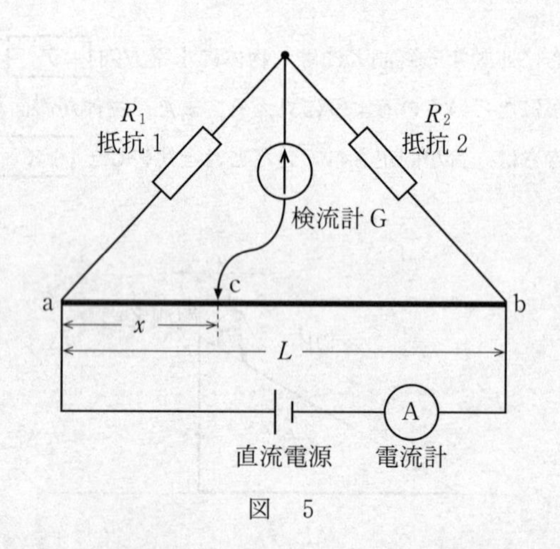

図　5

① $\frac{x}{L}$　② $\frac{x}{L-x}$　③ $\frac{x}{L+x}$

④ $\frac{L}{x}$　⑤ $\frac{L-x}{x}$　⑥ $\frac{L+x}{x}$

問 4　真空中で，図 6 のように，xy 平面内の二つの灰色の領域に，磁束密度の大きさが B の一様な磁場(磁界)が，xy 平面に垂直に，紙面の裏から表の向きにかけられている。質量 m，電気量 $Q\,(Q > 0)$ の粒子が，中間の無色の領域から右の灰色の領域に垂直に入射すると，粒子は半円の軌跡を描いて右の灰色の領域を出て，中間の領域を直進して左の灰色の領域に垂直に入り，左側の磁場中でも半円を描く。中間の領域では粒子を加速するように電場(電界)をかける。これを繰り返し，粒子の速さが大きくなるにつれて，半円の半径 R と半円を描くのに要する時間 T はどのように変化するか。変化の組合せとして最も適当なものを，後の①～⑨のうちから一つ選べ。ただし，粒子は xy 平面内のみを光速より十分小さい速さで運動し，重力の影響と電磁波の放射は無視できるものとする。また，灰色の領域は，中間の領域を除いて無限に広がっているものとする。　5

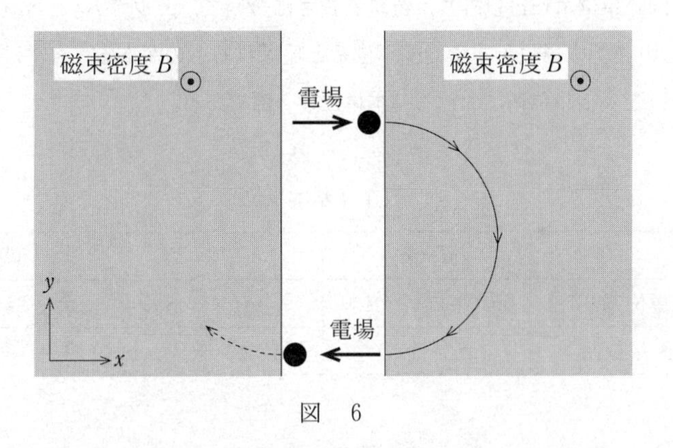

図　6

	①	②	③	④	⑤	⑥	⑦	⑧	⑨
R の変化	減少	減少	減少	増加	増加	増加	一定	一定	一定
T の変化	減少	増加	一定	減少	増加	一定	減少	増加	一定

問 5　次の文章中の空欄 6 に入れる数値として正しいものを，次ページの①～⓪のうちから一つ選べ。

物理量は単なる数値ではなく，(数値)×(単位)である。たとえば，速度 v を表すとき「$v = 36$」の表記は誤りで，「$v = 36\,\mathrm{km/h}$」などの表記が正しい。同じ量を表すとき，単位が違えば

$$36\,\mathrm{km/h} = \frac{36 \times 1\,\mathrm{km}}{1\,\mathrm{h}} = \frac{36 \times 1000\,\mathrm{m}}{3600\,\mathrm{s}} = \frac{36000 \times 1\,\mathrm{m}}{3600 \times 1\,\mathrm{s}} = 10\,\mathrm{m/s}$$

のように数値は変わる。一方，初速度を v_0，加速度を a，時間を t としたときの等加速度直線運動における速度の式 $v = v_0 + at$ は，長さと時間の単位に何を使っても変わらない。

国際単位系(SI)以外に，質量と長さについて，g(グラム)と cm(センチメートル)を基本単位とする cgs 単位系と呼ばれるものがある。表 1 は国際単位系(SI)と cgs 単位系における基本単位の一部である。

表 1　基本単位

	質 量	長 さ	時 間
国際単位系(SI)	kg(キログラム)	m(メートル)	s(秒)
cgs 単位系	g(グラム)	cm(センチメートル)	s(秒)

以下では運動量の単位について考える。表1の二つの単位系では，運動量の大きさ p は

$$p = \overbrace{\boxed{\text{数値(SI)}} \times \frac{\text{kg}\cdot\text{m}}{\text{s}}}^{\text{国際単位系(SI)}} = \overbrace{\boxed{\text{数値(cgs)}} \times \frac{\text{g}\cdot\text{cm}}{\text{s}}}^{\text{cgs 単位系}}$$

のように表現される。

$$1\,\frac{\text{kg}\cdot\text{m}}{\text{s}} = \boxed{\ 6\ } \times 1\,\frac{\text{g}\cdot\text{cm}}{\text{s}}$$

であることから

$$\boxed{\text{数値(SI)}} \times \boxed{\ 6\ } = \boxed{\text{数値(cgs)}}$$

が成り立つ。

① 10^{1}　② 10^{2}　③ 10^{3}　④ 10^{4}　⑤ 10^{5}

⑥ 10^{-1}　⑦ 10^{-2}　⑧ 10^{-3}　⑨ 10^{-4}　⓪ 10^{-5}

第2問 次の文章を読み，後の問い（問1 ～ 5）に答えよ。（配点 25）

振動数 f_0 の十分大きな音を出す音源を用意する。密閉された箱内部に質量 m の物体が糸でつるされている装置に，この音源またはマイクロフォン（マイク）を取り付けて，図1のように，上空から初速度0で鉛直下方に落下させる。装置は図の姿勢を保ったまま落下するものとし，装置の落下の向きを正とする。また，重力加速度の大きさを g，物体を含む装置全体の質量を M，音速を V と表す。ただし，風などの影響はないものとする。

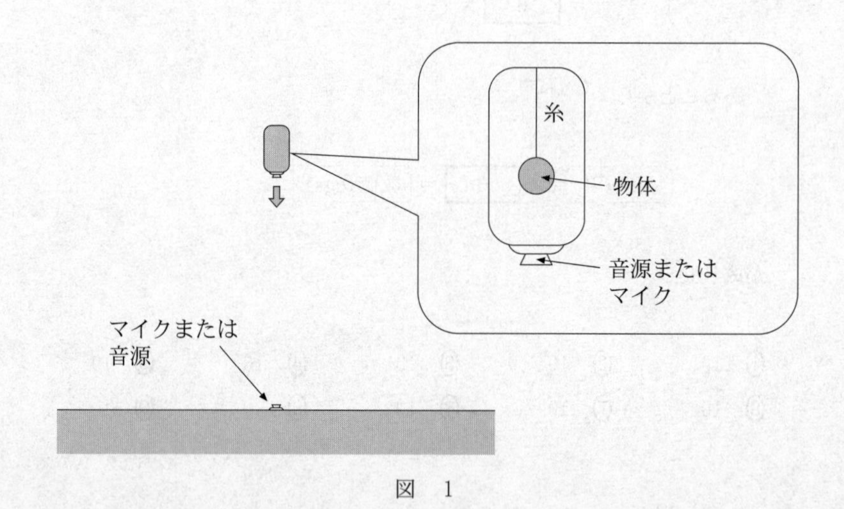

図 1

問 1　十分な高さからこの装置を落下させると，その運動に空気の抵抗力の影響が次第に現れてくる。この抵抗力 F_{R} は装置の落下速度 v に比例し，比例定数 $k\,(k>0)$ を用いて，

$$F_{\mathrm{R}} = -\,kv$$

であるとして考えよう。さて，落下開始後しばらくすると，装置の落下速度は大きさ v' の終端速度に達し，一定となる。この v' を表す式として正しいものを，次の①～⑧のうちから一つ選べ。$v' =$ [7]

① $\dfrac{Mg}{k}$　② $\dfrac{Mk}{g}$　③ $\dfrac{k}{Mg}$　④ Mgk

⑤ $\dfrac{2\,Mg}{k}$　⑥ $\dfrac{2\,Mk}{g}$　⑦ $\dfrac{2\,k}{Mg}$　⑧ $2\,Mgk$

問 2　落下中の糸の張力の大きさを記述する文として最も適当なものを，次の①～⑤のうちから一つ選べ。[8]

① 常に mg である。

② 落下前は mg であるが，落下を開始すると徐々に小さくなり，終端速度に達すると 0 になる。

③ 落下前は mg であるが，落下を開始すると徐々に小さくなるがまた増加し，終端速度に達すると mg に戻る。

④ 落下前は mg であるが，落下を開始すると同時に 0 になり，その値を保つ。

⑤ 落下前は mg であるが，落下を開始すると同時に 0 になり，その後徐々に増加し，終端速度に達すると mg に戻る。

問 3 装置に音源を，地上にマイクを設置した場合，落下開始後しばらくして装置が終端速度(大きさ v')に達した。その後に音源を出た音がマイクに届いたときの振動数 f_1 を表す式として正しいものを，次の①～⑥のうちから一つ選べ。$f_1 =$ 9

① $\dfrac{V+v'}{V}f_0$　② $\dfrac{V}{V+v'}f_0$　③ $\dfrac{V+v'}{V-v'}f_0$

④ $\dfrac{V-v'}{V}f_0$　⑤ $\dfrac{V}{V-v'}f_0$　⑥ $\dfrac{V-v'}{V+v'}f_0$

問 4 逆に，装置にマイクを，地上に音源を設置して落下させた。落下開始後しばらくして装置が終端速度(大きさ v')に達した後，マイクに届いた音の振動数 f_2 を表す式として正しいものを，次の①～⑥のうちから一つ選べ。
$f_2 =$ 10

① $\dfrac{V+v'}{V}f_0$　② $\dfrac{V}{V+v'}f_0$　③ $\dfrac{V+v'}{V-v'}f_0$

④ $\dfrac{V-v'}{V}f_0$　⑤ $\dfrac{V}{V-v'}f_0$　⑥ $\dfrac{V-v'}{V+v'}f_0$

問 5　問 4 のようにマイクがついた装置を時刻 $t = 0$ に落下させる場合，装置の速度は徐々に変化して終端速度に達する。マイクに届いた音の振動数 f と f_0 の差の絶対値 $|f - f_0|$ を，時刻 t を横軸にとって表したグラフの概形として最も適当なものを，次の①～④のうちから一つ選べ。 11

①

②

③

④

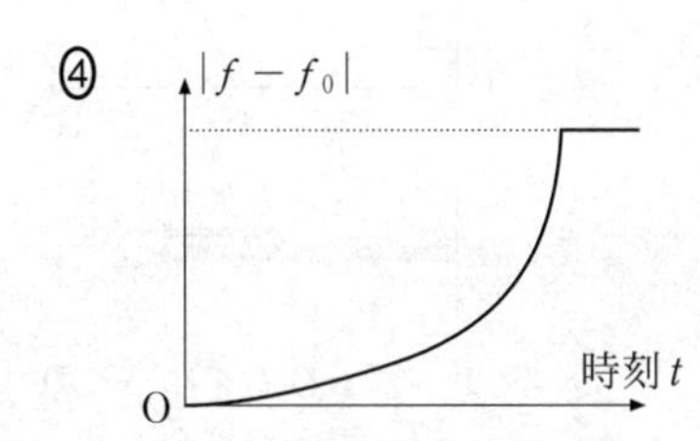

第3問

ゴムの物理現象について，これまで学習した熱力学の法則を応用して考えることができる。次の文章を読み，後の問い(**問**1 ～ 4)に答えよ。(配点　25)

ゴムひもを引っ張ったときの，ゴムひもの長さと張力の変化を測定したところ，図1と図2の結果が得られた。図1の実験では，ゴムひもをゆっくり時間をかけて引っ張りながら測定を行ったが，図2の実験では，すばやく引っ張って測定を行った。

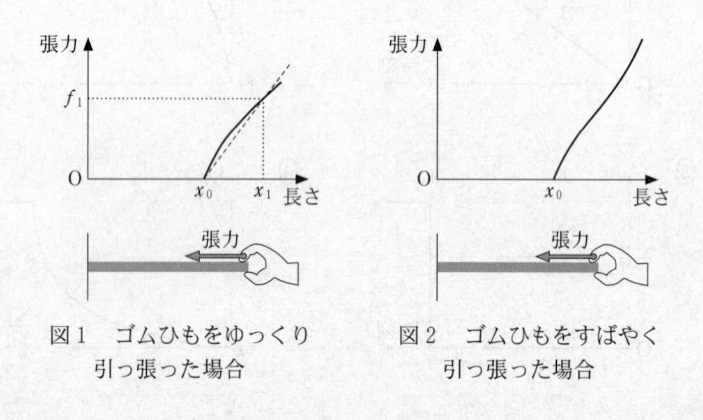

図1　ゴムひもをゆっくり引っ張った場合

図2　ゴムひもをすばやく引っ張った場合

問1　図1の実験結果から，この実験で用いたゴムひもは，ゆっくり引っ張って自然の長さx_0より長くなっているときは，自然の長さからの伸びと力がほぼ比例するという，図1の破線で示したような，ばねの性質と似た関係がおおまかに成り立つことがわかる。このように，ゴムひもをばねと見なした場合の，ばね定数の式として最も適当なものを，次の①～⑥のうちから一つ選べ。 12

① $\dfrac{f_1}{x_0}$　　② $\dfrac{f_1}{x_1}$　　③ $\dfrac{f_1}{x_1 - x_0}$

④ $\dfrac{x_0}{f_1}$　　⑤ $\dfrac{x_1}{f_1}$　　⑥ $\dfrac{x_1 - x_0}{f_1}$

ゴムの温度が常に室温と等しくなるようにゆっくり伸び縮みさせたときは，ゴムが等温変化していると考えることができる。また，ゴムひもをすばやく伸ばしたときは，ゴムと周囲との間に熱が移動する時間がないため断熱変化だと考えることができ，気体を断熱圧縮したときに温度が上がるように，ゴムの温度が上がる。このようにゴムの伸び・縮みを，気体の圧縮・膨張に対応させることができる。気体は理想気体であるものとして，熱力学の法則を応用してゴムの伸び・縮みを考えていこう。

問 2　気体の膨張について復習しよう。図 3 と図 4 は，それぞれ，シリンダーとなめらかに動くピストンで閉じ込められた気体の等温変化と断熱変化における体積と圧力の変化のグラフである。なお，図中の矢印は，気体がピストンを押す力を示す。

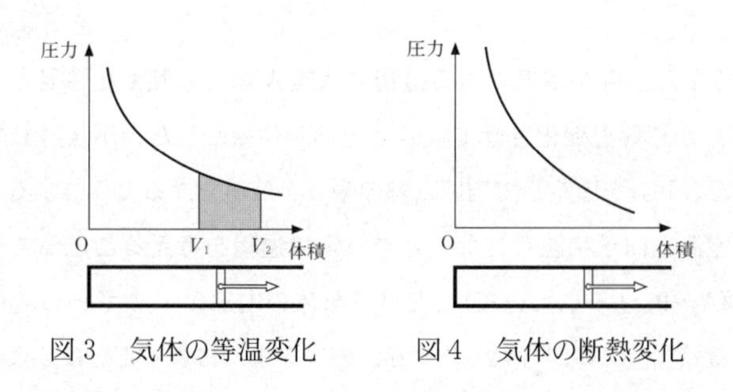

図 3　気体の等温変化　　　図 4　気体の断熱変化

図 3 のグラフの灰色に塗った部分の面積は，次の(イ)～(ニ)のうちどれに対応するか。正しいものをすべて選び出した組合せとして最も適当なものを，後の①～⑨のうちから一つ選べ。 **13**

(イ)　気体の体積が V_1 から V_2 へと変化する間に気体がする仕事
(ロ)　気体の体積が V_1 から V_2 へと変化する間に気体がされる仕事
(ハ)　気体の体積が V_1 から V_2 へと変化する間に気体が放出する熱量
(ニ)　気体の体積が V_1 から V_2 へと変化する間に気体が吸収する熱量

① (イ)	② (ロ)	③ (ハ)
④ (ニ)	⑤ (イ)と(ハ)	⑥ (イ)と(ニ)
⑦ (ロ)と(ハ)	⑧ (ロ)と(ニ)	⑨ 該当なし

問 3　気体を 2 種類の方法で圧縮するグラフを描くと，以下の図のようになる。

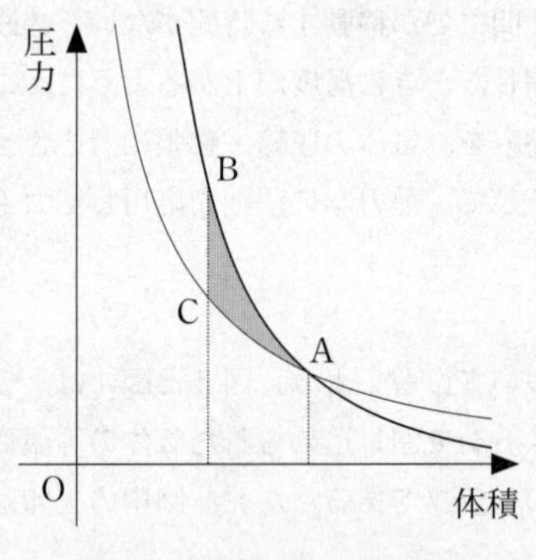

図 5　気体の状態の変化

図 5 で，温度が室温である最初の状態 A から断熱変化させたのが状態 B，状態 A から等温変化させて状態 B と同じ体積にしたのが状態 C である。状態 B でピストンを固定して周囲と熱のやりとりができるようにすると，気体の温度が室温と同じ状態 C になるという定積過程を考えることができる。三つの過程（A→B，B→C，A→C）における気体の内部エネルギーの変化，気体が吸収する熱量，気体がされる仕事を，表 1 のように表すことにしよう。

表1

	A→B	B→C	A→C
気体の内部エネルギーの変化	ΔU_{AB}	ΔU_{BC}	ΔU_{AC}
気体が吸収する熱量	Q_{AB}	Q_{BC}	Q_{AC}
気体がされる仕事	W_{AB}	W_{BC}	W_{AC}

表1には9個の量が書いてあるが，0になる量を「0」に書き直し，それ以外を空欄としたとき，最も適当なものを，次の①～⑥のうちから一つ選べ。

14

①

A→B	B→C	A→C
0		
	0	
		0

②

A→B	B→C	A→C
0		
		0
	0	

③

A→B	B→C	A→C
	0	
0		
		0

④

A→B	B→C	A→C
		0
0		
	0	

⑤

A→B	B→C	A→C
	0	
		0
0		

⑥

A→B	B→C	A→C
		0
	0	
0		

問 4　次の文章内の空欄 15 ・ 16 にあてはまるものとして，最も適当なものを，それぞれの直後の｛　｝で囲んだ選択肢のうちから一つずつ選べ。

ゴムひもの長さと張力の関係について，グラフを描くと図6のようになる。

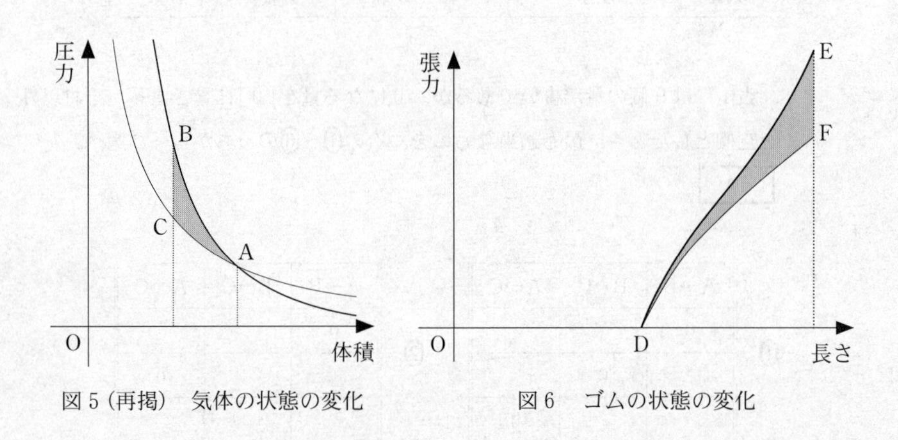

図5（再掲）　気体の状態の変化　　　図6　ゴムの状態の変化

図6には，ゴムの最初の状態D，状態Dから状態Eまですばやく伸ばした結果のグラフ，状態Dから状態Fまでゆっくり伸ばした結果のグラフが描かれている。すばやく伸ばしたD→Eが断熱変化に，ゆっくり伸ばしたD→Fが等温変化に対応する。

図5のA→B(または図6のD→E)の断熱変化と，A→C(または図6のD→F)の等温変化を比べると，どちらも気体やゴムが外から正の仕事をされるが，

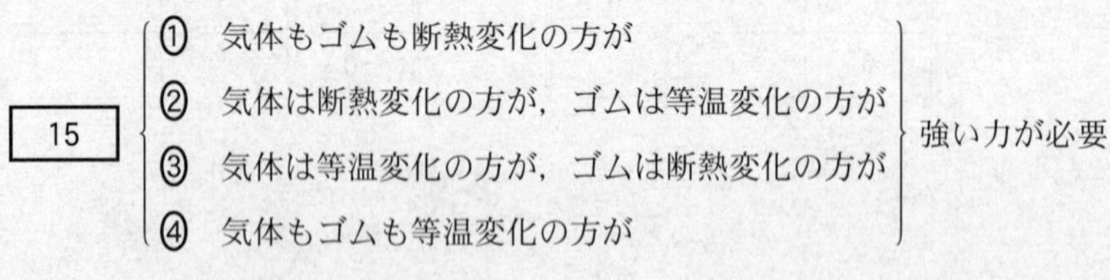
15 ｛
① 気体もゴムも断熱変化の方が
② 気体は断熱変化の方が，ゴムは等温変化の方が
③ 気体は等温変化の方が，ゴムは断熱変化の方が
④ 気体もゴムも等温変化の方が
｝強い力が必要

で，外からされる仕事も大きくなる。

A→C(またはD→F)の逆の変化C→A(またはF→D)を考えると，A→B→C→A(またはD→E→F→D)のようなサイクルを作ることができる。サイクルを一周する間に気体やゴムがされる仕事の総和は，

16 {
① 気体の場合は正，ゴムの場合も正
② 気体の場合は正，ゴムの場合は負
③ 気体の場合は負，ゴムの場合は正
④ 気体の場合は負，ゴムの場合も負
} になる。

第4問　次の文章(A・B)を読み，後の問い(問1～4)に答えよ。(配点　20)

A　結晶の規則正しく配列した原子配列面(格子面)にX線を入射させると，X線は何層にもわたる格子面の原子によって散乱される。このとき，X線の波長がある条件を満たせば，散乱されたX線が互いに干渉し強め合う。まず一つの格子面を構成する多くの原子で散乱されるX線に注目すると，反射の法則を満たす方向に進むX線どうしは，強め合う。これを反射X線という。また，隣り合う格子面における反射X線が同位相であれば，それぞれの格子面で反射されるX線は強め合う。図1は，間隔 d の隣り合う格子面に角度 θ で入射した波長 λ のX線が，格子面上の原子によって同じ角度 θ の方向に反射された場合を示している。

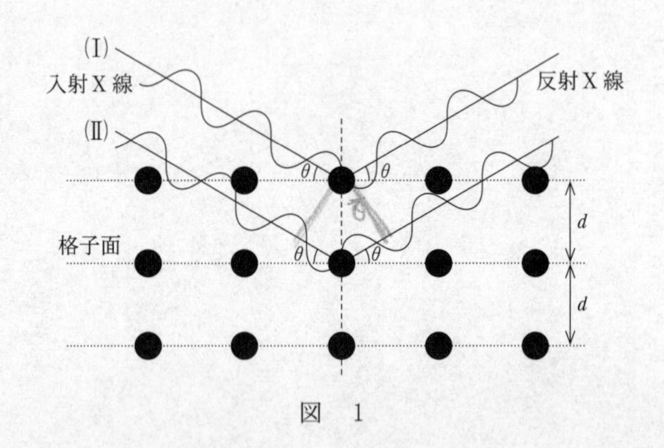

図　1

問1　次の文章中の空欄 [17] ・ [18] に入れる数式として正しいものを，それぞれの直後の｛　｝で囲んだ選択肢のうちから一つずつ選べ。

図1の2層目の格子面で反射される(II)のX線は，1層目の格子面で反射される(I)のX線より

[17] ｛① $d\sin\theta$　② $2d\sin\theta$　③ $d\cos\theta$　④ $2d\cos\theta$｝だけ経路が長い。この経路差が

[18] ｛① $\frac{\lambda}{4}$　② $\frac{\lambda}{2}$　③ $\frac{3\lambda}{4}$　④ λ　⑤ $\frac{5\lambda}{4}$　⑥ $\frac{3\lambda}{2}$｝の整数倍のときに常に強め合う。

B　図2のようにX線管のフィラメント(陰極)・陽極間に高電圧を加え，陰極で発生した電子を陽極の金属に衝突させるとX線が発生する。図3は，陽極にモリブデンを用いた場合の，各電圧ごとに発生したX線の強度と波長の関係(X線スペクトル)を示している。たとえば，両極間の電圧が35 kVの場合には，図のC点を最短波長とする連続スペクトルが得られた。また，連続的なスペクトルの中に鋭い二つのピーク(a)，(b)も観測され，このピークの波長は電圧によらない。

図3の結果を見たPさんとQさんが会話を始めた。ここで，プランク定数をh，光速をcとする。ただし，PさんとQさんの会話の内容は間違っていない。

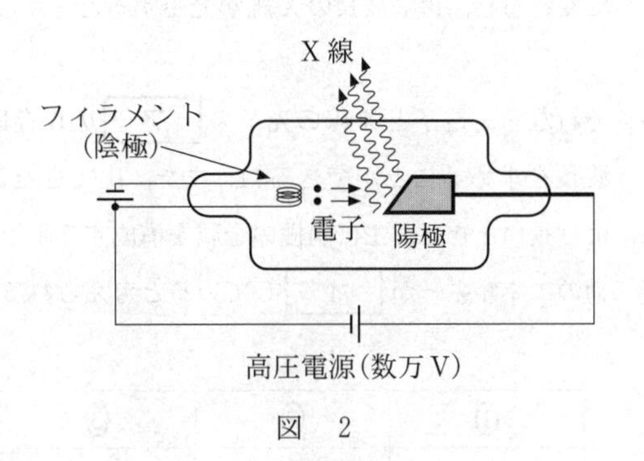

図　2

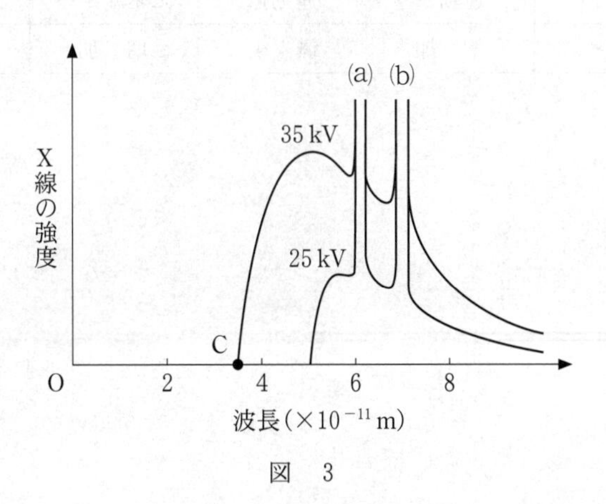

図　3

問 2　空欄 ア ・ イ に入れる語の組合せとして最も適当なものを，後の①〜④のうちから一つ選べ。 19

Pさん：図3を見ると，両極間の電圧が 35 kV の場合，X 線のスペクトルは C 点の波長 3.5×10^{-11} m から始まっているね。陰極から出た電子を電圧 V で加速すると，電気量 $-e$ の電子は陽極に達したときに eV の大きさの運動エネルギーを得る。この電子が陽極の金属と衝突し，運動エネルギーのすべてが 1 個の X 線の光子のエネルギーに変わると，最短波長の X 線が発生すると考えられるよ。

Qさん：それなら，電子と X 線の光子の ア の保存則から X 線の最短波長を求めることができるね。また，出てきた X 線の波長がそれより長いときは，主に陽極の金属を構成する原子(陽極原子)の熱運動のエネルギーが イ していると考えられるね。

	①	②	③	④
ア	運動量	運動量	エネルギー	エネルギー
イ	増　加	減　少	増　加	減　少

問 3　空欄　ウ　・　エ　に入れる式と語の組合せとして最も適当なものを，後の①～⑥のうちから一つ選べ。　20

Pさん：X 線の最短波長は　ウ　と求められる。両極間の電圧を 50 kV にすると，X 線の最短波長は C 点の波長より　エ　なるね。

	①	②	③	④	⑤	⑥
ウ	$\dfrac{eV}{hc}$	$\dfrac{eV}{hc}$	$\dfrac{hc}{eV}$	$\dfrac{hc}{eV}$	$\dfrac{h}{cV}$	$\dfrac{h}{cV}$
エ	長　く	短　く	長　く	短　く	長　く	短　く

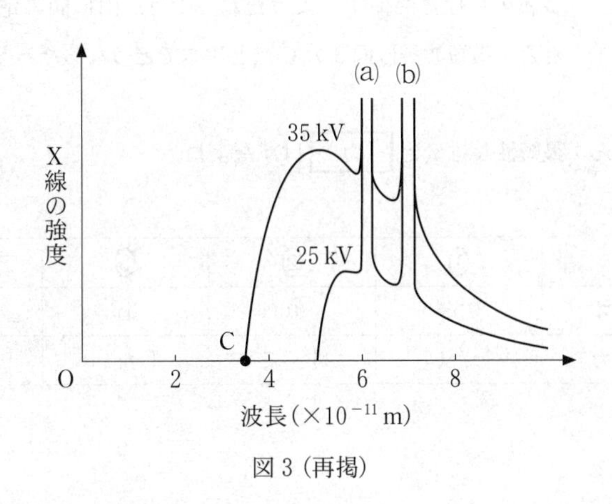

図 3 (再掲)

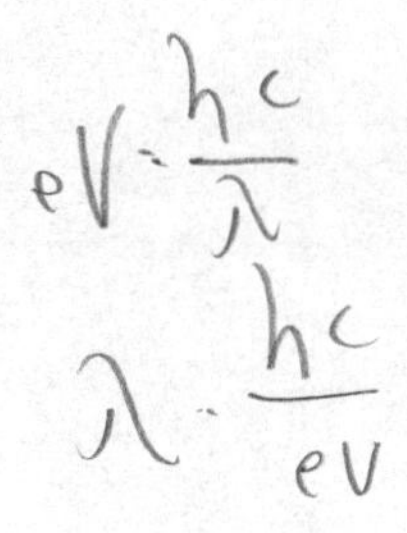

問 4　空欄 オ ・ カ に入れる記号と語の組合せとして最も適当なものを，後の①～④のうちから一つ選べ。 21

Qさん：図 3 を見ると，二つの鋭いピークの波長は，電圧を変えてもまったく変化していない。二つのピーク(a)，(b)のうち，X 線の光子のエネルギーが小さいのは オ の方だね。これらの二つのピークが現れるのは何に関係しているんだろう。

Pさん：陽極金属の種類を変えてみよう。そのとき，X 線のピークの波長は変化することがわかっている。つまり，このX 線のピークは陽極金属の特性に関係するようだね。では，両極間の電圧が 35 kV のとき，最短波長は図 3 の C 点と比べてどうなるだろうか。

Qさん：最短波長は変化 カ はずだよね。

	①	②	③	④
オ	(a)	(a)	(b)	(b)
カ	しない	す　る	しない	す　る

2021

共通テスト

本試験
（第１日程）

物理

解答時間 60 分
配点 100 点

物　理

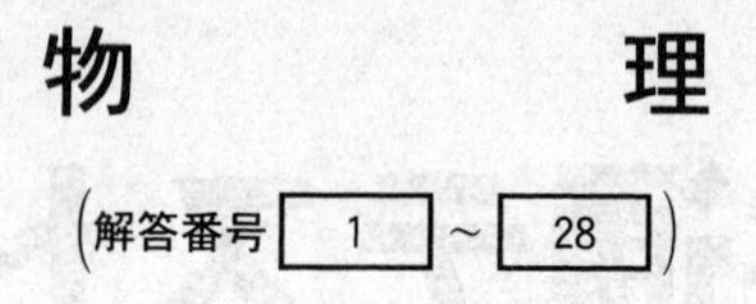

第1問　次の問い(問1～5)に答えよ。(配点　25)

問1　図1のように，台車の上面に水と少量の空気を入れて密閉した透明な水そうが固定されており，その上におもりが糸でつり下げられている。台車を一定の力で右向きに押し続けたところ，おもりと水そう内の水面の傾きは一定となった。このとき，おもりと水面の傾きを表す図として最も適当なものを，下の①～④のうちから一つ選べ。ただし，空気の抵抗は無視できるものとする。 [1]

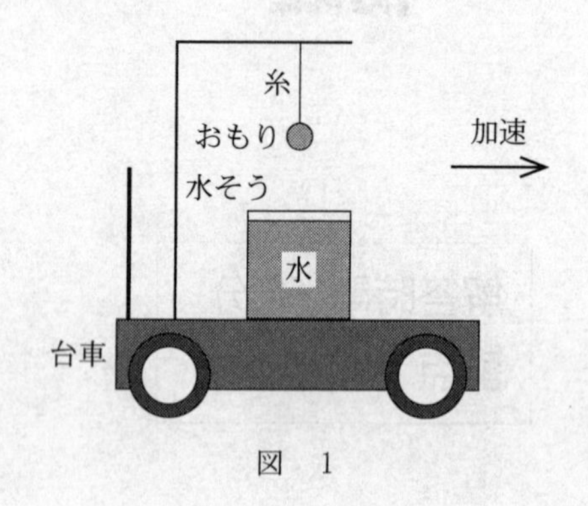

図　1

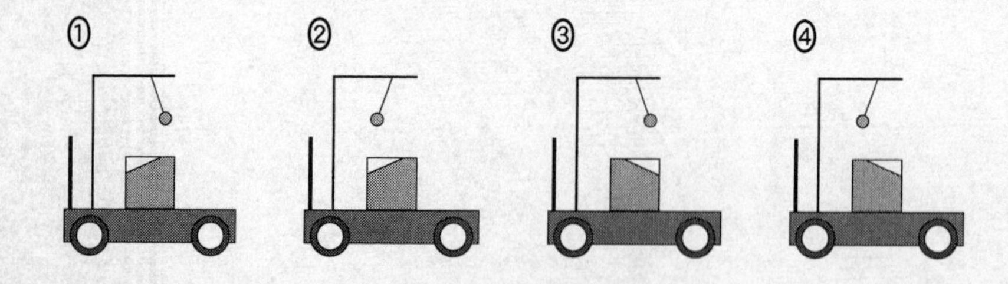

問 2 次の文章中の空欄 [2] に入れる数値として最も適当なものを，下の①～⑥のうちから一つ選べ。

なめらかに回転する定滑車と動滑車を組合せた装置を用いて，質量 50 kg の荷物を，質量 10 kg の板にのせて床から持ち上げたい。質量 60 kg の人が，図 2 のように板に乗って鉛直下向きにロープを引いた。ロープを引く力を徐々に強めていったところ，引く力が [2] N より大きくなると，初めて荷物，板および自分自身を一緒に持ち上げることができた。ただし，動滑車をつるしているロープは常に鉛直であり，板は水平を保っていた。滑車およびロープの質量は無視できるものとする。また，重力加速度の大きさを $9.8\ \mathrm{m/s^2}$ とする。

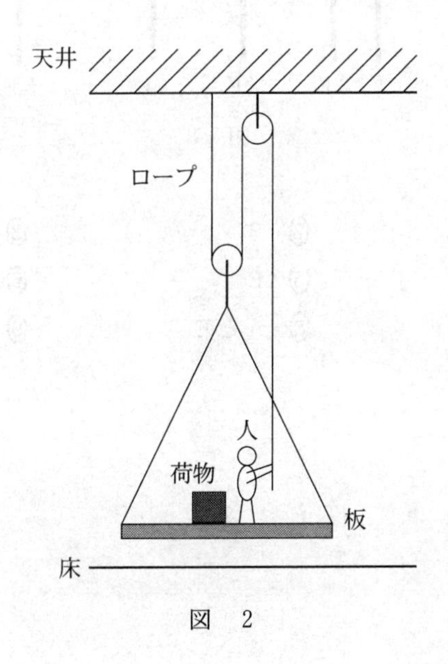

図 2

① 2.0×10^1　② 4.0×10^1　③ 6.0×10^1
④ 2.0×10^2　⑤ 3.9×10^2　⑥ 5.9×10^2

問 3　図3のように互いに平行な極板が，L，$2L$，$3L$ の3通りの間隔で置かれており，左端の極板の電位は0で，極板の電位は順に一定値 $V(>0)$ ずつ高くなっている。隣り合う極板間の中央の点A～Fのいずれかに点電荷を1つ置くとき，点電荷にはたらく静電気力の大きさが最も大きくなる点または点の組合せとして最も適当なものを，下の①～⑨のうちから一つ選べ。ただし，点電荷が作る電場(電界)は考えなくてよい。 3

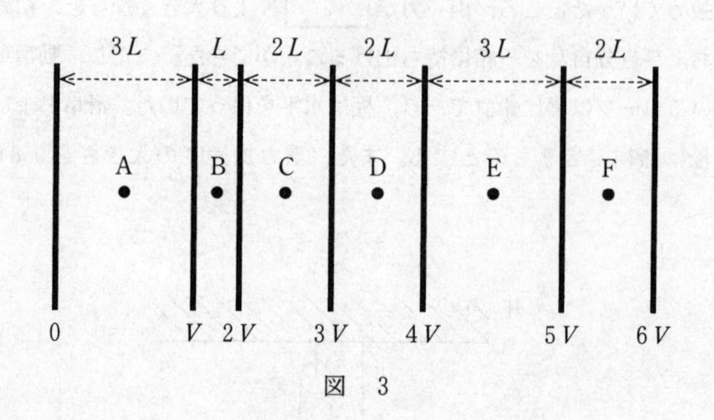

図　3

① A	② B	③ C
④ D	⑤ E	⑥ F
⑦ CとDとF	⑧ AとE	⑨ すべて

問 4 次の文章中の空欄 ア ～ ウ に当てはまる語句の組合せとして最も適当なものを，下の①～⑥のうちから一つ選べ。 4

図4のように，Aさんが静かな室内で壁を背にして，壁とBさんの間を振動数fの十分大きな音を発するおんさを鳴らしながら，静止しているBさんに向かって一定の速さで歩いてくる。このとき，Bさんは1秒間にn回のうなりを聞いた。これはBさんが，直接Bさんに向かってくる，振動数がfより ア 音波と，壁で反射してBさんに向かってくる，振動数がfより イ 音波の重ね合わせを聞いた結果である。Aさんがさらに速く歩いたとき，Bさんが聞く1秒あたりのうなりの回数は ウ 。ただし，Aさんの移動方向は壁と垂直であり，Aさんの背後の壁以外の壁，天井，床で反射した音は，無視できるものとする。

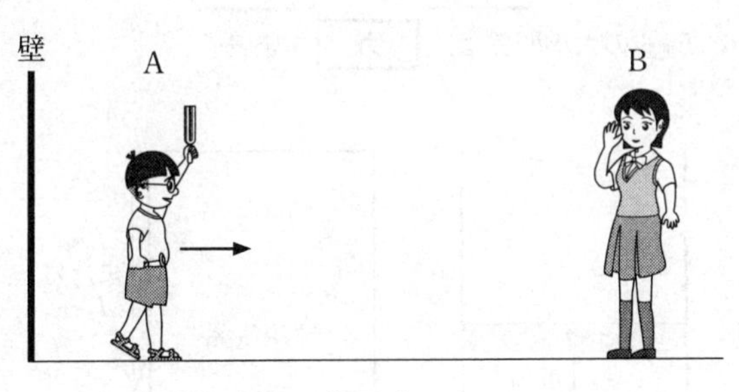

図　4

	ア	イ	ウ
①	大きい	小さい	多くなる
②	大きい	小さい	変化しない
③	大きい	小さい	少なくなる
④	小さい	大きい	多くなる
⑤	小さい	大きい	変化しない
⑥	小さい	大きい	少なくなる

問5　次の文章中の空欄 **エ** ～ **カ** に入れる語と式の組合せとして最も適当なものを，次ページの①～④のうちから一つ選べ。 **5**

なめらかに動くピストンのついた円筒容器中に理想気体が閉じ込められている。図5(a)のように，この容器は鉛直に立てられており，ピストンは重力と容器内外の圧力差から生じる力がつり合って静止していた。つぎに，ピストンを外から支えながら円筒容器の上下を逆さにして，図5(b)のように外からの支えがなくても静止するところまでピストンをゆっくり移動させた。容器内の気体の状態変化が等温変化であった場合，静止したピストンの容器の底からの距離は$L_{等温}$であった。また，容器内の気体の状態変化が断熱変化であった場合には$L_{断熱}$であった。

図6は，容器内の理想気体の圧力pと体積Vの関係(p-Vグラフ)を示している。ここで，実線は **エ** ，破線は **オ** を表しており，これを用いると$L_{等温}$と$L_{断熱}$の大小関係は， **カ** である。

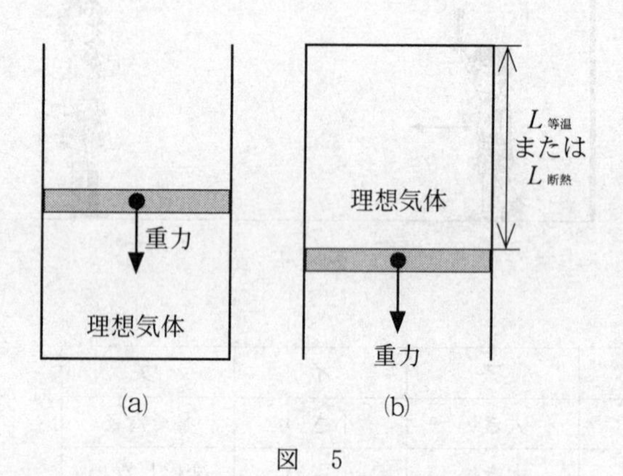

図　5

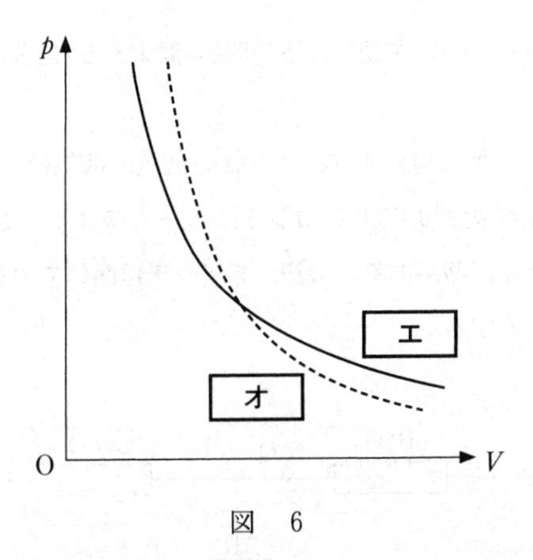

図　6

	エ	オ	カ
①	等温変化	断熱変化	$L_{等温} < L_{断熱}$
②	等温変化	断熱変化	$L_{等温} > L_{断熱}$
③	断熱変化	等温変化	$L_{等温} < L_{断熱}$
④	断熱変化	等温変化	$L_{等温} > L_{断熱}$

第2問　次の文章(**A**・**B**)を読み，下の問い(**問1～6**)に答えよ。(配点　25)

A　図1のように，抵抗値が10 Ωと20 Ωの抵抗，抵抗値Rを自由に変えられる可変抵抗，電気容量が0.10 Fのコンデンサー，スイッチおよび電圧が6.0 Vの直流電源からなる回路がある。最初，スイッチは開いており，コンデンサーは充電されていないとする。

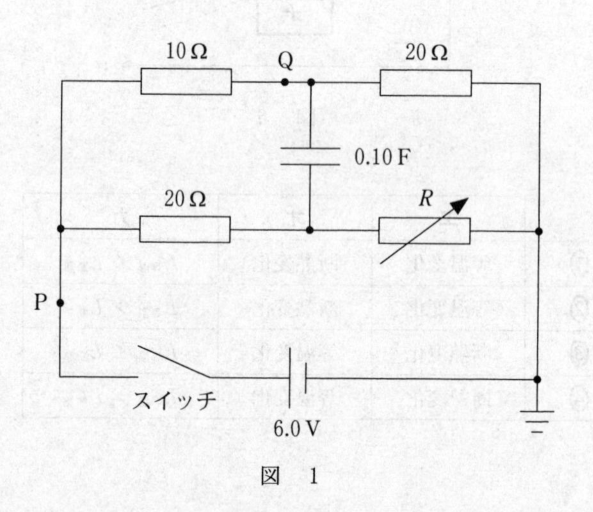

図　1

問1　次の文章中の空欄 [6] に入れる選択肢として最も適当なものを，下の①～④のうちから一つ，空欄 [7] ～ [9] に入れる数字として最も適当なものを，下の①～⓪のうちから一つずつ選べ。ただし， [7] ～ [9] には同じものを繰り返し選んでもよい。

可変抵抗の抵抗値を $R = 10\,\Omega$ に設定する。スイッチを閉じた瞬間はコンデンサーに電荷は蓄えられていないので，コンデンサーの両端の電位差は 0 V である。スイッチを閉じた瞬間の回路は [6] と同じ回路とみなせ，スイッチを閉じた瞬間に点Qを流れる電流の大きさを有効数字2桁で表すと [7] . [8] $\times 10^{-[9]}$ A である。

[6] の解答群

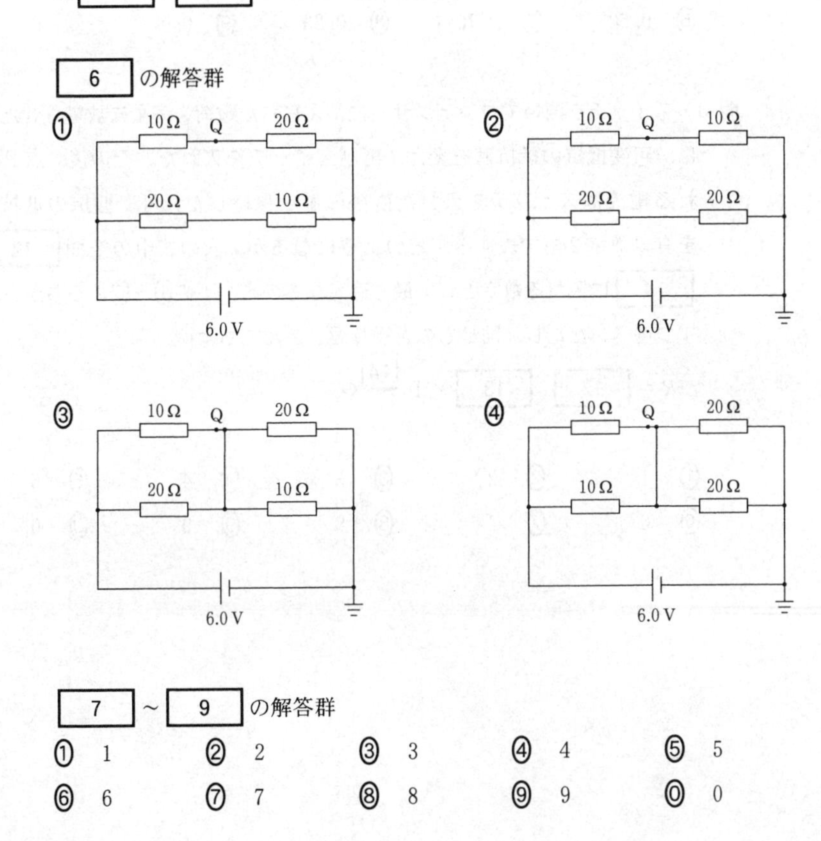

[7] ～ [9] の解答群

①　1	②　2	③　3	④　4	⑤　5
⑥　6	⑦　7	⑧　8	⑨　9	⓪　0

問 2　次の文章中の空欄 [10]・[11] に入れる数値として最も適当なものを，下の①～⓪のうちから一つずつ選べ。ただし，同じものを繰り返し選んでもよい。

可変抵抗の抵抗値は $R = 10\,\Omega$ にしたまま，スイッチを閉じて十分時間が経過すると，コンデンサーに流れ込む電流は 0 となる。このとき，図 1 の点 P を流れる電流の大きさは [10] A で，コンデンサーに蓄えられた電気量は [11] C であった。

① 0.10　② 0.20　③ 0.30　④ 0.40　⑤ 0.50
⑥ 0.60　⑦ 0.70　⑧ 0.80　⑨ 0.90　⓪ 0

問 3　スイッチを開いてコンデンサーに蓄えられた電荷を完全に放電させた。次に，可変抵抗の抵抗値を変え，再びスイッチを入れた。その後，点 P を流れる電流はスイッチを入れた直後の値を保持した。可変抵抗の抵抗値 R を有効数字 2 桁で表すと，どのようになるか。次の式中の空欄 [12] ～ [14] に入れる数字として最も適当なものを，下の①～⓪のうちから一つずつ選べ。ただし，同じものを繰り返し選んでもよい。

$$R = \boxed{12}\,.\,\boxed{13} \times 10^{\boxed{14}}\,\Omega$$

① 1　② 2　③ 3　④ 4　⑤ 5
⑥ 6　⑦ 7　⑧ 8　⑨ 9　⓪ 0

B　図2のように，鉛直上向きで磁束密度の大きさBの一様な磁場(磁界)中に，十分に長い2本の金属レールが水平面内に間隔dで平行に固定されている。その上に導体棒a，bをのせ，静止させた。導体棒a，bの質量は等しく，単位長さあたりの抵抗値はrである。導体棒はレールと垂直を保ったまま，レール上を摩擦なく動くものとする。また，自己誘導の影響とレールの電気抵抗は無視できる。

時刻$t = 0$に導体棒aにのみ，右向きの初速度v_0を与えた。

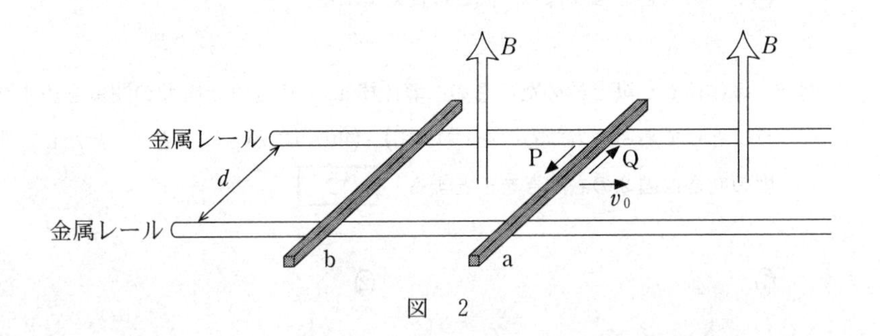

図　2

問4　導体棒aに流れる誘導電流に関して，下の文章中の空欄 ア ・ イ に入れる記号と式の組合せとして最も適当なものを，下の①～④のうちから一つ選べ。 15

導体棒aが動き出した直後に，導体棒aに流れる誘導電流は図の ア の矢印の向きであり，その大きさは イ である。

	①	②	③	④
ア	P	P	Q	Q
イ	$\dfrac{Bdv_0}{2r}$	$\dfrac{Bv_0}{2r}$	$\dfrac{Bdv_0}{2r}$	$\dfrac{Bv_0}{2r}$

問 5　導体棒 a が動き始めると，導体棒 b も動き始めた。このとき，導体棒 a と b が磁場から受ける力に関する文として最も適当なものを，次の①～④のうちから一つ選べ。 16

① 力の大きさは等しく，向きは同じである。

② 力の大きさは異なり，向きは同じである。

③ 力の大きさは等しく，向きは反対である。

④ 力の大きさは異なり，向きは反対である。

問 6　導体棒 a が動き始めたのちの，導体棒 a，b の速度と時間の関係を表すグラフとして最も適当なものを，次の①～④のうちから一つ選べ。ただし，速度の向きは図 2 の右向きを正とする。 17

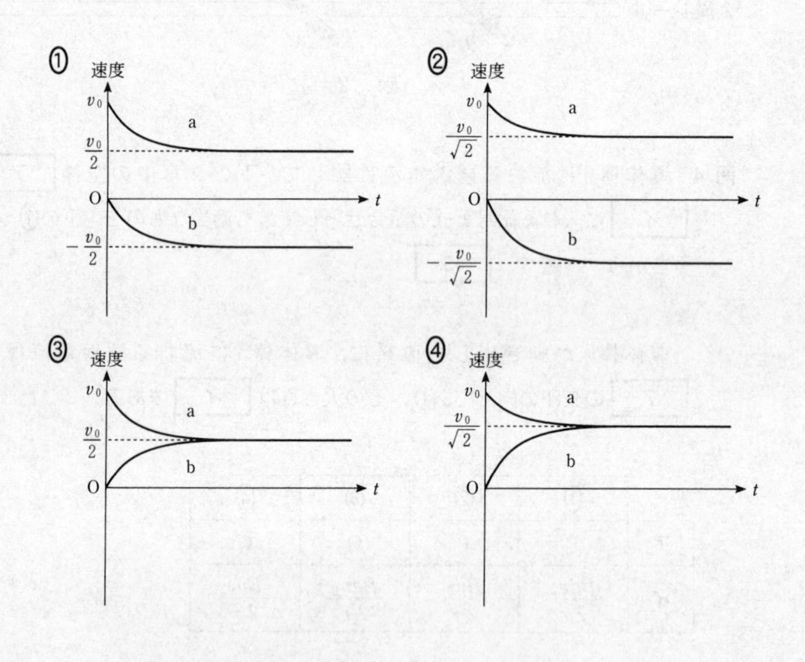

第3問　次の文章(A・B)を読み，下の問い(問1～6)に答えよ。(配点　30)

A　図1のような装飾用にカット(研磨成形)したダイヤモンドは，さまざまな色で明るく輝く。その理由を考えよう。

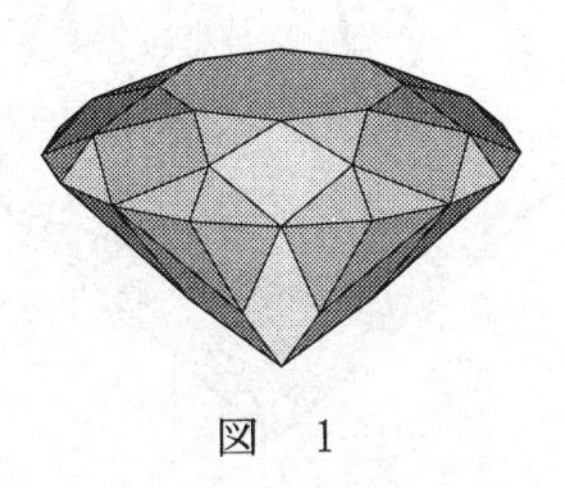

図　1

問1　次の文章中の空欄 ア ～ ウ に入れる語句の組合せとして最も適当なものを，次ページの①～④のうちから一つ選べ。 18

ダイヤモンドがさまざまな色で輝くのは光の分散によるものである。断面を図2のようにカットしたダイヤモンドに白色光がDE面から入り，AC面とBC面で反射したのち，EB面から出て行く場合を考える。

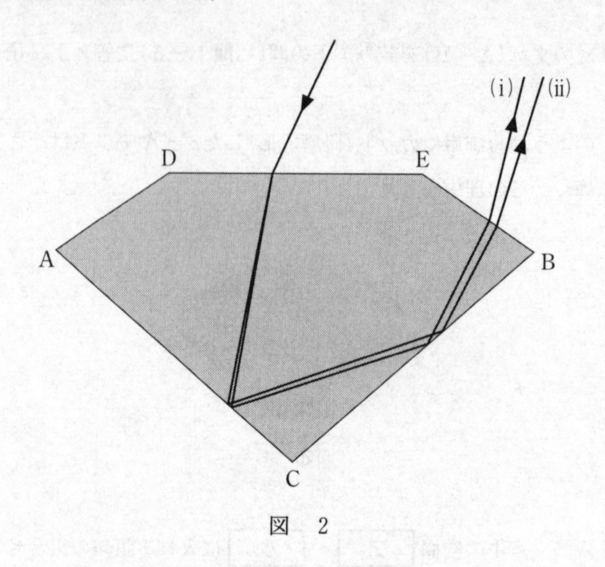

図　2

真空中では光速は振動数によらず一定である。ある振動数の光が媒質中に入射したとき，［ア］は変化しないで，［イ］が変化する。

$$\frac{\text{媒質中の［イ］}}{\text{真空中の［イ］}}$$

が光の色によって違うので分散が起こる。波長が異なる二つの光が同じ光路を通ってダイヤモンドに入射すると，図2のように(i)と(ii)の二つの光路に分かれた。ダイヤモンドでは波長の短い光ほど屈折率が大きくなることから，波長の短い方が図2の［ウ］の経路をとる。

	ア	イ	ウ
①	振動数	波　長	(i)
②	振動数	波　長	(ii)
③	波　長	振動数	(i)
④	波　長	振動数	(ii)

問 2　次の文章中の空欄 エ ・ オ に入れる式の組合せとして最も適当なものを，次ページの①～④のうちから一つ選べ。 19

次に，図3のように，DE 面のある点Pでダイヤモンドに入射し，AC 面に達する単色光を考える。この単色光でのダイヤモンドの絶対屈折率を n，外側の空気の絶対屈折率を1として，入射角 i と屈折角 r の関係は エ で与えられる。AC 面での入射角 θ_{AC} が大きくなって臨界角 θ_c を超えると全反射する。この臨界角 θ_c は オ から求められる。

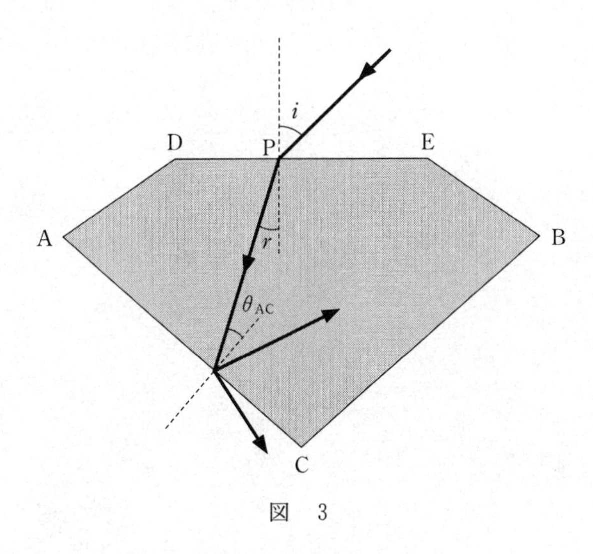

図　3

	エ	オ
①	$\sin i = n \sin r$	$\sin \theta_c = n$
②	$\sin i = n \sin r$	$\sin \theta_c = \frac{1}{n}$
③	$\sin i = \frac{1}{n} \sin r$	$\sin \theta_c = n$
④	$\sin i = \frac{1}{n} \sin r$	$\sin \theta_c = \frac{1}{n}$

問 3　つづいて，ダイヤモンドが明るく輝く理由を考えよう。

図 4 は，DE 面上のある点 P から入射した単色光の光路の一部を示している。この光の DE 面への入射角を i，AC 面への入射角を θ_{AC}，BC 面への入射角を θ_{BC} とする。

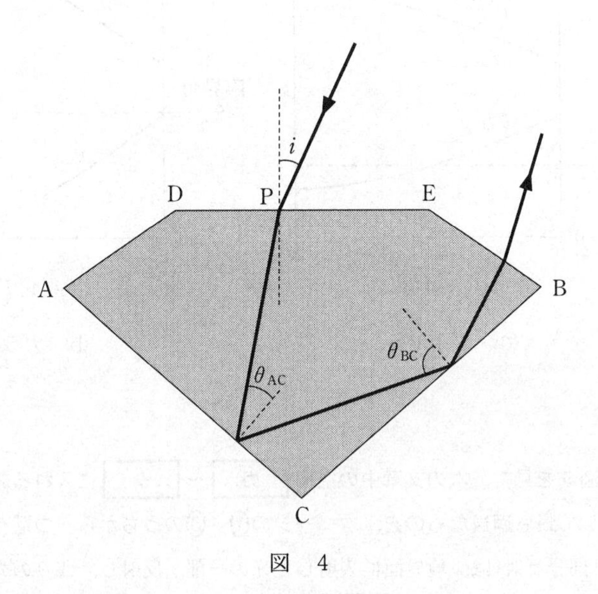

図　4

図5は入射角 i に対する θ_{AC} と θ_{BC} の変化を示す。(a)はダイヤモンドの場合を示す。(b)は同じ形にカットしたガラスの場合を示し，記号に ′ をつけて区別する。入射角が $i = i_c$ のとき，θ_{AC} はダイヤモンドの臨界角と等しい。

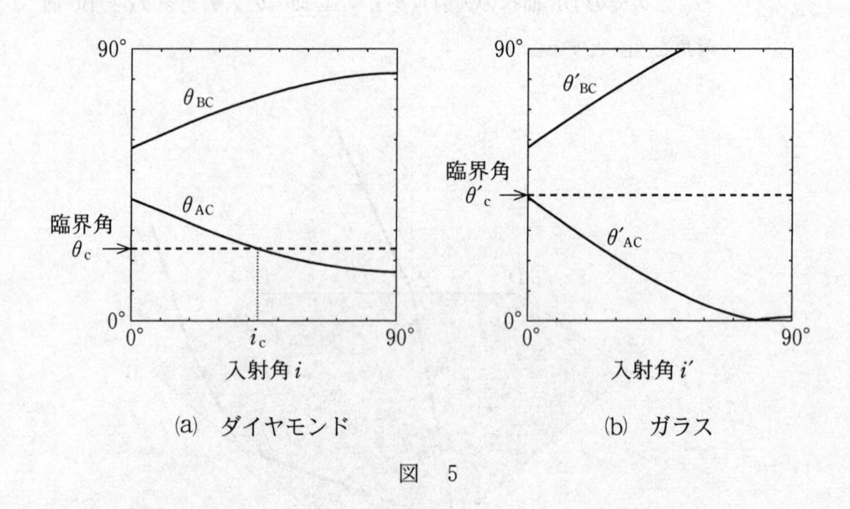

(a)　ダイヤモンド　　　　(b)　ガラス

図　5

図5を見て，次の文章中の空欄 カ ～ ク に入れる語句の組合せとして最も適当なものを，次ページの①～⑧のうちから一つ選べ。解答群中の「部分反射」は，境界面に入射した光の一部が反射し，残りの光は境界面を透過することを表す。 20

光は，ダイヤモンドでは，$0° < i < i_c$ のとき面ACで カ し，$i_c < i < 90°$ のとき面ACで キ する。ガラスでは，$0° < i' < 90°$ のとき面ACで ク する。ダイヤモンドでは，$0° < i < 90°$ のとき面BCで全反射する。ガラスでは，面BCに達した光は全反射する。

	カ	キ	ク
①	全反射	全反射	全反射
②	全反射	全反射	部分反射
③	全反射	部分反射	全反射
④	全反射	部分反射	部分反射
⑤	部分反射	全反射	全反射
⑥	部分反射	全反射	部分反射
⑦	部分反射	部分反射	全反射
⑧	部分反射	部分反射	部分反射

図5の考察をもとに，次の文章中の空欄 ケ ・ コ に入れる語句の組合せとして最も適当なものを，下の①～④のうちから一つ選べ。
21

ダイヤモンドがガラスより明るく輝くのは，ダイヤモンドはガラスより屈折率が ケ ため臨界角が小さく，入射角の広い範囲で二度 コ し，観察者のいる上方へ進む光が多いからである。

	ケ	コ
①	大きい	全反射
②	大きい	部分反射
③	小さい	全反射
④	小さい	部分反射

B　蛍光灯が光る原理について考えてみる。

図6は蛍光灯の原理を考えるための簡単な模式図である。ガラス管内のフィラメントを加熱して熱電子(電子)を放出させ，電圧 V で加速させる。

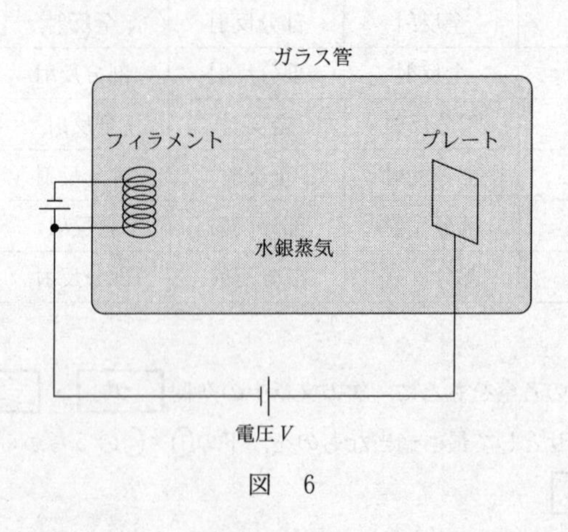

図　6

問 4　電子が電圧 V によって加速され，管内で水銀原子と一度も衝突せずにプレートに到達したとき，電子が得る運動エネルギーを表す式として正しいものを，次の①～⑥のうちから一つ選べ。ただし，電気素量を e とする。

[22]

① $\frac{1}{2}eV$　　② eV　　③ $\frac{3}{2}eV$

④ $\frac{1}{2}eV^2$　　⑤ eV^2　　⑥ $\frac{3}{2}eV^2$

加速された電子が水銀原子に衝突した場合には，図7のような二つの過程(a)，(b)が考えられる。図に示したように，水銀原子が動いた向きを y 軸の負の向きとし，衝突は xy 平面内で起こったものとする。

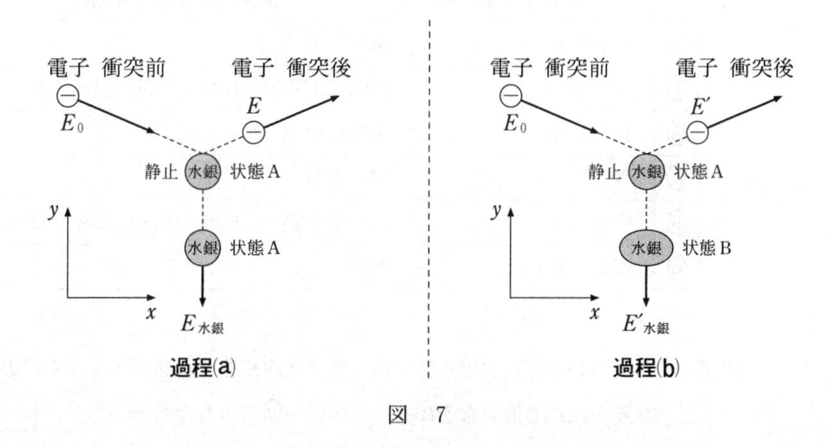

図　7

過程(a)　運動エネルギー E_0 の電子と状態Aで静止している水銀原子が衝突し，電子の運動エネルギーは E となる。水銀原子は状態Aのまま，運動エネルギー $E_{水銀}$ をもって運動する。

過程(b)　運動エネルギー E_0 の電子と状態Aで静止している水銀原子が衝突し，電子の運動エネルギーは E' となる。水銀原子は状態Aよりエネルギーが高い状態Bに変化して，運動エネルギー $E'_{水銀}$ をもって運動する。

状態Bの水銀原子は，やがてエネルギーの低い状態Aに戻り，そのとき紫外線を放出する。その後，この紫外線が蛍光灯管内の蛍光物質にあたって，可視光線が生じる。

問 5　それぞれの過程における衝突の前後で，電子と水銀原子の運動量の和はどうなるか。最も適当なものを，次の①～⑥のうちから一つ選べ。 **23**

	過程(a)の運動量の和	過程(b)の運動量の和
①	保存する	保存する
②	保存する	x 方向は保存するが y 方向は保存しない
③	保存する	保存しない
④	保存しない	保存する
⑤	保存しない	x 方向は保存するが y 方向は保存しない
⑥	保存しない	保存しない

問 6　それぞれの過程における衝突後，電子と水銀原子の運動エネルギーの和はどうなるか。最も適当なものを，次の①～⑨のうちから一つ選べ。 **24**

	過程(a)の運動エネルギーの和	過程(b)の運動エネルギーの和
①	増える	増える
②	増える	変化しない
③	増える	減る
④	変化しない	増える
⑤	変化しない	変化しない
⑥	変化しない	減る
⑦	減る	増える
⑧	減る	変化しない
⑨	減る	減る

第４問　次の問い(問１～４)に答えよ。(配点　20)

Ａさんは固定した台座の上に立っていて，Ｂさんは水平な氷上に静止したそりの上に立っている。図１のように，Ａさんが質量 m のボールを速さ v_A，水平面となす角 θ_A で斜め上方に投げたとき，ボールは速さ v_B，水平面となす角 θ_B で，Ｂさんに届いた。そりとＢさんを合わせた質量は M であった。ただし，そりと氷との間に摩擦力ははたらかないものとする。空気抵抗は無視できるものとし，重力加速度の大きさを g とする。

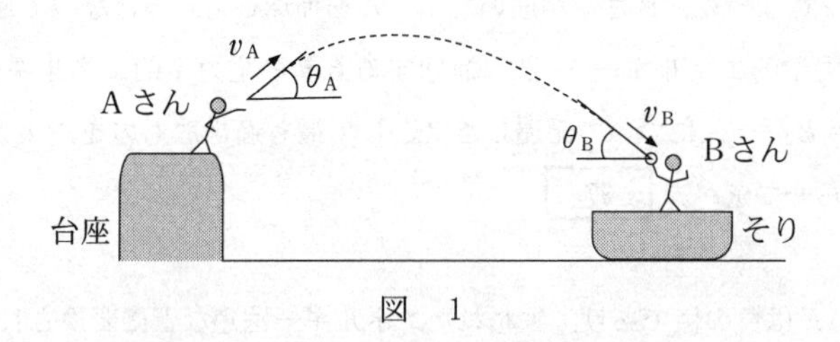

図　１

問１　Ａさんが投げた瞬間のボールの高さと，Ｂさんに届く直前のボールの高さが等しい場合には，$v_A = v_B$，$\theta_A = \theta_B$ である。図１のように，Ａさんが投げた瞬間のボールの高さの方が，Ｂさんに届く直前のボールの高さより高いとき，v_A，v_B，θ_A，θ_B の大小関係を表す式として正しいものを，次の①～④のうちから一つ選べ。 **25**

① $v_A > v_B$，$\theta_A > \theta_B$

② $v_A > v_B$，$\theta_A < \theta_B$

③ $v_A < v_B$，$\theta_A > \theta_B$

④ $v_A < v_B$，$\theta_A < \theta_B$

問 2　Bさんが届いたボールを捕球して，そりとBさんとボールが一体となって氷上をすべり出す場合を考える。捕球した後，そりとBさんの速さが一定値Vになった。Vを表す式として正しいものを，次の①～④のうちから一つ選べ。$V =$ [26]

① $\dfrac{(m+M)v_{\mathrm{B}}\cos\theta_{\mathrm{B}}}{M}$　　② $\dfrac{(m+M)v_{\mathrm{B}}\sin\theta_{\mathrm{B}}}{M}$

③ $\dfrac{mv_{\mathrm{B}}\cos\theta_{\mathrm{B}}}{m+M}$　　④ $\dfrac{mv_{\mathrm{B}}\sin\theta_{\mathrm{B}}}{m+M}$

問 3　問2のように，Bさんが届いたボールを捕球して一体となって運動するときの全力学的エネルギーE_2と，捕球する直前の全力学的エネルギーE_1との差$\Delta E = E_2 - E_1$について記述した文として最も適当なものを，次の①～④のうちから一つ選べ。[27]

① ΔEは負の値であり，失われたエネルギーは熱などに変換される。

② ΔEは正の値であり，重力のする仕事の分だけエネルギーが増加する。

③ ΔEはゼロであり，エネルギーは常に保存する。

④ ΔEの正負は，mとMの大小関係によって変化する。

問 4　図2のように，Bさんが届いたボールを捕球できず，ボールがそり上面に衝突し跳ね返る場合を考える。このとき，衝突前に静止していたそりは，衝突後も静止したままであった。ただし，そり上面は水平となっており，そり上面とボールの間には摩擦力ははたらかないものとする。

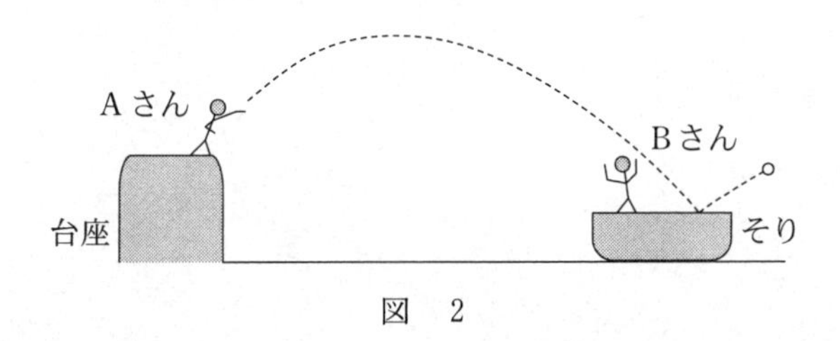

図　2

以下のAさんとBさんの会話の内容が正しくなるように，次の文章中の空欄 ア ・ イ に入れる語句の組合せとして最も適当なものを，下の①～④のうちから一つ選べ。 28

Aさん：あれ？そりはつるつるの氷の上にあるのに，全然動かなかったのは，どうしてなんだろう？

Bさん：全然動かなかったということは，ボールからそりに ア と言えるわけだね。

Aさん：こうなるときには，ボールとそりは必ず弾性衝突しているんだろうか？

Bさん： イ と思うよ。

	ア	イ
①	与えられた力積がゼロ	そうだね，エネルギー保存の法則から必ず弾性衝突になる
②	与えられた力積がゼロ	いいえ，鉛直方向の運動によっては弾性衝突とは限らない
③	はたらいた力の水平方向の成分がゼロ	そうだね，エネルギー保存の法則から必ず弾性衝突になる
④	はたらいた力の水平方向の成分がゼロ	いいえ，鉛直方向の運動によっては弾性衝突とは限らない

2021

共通テスト

本試験
(第2日程)

物理

解答時間 60分
配点 100点

物　　理

(解答番号 1 ～ 27)

第１問　次の問い(問１～５)に答えよ。(配点　25)

問１　２個の同じ角材(角材１と角材２)，および質量が無視できて変形しない薄い板を，図１のように貼りあわせて水平な床に置いた。図２の(ア)～(エ)のように薄い板の長さが異なるとき，倒れることなく床の上に立つものをすべて選び出した組合せとして最も適当なものを，次ページの①～④のうちから一つ選べ。ただし，図２は図１を矢印の向きから見たものであり，G_1とG_2はそれぞれ角材１と角材２の重心，CはG_1とG_2の中点である。 1

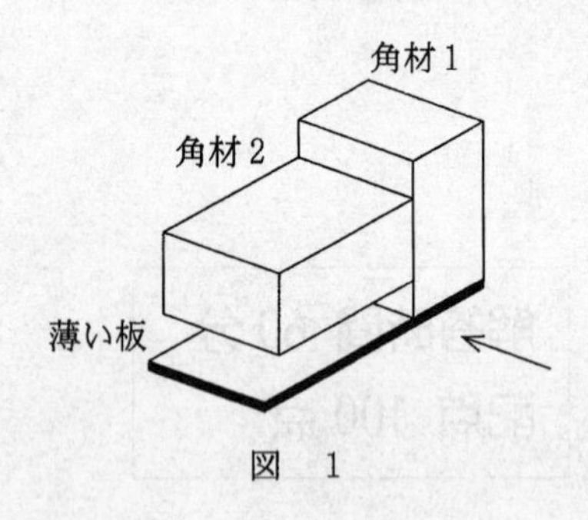

図　1

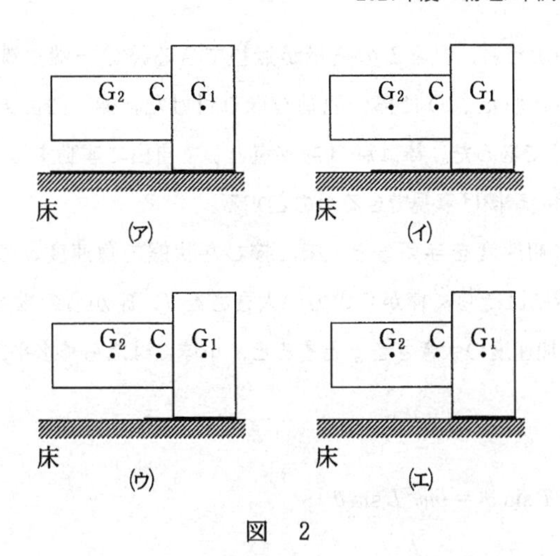

図　2

① (ア)

② (ア), (イ)

③ (ア), (イ), (ウ)

④ (ア), (イ), (ウ), (エ)

問 2　図3のように，長さLの質量が無視できる棒の一端に質量mの小球を付け，固定された点Oに棒の他端を取り付けた。棒と鉛直方向のなす角度は$\theta(\theta > 0)$であった。棒は点Oを支点として自由に運動することができ，小球と床の間の摩擦は無視できるものとする。

小球に初速度を与えると，床に接した状態で角速度ωの等速円運動をした。小球にはたらく棒からの力の大きさをT，床からの垂直抗力の大きさをN，重力加速度の大きさをgとすると，小球にはたらく水平方向の力については，

$$T\sin\theta = m\omega^2 L\sin\theta$$

が成り立つ。また，小球にはたらく鉛直方向の力については，

$$T\cos\theta + N = mg$$

が成り立つ。

小球に大きな初速度を与えると，小球は床から離れる。小球が床から離れずに等速円運動するωの最大値ω_0を表す式として正しいものを，次ページの①～⑦のうちから一つ選べ。$\omega_0 =$ [2]

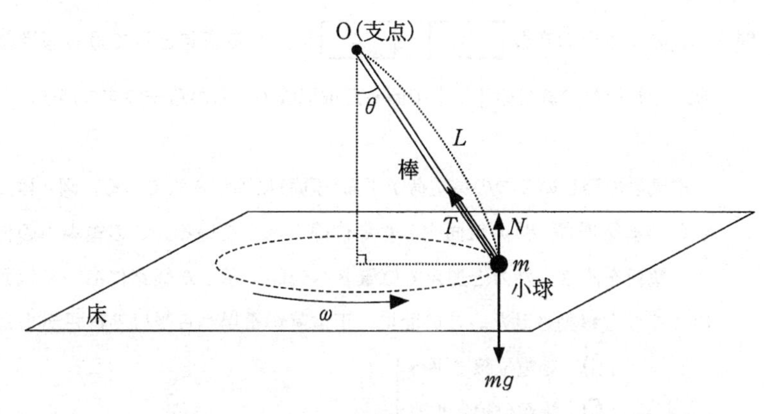

図　3

① $\sqrt{\dfrac{g}{L\cos\theta}}$　　② $\sqrt{\dfrac{g}{L\sin\theta}}$

③ $\sqrt{\dfrac{g}{L\tan\theta}}$　　④ $\sqrt{\dfrac{g\cos\theta}{L}}$

⑤ $\sqrt{\dfrac{g\sin\theta}{L}}$　　⑥ $\sqrt{\dfrac{g\tan\theta}{L}}$

⑦ $\sqrt{\dfrac{g}{L}}$

問３　次の文章中の空欄 [3]・[4] に入れる語句として最も適当なものを，それぞれの直後の｛　｝で囲んだ選択肢のうちから一つずつ選べ。

電気量の等しい２つの負電荷が平面(紙面)に固定されている。図４は，それらが作る電場(電界)の紙面内の等電位線を示している。この電場中の位置Ａに正電荷を置き，外力を加えて位置Ｂへ矢印で示した経路に沿って紙面内をゆっくりと移動させた。この間に，正電荷が電場から受ける静電気力は常に

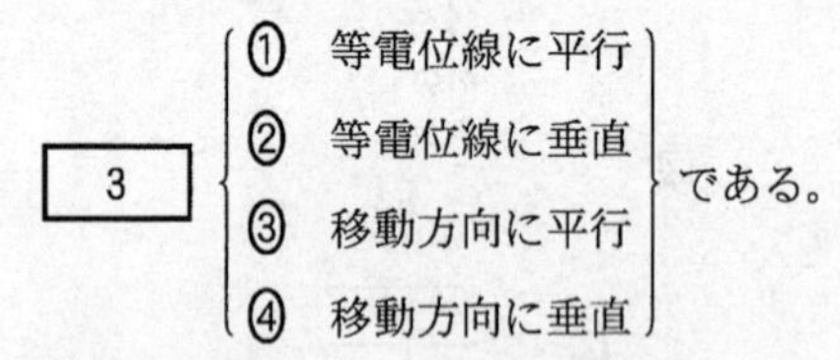
[3]
① 等電位線に平行
② 等電位線に垂直
③ 移動方向に平行
④ 移動方向に垂直
である。

また，位置Ａから位置Ｂまで移動する間に外力が正電荷にした仕事の総和は

[4]
① 正である。
② 0である。
③ 負である。
④ これだけでは定まらない。

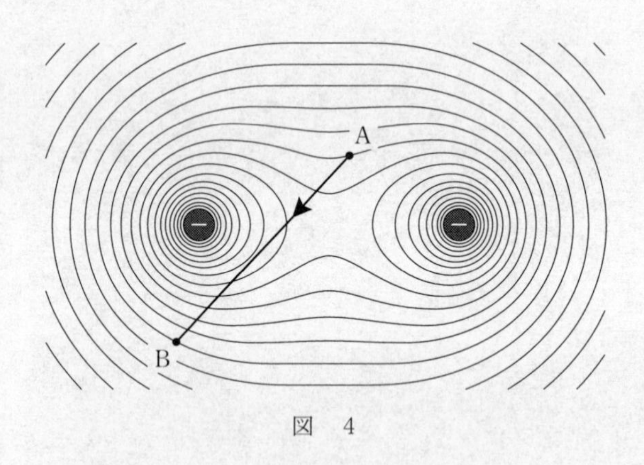

図　4

問 4 次の文章中の空欄 [5]・[6] に入れる式と語句として最も適当なものを，それぞれの直後の｛　｝で囲んだ選択肢のうちから一つずつ選べ。

図5のように，x 軸上を正の向きに大きさ p の運動量を持った粒子が，静止している電子に衝突し，x 軸と直角の方向に大きさ p' の運動量を持って進んだ。電子がはね跳ばされた向きと x 軸がなす角を θ とするとき，運動量保存の法則から，

$\tan\theta =$ [5]

① $\dfrac{p}{p'}$　② $\dfrac{p'}{p}$　③ $\dfrac{p}{\sqrt{p^2+(p')^2}}$

④ $\dfrac{p'}{\sqrt{p^2+(p')^2}}$　⑤ $\dfrac{\sqrt{p^2+(p')^2}}{p}$　⑥ $\dfrac{\sqrt{p^2+(p')^2}}{p'}$

となる。この粒子がX線光子である場合には，そのエネルギーは，振動数を ν，プランク定数を h として $h\nu$ で与えられる。衝突後，X線光子の振動数は

[6]
① 衝突前に比べて大きくなる。
② 衝突前に比べて小さくなる。
③ 周期的に変動する。
④ 不規則な変化をする。
⑤ 変化しない。

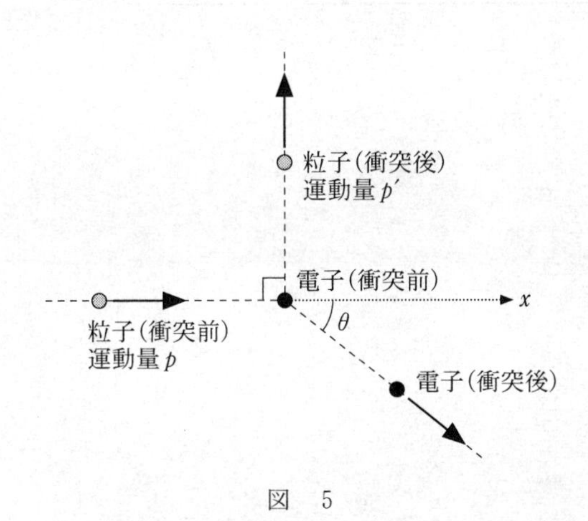

図　5

問 5　気体の比熱に関する次の文章中の空欄 ア ・ イ に入れる式の組合せとして最も適当なものを，下の①〜④のうちから一つ選べ。ただし，物質量の単位はモルであり，気体定数を R とする。 7

物質量 n の単原子分子理想気体が容器中に閉じ込められており，圧力は p，体積は V，温度は T になっている。この気体の体積を一定に保って温度を T から ΔT だけ上昇させると，気体の内部エネルギーは ΔU だけ増加し，定積モル比熱 C_V は $\dfrac{\Delta U}{n\Delta T}$ で与えられる。

一方，この気体の圧力を一定に保って温度を T から ΔT だけ上昇させると，体積は ΔV だけ増加する。このとき，気体に与えられた熱量は ア であり，気体が外部にした仕事は $nR\Delta T$ で与えられる。これより，定圧モル比熱 C_p を求めると $C_p - C_V =$ イ であることがわかる。

	ア	イ
①	$\Delta U - p\Delta V$	nR
②	$\Delta U - p\Delta V$	R
③	$\Delta U + p\Delta V$	nR
④	$\Delta U + p\Delta V$	R

第2問　次の文章(A・B)を読み，下の問い(問1～5)に答えよ。(配点　25)

A　指針で値を示すタイプの電流計と電圧計はよく似た構造をしている。どちらも図1のような永久磁石にはさまれたコイルからなる主要部を持ち，電流Iが端子aから入り端子bから出るとき，コイルが回転して指針が正に振れる。

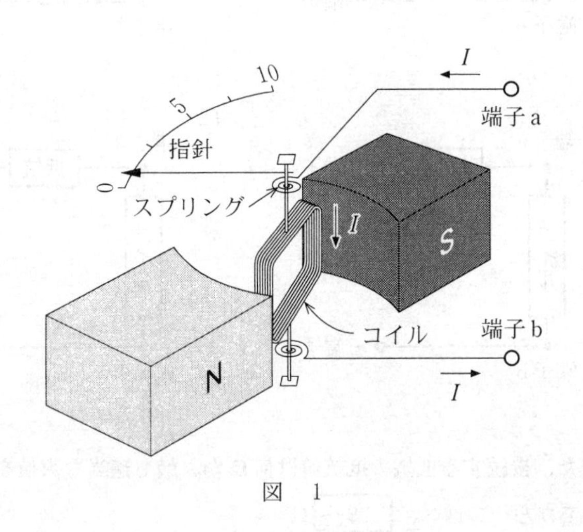

図　1

問1　この主要部はそれだけで電流計として機能し，コイルに電流を10 mA 流したとき指針が最大目盛10を示した。このコイルの端子aから端子bまでの抵抗値は2Ωであった。

このコイルに，ある抵抗値の抵抗を接続することで，最大目盛が10 V を示す電圧計にすることができる。コイルと抵抗の接続と，電圧計として使うときの＋端子，－端子の選択を示した図として最も適当なものを，次ページの①～④のうちから一つ選べ。　8

①

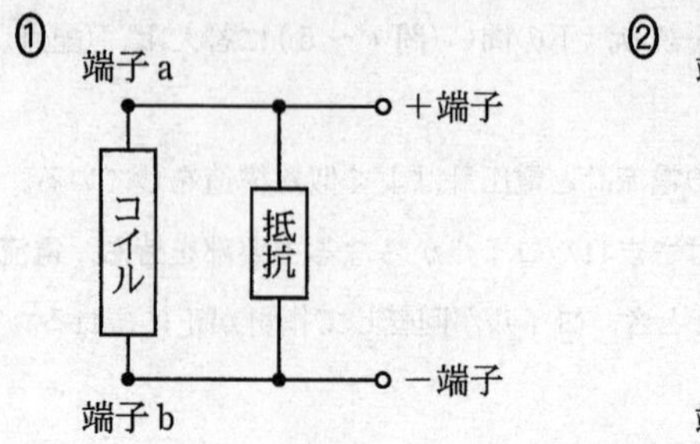

②

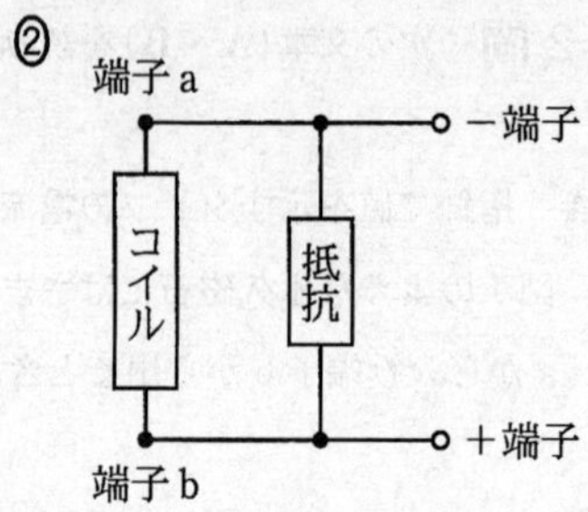

③

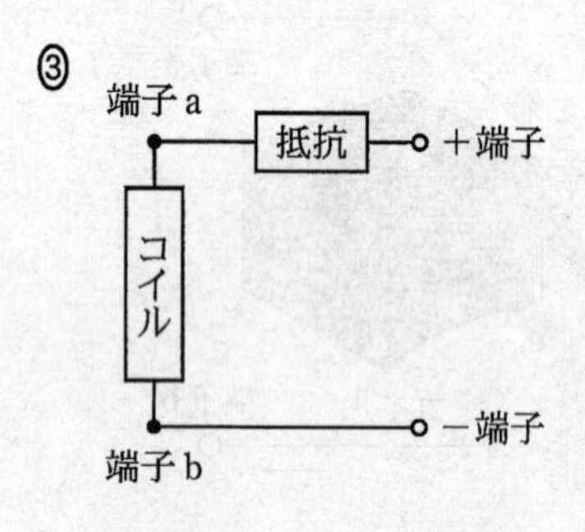

④

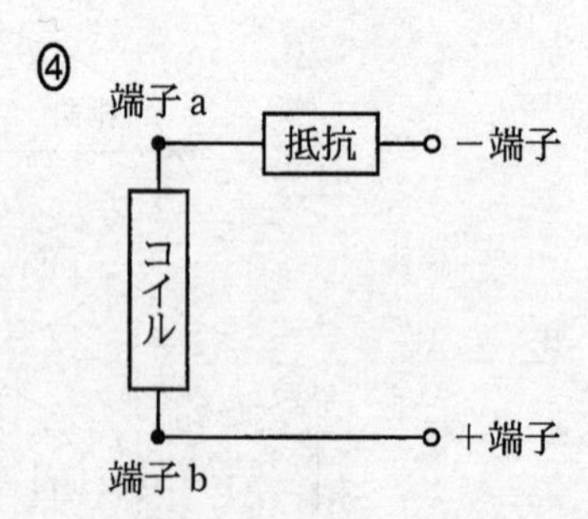

また，接続する抵抗の抵抗値は何Ωか。最も適当な数値を，次の①～⑦のうちから一つ選べ。 **9** Ω

① 0.2　② 8　③ 18　④ 98

⑤ 198　⑥ 998　⑦ 1998

問 2 次の文章中の空欄 ア ～ ウ に入れる語句の組合せとして最も適当なものを，下の①～⑧のうちから一つ選べ。 10

通常，電圧を測定するときは，測定したいところに電圧計を ア に接続する。電圧計を接続することによる影響(測定したい2点間の電圧の変化)が小さくなるように，電圧計全体の内部抵抗の値を イ し，電圧計 ウ を小さくしている。

	ア	イ	ウ
①	直　列	大きく	を流れる電流
②	直　列	大きく	にかかる電圧
③	直　列	小さく	を流れる電流
④	直　列	小さく	にかかる電圧
⑤	並　列	大きく	を流れる電流
⑥	並　列	大きく	にかかる電圧
⑦	並　列	小さく	を流れる電流
⑧	並　列	小さく	にかかる電圧

B　2018年11月に国際単位系(SI)が改定され，質量の単位は，キログラム原器(質量1kgの分銅)によらない定義になった。図2は，分銅を使わず，電流が磁場(磁界)から受ける力(電磁力)を用いて質量を求める天秤(てんびん)の原理を示す。天秤の左右の腕の長さは等しく，左の腕には物体をのせる皿，右の腕には変形しない一巻きコイルがつるされている。図2に示した幅Lの灰色の領域には，磁束密度の大きさBの一様な磁場が紙面の裏から表の向きにかかっている。皿に何ものせず，コイルに電流が流れていないとき，天秤はつりあいの位置で静止する。紙面はある鉛直平面に一致し，天秤が揺れてもコイル面と天秤の腕は紙面内にあり，コイルの下辺は常に水平である。ただし，装置は真空中に置かれており，重力加速度の大きさをgとする。

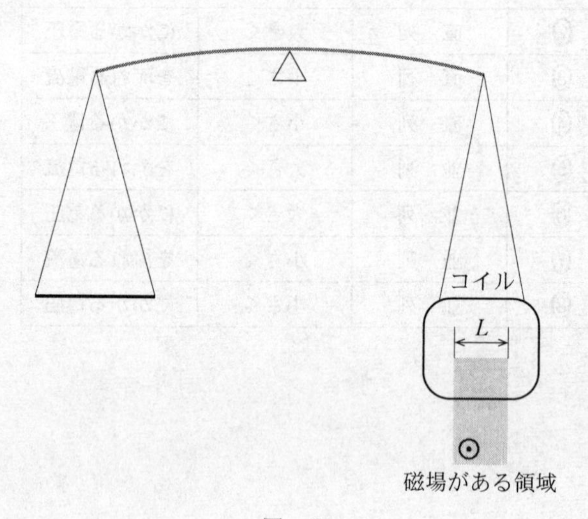

図　2

問 3　図３のように，質量 m の物体を皿にのせ，一巻きコイルに直流電源をつないで，大きさ I の直流電流を流したとき天秤はつりあった。このときのつりあいの式から

$$mg = IBL \qquad (1)$$

である。コイルの下辺にかかる電磁力の向きと電流の向きの組合せとして正しいものを，下の①～④のうちから一つ選べ。ただし，直流電源をつなぐために開けたコイルの隙間は狭く，コイルにつないだ導線は軽く柔らかいので，測定には影響しないものとする。 11

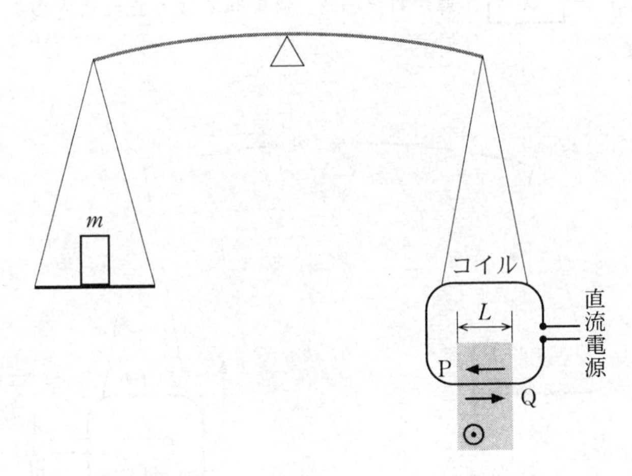

図　3

	電磁力の向き	電流の向き
①	鉛直上向き	P
②	鉛直上向き	Q
③	鉛直下向き	P
④	鉛直下向き	Q

問４　次の文章中の空欄 エ ・ オ に入れる記号と式の組合せとして最も適当なものを，下の①〜⑥のうちから一つ選べ。 12

問３の式(1)に含まれる磁束密度を正確に測定することは難しい。そこで，磁束密度を含まない関係式を導くために，磁場は変えずに，図３の直流電源を電圧計に取り替えて，別の実験を行った。

天秤の腕を上下に揺らすと，コイルも上下に揺れる。図４のようにコイルがつりあいの位置を鉛直上向きに速さ v で通過したとき，コイル全体で大きさ V の起電力が発生し，誘導電流が エ の向きに流れた。この実験結果から B と V の関係式が得られる。これを使って式(1)から B を消去した式 $mgv=$ オ が導かれたので，質量 m をより正確に求めることができる。

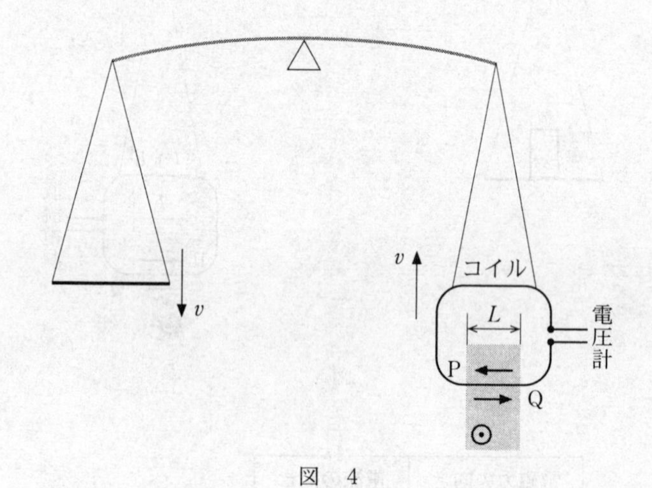

図　4

	①	②	③	④	⑤	⑥
エ	P	P	P	Q	Q	Q
オ	IVL	IV	$\frac{IV}{L}$	IVL	IV	$\frac{IV}{L}$

問 5　問4で得られた式の左辺 mgv が表す物理量の意味と，SI での単位の記号の組合せとして最も適当なものを，次の①～⑨のうちから一つ選べ。

13

	物理量の意味	記号
①	重力による位置エネルギー	J
②	重力による位置エネルギー	W
③	重力による位置エネルギー	N・s
④	重力のする仕事の仕事率	J
⑤	重力のする仕事の仕事率	W
⑥	重力のする仕事の仕事率	N・s
⑦	物体の運動量	J
⑧	物体の運動量	W
⑨	物体の運動量	N・s

第3問　次の文章(A・B)を読み，下の問い(問1〜7)に答えよ。(配点　25)

A　図1のような装置を使って，弦の定常波(定在波)の実験をした。金属製の弦の一端を板の左端に固定し，弦の他端におもりを取り付け，板の右端にある定滑車を通しておもりをつり下げた。そして，こま1とこま2を使って，弦を板から浮かした。さらに，こま1とこま2の中央にU型磁石を置き，弦に垂直で水平な磁場がかかるようにした。そして，弦に交流電流を流した。電源の交流周波数は自由に変えることができる。こま1とこま2の間隔をLとする。ただし，電源をつないだことによる弦の張力への影響はないものとする。

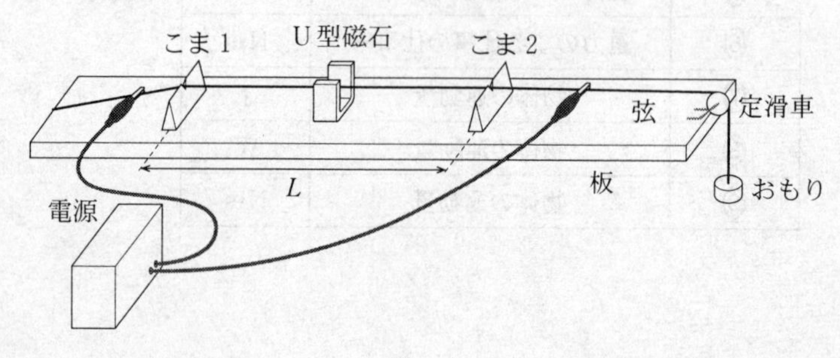

図　1

弦に交流電流を流して，腹1個の定常波が生じたときの交流周波数fを測定した。これは，交流周波数と弦の基本振動数が一致して共振を起こした結果である。U型磁石が常に中央にあるように，こま1とこま2の間隔Lを変えながら実験を行い，縦軸に基本振動数f，横軸に$\dfrac{1}{L}$を取って，図2のようなグラフを作成した。下の問いに答えよ。

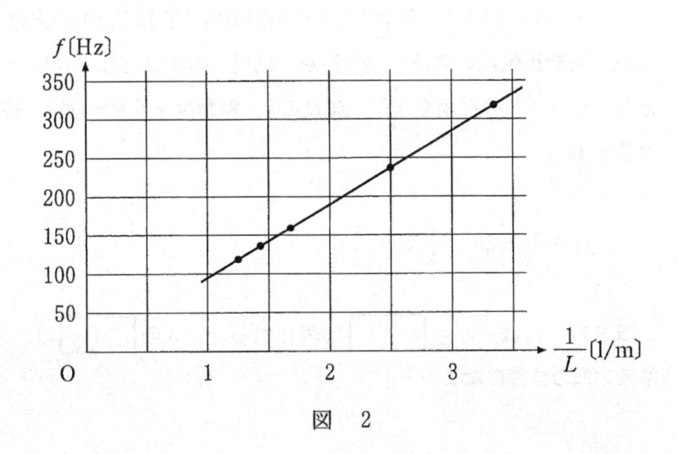

図　2

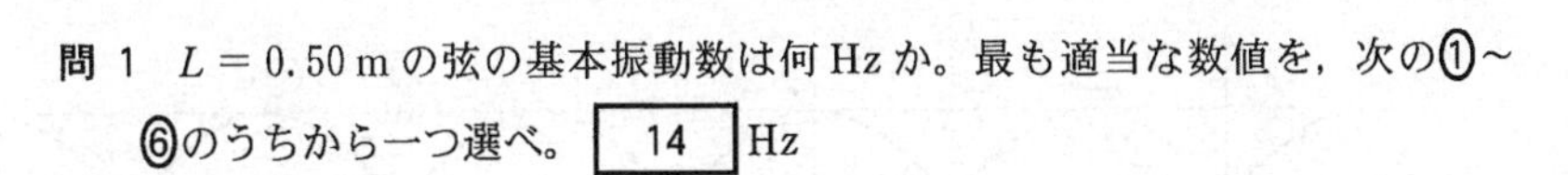

問 1　$L = 0.50\,\mathrm{m}$ の弦の基本振動数は何Hzか。最も適当な数値を，次の①～⑥のうちから一つ選べ。［14］Hz

① 50　② 90　③ 1.7×10^2
④ 1.9×10^2　⑤ 2.7×10^2　⑥ 3.1×10^2

問 2　弦を伝わる波の速さは何m/sか。次の空欄［15］～［17］に入れる数字として最も適当なものを，下の①～⓪のうちから一つずつ選べ。ただし，同じものを繰り返し選んでもよい。

［15］.［16］$\times 10^{\boxed{17}}$ m/s

① 1　② 2　③ 3　④ 4　⑤ 5
⑥ 6　⑦ 7　⑧ 8　⑨ 9　⓪ 0

問 3　定常波について述べた次の文章中の空欄 ア ・ イ に入れる式と記号の組合せとして最も適当なものを，次ページの①～⑧のうちから一つ選べ。 18

一般に，定常波は波長も振幅も等しい逆向きに進む2つの正弦波が重なり合って生じる。図3は，時刻 $t=0$ の瞬間の右に進む正弦波の変位 y_1(実線)と左に進む正弦波の変位 y_2(破線)を，位置 x の関数として表したグラフである。それぞれの振幅を $\frac{A_0}{2}$，波長を λ，振動数を f とすれば，時刻 t における y_1 は，

$$y_1=\frac{A_0}{2}\sin 2\pi\left(ft-\frac{x}{\lambda}\right)$$

と表され，y_2 は，$y_2=$ ア と表される。図3の イ は，ともに定常波の節の位置になる。

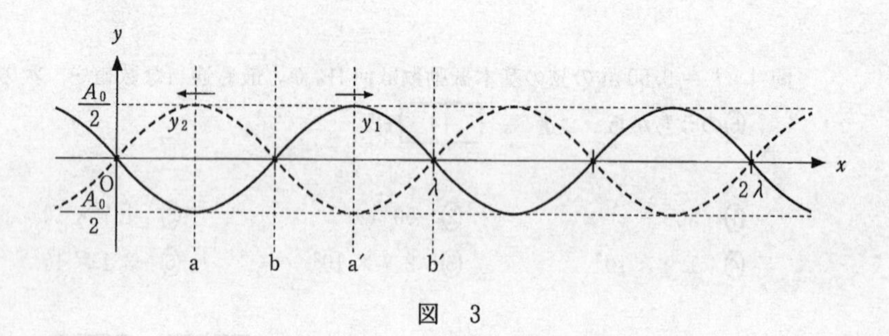

図　3

	ア	イ
①	$\frac{A_0}{2}\cos 2\pi\left(ft+\frac{x}{\lambda}\right)$	a，a′
②	$\frac{A_0}{2}\cos 2\pi\left(ft+\frac{x}{\lambda}\right)$	b，b′
③	$-\frac{A_0}{2}\cos 2\pi\left(ft+\frac{x}{\lambda}\right)$	a，a′
④	$-\frac{A_0}{2}\cos 2\pi\left(ft+\frac{x}{\lambda}\right)$	b，b′
⑤	$\frac{A_0}{2}\sin 2\pi\left(ft+\frac{x}{\lambda}\right)$	a，a′
⑥	$\frac{A_0}{2}\sin 2\pi\left(ft+\frac{x}{\lambda}\right)$	b，b′
⑦	$-\frac{A_0}{2}\sin 2\pi\left(ft+\frac{x}{\lambda}\right)$	a，a′
⑧	$-\frac{A_0}{2}\sin 2\pi\left(ft+\frac{x}{\lambda}\right)$	b，b′

B　金属箔の厚さをできる限り正確に(有効数字の桁数をより多く)測定したい。図4のように，2枚の平面ガラスを重ねて，ガラスが接している点Oから距離Lの位置に厚さDの金属箔をはさんだ。真上から波長λの単色光を当てて上から見ると，明暗の縞模様が見えた。このとき，隣り合う暗線の間隔Δxを測定すると，金属箔の厚さDを求めることができる。点Oからの距離xの位置において，平面ガラス間の空気層の厚さをdとすると，上のガラスの下面で反射する光と下のガラスの上面で反射する光の経路差は$2d$となる。ただし，空気の屈折率を1とする。

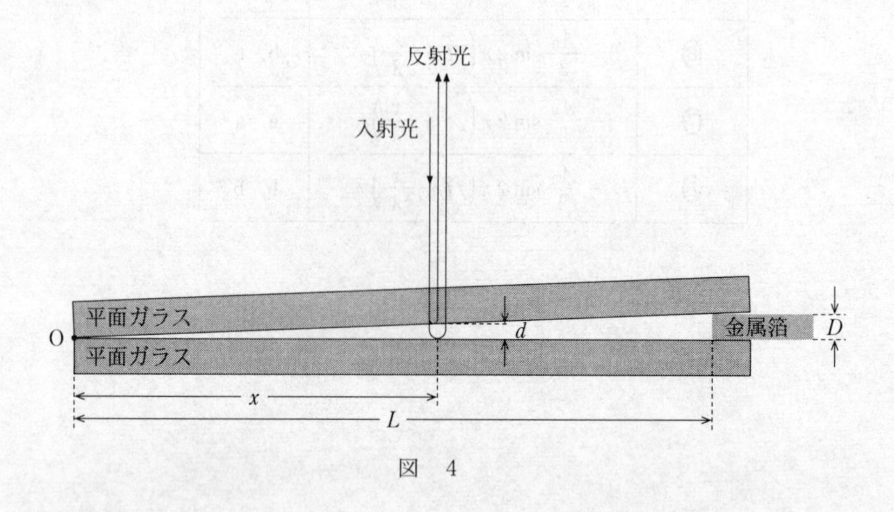

図　4

問 4　金属箔の厚さDを表す式として正しいものを，次の①～⑥のうちから一つ選べ。$D=$ 19

① $\dfrac{L\Delta x}{2\lambda}$　② $\dfrac{L\Delta x}{\lambda}$　③ $\dfrac{2L\Delta x}{\lambda}$

④ $\dfrac{L\lambda}{2\Delta x}$　⑤ $\dfrac{L\lambda}{\Delta x}$　⑥ $\dfrac{2L\lambda}{\Delta x}$

問 5　次の文章中の空欄 ウ ・ エ に入れる式と語句の組合せとして最も適当なものを，下の①～⑥のうちから一つ選べ。 20

できる限り正確に金属箔の厚さを求めるためには，隣り合う暗線の間隔 Δx をできる限り正確に測定する必要がある。この実験では，測定物の長さによらず，長さを 0.1 mm まで読み取ることができる器具を用いて測定する。N 個の暗線をまとめて $N\Delta x$ を測定できるならば，Δx を ウ mm まで決めることができる。したがって，金属箔の厚さをより正確に測定するためには，N を エ するとよい。

	①	②	③	④	⑤	⑥
ウ	$0.1N$	$0.1N$	$\frac{0.1}{\sqrt{N}}$	$\frac{0.1}{\sqrt{N}}$	$\frac{0.1}{N}$	$\frac{0.1}{N}$
エ	大きく	小さく	大きく	小さく	大きく	小さく

問 6　次の文章中の空欄 オ ・ カ に入れる語句の組合せとして最も適当なものを，下の①～⑤のうちから一つ選べ。 21

空気層に屈折率 n $(1 < n < 1.5)$ の液体を満たしたところ，隣り合う暗線の間隔 Δx が オ 。それは，単色光の波長が液体中で カ からである。

	オ	カ
①	狭くなった	短くなった
②	狭くなった	長くなった
③	広くなった	短くなった
④	広くなった	長くなった
⑤	変わらなかった	変わらなかった

問 7　平面ガラスの間に入れた液体を取り除いて，空気層に戻し，単色光の代わりに白色光を当てたところ，虹色の縞模様が見えた。その理由として最も適当なものを，次の①～④のうちから一つ選べ。 22

① 白色光の波長が非常に短いため
② 波長によって光の速さが異なるため
③ 波長によって偏光の方向が異なるため
④ 波長によって明線の間隔が異なるため

第4問　次の文章を読んで下の(問1～5)に答えよ。(配点　25)

無重力の宇宙船内では重力を利用した体重計を使うことができないが，ばねに付けた物体の振動からその物体の質量を測定することができる。

地球上の摩擦のない水平面上に，ばね定数が異なり質量の無視できる二つのばねと，物体を組合わせた実験装置を作った。はじめ，図1(a)のように，ばね定数k_AのばねAと，ばね定数k_BのばねBは，自然の長さからそれぞれL_A($L_A > 0$)とL_B($L_B > 0$)だけ伸びた状態であり，物体はばねから受ける力がつり合って静止している。このつり合いの位置をx軸の原点Oとし，図1の右向きをx軸の正の向きに定めた。次に，図1(b)のように，物体を$x = x_0$($x_0 > 0$)まで移動させてから静かに放したところ，単振動した。その後の物体の位置をxとする。ただし，空気抵抗の影響は無視できるものとする。

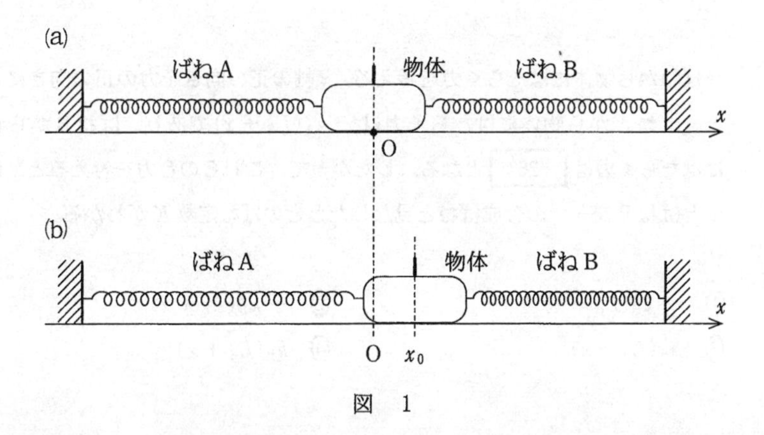

図　1

問1　k_A，k_B，L_A，L_Bの間に成り立つ式として正しいものを，次の①～④のうちから一つ選べ。 23

① $k_A L_A - k_B L_B = 0$　　② $k_A L_B - k_B L_A = 0$

③ $\frac{1}{2}k_A L_A^2 - \frac{1}{2}k_B L_B^2 = 0$　　④ $\frac{1}{2}k_A L_B^2 - \frac{1}{2}k_B L_A^2 = 0$

問 2　この実験では，どちらかのばねが自然の長さよりも縮むと，ばねが曲がってしまうことがある。これを避けるため，実験を計画するときには，どちらのばねも常に自然の長さよりも伸びた状態にする必要がある。そのためにL_A，L_Bが満たすべき条件として最も適当なものを，次の①～④のうちから一つ選べ。
24

① $(L_A + L_B) > x_0$

② $|L_A - L_B| > x_0$

③ $L_A > x_0$ かつ $L_B > x_0$

④ $L_A > x_0$ または $L_B > x_0$

問 3　次の文章中の空欄 25 に入れる式として正しいものを，下の①～④のうちから一つ選べ。

ばねから物体にはたらく力を考える。x軸の正の向きを力の正の向きにとると，ばねAから物体にはたらく力は$-k_A(L_A + x)$であり，ばねBから物体にはたらく力は 25 となる。したがって，これらの合力を考えると，ばねAとばねBを一つの合成ばねと見なしたときのばね定数Kがわかる。

① $-k_B(L_B - x)$　　② $-k_B(L_B + x)$

③ $k_B(L_B - x)$　　④ $k_B(L_B + x)$

問４　$x_0 = 0.14\,\mathrm{m}$として，時刻$t = 0\,\mathrm{s}$で物体を静かに放してから，$0.1\,\mathrm{s}$ごとに時刻tにおける物体の位置xを測定したところ，図２に示すx-tグラフを得た。図２から読み取れる周期Tと物体の速さの最大値v_{max}の組合せとして最も適当なものを，下の①～④のうちから一つ選べ。 26

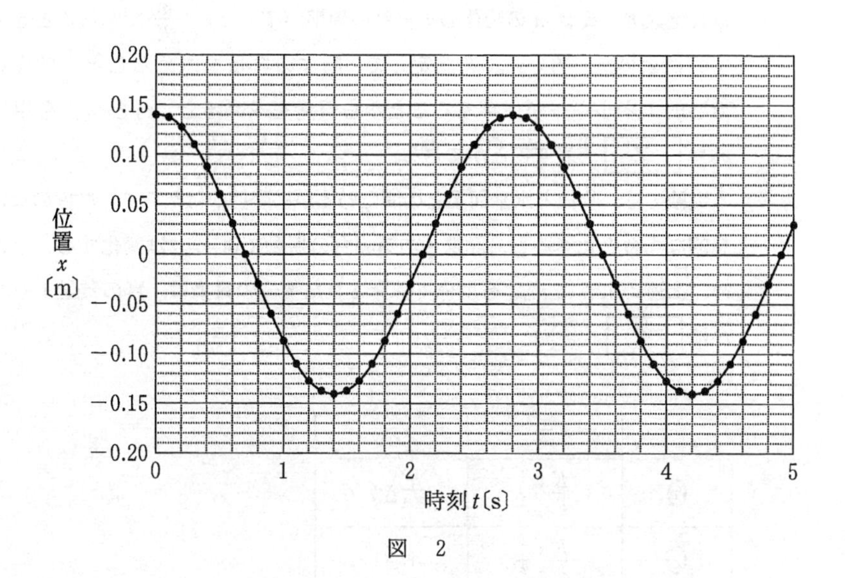

図　2

① $T = 1.4\,\mathrm{s}$，$v_{\mathrm{max}} = 0.3\,\mathrm{m/s}$　　② $T = 1.4\,\mathrm{s}$，$v_{\mathrm{max}} = 0.6\,\mathrm{m/s}$

③ $T = 2.8\,\mathrm{s}$，$v_{\mathrm{max}} = 0.3\,\mathrm{m/s}$　　④ $T = 2.8\,\mathrm{s}$，$v_{\mathrm{max}} = 0.6\,\mathrm{m/s}$

問 5　次の文章中の空欄 ア ・ イ に入れる式と語句の組合せとして最も適当なものを，下の①～④のうちから一つ選べ。 27

合成ばねの単振動の周期 T を測定して，物体の質量を求めるためには，ばね定数 K，質量 m の物体の単振動の周期が $T=2\pi\sqrt{\dfrac{m}{K}}$ であることを利用すればよい。一方，$v_{\rm max}$ を測定して，物体の質量を求めることもできる。力学的エネルギーが保存することから質量を求めると，x_0 と $v_{\rm max}$ を用いて $m=$ ア と表すことができる。

実験では，物体と水平面上との間にわずかに摩擦がはたらく。摩擦のない理想的な場合と比べると，摩擦のある場合の振動では $v_{\rm max}$ は変化する。そのため，上述のように $v_{\rm max}$ を用いて計算された物体の質量は，真の質量よりわずかに イ 。

	ア	イ
①	$\dfrac{Kx_0^{\,2}}{v_{\rm max}^{\,2}}$	大きい
②	$\dfrac{Kx_0^{\,2}}{v_{\rm max}^{\,2}}$	小さい
③	$\dfrac{v_{\rm max}^{\,2}}{Kx_0^{\,2}}$	大きい
④	$\dfrac{v_{\rm max}^{\,2}}{Kx_0^{\,2}}$	小さい

共通テスト

第2回 試行調査

物理

解答時間 60分
配点 100点

物　理

（全　問　必　答）

第１問　次の問い（問１～５）に答えよ。

〔解答番号 [1] ～ [10]〕（配点　30）

問１　重力加速度の大きさを，地球上で g，月面上で $\frac{g}{6}$ とする。地球と月で質量 m の小物体を高さ h の位置から初速度 v で水平投射し，高さの基準面に達する直前の運動エネルギーを比較する。二つの運動エネルギーの差を表す式として正しいものを，次の①～⑧のうちから一つ選べ。ただし，空気の抵抗は無視できるものとする。[1]

① $\frac{1}{12}mv^2$　② $\frac{1}{6}mv^2$　③ $\frac{5}{12}mv^2$　④ $\frac{1}{2}mv^2$

⑤ $\frac{1}{6}mgh$　⑥ $\frac{1}{3}mgh$　⑦ $\frac{5}{6}mgh$　⑧ mgh

問 2 下の文章中の空欄 [2] ・ [3] に入れる語句または記号として最も適当なものを，それぞれの直後の{ }で囲んだ選択肢のうちから一つずつ選べ。[2] [3]

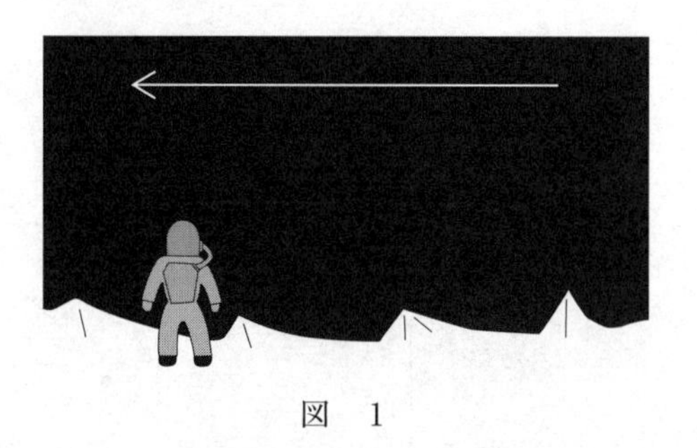

図 1

図1のように，大気のない惑星にいる宇宙飛行士の上空を，宇宙船が水平左向きに等速直線運動して通過していく。一定の時間間隔をあけて次々と物資が宇宙船から静かに切り離され，落下した。4番目の物資が切り離された瞬間の，それまでに切り離された物資の位置およびそれまでの運動の軌跡を表す図は，図2の [2] {① ア ② イ ③ ウ ④ エ ⑤ オ}であった。このとき宇宙船は，等速直線運動をするためにロケットエンジンから燃焼ガスを [3]

{
① 水平右向きに噴射していた。
② 斜め右下向きに噴射していた。
③ 鉛直下向きに噴射していた。
④ 噴射していなかった。
}

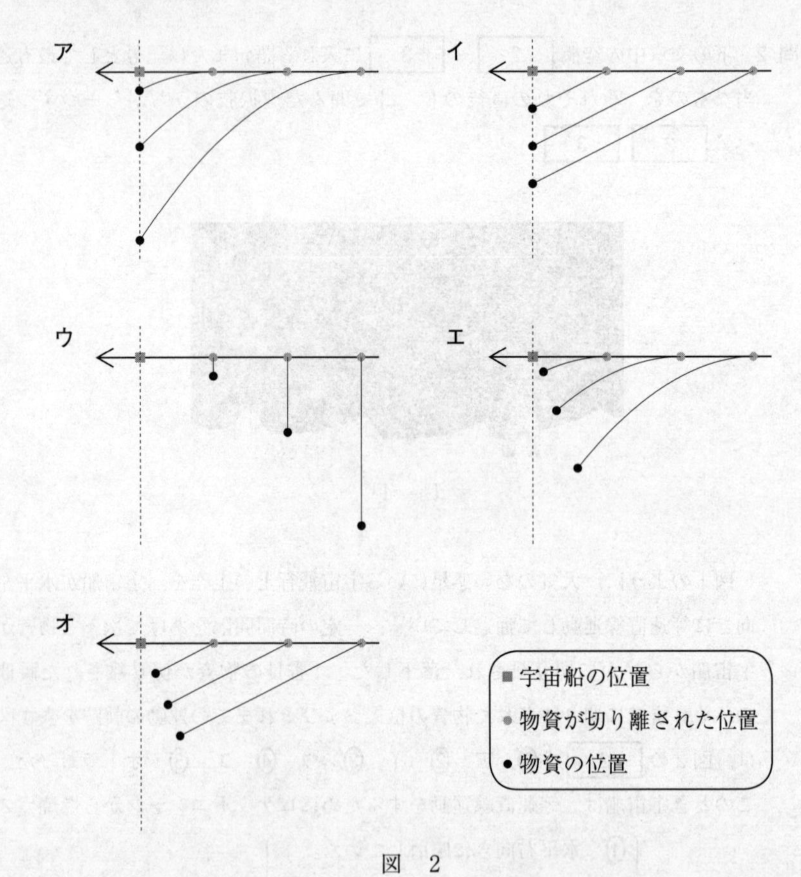

図　2

問 3　下の文章中の空欄 [4] ～ [6] に入れる式または語句として最も適当なものを，それぞれの直後の{　　}で囲んだ選択肢のうちから一つずつ選べ。ただし，気体定数は R，重力加速度の大きさを g とする。

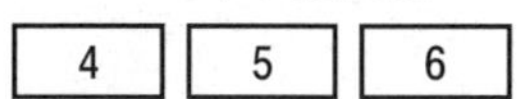

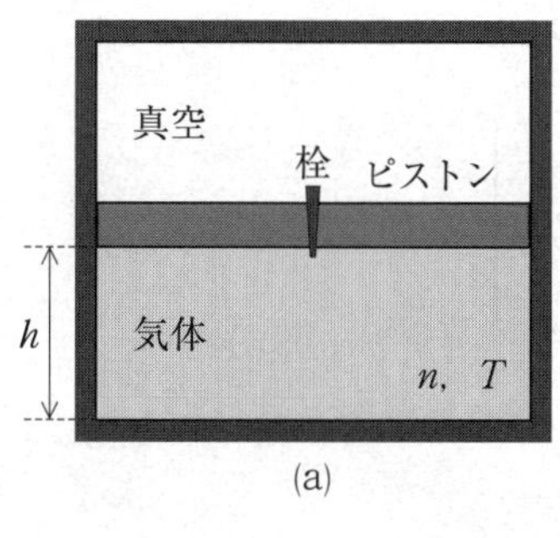

(a)

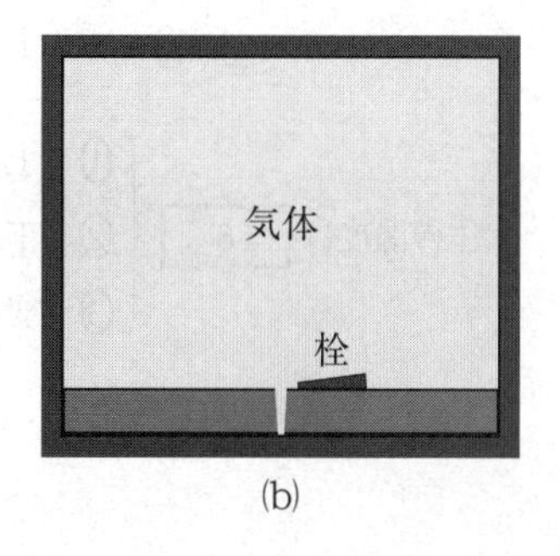

(b)

図　3

図3(a)のように，断熱材でできた密閉したシリンダーを鉛直に立て，なめらかに動く質量 m のピストンで仕切り，その下側に物質量 n の単原子分子の理想気体を入れた。上側は真空であった。ピストンはシリンダーの底面からの高さ h の位置で静止し，気体の温度は T であった。このとき，

$mgh =$ [4] {① $\frac{1}{2}nRT$　② nRT　③ $\frac{3}{2}nRT$　④ $2nRT$　⑤ $\frac{5}{2}nRT$} が成り立つ。

ピストンについていた栓を抜いたところ，図3(b)のようにピストンはシリンダーの底面までゆっくりと落下し，気体はシリンダー内全体に広がった。

気体は **5**
- ① 等温で膨張するので，
- ② 断熱膨張するので，
- ③ 真空中への膨張なので仕事はせず，
- ④ ピストンから押されることで正の仕事をされ，

気体の温度は **6**
- ① 上がる。
- ② 下がる。
- ③ 変化しない。

問 4　図4のように，凸レンズの左に万年筆がある。F，F′はレンズの焦点である。レンズの左に光を通さない板Bを置き，レンズの中心より上半分を完全に覆った。万年筆の先端Aから出た光が届く点として適当なものを，図中の①～⑦のうちから**すべて選べ**。ただし，レンズは薄いものとする。 7

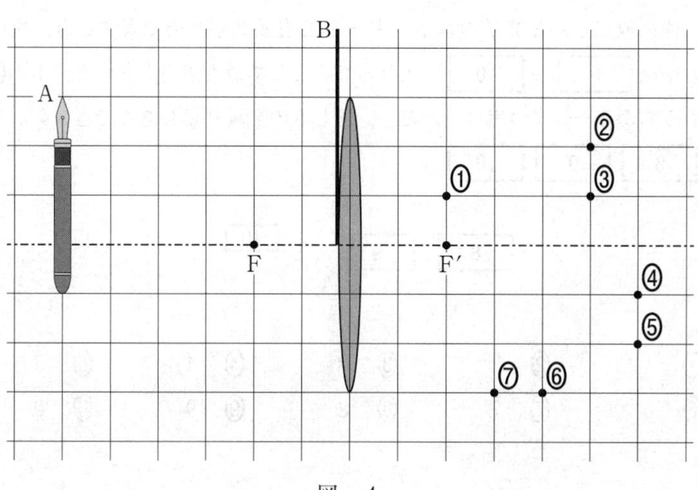

図　4

問５　水素原子のボーア模型を考える。量子数が n の定常状態にある電子のエネルギーは，

$$E_n = -\frac{13.6}{n^2}\ \mathrm{eV}$$

と表すことができる。エネルギーの最も低い励起状態から，基底状態への遷移に伴い放出される光子のエネルギー E を有効数字２桁で表すとき，次の式中の空欄 [8] ～ [10] に入れる数字として最も適当なものを，下の①～⓪のうちから一つずつ選べ。ただし，同じものを繰り返し選んでもよい。

[8] [9] [10]

$$E = \boxed{8}\,.\,\boxed{9} \times 10^{\boxed{10}}\ \mathrm{eV}$$

① 1　② 2　③ 3　④ 4　⑤ 5
⑥ 6　⑦ 7　⑧ 8　⑨ 9　⓪ 0

第２問　次の文章（A・B）を読み，下の問い（問１～５）に答えよ。

〔解答番号 1 ～ 6 〕（配点　28）

A　x 軸上を負の向きに速さ v で進む質量 m の小物体Aと，正の向きに速さ v で進む質量 m の小物体Bが衝突し，衝突後も x 軸上を運動した。衝突時に接触していた時間を Δt，はね返り係数（反発係数）を $e(0 < e \leqq 1)$ とする。

問１　衝突後の小物体Aの速度を表す式として正しいものを，次の①～⑦のうちから一つ選べ。 1

① $-2ev$　② $-ev$　③ $-\frac{1}{2}ev$　④ 0

⑤ $2ev$　⑥ ev　⑦ $\frac{1}{2}ev$

問２　Δt の間に小物体Aが小物体Bから受けた力の平均値を表す式として正しいものを，次の①～⑨のうちから一つ選べ。 2

① $\dfrac{emv}{2\Delta t}$　② $\dfrac{emv}{\Delta t}$　③ $\dfrac{2emv}{\Delta t}$

④ $\dfrac{(1-e)mv}{2\Delta t}$　⑤ $\dfrac{(1-e)mv}{\Delta t}$　⑥ $\dfrac{2(1-e)mv}{\Delta t}$

⑦ $\dfrac{(1+e)mv}{2\Delta t}$　⑧ $\dfrac{(1+e)mv}{\Delta t}$　⑨ $\dfrac{2(1+e)mv}{\Delta t}$

B　高校の授業で，衝突中に2物体が及ぼし合う力の変化を調べた。力センサーのついた台車A，Bを，水平な一直線上で，等しい速さvで向かい合わせに走らせ，衝突させた。センサーを含む台車1台の質量mは1.1 kgである。それぞれの台車が受けた水平方向の力を測定し，時刻tとの関係をグラフに表すと図1のようになった。ただし，台車Bが衝突前に進む向きを力の正の向きとする。

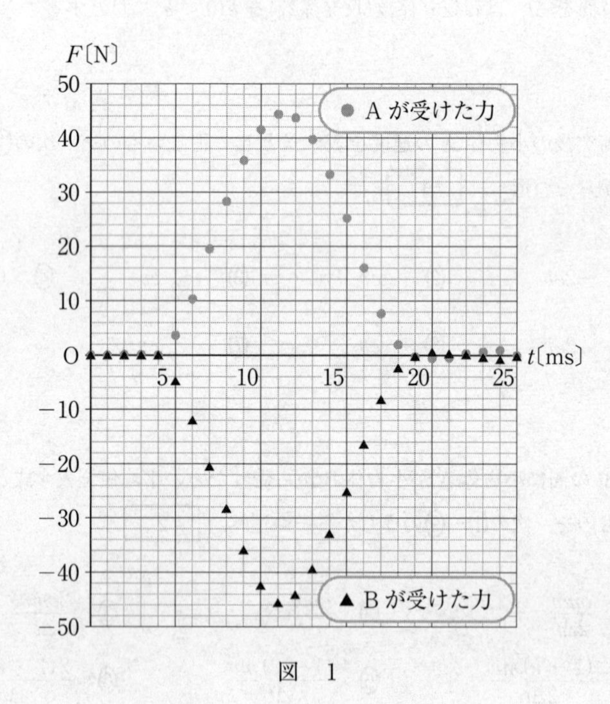

図　1

問 3 次の文章は，この実験結果に関する生徒たちの会話である。生徒たちの説明が科学的に正しい考察となるように，文章中の空欄に入れる式として最も適当なものを，下の選択肢のうちからそれぞれ一つずつ選べ。

3 4

「短い時間の間だけど，力は大きく変化していて一定じゃないね。」

「そのような場合，力と運動量の関係はどう考えたらいいのだろうか。」

「測定結果のグラフの $t = 4.0 \times 10^{-3}$ s から $t = 19.0 \times 10^{-3}$ s までの間を2台の台車が接触していた時間 Δt としよう。そして，測定点を滑らかにつなぎ，図2のように影をつけた部分の面積を S としよう。弾性衝突ならば，$S =$ 3 が成り立つはずだ。」

「その面積 S はグラフからどうやって求めるのだろうか。」

「衝突の間に A が受けた力の最大値を f とすると，面積 S はおよそ 4 に等しいと考えていいだろう。」

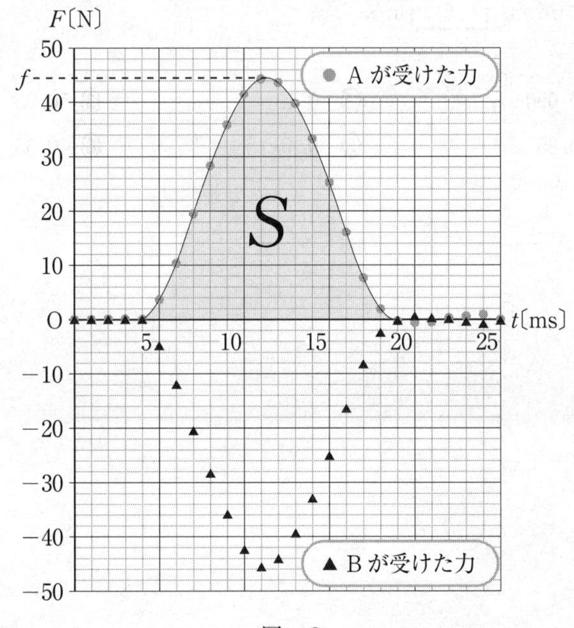

図 2

3 の選択肢

① $\frac{1}{2}mv$　② mv　③ $2mv$　④ 0

⑤ $\frac{1}{2}mv^2$　⑥ mv^2　⑦ $2mv^2$

4 の選択肢

① $\frac{1}{3}f\Delta t$　② $\frac{1}{2}f\Delta t$　③ $\frac{2}{3}f\Delta t$　④ $f\Delta t$　⑤ $2f\Delta t$

問 4　2台の台車の速さは，衝突の前後で変わらなかったとする。台車が接触していた時間を $t = 4.0 \times 10^{-3}$ s から $t = 19.0 \times 10^{-3}$ s までの間とすると，衝突前の台車Aの速さ v はいくらか。最も近い値を，次の①～⑥のうちから一つ選べ。 **5** m/s

① 0.050　② 0.15　③ 0.25

④ 0.35　⑤ 0.45　⑥ 0.55

問 5　図1のグラフの概形を図3のように表すことにする。実線は台車Aが受けた力，破線は台車Bが受けた力を表す。台車Aが受けた力の最大値をfとした。台車Aを静止させ，台車Bを速さ$2v$で台車Aに衝突させると，力の時間変化はどうなるか。そのグラフとして最も適当なものを，下の

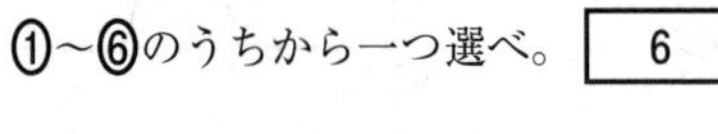
①〜⑥のうちから一つ選べ。 6

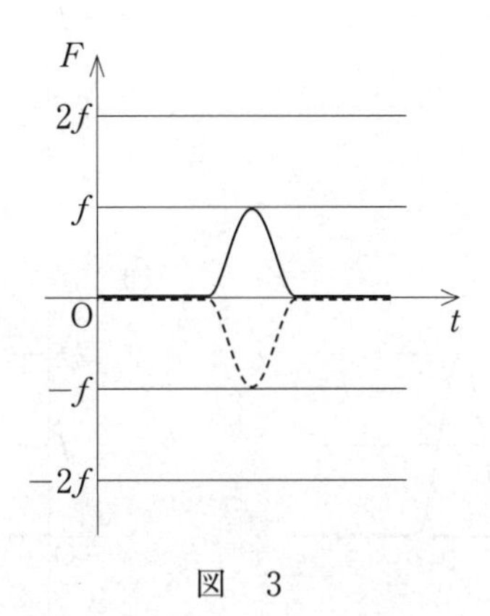

図　3

①

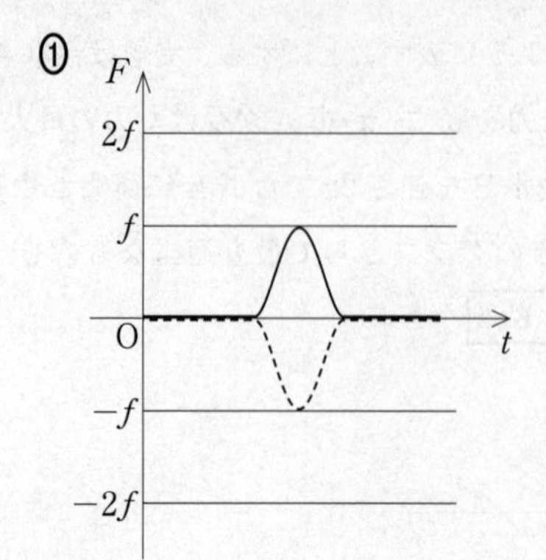
F
2f
f
O
t
−f
−2f

②

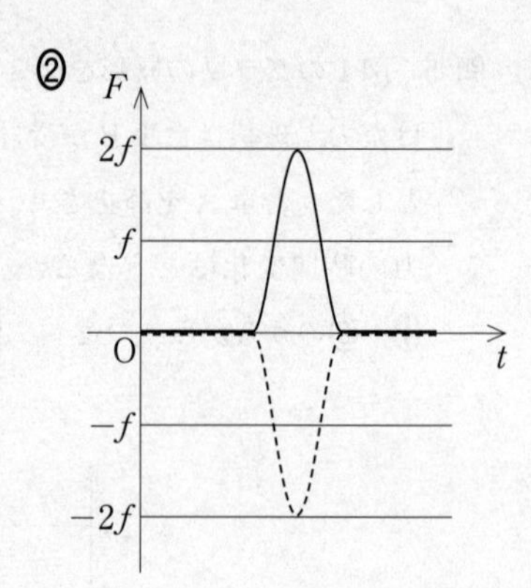
F
2f
f
O
t
−f
−2f

③

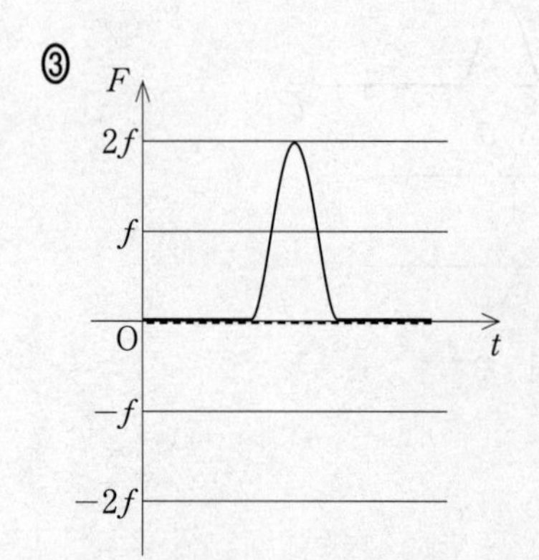
F
2f
f
O
t
−f
−2f

④

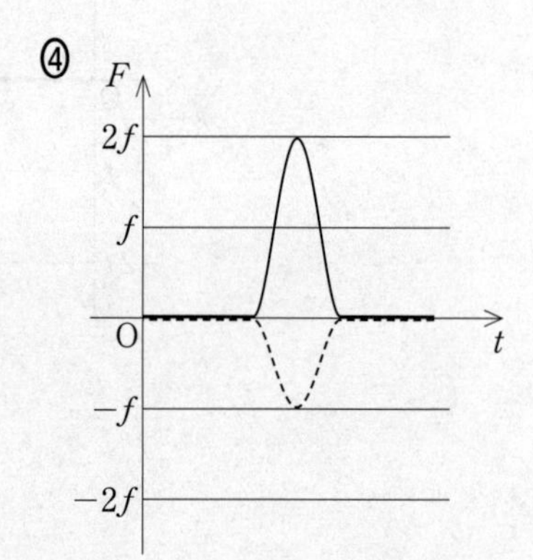
F
2f
f
O
t
−f
−2f

⑤

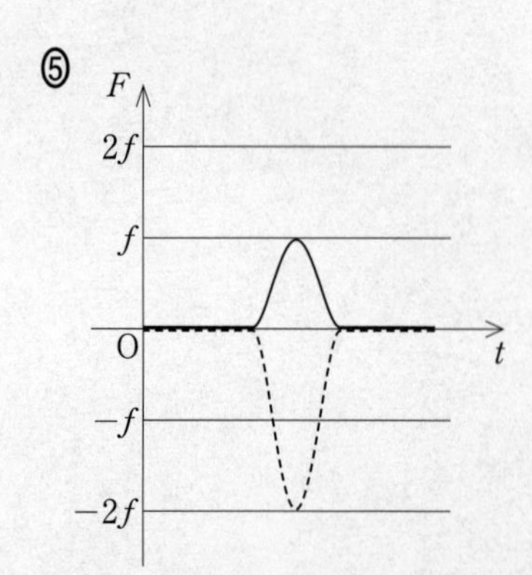
F
2f
f
O
t
−f
−2f

⑥

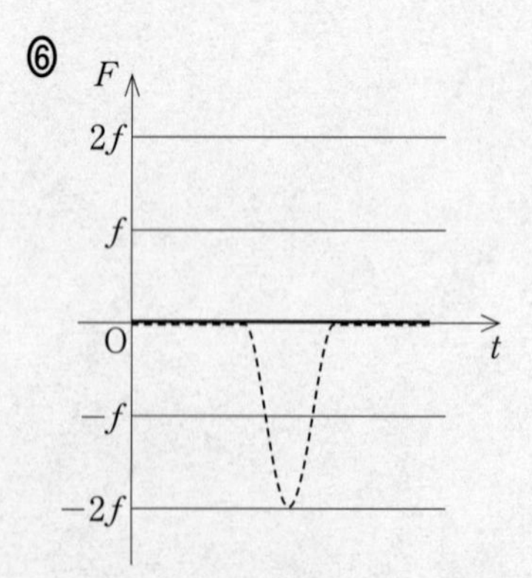
F
2f
f
O
t
−f
−2f

第3問　電磁波の性質に関する次の文章(A・B)を読み，下の問い(**問1～4**)に答えよ。

〔**解答番号** 1 ～ 5 〕(配点　20)

A　細い針金でできた枠をせっけん水につけて引き上げると，薄い膜(せっけん膜)ができる。これを鉛直に立て，白色光を当てて光源側から観察すると，図1のように虹色の縞模様(しまもよう)が見えた。この現象について考える。

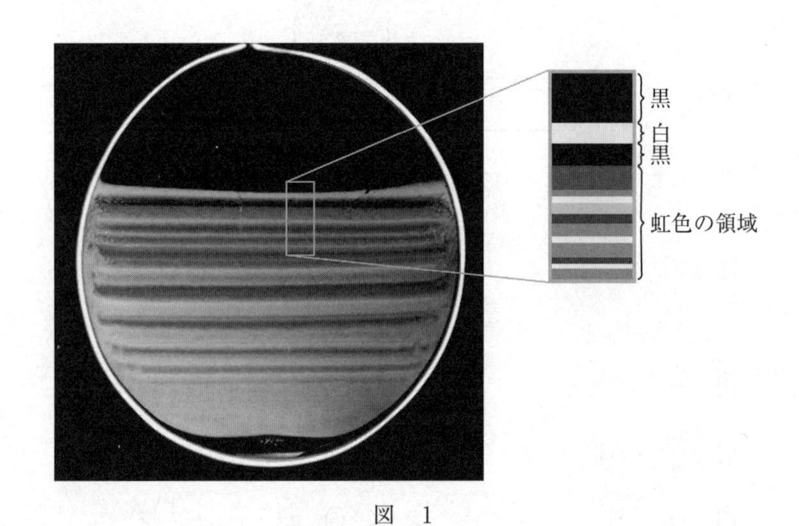

図　1

問 1　図2のように，波長 λ の光が，厚さ d，絶対屈折率 n のせっけん膜に垂直に入射する。せっけん膜の二つの表面で反射した光が強め合う条件を表す式として最も適当なものを，下の①～⑧のうちから一つ選べ。ただし，空気の絶対屈折率を1とする。また，選択肢中の m は $m=0,\ 1,\ 2,\ 3,\ \cdots$ である。 1

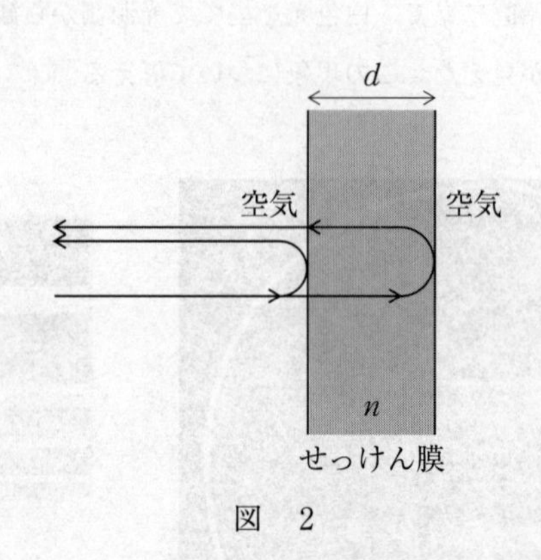

図　2

① $\dfrac{d}{n} = m\lambda$　　② $\dfrac{d}{n} = \left(m + \dfrac{1}{2}\right)\lambda$

③ $\dfrac{2d}{n} = m\lambda$　　④ $\dfrac{2d}{n} = \left(m + \dfrac{1}{2}\right)\lambda$

⑤ $nd = m\lambda$　　⑥ $nd = \left(m + \dfrac{1}{2}\right)\lambda$

⑦ $2nd = m\lambda$　　⑧ $2nd = \left(m + \dfrac{1}{2}\right)\lambda$

問 2　次の文章中の空欄 [2]・[3] に入れる語句として最も適当なものを，それぞれの直後の｛　　｝で囲んだ選択肢のうちから一つずつ選べ。[2] [3]

図1の「虹色の領域」には，[2]
｛
① 赤・緑・青
② 赤・青・緑
③ 青・赤・緑
④ 青・緑・赤
⑤ 緑・青・赤
⑥ 緑・赤・青
｝の色が上から順番に見え，これは波長が短い順である。したがって，この領域ではせっけん膜

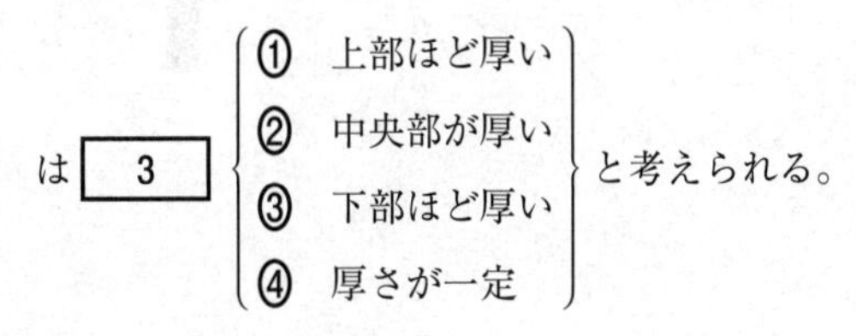

は [3]
｛
① 上部ほど厚い
② 中央部が厚い
③ 下部ほど厚い
④ 厚さが一定
｝と考えられる。

B　図3のように，金属板に垂直に電波を入射させたところ，電波は金属板に垂直に反射した。入射波と反射波を棒状のアンテナで受信し，電圧の実効値 V(電波の振幅に比例する)を測定した。アンテナから金属板までの距離 d と V の関係を調べたところ，表1のようになった。

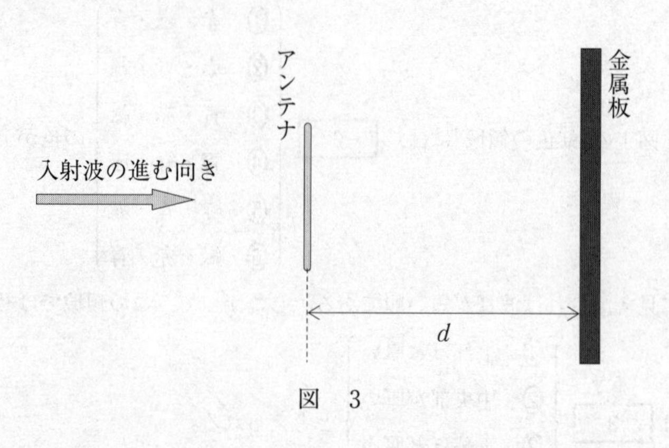

図　3

表　1

距離 d〔mm〕	82	84	86	88	90	92	94	96	98
電圧 V〔mV〕	135	94	20	38	94	152	157	130	61

距離 d〔mm〕	100	102	104	106	108	110	112	114	116
電圧 V〔mV〕	10	30	85	130	160	160	101	41	18

距離 d〔mm〕	118	120	122	124	126	128	130	132	134
電圧 V〔mV〕	77	128	160	160	129	98	25	57	113

問 3　表１の実験結果から確認できる現象として最も適当なものを，次の①〜⑧のうちから一つ選べ。［ 4 ］

① うなり　　② ドップラー効果　　③ 回折

④ 屈折　　⑤ 吸収　　⑥ 分散

⑦ 定常波(定在波)　　⑧ 光電効果

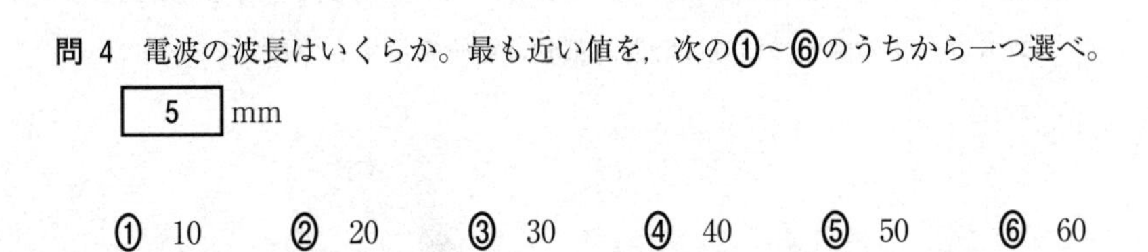

問 4　電波の波長はいくらか。最も近い値を，次の①〜⑥のうちから一つ選べ。
［ 5 ］mm

① 10　　② 20　　③ 30　　④ 40　　⑤ 50　　⑥ 60

第4問　電磁誘導に関する次の文章(A・B)を読み，下の問い(問1～4)に答えよ。

〔解答番号 1 ～ 5 〕(配点　22)

A　太郎君はエレキギターのしくみに興味を持った。図1に示すエレキギターには，矢印で示した位置に検出用コイルがある。エレキギターを模した図2のような実験装置を作り，オシロスコープにつないだ。磁石は上面がN極，下面がS極であり，上面にコイルが巻かれた鉄芯がついている。コイルの上で鉄製の弦が振動すると，その影響によりコイルを貫く磁束が変化し誘導起電力が生じる。オシロスコープの画面の横軸は時間，縦軸は電圧を示すものとする。

図　1

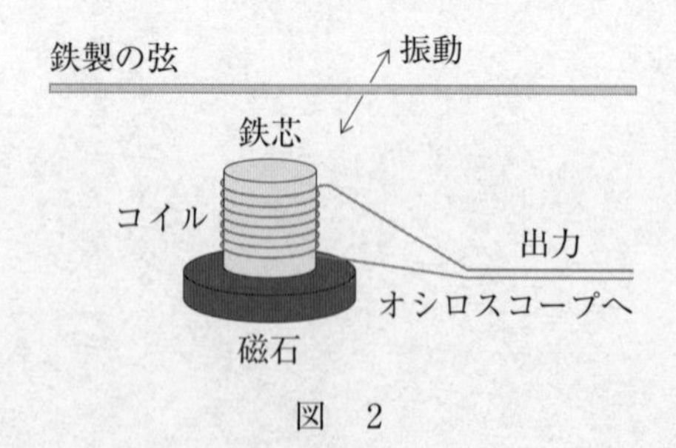

図　2

問 1　弦をはじき，コイルの両端の電圧を調べたところ，オシロスコープの画面は図３のようになった。同じ弦をより強くはじくとき，図３と同じ目盛りに設定したオシロスコープの画面はどのように見えるか。最も適当なものを，下の①～④のうちから一つ選べ。 [1]

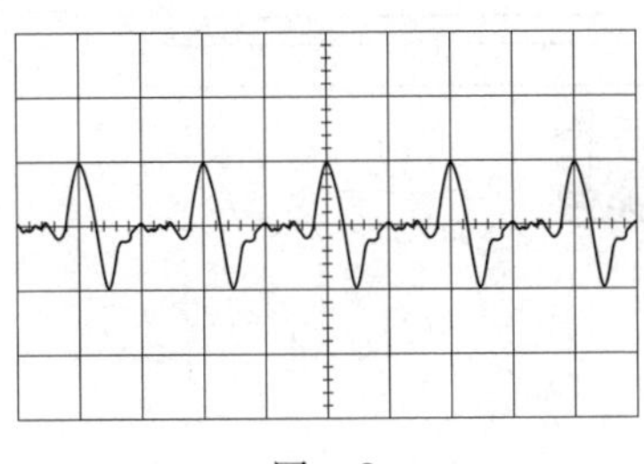

図　3

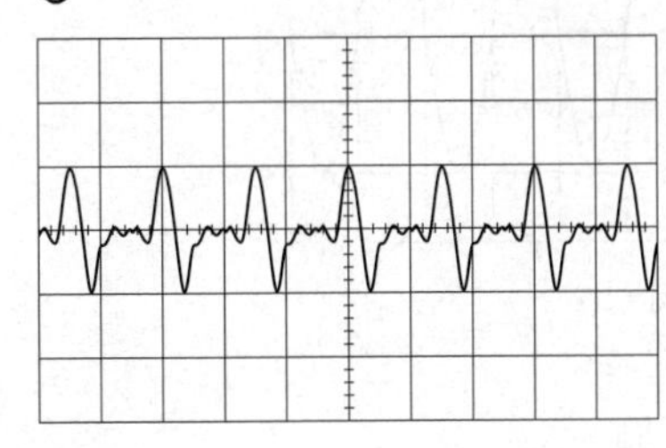

②

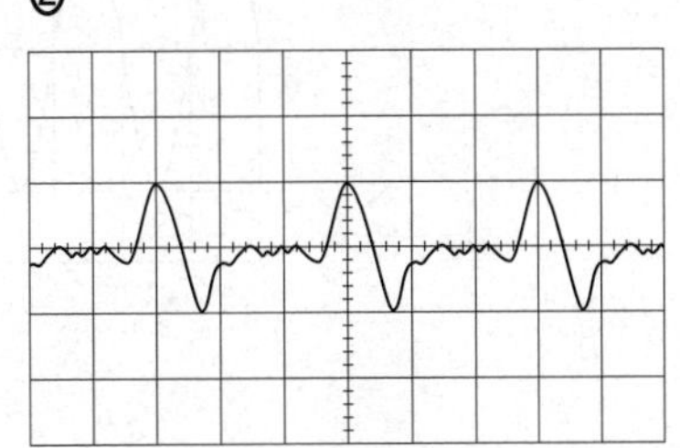

③

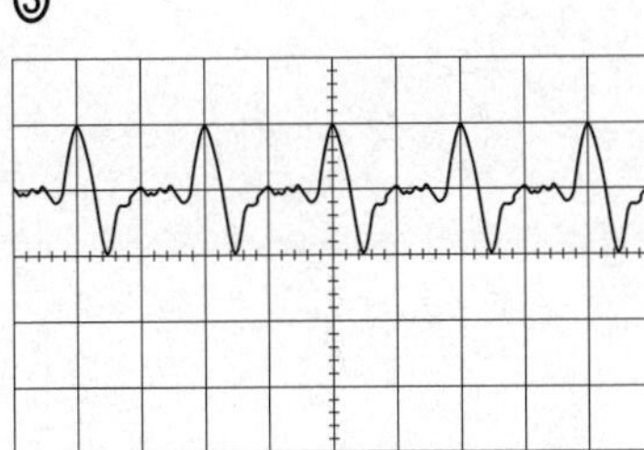

④

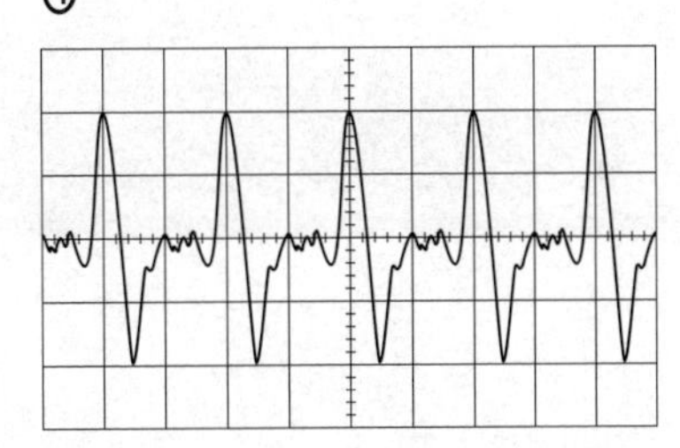

太郎君は次に，図４のように，弦の代わりに鉄製のおんさを固定した。おんさをたたいたところ，オシロスコープの画面は図５のようになった。

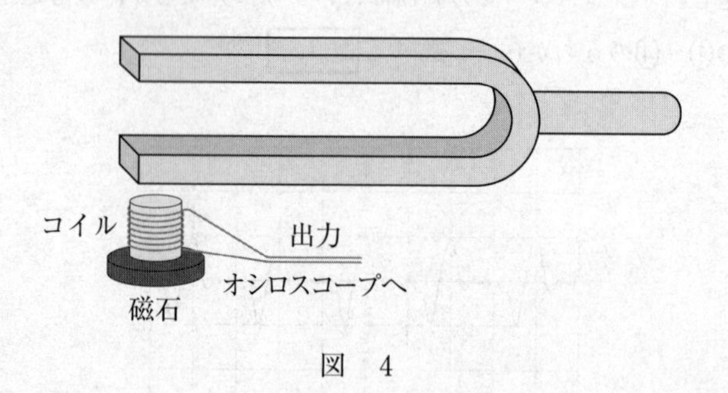

図　4

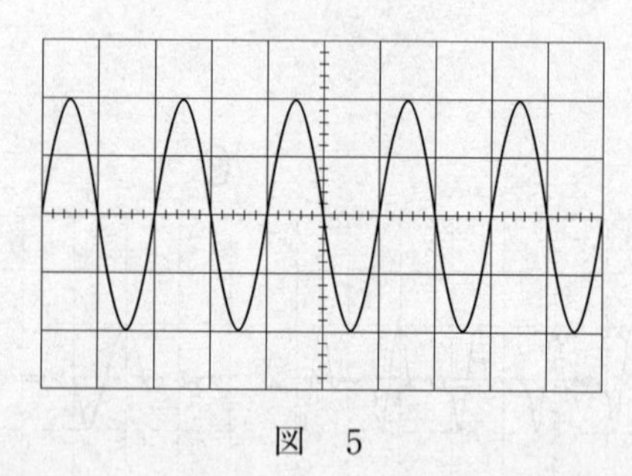

図　5

問 2　次に，鉄製のおんさと同じ形，同じ大きさの銅製のおんさで同じ実験を行ったところ，銅製のおんさの方が振動数の小さい音が聞こえた。このとき，図5と同じ目盛りに設定したオシロスコープの画面には横軸に沿って直線が見えるだけだった(図6)。図5と図6の違いは，鉄と銅のどの性質の違いによるか。最も適当なものを，下の①～⑦のうちから一つ選べ。 2

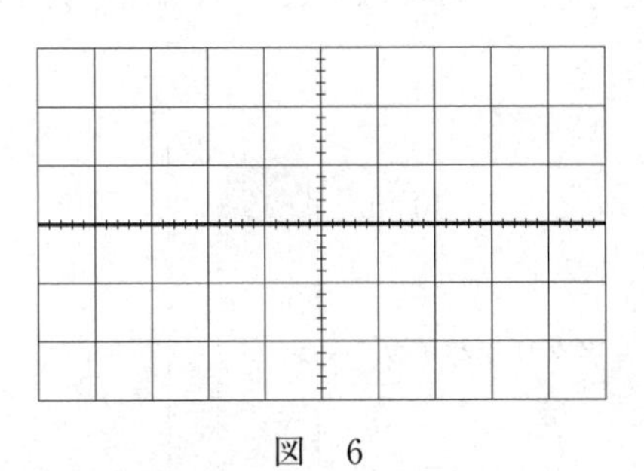

図　6

① 音速　② 硬さ　③ 密度　④ 抵抗率
⑤ 比誘電率　⑥ 比透磁率　⑦ 比熱(比熱容量)

B　図7のように，アクリルパイプを鉛直に立て，その下端付近にコイルを設置した。コイルは，端子Aから端子Bへ上から見て時計回りに巻かれている。パイプの上端付近で円柱状の磁石を静かに放し落下させ，コイルの端子Bを基準とした端子Aの電位(電圧) V をオシロスコープで観察する。磁石の上面がコイルの上端に達するまでの落下距離を h とする。$h = 30\ \mathrm{cm}$ のときの結果は，図8のようになった。ただし，時間軸の原点は $V = 100\ \mathrm{mV}$ になった瞬間に設定されている。

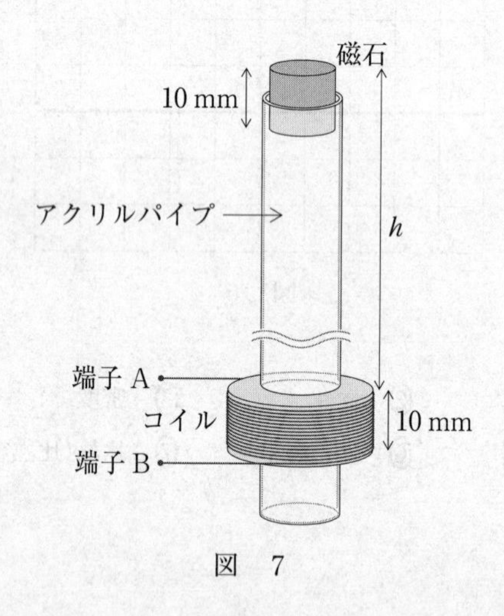

図　7

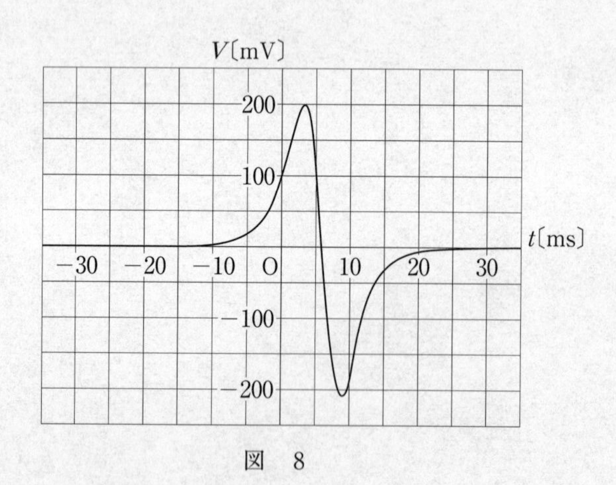

図　8

問 3 次の文章は，図8の結果から落下中の磁石の向きを推定する過程を述べたものである。文章中の空欄 [ア] ～ [ウ] に入れる語句の組合せとして最も適当なものを，下の①～⑧のうちから一つ選べ。 [3]

図8では，山が最初に現れることから，磁石がコイルに近づいてきたとき端子Aの電位が端子Bの電位より高くなったことがわかる。このとき，コイルには上から見て [ア] の電流を流そうとする向きに誘導起電力が生じていた。それは，コイルを上から下に貫く磁束が [イ] したからである。したがって，磁石が [ウ] を下にして近づいてきたことがわかる。

	ア	イ	ウ
①	時計回り	増加	N極
②	時計回り	増加	S極
③	時計回り	減少	N極
④	時計回り	減少	S極
⑤	反時計回り	増加	N極
⑥	反時計回り	増加	S極
⑦	反時計回り	減少	N極
⑧	反時計回り	減少	S極

問 4　次の文章中の空欄 [4]・[5] に入れる語句として最も適当なものを，下の①～⑤のうちから一つずつ選べ。ただし，同じものを繰り返し選んでもよい。[4] [5]

落下距離 $h = 15\,\mathrm{cm}$ の条件で同様の実験を行い，オシロスコープの画面を，$h = 30\,\mathrm{cm}$ の場合の図8と比較した。山の高さからわかる電圧と，谷の深さからわかる電圧はともに，[4]。山の頂上と谷の底の時間差は [5]。

① およそ2倍になる

② およそ $\sqrt{2}$ 倍になる

③ ほとんど変わらない

④ およそ $\dfrac{1}{\sqrt{2}}$ 倍になる

⑤ およそ $\dfrac{1}{2}$ 倍になる

共通テスト

第1回 試行調査

物理

解答時間 60分
配点 100点

物　理

（全　問　必　答）

第1問　次の問い（問1～6）に答えよ。

〔解答番号 [1] ～ [7] 〕

問1　次の文章中の空欄 [1] ・ [2] に入れる数値として正しいものを，下の①～⑤のうちから一つずつ選べ。ただし，同じものを繰り返し選んでもよい。
[1] [2]

水平なあらい面上で物体をすべらせ，すべり始めてから停止するまでの距離が初速度または動摩擦係数によってどのように変わるかを考える。動摩擦係数が同じ場合，初速度が2倍になると，停止するまでの距離は [1] 倍になる。一方，初速度が同じ場合，動摩擦係数が$\frac{1}{2}$倍になると，停止するまでの距離は [2] 倍になる。

① 1　　② $\sqrt{2}$　　③ 2
④ $2\sqrt{2}$　　⑤ 4

問 2 手回し発電機は，ハンドルを回転させることによって起電力を発生させる装置である。リード線に図1に示す **a** ～ **c** のような接続を行い，いずれの接続の場合でも同じ起電力が発生するように，同じ速さでハンドルを回転させた。
a ～ **c** の接続について，ハンドルの手ごたえが軽いほうから重いほうに並べた順として正しいものを，下の①～⑥のうちから一つ選べ。 3

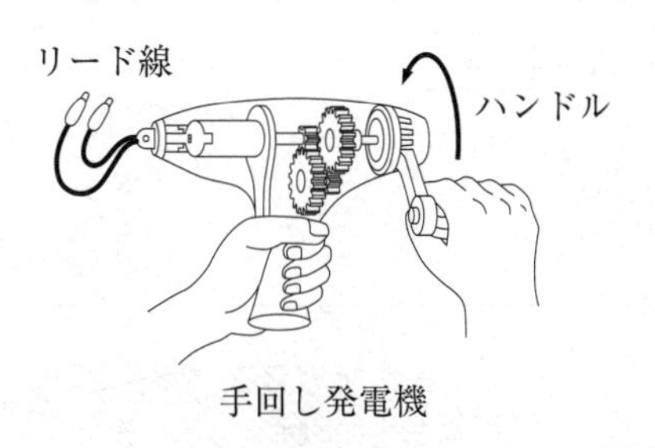

手回し発電機

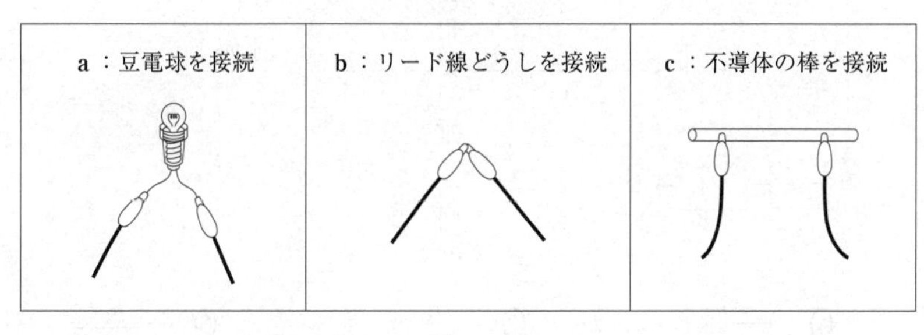

図 1

	ハンドルの手ごたえ 軽い ⟶ 重い		
①	a	b	c
②	a	c	b
③	b	a	c
④	b	c	a
⑤	c	a	b
⑥	c	b	a

問 3　池に潜り，深さ h の位置から水面を見上げ，水の外を見ていた。図2のように，光を通さない円板が水面に置かれたので，外が全く見えなくなった。そのとき円板の中心は，潜っている人の目の鉛直上方にあった。このように外が見えなくなる円板の半径の最小値 R を与える式として正しいものを，下の①〜⑥のうちから一つ選べ。ただし，空気に対する水の屈折率(相対屈折率)を n とし，水面は波立っていないものとする。また，円板の厚さと目の大きさは無視してよい。$R=$ [4]

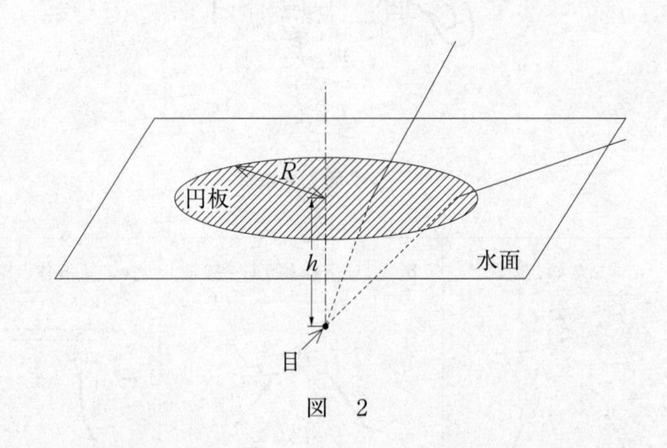

図　2

① $\dfrac{h}{\sqrt{1-\dfrac{1}{n}}}$　　② $\dfrac{h}{n-1}$　　③ $\dfrac{h}{\sqrt{n-1}}$

④ $\dfrac{h}{\sqrt{1-\dfrac{1}{n^2}}}$　　⑤ $\dfrac{h}{n^2-1}$　　⑥ $\dfrac{h}{\sqrt{n^2-1}}$

問 4 図3のように，一方の端を閉じた細長い管の開口端付近にスピーカーを置いて音を出す。音の振動数を徐々に大きくしていくと，ある振動数fのときに初めて共鳴した。このとき，管内の気柱には図のような開口端を腹とする定常波ができている。そのときの音の波長をλとする。さらに振動数を大きくしていくと，ある振動数のとき再び共鳴した。このときの音の振動数f'と波長λ'の組合せとして最も適当なものを，下の①～⑥のうちから一つ選べ。 5

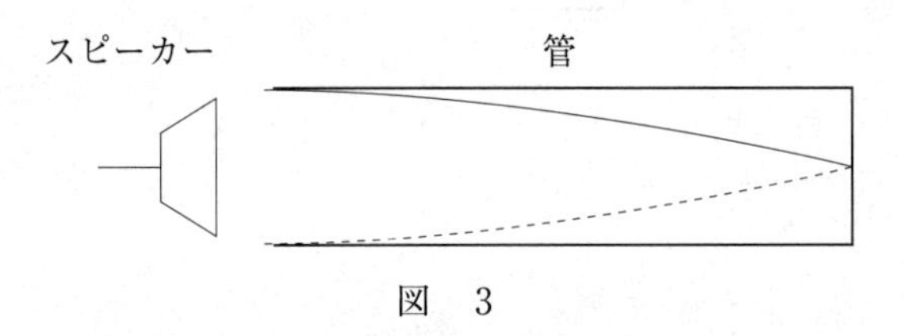

図 3

	f'	λ'
①	$\frac{3f}{2}$	$\frac{\lambda}{3}$
②	$\frac{3f}{2}$	$\frac{2\lambda}{3}$
③	$2f$	$\frac{3\lambda}{2}$
④	$2f$	$\frac{\lambda}{2}$
⑤	$3f$	$\frac{2\lambda}{3}$
⑥	$3f$	$\frac{\lambda}{3}$

問５　図４はある小規模な水力発電所の概略を示す。川から供給される水は貯水槽に貯えられたあと，導水管を通って17 mの高さを落下し，毎秒30 kgの水が発電機に導かれる。この発電所で実際に得られた電力は2.2 kWであった。この大きさは，貯水槽と発電機の間における水の位置エネルギーの減少分が，すべて電気エネルギーに変換された場合に得られる電力の大きさの約何％か。最も適当な数値を，下の①～⑤のうちから一つ選べ。ただし，重力加速度の大きさを9.8 m/s^{2}とする。［ 6 ］％

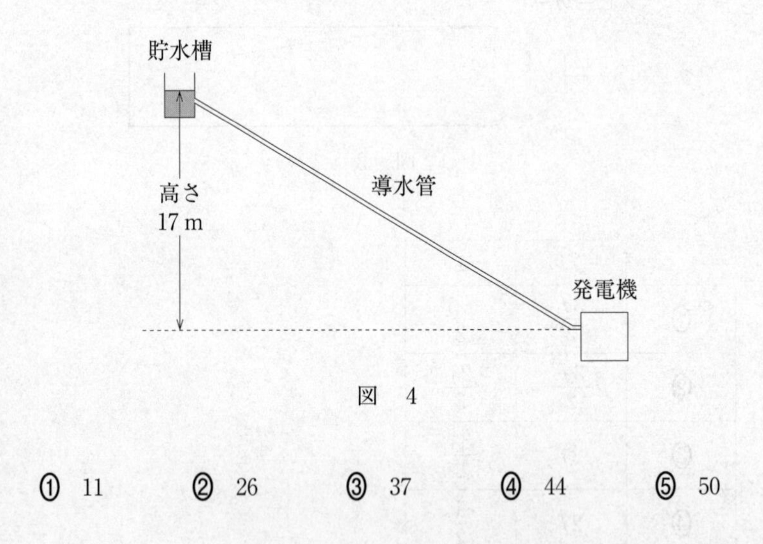

図　4

①　11　　②　26　　③　37　　④　44　　⑤　50

問 6　金箔（きんぱく）に照射した α 粒子（電気量 $+2e$，e は電気素量）の散乱実験の結果から，ラザフォードは，質量と正電荷が狭い部分に集中した原子核の存在を突き止めた。金の原子核による α 粒子の散乱の様子を示した図として最も適当なものを，次の①～⑥のうちから一つ選べ。ただし，図中の黒丸は原子核の位置を，実線は原子核の周辺での α 粒子の飛跡を模式的に示している。 7

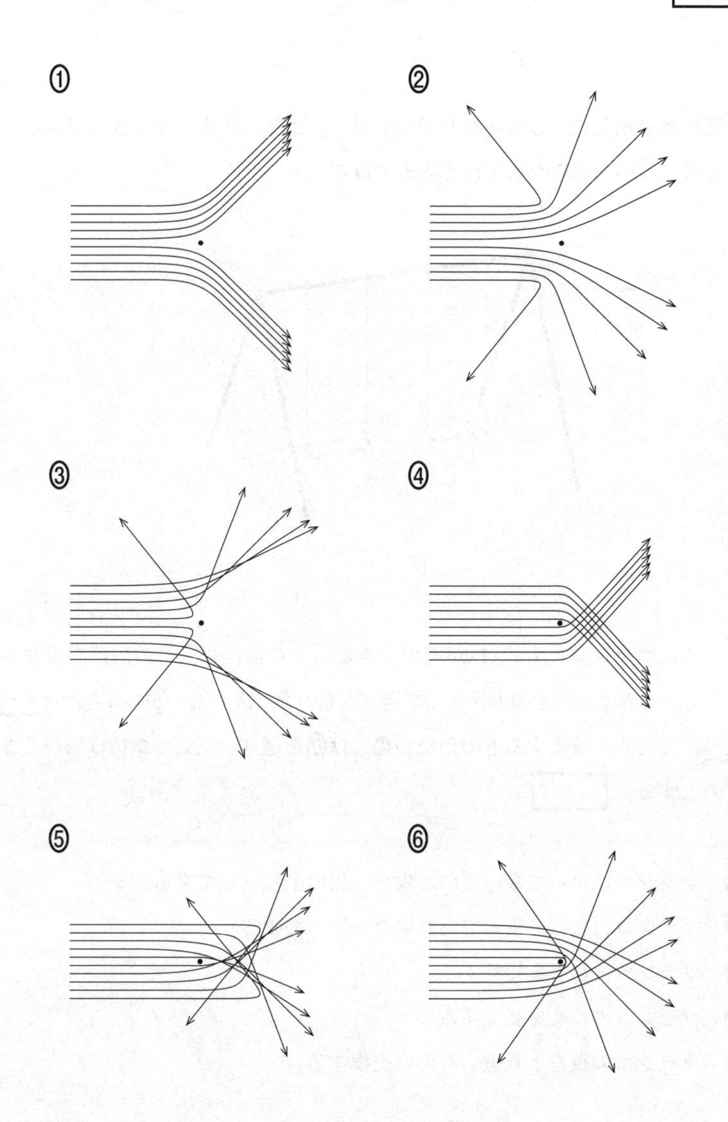

第2問　次の文章を読み，下の問い(問1～5)に答えよ。
〔解答番号 1 ～ 5 〕

　放課後の公園で，図1のようなブランコがゆれているのを，花子は見つけた。高校の物理で学んだばかりの単振り子の周期 T の式

$$T = 2\pi\sqrt{\frac{L}{g}} \qquad \cdots\cdots(1)$$

を，太郎は思い出した。L は単振り子の長さ，g は重力加速度の大きさである。二人はこの式についてあらためて深く考えてみることにした。

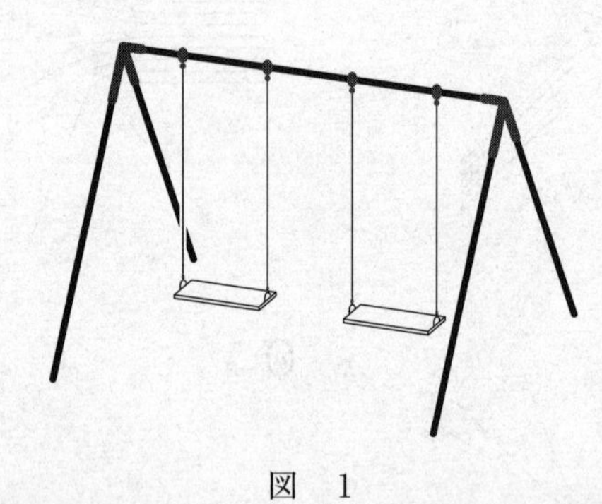

図　1

問1　二人はブランコにも式(1)が適用できることを前提に，その周期をより短くする方法を考えた。その方法として適当なものを，次の①～⑤のうちから<u>すべて選べ</u>。ただし，該当するものがない場合は⓪を選べ。空気の抵抗は無視できるものとする。 1

① ブランコに座って乗っていた場合，板の上に立って乗る。
② ブランコに立って乗っていた場合，座って乗る。
③ ブランコのひもを短くする。
④ ブランコのひもを長くする。
⑤ ブランコの板をより重いものに交換する。

小学校で振り子について学んだときのことを思い出した二人は，物理実験室に戻り，その結果や実験方法を見直してみることにした。

二人は実験方法について，次のように話し合った。

太郎：振り子が10回振動する時間をストップウォッチで測定し，周期を求めることにしよう。
花子：小学校のときには振動の端を目印に，つまり，おもりの動きが向きを変える瞬間にストップウォッチを押していたね。
太郎：他の位置，たとえば中心でも，目印をしておけばきちんと測定できると思う。
花子：端と中心ではどちらがより正確なのかしら。実験をして調べてみましょう。

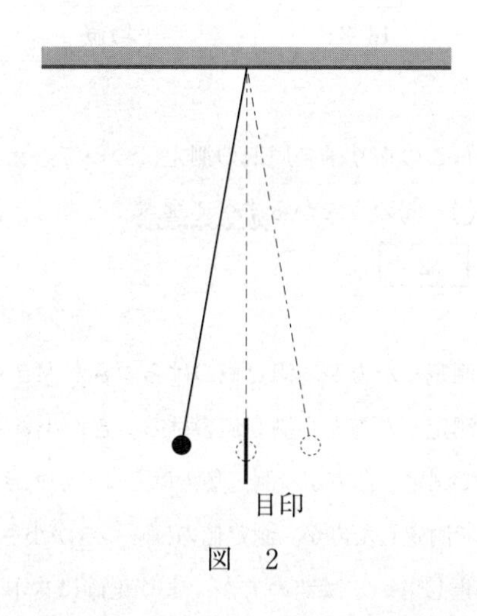

図　2

二人は長さ50 cmの木綿の糸と質量30 gのおもりを用いて振り子をつくった(図2)。振れはじめの角度を10°にとって振り子を振動させ，目印の位置に最初に到達した瞬間から，10回振動して同じ位置に到達した瞬間までの時間を測定し，振動の周期の10倍の値を求めた。振動の端を目印にとる場合と，中心に目印を置く場合のそれぞれについて，この測定を10回繰り返し，表1のような結果を得た。

表1　測定結果

振動の端で測定した場合

測定〔回目〕	周期 × 10〔s〕
1	14.22
2	14.44
3	14.31
4	14.37
5	14.35
6	14.19
7	14.25
8	14.47
9	14.22
10	14.35
平均値	14.32

振動の中心で測定した場合

測定〔回目〕	周期 × 10〔s〕
1	14.32
2	14.31
3	14.32
4	14.31
5	14.31
6	14.31
7	14.32
8	14.28
9	14.32
10	14.28
平均値	14.31

問2　表1の結果からこの振り子の周期の測定について考えられることとして適当なものを，次の①～⑤のうちからすべて選べ。ただし，該当するものがない場合は⓪を選べ。　2

① 振動の端で測定した方が，測定値のばらつきが大きく，より正確であった。

② 振動の端で測定した方が，測定値のばらつきが小さく，より正確であった。

③ 振動の中心で測定した方が，測定値のばらつきが大きく，より正確であった。

④ 振動の中心で測定した方が，測定値のばらつきが小さく，より正確であった。

⑤ 振り子が静止している瞬間の方が，より正確にストップウォッチを押すことができた。

式(1)の右辺には振幅が含まれていない。この式が本当に成り立つのか，疑問に思った二人は，振れはじめの角度だけを様々に変更した同様の実験を行い，確かめることにした。表2はその結果である。

表2　実験結果(平均値)

振れはじめの角度	周期〔s〕
10°	1.43
45°	1.50
70°	1.56

問3 表2の結果に基づく考察として合理的なものを，次の①～③のうちからすべて選べ。ただし，該当するものがない場合は⓪を選べ。 **3**

① 式(1)には，振幅が含まれていないので，振幅を変えても周期は変化しない。したがって，表2のように，振幅によって周期が変化する結果が得られたということは測定か数値の処理に誤りがある。

② 式(1)は，振動の角度が小さい場合の式なので，振動の角度が大きいほど実測値との差が大きい。

③ 実験の間，糸の長さが変化しなかったとみなしてよい場合，「振り子の周期は，振幅が大きいほど長い」という仮説を立てることができる。

次に二人は，式(1)をより詳しく確かめるため，これまでの考察を生かしつつ，次の手順の実験を行うことにした。今度は物理実験室にあった球形の金属製のおもりとピアノ線を用いた。

手順：

(1) おもりの直径をノギスで測る。

(2) ピアノ線の一端をおもりに取りつけ，他端を鉄製スタンドのクランプではさんで固定する。

(3) ピアノ線の長さ(クランプとおもりの上端の距離)を測定する。

(4) 振れはじめの角度を10°にして単振り子を振動させ，周期を測定する。

(5) ピアノ線の長さをもう一度測定し，(3)で測定した値との平均値を求める。

(6) (5)で求めた平均値におもりの半径を加え，その値を単振り子の長さとする。

単振り子の長さを約1mから始めておよそ25cmずつ減らして，以上の実験を行ったところ，表3のような結果が得られた。

表3　実験結果

単振り子の長さ〔m〕	周期〔s〕
0.252	1.01
0.501	1.42
0.750	1.74
1.008	2.01

問 4　グラフ用紙を使って，表3の実験結果をグラフに描くことにした。グラフの横軸と縦軸の変数の組合せをどのように選べば式(1)を確認しやすいか。最も適当なものを，次の①～④のうちから一つ，⑤～⑧のうちから一つ，合計二つ選べ。 4

	横軸にとる変数
①	単振り子の長さ
②	単振り子の長さの2乗
③	単振り子の長さの3乗
④	単振り子の長さの逆数

	縦軸にとる変数
⑤	周　期
⑥	周期の2乗
⑦	周期の3乗
⑧	周期の対数

問 5　この実験で，単振り子が振動の左端から振動の中心を通過して右端に達するまでの間に，ピアノ線の張力の大きさはどのように変化したか。最も適当なものを，次の①～⑨のうちから一つ選べ。 5

	左　端	中　心	右　端
①	0	最　大	0
②	最　大	0	最　大
③	最　大	最　小	最　大
④	最　小	最　大	最　小
⑤	最　大	減　少	最　小
⑥	最　小	増　大	最　大
⑦	最　大	減　少	0
⑧	0	増　大	最　大
⑨	変化しない		

第3問　高校の授業で道路計画や自動車の物理について探究活動を行うことになった。次の文章（A・B）を読み，下の問い（**問1〜6**）に答えよ。

〔**解答番号** 1 〜 14 〕

A　道路計画を考えるには，まず自動車の運動を考えなくてはいけない。そこでみんなで次のように話し合った。

「実際に道路を走る自動車には速度制限があるね。」

「それでは仮に制限速度を 25 m/s にしてみよう。」

「急な加速や急な減速は危ないから，直線部分での加速度の大きさは $2.0\ \mathrm{m/s^2}$ 以下にしよう。」

「道路はまっすぐとは限らない。円運動しているときは，向心加速度というのがあったね。」

「向心加速度の大きさは $1.6\ \mathrm{m/s^2}$ 以下にしよう。」

「じゃあ，これまで出てきた三つの条件を満たしながら走るときの自動車の運動と，道路の形の関係を考えていこう。」

問 1　図1のように，直線状の道路がA地点で円弧状の道路に滑らかにつながり，B地点で再び直線状の道路に滑らかにつながっている。1目盛りの長さは100 mである。下の文章中の空欄 [1] ～ [6] に入れる数字として最も適当なものを，下の①～⓪のうちから一つずつ選べ。ただし，同じものを繰り返し選んでもよい。[1] ～ [6]

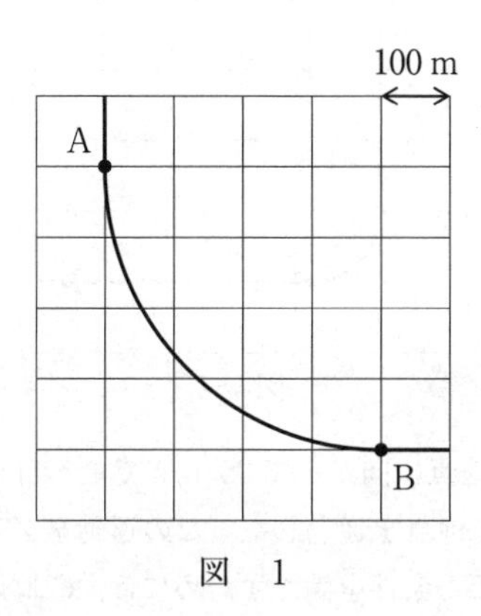

図　1

自動車がAB間を走行するのに要する時間の最小値は，有効数字2桁で表すと，

[1] . [2] × 10^[3] s

となる。また，向心加速度の大きさは一定であり，有効数字2桁で表すと，

[4] . [5] × 10^[6] m/s²

となる。

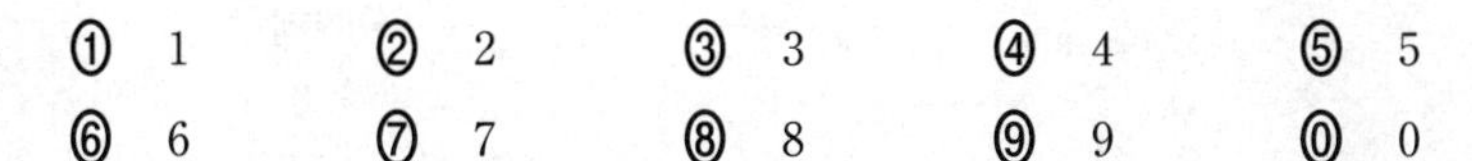

① 1	② 2	③ 3	④ 4	⑤ 5
⑥ 6	⑦ 7	⑧ 8	⑨ 9	⓪ 0

問 2　地形によっては，**問 1** よりも円弧部分が短い図 2 のような道路計画にすることもある。1 目盛りの長さは 100 m である。下の文章中の空欄 [7] ～ [9] に入れる数字として正しいものを，下の①～⓪のうちから一つずつ選べ。ただし，同じものを繰り返し選んでもよい。 [7] ～ [9]

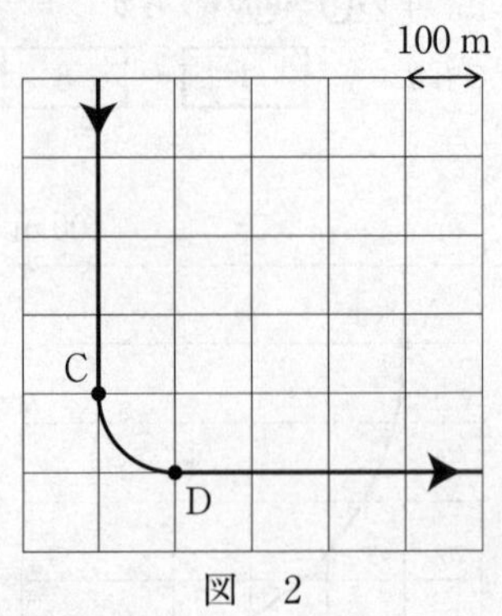

図　2

直線部分を C 地点に向かって 25 m/s で走る自動車が，ある地点から等加速度で減速し，C 地点を通過した。この運動をグラフにすると図 3 のようになる。最初に決めた条件を満たすためには，C 地点より少なくとも

[7] . [8] × 10^[9] m

以上の距離だけ手前で減速を始めなければならない。ただし，有効数字は 2 桁とする。

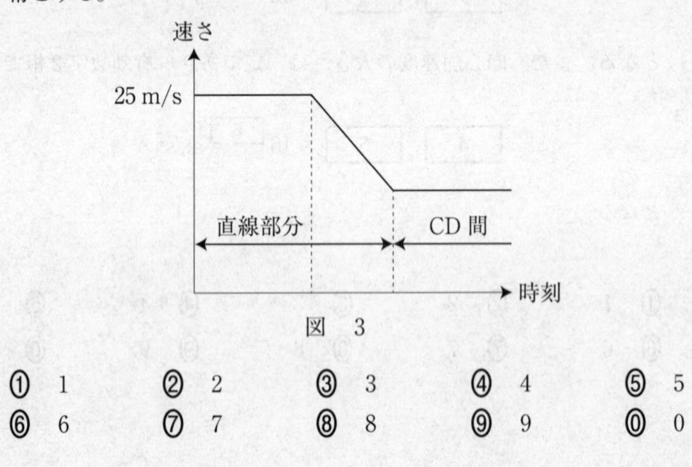

図　3

① 1	② 2	③ 3	④ 4	⑤ 5
⑥ 6	⑦ 7	⑧ 8	⑨ 9	⓪ 0

問 3 道路の円弧部分でも，最初に決めた条件を満たす範囲で速さを変えることができる。図4のような点Oを中心とする円弧状の道路で，減速しながらP地点を通過する瞬間の自動車の加速度の向きとして最も適当なものを，下の①〜⑧のうちから一つ選べ。記号 a 〜 d は，図4に示したものである。 10

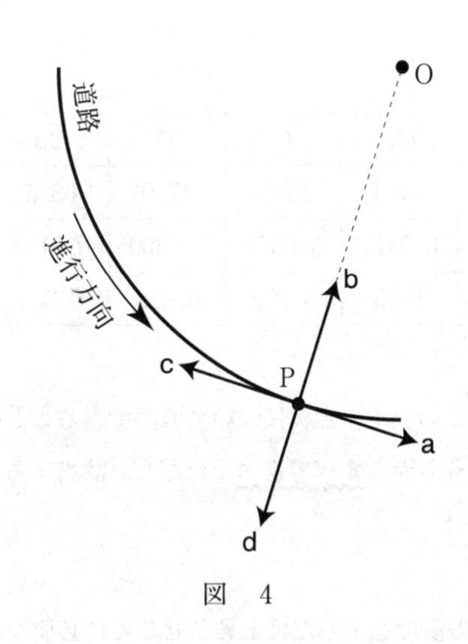

図 4

① a の向き　　② a と b の間の向き

③ b の向き　　④ b と c の間の向き

⑤ c の向き　　⑥ c と d の間の向き

⑦ d の向き　　⑧ d と a の間の向き

B　自動車の加速・減速について考えた後，減速のときに使われるブレーキについても考えてみることにした。

表1は，鉄以外のいくつかの金属について，原子量Aとその逆数A^{-1}，温度293 Kでの比熱容量を示したものである。この表を考察するとき，必要があれば，次ページの方眼紙を使え。

表　1

元素記号	Mg	Al	Ti	Cu	Ag	Pb
原子量A	24.3	27.0	47.9	63.5	107.9	207.2
A^{-1}	0.0411	0.0371	0.0209	0.0157	0.00927	0.00483
比熱容量〔J/(g·K)〕	1.03	0.900	0.528	0.385	0.234	0.130

問4　表1から，この表中の金属について考察できることとして適当なものを，次の①～③のうちから**すべて選べ**。ただし，該当するものがない場合は⓪を選べ。［11］

① 金属1gの温度を1Kだけ上昇させるのに必要なエネルギーは，原子量Aが小さいほど大きい。

② 金属の温度を1Kだけ上昇させるのに必要なエネルギーは，金属原子の数が同じであれば，ほぼ等しい。

③ 金属の温度を1Kだけ上昇させるのに必要なエネルギーは，金属の質量が同じであれば，ほぼ等しい。

問 5　速さ 20 m/s で走る質量 1000 kg の自動車にブレーキをかけ停止させる。このとき運動エネルギーはすべて，ブレーキの鉄でできた部品の温度上昇に使われるものとする。その部品の温度の上昇を 160 K 以下に抑えるためには，鉄の質量 m は何 kg 以上でなければならないか。次の式中の空欄 **12** ・ **13** に入れる最も適当な数値を，下の選択肢群のうちから一つずつ選べ。ただし，鉄の比熱容量は 293 K のときの値を用いるものとする。また，鉄の原子量は 55.8，その逆数は 0.0179 である。 **12** **13**

$$m \geqq \boxed{12} \times 10^{\boxed{13}}\ \mathrm{kg}$$

12 の選択肢：

① 1.0　② 2.0　③ 3.0　④ 4.0　⑤ 5.0
⑥ 6.0　⑦ 7.0　⑧ 8.0　⑨ 9.0

13 の選択肢：

① −4　② −3　③ −2　④ −1　⑤ 0
⑥ 1　⑦ 2　⑧ 3　⑨ 4

問 6 自動車を減速させるとき，失われる運動エネルギーを有効に利用する方法を考えて，みんなで案を出しあった。

「冬であれば，①ブレーキで発生した熱を車内の暖房に用いるってのはどうかな？」

「むしろその熱を次に加速するときのエネルギー源にしよう。②熱をすべて，自動車の運動エネルギーに戻すことだってできるんじゃない？」

「それより，③車軸に発電機をつないでバッテリーを充電するのはどうだろう？」

上の会話中の下線部①～③のうち，物理法則に**反する**ものを**すべて選べ**。ただし，該当するものがない場合は⓪を選べ。 14

第4問　次の文章を読み，下の問い(問1・問2)に答えよ。

〔解答番号 1 ～ 5 〕

図1のように，絶縁体(不導体)の円板と，円板に固定された巻き数1のコイルが，中心の回転軸のまわりに角速度 $\frac{50}{3}\pi$ rad/s で回転している。コイルの直線部分のなす角は90°である。回転軸を中心とした中心角120°の扇形の範囲には，磁束密度 B の一様な磁場(磁界)が紙面に垂直に，裏から表の向きにかかっている。

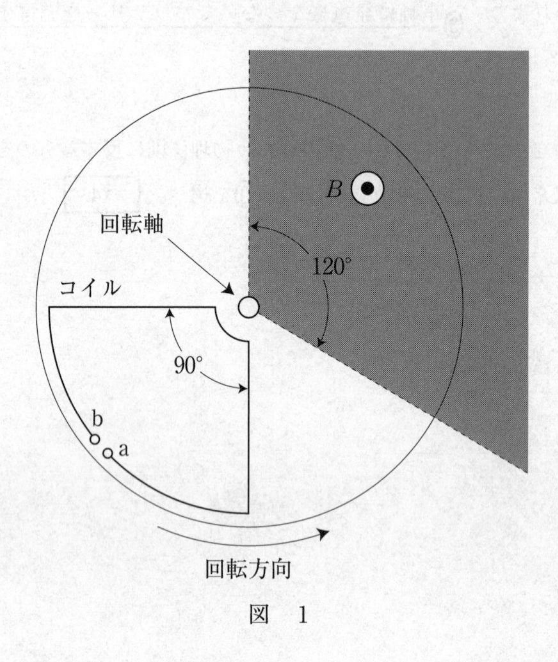

図　1

問 1　端子aを基準とした端子bの電位の時間変化を表すと，どのようなグラフになるか。また，そのグラフの横軸の1目盛りの大きさは何秒か。最も適当なものを，次の選択肢群のうちから一つずつ選べ。

グラフ　：［ 1 ］

1目盛り：［ 2 ］s

［ 1 ］の選択肢：

①
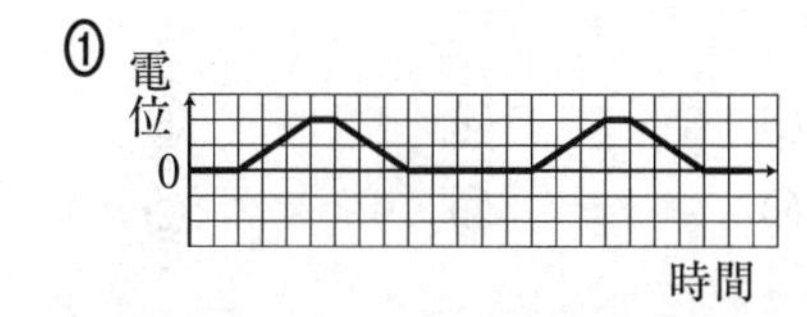

②
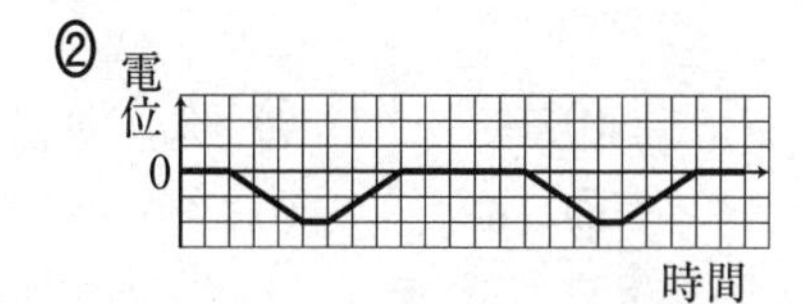

③
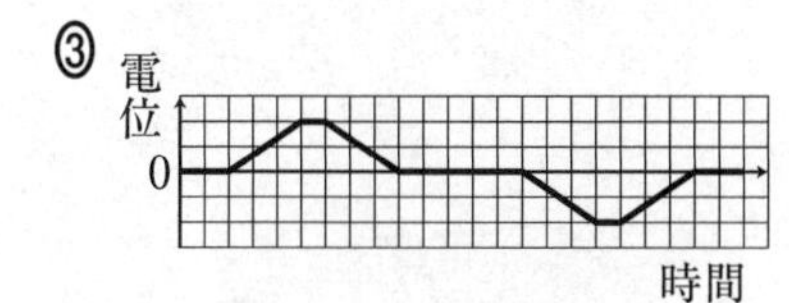

④
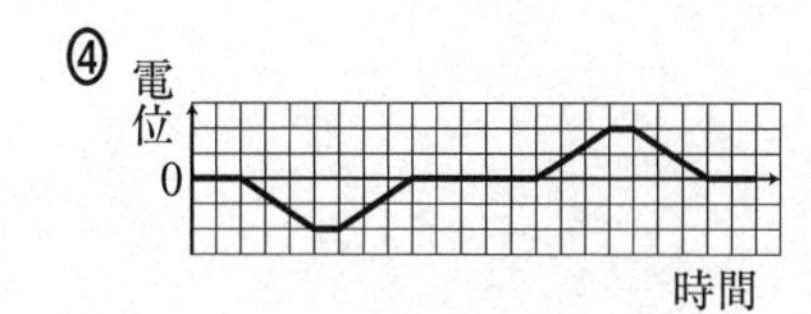

⑤
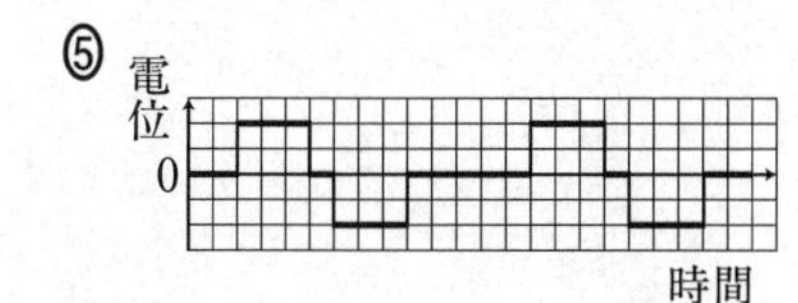

⑥
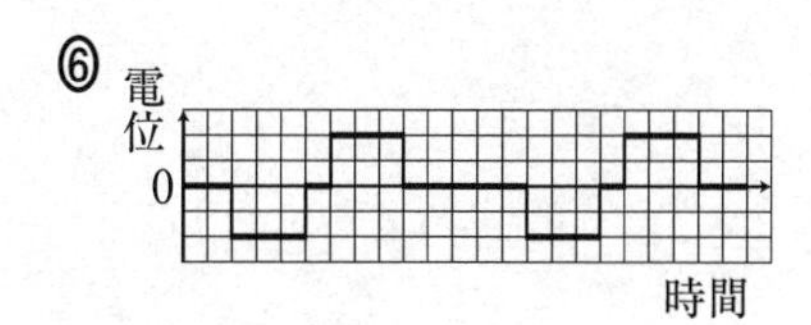

⑦
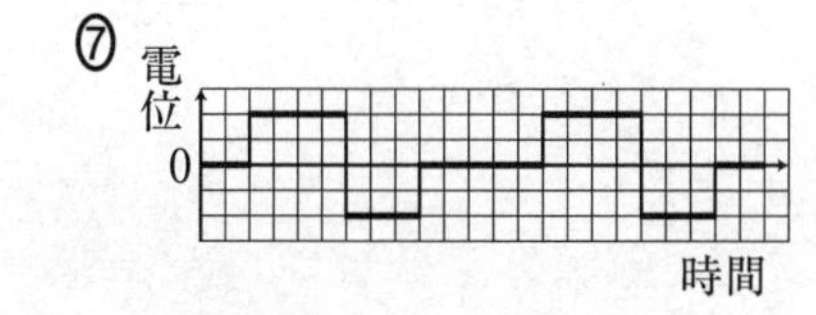

⑧
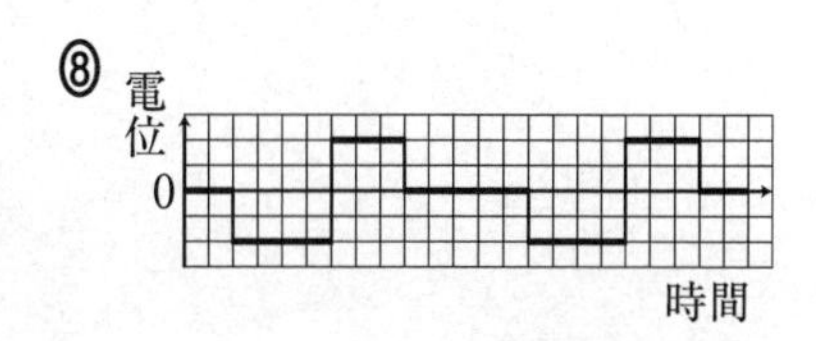

［ 2 ］の選択肢：

① 0.0010　② 0.010　③ 0.10　④ 1.0

⑤ 0.00050　⑥ 0.0050　⑦ 0.050　⑧ 0.50

問 2 コイルで囲まれた部分の面積を $50\,\mathrm{cm}^2$，磁束密度 B を 0.30 T とする。コイルに生じる起電力の大きさの最大値 V を有効数字 2 桁で表すとき，次の式中の空欄 3 ～ 5 に入れる数字として最も適当なものを，下の①～⓪のうちから一つずつ選べ。ただし，同じものを繰り返し選んでもよい。

$$V = \boxed{3}.\boxed{4} \times 10^{-\boxed{5}}\ \mathrm{V}$$

① 1　② 2　③ 3　④ 4　⑤ 5
⑥ 6　⑦ 7　⑧ 8　⑨ 9　⓪ 0

NOTE

NOTE

NOTE

NOTE

理科　解答用紙

注意事項
1　訂正は，消しゴムできれいに消し，消しくずを残してはいけません。
2　所定欄以外にはマークしたり，記入したりしてはいけません。
3　汚したり，折りまげたりしてはいけません。

・１科目だけマークしなさい。
・解答科目欄が無マーク又は複数マークの場合は，０点となります。

解答科目欄	
物　理	◯
化　学	◯
生　物	◯
地　学	◯

解答番号	解答欄											
	1	2	3	4	5	6	7	8	9	0	a	b
1	①	②	③	④	⑤	⑥	⑦	⑧	⑨	⓪	ⓐ	ⓑ
2	①	②	③	④	⑤	⑥	⑦	⑧	⑨	⓪	ⓐ	ⓑ
3	①	②	③	④	⑤	⑥	⑦	⑧	⑨	⓪	ⓐ	ⓑ
4	①	②	③	④	⑤	⑥	⑦	⑧	⑨	⓪	ⓐ	ⓑ
5	①	②	③	④	⑤	⑥	⑦	⑧	⑨	⓪	ⓐ	ⓑ
6	①	②	③	④	⑤	⑥	⑦	⑧	⑨	⓪	ⓐ	ⓑ
7	①	②	③	④	⑤	⑥	⑦	⑧	⑨	⓪	ⓐ	ⓑ
8	①	②	③	④	⑤	⑥	⑦	⑧	⑨	⓪	ⓐ	ⓑ
9	①	②	③	④	⑤	⑥	⑦	⑧	⑨	⓪	ⓐ	ⓑ
10	①	②	③	④	⑤	⑥	⑦	⑧	⑨	⓪	ⓐ	ⓑ
11	①	②	③	④	⑤	⑥	⑦	⑧	⑨	⓪	ⓐ	ⓑ
12	①	②	③	④	⑤	⑥	⑦	⑧	⑨	⓪	ⓐ	ⓑ
13	①	②	③	④	⑤	⑥	⑦	⑧	⑨	⓪	ⓐ	ⓑ
14	①	②	③	④	⑤	⑥	⑦	⑧	⑨	⓪	ⓐ	ⓑ
15	①	②	③	④	⑤	⑥	⑦	⑧	⑨	⓪	ⓐ	ⓑ
16	①	②	③	④	⑤	⑥	⑦	⑧	⑨	⓪	ⓐ	ⓑ
17	①	②	③	④	⑤	⑥	⑦	⑧	⑨	⓪	ⓐ	ⓑ
18	①	②	③	④	⑤	⑥	⑦	⑧	⑨	⓪	ⓐ	ⓑ
19	①	②	③	④	⑤	⑥	⑦	⑧	⑨	⓪	ⓐ	ⓑ
20	①	②	③	④	⑤	⑥	⑦	⑧	⑨	⓪	ⓐ	ⓑ
21	①	②	③	④	⑤	⑥	⑦	⑧	⑨	⓪	ⓐ	ⓑ
22	①	②	③	④	⑤	⑥	⑦	⑧	⑨	⓪	ⓐ	ⓑ
23	①	②	③	④	⑤	⑥	⑦	⑧	⑨	⓪	ⓐ	ⓑ
24	①	②	③	④	⑤	⑥	⑦	⑧	⑨	⓪	ⓐ	ⓑ
25	①	②	③	④	⑤	⑥	⑦	⑧	⑨	⓪	ⓐ	ⓑ

解答番号	解答欄											
	1	2	3	4	5	6	7	8	9	0	a	b
26	①	②	③	④	⑤	⑥	⑦	⑧	⑨	⓪	ⓐ	ⓑ
27	①	②	③	④	⑤	⑥	⑦	⑧	⑨	⓪	ⓐ	ⓑ
28	①	②	③	④	⑤	⑥	⑦	⑧	⑨	⓪	ⓐ	ⓑ
29	①	②	③	④	⑤	⑥	⑦	⑧	⑨	⓪	ⓐ	ⓑ
30	①	②	③	④	⑤	⑥	⑦	⑧	⑨	⓪	ⓐ	ⓑ
31	①	②	③	④	⑤	⑥	⑦	⑧	⑨	⓪	ⓐ	ⓑ
32	①	②	③	④	⑤	⑥	⑦	⑧	⑨	⓪	ⓐ	ⓑ
33	①	②	③	④	⑤	⑥	⑦	⑧	⑨	⓪	ⓐ	ⓑ
34	①	②	③	④	⑤	⑥	⑦	⑧	⑨	⓪	ⓐ	ⓑ
35	①	②	③	④	⑤	⑥	⑦	⑧	⑨	⓪	ⓐ	ⓑ
36	①	②	③	④	⑤	⑥	⑦	⑧	⑨	⓪	ⓐ	ⓑ
37	①	②	③	④	⑤	⑥	⑦	⑧	⑨	⓪	ⓐ	ⓑ
38	①	②	③	④	⑤	⑥	⑦	⑧	⑨	⓪	ⓐ	ⓑ
39	①	②	③	④	⑤	⑥	⑦	⑧	⑨	⓪	ⓐ	ⓑ
40	①	②	③	④	⑤	⑥	⑦	⑧	⑨	⓪	ⓐ	ⓑ
41	①	②	③	④	⑤	⑥	⑦	⑧	⑨	⓪	ⓐ	ⓑ
42	①	②	③	④	⑤	⑥	⑦	⑧	⑨	⓪	ⓐ	ⓑ
43	①	②	③	④	⑤	⑥	⑦	⑧	⑨	⓪	ⓐ	ⓑ
44	①	②	③	④	⑤	⑥	⑦	⑧	⑨	⓪	ⓐ	ⓑ
45	①	②	③	④	⑤	⑥	⑦	⑧	⑨	⓪	ⓐ	ⓑ
46	①	②	③	④	⑤	⑥	⑦	⑧	⑨	⓪	ⓐ	ⓑ
47	①	②	③	④	⑤	⑥	⑦	⑧	⑨	⓪	ⓐ	ⓑ
48	①	②	③	④	⑤	⑥	⑦	⑧	⑨	⓪	ⓐ	ⓑ
49	①	②	③	④	⑤	⑥	⑦	⑧	⑨	⓪	ⓐ	ⓑ
50	①	②	③	④	⑤	⑥	⑦	⑧	⑨	⓪	ⓐ	ⓑ

理科　解答用紙

注意事項

1　訂正は，消しゴムできれいに消し，消しくずを残してはいけません。
2　所定欄以外にはマークしたり，記入したりしてはいけません。
3　汚したり，折りまげたりしてはいけません。

・1科目だけマークしなさい。
・解答科目欄が無マーク又は複数マークの場合は，0点となります。

解答番号	1	2	3	4	5	6	7	8	9	0	a	b
1	①	②	③	④	⑤	⑥	⑦	⑧	⑨	⓪	ⓐ	ⓑ
2	①	②	③	④	⑤	⑥	⑦	⑧	⑨	⓪	ⓐ	ⓑ
3	①	②	③	④	⑤	⑥	⑦	⑧	⑨	⓪	ⓐ	ⓑ
4	①	②	③	④	⑤	⑥	⑦	⑧	⑨	⓪	ⓐ	ⓑ
5	①	②	③	④	⑤	⑥	⑦	⑧	⑨	⓪	ⓐ	ⓑ
6	①	②	③	④	⑤	⑥	⑦	⑧	⑨	⓪	ⓐ	ⓑ
7	①	②	③	④	⑤	⑥	⑦	⑧	⑨	⓪	ⓐ	ⓑ
8	①	②	③	④	⑤	⑥	⑦	⑧	⑨	⓪	ⓐ	ⓑ
9	①	②	③	④	⑤	⑥	⑦	⑧	⑨	⓪	ⓐ	ⓑ
10	①	②	③	④	⑤	⑥	⑦	⑧	⑨	⓪	ⓐ	ⓑ
11	①	②	③	④	⑤	⑥	⑦	⑧	⑨	⓪	ⓐ	ⓑ
12	①	②	③	④	⑤	⑥	⑦	⑧	⑨	⓪	ⓐ	ⓑ
13	①	②	③	④	⑤	⑥	⑦	⑧	⑨	⓪	ⓐ	ⓑ
14	①	②	③	④	⑤	⑥	⑦	⑧	⑨	⓪	ⓐ	ⓑ
15	①	②	③	④	⑤	⑥	⑦	⑧	⑨	⓪	ⓐ	ⓑ
16	①	②	③	④	⑤	⑥	⑦	⑧	⑨	⓪	ⓐ	ⓑ
17	①	②	③	④	⑤	⑥	⑦	⑧	⑨	⓪	ⓐ	ⓑ
18	①	②	③	④	⑤	⑥	⑦	⑧	⑨	⓪	ⓐ	ⓑ
19	①	②	③	④	⑤	⑥	⑦	⑧	⑨	⓪	ⓐ	ⓑ
20	①	②	③	④	⑤	⑥	⑦	⑧	⑨	⓪	ⓐ	ⓑ
21	①	②	③	④	⑤	⑥	⑦	⑧	⑨	⓪	ⓐ	ⓑ
22	①	②	③	④	⑤	⑥	⑦	⑧	⑨	⓪	ⓐ	ⓑ
23	①	②	③	④	⑤	⑥	⑦	⑧	⑨	⓪	ⓐ	ⓑ
24	①	②	③	④	⑤	⑥	⑦	⑧	⑨	⓪	ⓐ	ⓑ
25	①	②	③	④	⑤	⑥	⑦	⑧	⑨	⓪	ⓐ	ⓑ

解答番号	1	2	3	4	5	6	7	8	9	0	a	b
26	①	②	③	④	⑤	⑥	⑦	⑧	⑨	⓪	ⓐ	ⓑ
27	①	②	③	④	⑤	⑥	⑦	⑧	⑨	⓪	ⓐ	ⓑ
28	①	②	③	④	⑤	⑥	⑦	⑧	⑨	⓪	ⓐ	ⓑ
29	①	②	③	④	⑤	⑥	⑦	⑧	⑨	⓪	ⓐ	ⓑ
30	①	②	③	④	⑤	⑥	⑦	⑧	⑨	⓪	ⓐ	ⓑ
31	①	②	③	④	⑤	⑥	⑦	⑧	⑨	⓪	ⓐ	ⓑ
32	①	②	③	④	⑤	⑥	⑦	⑧	⑨	⓪	ⓐ	ⓑ
33	①	②	③	④	⑤	⑥	⑦	⑧	⑨	⓪	ⓐ	ⓑ
34	①	②	③	④	⑤	⑥	⑦	⑧	⑨	⓪	ⓐ	ⓑ
35	①	②	③	④	⑤	⑥	⑦	⑧	⑨	⓪	ⓐ	ⓑ
36	①	②	③	④	⑤	⑥	⑦	⑧	⑨	⓪	ⓐ	ⓑ
37	①	②	③	④	⑤	⑥	⑦	⑧	⑨	⓪	ⓐ	ⓑ
38	①	②	③	④	⑤	⑥	⑦	⑧	⑨	⓪	ⓐ	ⓑ
39	①	②	③	④	⑤	⑥	⑦	⑧	⑨	⓪	ⓐ	ⓑ
40	①	②	③	④	⑤	⑥	⑦	⑧	⑨	⓪	ⓐ	ⓑ
41	①	②	③	④	⑤	⑥	⑦	⑧	⑨	⓪	ⓐ	ⓑ
42	①	②	③	④	⑤	⑥	⑦	⑧	⑨	⓪	ⓐ	ⓑ
43	①	②	③	④	⑤	⑥	⑦	⑧	⑨	⓪	ⓐ	ⓑ
44	①	②	③	④	⑤	⑥	⑦	⑧	⑨	⓪	ⓐ	ⓑ
45	①	②	③	④	⑤	⑥	⑦	⑧	⑨	⓪	ⓐ	ⓑ
46	①	②	③	④	⑤	⑥	⑦	⑧	⑨	⓪	ⓐ	ⓑ
47	①	②	③	④	⑤	⑥	⑦	⑧	⑨	⓪	ⓐ	ⓑ
48	①	②	③	④	⑤	⑥	⑦	⑧	⑨	⓪	ⓐ	ⓑ
49	①	②	③	④	⑤	⑥	⑦	⑧	⑨	⓪	ⓐ	ⓑ
50	①	②	③	④	⑤	⑥	⑦	⑧	⑨	⓪	ⓐ	ⓑ